茶树气象灾害风险管理

新昌县气象局　组织编写

娄伟平　等　编著

气象出版社
China Meteorological Press

内 容 简 介

本书主要阐述了茶树生长发育与气象条件的关系,在此基础上,全面系统地介绍了冬季冻害、夏季高温热害、干旱、霜冻、春季高温、春季降水等茶树气象灾害风险的影响因子和时空变化特征,以及茶树气象灾害风险管控技术,反映了茶树气象灾害风险管控技术研究的最新进展和系统性研究成果。

该书作为《浙江省茶叶气象灾害风险精细化区划》一书的姊妹篇,可供茶学、农业气象科技工作者及茶叶生产、管理部门等参考。

图书在版编目(CIP)数据

茶树气象灾害风险管理 / 娄伟平等编著.--北京：
气象出版社,2021.1

ISBN 978-7-5029-7382-7

Ⅰ.①茶… Ⅱ.①娄… Ⅲ.①茶树-农业气象灾害-
风险管理 Ⅳ.①S42

中国版本图书馆 CIP 数据核字(2021)第 014198 号

茶树气象灾害风险管理
Chashu Qixiang Zaihai Fengxian Guanli

出版发行：气象出版社

地　　　址：北京市海淀区中关村南大街 46 号	邮政编码：100081	
电　　　话：010-68407112(总编室)　010-68408042(发行部)		
网　　　址：http://www.qxcbs.com	E-mail：qxcbs@cma.gov.cn	
责任编辑：黄海燕	终　　审：吴晓鹏	
责任校对：张硕杰	责任技编：赵相宁	
封面设计：博雅锦		
印　　　刷：北京建宏印刷有限公司		
开　　　本：787 mm×1092 mm　1/16	印　　张：18	
字　　　数：458 千字		
版　　　次：2021 年 1 月第 1 版	印　　次：2021 年 1 月第 1 次印刷	
定　　　价：85.00 元		

本书如存在文字不清、漏印以及缺页、倒页、脱页等,请与本社发行部联系调换。

《茶树气象灾害风险管理》
编委会

前　言

中国是茶树的原产地,也是世界上茶叶主要生产国。2017年,中国茶叶产量255万吨,居世界第一,世界上大约80%的绿茶来自中国。目前,中国有20多个省份种植茶树。与其他经济作物相比,茶树适应性广、适应山地种植,茶叶耐贮藏、运输方便、经济价值高,茶叶生产已成为山区农民的主要经济来源之一,开展茶叶生产也成为贫困山区脱贫的主要途径。

中国茶树气候资源丰富,从陕西到海南各地均有茶树种植。但同时茶树气象灾害也十分严重,越冬期冻害、春季霜冻、夏季高温热害、干旱等灾害频繁发生,给茶叶生产造成严重的经济损失,影响茶叶生产的经济效益。随着全球气候变化,极端天气气候事件频发,气象灾害造成的茶叶经济损失加大。如2008年1—2月,中国南方出现历史罕见的持续低温雨雪冰冻天气,全国有658.7万亩[①]茶园遭受冻害,其中37.8万亩茶园遭受严重冻害。2010年2—3月,全国大部茶区进入春茶采摘期,由于出现突如其来的低温、降雪、霜冻、干旱等灾害性天气,全国茶产区近50%的茶园遭受打击,采摘时间推迟,茶叶品质下降,全国春茶产量比2009年下降20%,茶农损失惨重,其中,浙江省茶叶因霜冻直接经济损失达20亿元,云南省春茶因冬春连旱减产约50%、经济损失约10亿元。2011年,湖南等地出现春夏连旱,导致其春茶、夏茶分别减产20%、30%,经济损失约5亿元。2013年夏季,中国江南地区出现1949年以来最严重的高温干旱,7月初至8月19日,浙江大部分地区出现了持续40多天的干旱与10～20天超过40℃的罕见极端高温天气,全省有207.9万亩茶园出现茶树叶子灼伤、枯萎现象,全省茶叶直接经济损失约13.1亿元,同时造成2014年春茶减产2成左右。

"趋利避害并举,强化气候变化背景下农业气象灾害防范研究、提升农业气象灾害风险防范能力"是气象工作者的重要工作任务。茶是世界三大饮品之一,2019年11月27日第74届联合国大会宣布每年5月21日为"国际茶日",体现了国际社会对茶叶价值的认可与重视。联合国粮农组织总干事屈冬玉指出,茶具有重要经济价值,很多茶叶产区都处于贫困之中,这些地区需要茶产业带动经济发展。强化气候变化背景下茶树气象灾害防范研究、提升茶树气象灾害风险防范能力,是气象科技工作者应尽的职责和义务。作者围绕浙江省茶叶生产气象服务需求,自20世纪90年代前期开始,开展了分茶树品种的茶树生长与气象条件关系、茶叶品质与气象要素关系、茶树气象灾害风险防范等方面的研究工作。通过建设全国首个茶叶气象服务示范基地,组建一支气象科技创新和茶叶气象服务团队,开展茶叶气象服务,取得了良好的社会经济效益。

在"十三五"国家重点研发计划课题"主要经济作物气象灾害风险评估与气候保障技术"和浙江省基础公益研究计划项目"茶叶气象灾害风险管控及应用研究"支撑下,本书系统研究了茶树越冬期冻害、夏季高温热害、干旱、春季霜冻、春季高温、春季降水等茶树气象灾害风险的

---

① 1亩=1/15 hm²,余同

1

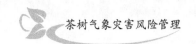

影响因子和时空变化特征,以及茶树气象灾害风险管控技术。为了把这些茶叶气象研究成果向全国推广,更好地服务全国茶农,促进茶产业发展,助力茶农增收致富,对茶树气象灾害风险防范技术研究成果作了系统总结。本书共分两部分,第一部分主要介绍了茶树生长与气象条件的关系,以及气象条件对茶叶生产的影响;第二部分介绍了分灾种的茶树气象灾害成因、影响因子,并以浙江省为例,介绍了气候变化背景下茶树气象灾害风险时空变化特征,最后总结了茶树气象灾害风险防范技术。该书和《浙江省茶叶气象灾害风险精细区划》一书作为姊妹篇,可为各地茶叶气象服务及茶叶生产、管理等部门因地制宜开展茶叶生产提供技术支撑。

由于编著者水平有限,书中存在不当之处,敬请读者批评指正。

作者

2020 年 5 月 21 日

目　录

第 2 篇　茶树气象灾害风险识别及防控

第 1 篇

茶叶生产与气象条件

第1章　茶叶生产简史与茶叶气象研究概况

1.1　茶叶生产简史

茶是世界三大无酒精饮料之一,是中国人的一项重大发现。茶叶是从茶树上采摘下来的芽叶经过加工而成。中国是茶树原产地,是最早发现和利用茶叶的国家,也是最早开展茶叶研究的国家,是目前世界上产茶量最大的国家和地区之一。茶叶对人体具有营养价值和保健功效,也是最具有文化内涵的饮料。

1.1.1　茶树的原产地

茶树起源至今已有 6000 万年历史。近 100 多年来,很多国家的植物学家、历史学家都认同中国是茶树的原产地,世界各国的茶树都是直接或间接从中国传入的。吴觉农(1923)从中国茶树起源、中国茶叶历史的渊源等多方面,列举大量事实证明茶树确实原产于中国。

中国西南地区至今仍有众多古代茶树,大部分学者认同西南说:"我国西南部是茶树的原产地和茶叶发源地。"这一说法所指的范围很大,所以正确性较高。目前全国已在云南、贵州、四川、广西、广东、海南等 10 个省(自治区)两百多处发现了大茶树,以滇南滇西南地区、滇桂黔毗邻地区比较集中。这些大茶树多为野生型,也有属于野生和栽培之间的过渡型。在云南甚至有连片的古茶林。这些古代大茶树有力证明了中国是茶树的原产地。

1.1.2　茶树利用初期

茶,是中华民族的国饮。饮茶、种茶、制茶都起源于中国。中国第一部药学专著《神农本草经》记载:"神农尝百草、一日而遇七十毒,得荼以解之。"这说明,在距今 5000 年的神农时代,中国就发现了茶叶,并且知道了茶叶具有神奇的药用作用。因此,中华民族的伟大人文始祖神农是中国的茶叶鼻祖。神农不仅是中国的茶叶鼻祖,同时也是全世界的茶叶鼻祖。

茶树的栽培与茶的发现、利用密切相关,消费是生产的推动力,人类发现利用茶树的历史就是茶树栽培历史。茶叶最早是当作药用的,汉代司马相如在《凡将篇》中,将茶列为一种药物,是中国历史上把茶作为药物最早的记载。春秋时代(公元前 770—公元前 476 年),茶叶用作祭品或生煮羹饮当菜食。至今少数民族地区仍有"凉拌茶菜""油茶"等吃法。也有学者认为,中国茶是由羹汤发展而来的。人类最早利用的也是野生茶,茶树的人工栽培出现在 3000 多年前。

1.1.3　秦汉到民国时期茶叶生产

茶有文字记载于约公元前 200 年秦汉年间的字书《尔雅》。茶在秦汉时已逐步由药用、菜食而推广为饮料,茶树栽培区域亦逐渐扩大。记载茶的文献逐渐增多,如西汉王褒的《僮约》(汉宣帝神爵三年,即公元前 59 年作)。其中有两处是有关茶叶:"脍鱼包鳖,烹茶尽具""武阳买茶,杨氏担荷"。随着茶的利用日广,茶树栽培区域亦渐而扩大。依山傍水的武阳(今四川省彭山县双江镇),早在 2000 年以前就有茶叶贸易市场了。西汉的吴理真,公元前 53 年在四川雅安蒙顶山种植茶树,是历史上有名有姓的人工种植茶树的第一人。

由于气候和地理上的有利条件,秦汉以后,茶树栽培逐渐向长江中下游地区扩展,传至南方各省。南北朝时,南方的一些名山寺院,陆续种植茶树,推动了茶叶生产的发展。两晋及南北朝以后,茶叶的产地已经扩展到四川、湖北、湖南、河南、浙江、江苏、安徽等地。随着生产实践活动的深入,人们对茶树的生长习性和栽培方法有了一定的认识。东晋郭璞《尔雅注》载:"树小如栀子,冬生叶……今呼早采者为茶,晚取者为茗。"南朝任昉《述异记》载:"巴东有真香茗,其花白色如蔷薇。"

唐代茶叶经济大发展,茶树栽培的规模和范围不断扩展。唐贞元年间(785—805 年)浙江盛产紫笋茶的顾渚山,建有首座官办的"贡茶院",有制茶工匠千余人,采茶役工两三万人。在不少地方还出现了官办的"山场"。这些记载说明,唐代时种茶已成为一种专业经营,大茶园纷纷出现。唐代的茶叶产区,已遍及现在长江南北的 13 个省份,奠定了中国茶叶生产的基础,而且对茶树生长特性、适宜的生态条件、宜茶栽培的土壤等方面已经积累了宝贵的经验。另外,唐代茶通过日本遣唐使传至日本。

宋代茶叶生产技术中心已向南移,出现了大量"以茶为业"的园户和手工业作坊性质的"茶焙",茶叶产区扩大。"斗茶"之风的盛行,促使人们重视茶树品种的研究与选择,推动了茶树良种的种植和茶叶加工技术的提高。宋代对茶树与环境的关系的认识较唐代更为深化,茶园管理上注意精耕细作,还提出采用桐茶间作,以改善茶园小气候。宋代,日本来中国留学僧人荣西法师两次入宋,把茶籽和苗木带回日本种植。

元、明、清时期,中国茶树栽培面积继续扩大,元代茶区主要分布在长江流域、淮南以及广东、广西一带。明代郑和把茶籽带到台湾种植,开辟了中国台湾茶区。在茶树栽培管理技术上,明清较唐宋有明显的进步。据统计,从唐代到清代共有茶书 98 种,而明清就有 66 种之多。这些著作中,有很多反映了中国古代茶树栽培技术的成果,有不少是在茶树繁殖、茶园间作、覆盖以及修剪等方面创造的新技术和新方法。明代后期,茶树繁殖除用茶籽直播外,有的地方还采用育苗移栽法,在清代又发明了用扦插和压条的方法进行茶树的无性繁殖。明代提出在茶园可间作桂、梅、松、玉兰、菊花和兰草等,以营造一种上层为乔木树层,中间为茶树层,下层是兰、菊花一类的人工植物群落,用以改善茶园环境,提高茶叶品质并抑制杂草生长。清代发明了在茶园覆盖干草以抑制杂草滋生,对茶树进行修剪以促进其更新复壮,茶树种子繁殖中的茶籽的点播与水洗等新的技术措施,至今仍有一定的参考意义。中国古代茶树栽培由原始、粗糙过渡到了成熟的传统茶树栽培阶段。

清末至新中国成立前夕,鸦片战争后,中国沦为半殖民地半封建社会,封建地主和官僚资本相互勾结,残酷剥削茶农,连年战乱,茶叶滞销。而国外植茶业兴起,印度、斯里兰卡等国引入中国先进的栽培技术,并相继利用机械大量生产红碎茶竞相出口,致使世界茶价下降,对中国茶叶生产造成很大影响。

1.1.4　中华人民共和国成立后茶叶生产

1949 年新中国成立后,政府采取了一系列恢复和扶持茶叶生产的政策和措施,大力扶持和发展茶叶生产,通过开垦荒芜茶园,推广适宜的优良茶树品种,扩大种茶面积和投入经费进行茶树科研,建立推广茶叶教学,从而茶叶产业得到了迅速恢复和快速发展。

1950 年开始,一边对旧茶园进行综合治理,一边垦复茶园,逐年开辟建设新茶园,建立茶叶生产基地、大型茶场,新中国的茶叶生产开始恢复。此阶段全国茶区不断扩大,茶树种植区域向北向西推进了一大步。到 1970 年全国(台湾省未计入)茶树种植面积居世界第一位。目前全国有 20 多个省(自治区、直辖市)产茶,产量逐年增加,出口量也不断递增。

1950 年开始,高校设立茶学专门人才培养学科。上海复旦大学、武汉大学农学院、浙江农学院等开设了涉茶专业。1986 年,浙江农业大学成为第一个茶学博士学位授予点。目前中国涉茶专业的高等院校达到 25 所。

自 20 世纪 50 年代开始设有茶叶系(科)的大专院校、农林部门、中国茶叶总公司和祁门茶叶试验场、四川省灌县茶叶试验场等部分茶叶试验场开展了茶叶科学研究,1958 年杭州建立了中国农业科学院茶叶研究所,随后各省的试验场(站)纷纷改建为研究所,全国开展了茶树品种资源调查和新品种的选育与推广。20 世纪 90 年代开始茶树育种目标已由高产型向优质型、多抗型转变,育种方法由系统选种转为以杂交育种为主。

低产茶园改造、茶树良种、合理密植、深耕肥土、修剪培育、灌溉施肥、防治病虫、茶园作业机械和合理采摘等技术措施与创新技术的推广和运用,改变了中国茶园的面貌,也使茶园管理科学规范,提高了产量和产值。20 世纪 80 年代以后,中国的茶园面积基本稳定,重点放在改善茶园结构、提高茶园单产、优质栽培和增进效益上,注重选用早生种,加大秋冬基肥及早春追肥中的氮肥用量,推行秋茶后或春茶后轻修,采用覆盖栽培和前期手采名优茶、中后期机采大宗茶等技术,各地茶区都出现了一大批"一优二高"的茶园。建设生态茶园,选育新品种,实现茶业可持续发展等方面将是中国的茶树栽培今后的主要发展趋向。

1.1.5　世界茶叶生产情况

世界茶叶种植区分布很广,主要产区在亚洲。因各国所处的气候条件不同,引种的茶树品种、生产茶类和生产工艺也有不同。

茶树经过传播、人工栽培后,种植范围已经远超了原始生长地区。目前世界茶树主要分布在亚热带和热带地区,垂直分布从海平面以下到海拔 2300 m 范围内。五大洲都产茶,其中亚洲最多,约占茶叶总产量的 83.7%。根据茶叶生产分布和气候等条件,世界茶区可分为东亚、东南亚、南亚、西亚和欧洲、东非、南美 6 个茶区。其中中国、日本为东亚茶区的主产国,两国的茶叶总产量约占全世界的 39.6%。由于各茶区地理位置不同,气候条件也有差异,而且当地的茶叶消费习惯也不同,所以在茶树的栽培技术和茶叶生产方式等方面都有差异。

印度是世界上第二大产茶国,也是茶叶出口大国。印度种植茶树开始于 1780 年,主要在丘陵地区种植,每年 3—11 月均可采茶。印度主产红茶,茶叶生产走专业化和企业化道路,相对集中,一般为大公司和私人经营。其茶品质味浓、醇,非常适合加牛奶冲饮。在 20 世纪 50 年代,印度政府通过了《茶叶法》,是茶叶生产、流通环节的法律依据。印度商业部下设国家茶

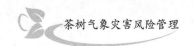

叶局,实行行业管理,并设有专门的研究机构,负责技术研发和推广。

肯尼亚是非洲新兴的产茶国,1903年从印度引进茶树,仅用了100年左右时间迅速成为世界第三茶叶生产国和贸易国,茶叶是肯尼亚的第一大出口商品。政府帮助农民种茶,研究如何提高茶叶的生产效率,哪种类型更适用于土壤含量,哪种类型产量更高。

斯里兰卡是世界上最好的红茶生产国,茶籽首次是1824年从中国输入。由于典型的热带气候和高地的土质非常适合茶树的生长,所以茶叶生产是斯里兰卡最大的产业。其茶叶生产以国营为主,生产的红茶约80%出口到欧洲等地,本国消费较少。

土耳其是世界上第五大茶叶生产国和第四大消费国。1888年开始尝试茶叶种植,土耳其的气候有利于茶叶生产。与出口相比,土耳其进口外国茶叶数量较多。

越南种植茶树有数百年的历史,是一个种植大量茶叶的国家,热带季风气候等地理条件很适合种植茶叶,主要生产红茶和绿茶。

印度尼西亚是自古以来生产茶叶的国家之一,1872年从斯里兰卡引种阿萨姆品种成功。印度尼西亚的气候非常适合茶树生长,主要生产红茶,有少量的茉莉花茶和乌龙茶。产量的70%左右用于出口。

阿根廷20世纪20年代从中国输入茶籽,是全球十大茶叶生产国之一。茶区主要分布在热带湿润气候,茶园多为农民家庭经营,规模较小。

日本是世界上引种中国茶树最早的国家。主要生产绿茶,但其国内茶叶消费量大,主要从中国、斯里兰卡、印度等地进口乌龙茶、绿茶、红茶等。日本在茶叶生产管理上比较先进,大多采用现代化的管理技术。

伊朗以生产红茶而闻名。1882年伊朗人开始在自己的国家种植茶叶,目前,伊朗共有约32000 hm² 茶园,大部分茶树种植在北部山坡上的省份。

1.2 茶叶生产与气象条件

1.2.1 茶树生长发育与气象条件

茶树原产于亚热带,属耐阴植物,一年四季常绿,对生态环境条件有一定要求。气象条件是影响茶树生长发育的主要环境条件,光照、热量和水分是茶树必需的气象因子。较高的温度、空气湿度、水分和一定的太阳辐射是茶树适宜的生长环境。缺水和低温冻害以及高温、连阴雨和强烈的太阳辐射属于不利气象条件,会导致茶树病虫害发生以及影响茶树的正常生长,从而影响茶的品质以及产量,严重情况下会导致茶树死亡。

光照强度与茶树生育和产量有密切关系,在其他条件满足的情况下,茶树光合作用的强度和光照成正比。茶树原产地位于低纬度地区,一般在日照已明显缩短的秋季开花,茶树是一种短日照作物。茶树适应于在散射光多的条件下生育,在散射光下生育的新梢,持嫩性好,品质优良,而直射光强的地方茶芽易老化。

对茶树的每个生命过程来说,有最低、最适和最高3个基点温度,不同茶树品种和生育期,3个基点温度不同。热量对茶树的生长和产量有重大影响。春季茶芽萌动除雨水充分外,温度是主导因子,一般认为,日平均气温稳定通过10℃,茶芽开始萌发。茶树生长最适宜温度也因品种和种植地区不同而有差异,大多数品种在20~30 ℃范围内。茶树的生物学最高温度,一般认为是日平均气温30 ℃(日最高气温≥35 ℃),在此温度以上,新梢生长基本停止,连续高温会导致枝梢枯萎,叶片脱落。

除了温度高低会影响茶叶产量外,茶树生长对积温也有要求,但世界各茶区的活动积温差异很大,在3000~7000 ℃·d。在其他因子满足的情况下,活动积温越高的地区,茶树新梢采摘的轮次也相应增多,这种情况在较高纬度和高海拔的茶园特别明显。茶树种植必须在合适的高度选址,因为随着海拔升高,气温逐渐降低,积温减少,茶树的冻害加重,茶树生长期缩短。

茶树种植区需要1000~1400 mm的年降水量,月降水量在100~150 mm能满足茶树需要。如果月降水量连续几个月小于50 mm,则需要人工灌溉。在热量条件基本满足的情况下,降水量是影响茶叶产量的主要因子。

空气与土壤湿度和茶树的生长也有关系。在茶树生长期间,空气相对湿度在80%~90%比较适宜,小于50%新梢生长受抑制,如果低于40%则茶树会受害。茶树生长的土壤含水量,根据茶树的品种和不同生育期而不同。一般来说土壤含水率达到田间持水量的70%~90%比较适宜。

茶园选址时,要根据当地的气候、土壤条件以及有无干旱、冻害、长期连阴雨等气象灾害,水热条件是否配合,以及茶树在该茶园生长期和鲜叶采收期是否较长等条件进行综合考虑。也可以考虑采取一些人为措施改变局地小气候,为茶树提供更适宜的生长条件,但这需要考虑经济成本。此外,应根据当地的气候条件引进适宜的茶树品种以及适宜的茶树种植方式,以获得最大化的经济产出。

1.2.2　茶叶采制加工与气象条件

除极个别情况外,在茶叶采摘加工的过程中,几乎每道工序都与气温、空气湿度等气象条件关系密切。

公元8世纪时,在茶叶生产中,茶农们已积累了有关适宜采摘茶叶的农时、气候、天气方面的知识。《茶经》中指出:"凡采茶,在二月、三月、四月之间。"这里所指的范围很广,可能包括当时的各茶区,各茶区南北气候差异很大,因而采茶的季节跨度亦大。《茶疏》中记录了当时江南一带的采摘春茶适宜的节气,写道:"清明谷雨,摘茶之候也。清明太早,立夏太迟,谷雨前后,其时适中。"

茶树种植地区的气候条件决定采茶制茶的季节长短。比如一个地方的水热资源丰富,那么采茶制茶季节较长,茶叶产量也高,反之采茶制茶季节较短,茶叶产量也低。春茶开采期的早迟受多种因子影响。江浙地区,气温是主导因子。若早春气温比常年低,则当年春茶开采期会比正常年份晚;若气温高,则开采期将提前。一般来说开采期可以用气候资料建立模型进行预测。但是如果某年早春气温偏高,致使茶芽很早开始萌发,但开采前如果有强冷气影响,则已经萌发的茶芽很容易被冻死,其侧芽又重新萌发,这样的年份茶树开采期反而会延迟。

采茶时,对天气是有要求的。如在晴朗凉爽的清晨,晨露已干时,采摘茶树鲜叶最为理想,正午气温迅速上升,应及时停采。雨天不适宜采摘鲜叶,会降低鲜叶的质量,从而影响成茶的质量。《茶经》有关章节提出"其日有雨不采,晴有云不采,晴采之"及"凌露采焉"等。《考槃余事》中也强调晴天采茶,采茶时"更需天色晴明采之方妙"。此外,《品茶要录》中也较详细地谈

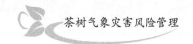

到了茶叶采制时间的得失。

鲜叶通过不同的制茶方法,制造出不同品质特征的茶类,目前主要有红茶、绿茶、乌龙茶(青茶)、白茶、黄茶和黑茶。不管哪类茶,在加工制作的过程中,都是先将采来的鲜叶进行萎凋,然后再采取杀青、发酵、揉捻、渥堆、闷黄、干燥等加工方式中的一种或多种组合方式,但是每种茶叶在加工的过程中,都是在一定的小气候环境下,加上人工或者不同的机械的揉压,使得茶叶鲜叶的外形、各种物质的含量以及茶叶中的水分含量都不一样,所有最终的成品茶的色、香、味、形都各具特色。例如武夷岩茶的制作就足以说明气象条件在制茶过程中的重要作用。鲜叶采摘后,需要连续晴天使青叶丧失水分,也就是第一步"萎凋",既不可以过分曝晒,使其与阳光接触过多,也不可以偷懒随便阴干。萎凋得恰到好处的岩茶毛料青气不显,清香外溢,叶质柔软。第二步是做青,做青对气象条件有着严苛的要求,做青最理想的天气是晴天、北风。适宜做青的气温范围为 20～30 ℃,以 24～26 ℃ 最为适宜;相对湿度范围则为 50％～90％,以 70％～80％ 最为适宜。此外,根据做青各个步骤不同,其需要的温度和湿度环境也不相同。前期温度和湿度要求均较低,随着过程逐渐升高,后期还要特别注意防止缺氧,适度通风。

1.2.3　茶叶贮藏运输与气象条件

茶叶通常有贮藏期,特别是绿茶,如果贮藏及运输方法不恰当,容易造成茶叶香气、味道和色泽发生变化,也就是通常所说的陈化劣变。茶叶的保鲜程度和品质随着贮藏时间的延长而下降。近年来研究表明,陈化劣变主要是茶叶内含有的脂类物质、茶多酚、叶绿素、氨基酸等物质的自动氧化和降解造成的。造成茶叶陈化的外界因素主要是水分、氧气、温度和光线。在茶叶的贮藏过程中,由于不能完全和空气隔离,茶叶易吸收空气的水汽,使茶叶的品质下降。特别是绿茶,在储存过程中容易变质。因为绿茶里面含有醛类、醇类等芳香物质,叶绿素、维生素 C 和多酚类化合物等,在空气中容易被氧化使绿茶失去原有的色泽和香气,严重一点还会影响口感。所以茶叶贮藏环境中空气湿度、温度、光线三个气象因素直接影响成茶品质下降变化的快慢和程度。特别是空气湿度,因为成品茶极容易吸湿而增加其含水率,使茶叶品质降低。茶叶储存的环境温度升高也会加速成茶叶氧化,使茶叶逐渐变色,茶多酚的含量逐渐减少,致使茶汤汤色、滋味、香气明显下降。另外如果成品茶被日光直接照射或者散射光的长期照射,可使绿茶中叶绿素 A 及维生素 C 的含量下降,促进了茶叶中类脂类生化物质的氧化,使茶叶颜色变褐,香气、滋味显著变差,茶叶加速陈化。

可见,有利于成品茶的储存环境是低温、干燥、避光的小气候环境。茶叶保存的最佳气象环境是在 5 ℃ 以下、无光、绝对干燥。家庭贮藏茶叶时,可以把茶叶装在纸袋里,再套上几层塑料袋,系紧袋口后放入电冰箱的冷藏室。

全球气候差异较大,在茶叶运输的过程中要考虑出口港和目的地之间的气候差异和季节,同时也要考虑运输过程中的天气气候状况。

1.3　茶叶生产研究进展

1.3.1　茶树种植技术进展

中国古籍对茶树栽培技术的记载,一般都是晚于现实。三国以前,古籍中没有任何关于茶树种植栽培技术的记载。如果对茶树形态特征的描述也算是对茶树种植技术记载的话,那最早是西晋《广志》中记录的"茶,丛生"是首次文字描述。广义地说,中国古籍对茶树种植技术知识的记载,是从描述茶树开始的。古籍对茶树的描述从西晋开始,一直到唐朝陆羽《茶经》才叙说完整。《茶经》对茶树的某些生物学特性、栽制技术和饮用方法,也都做了最早的记载。唐末五代之间的《四时篹要》对茶树种植技术做了具体记载。例如"种茶:二月中,于树下或北阴之地,开坎,圆三尺,深一尺"。宋朝在茶叶采摘和茶园除草方面做了具体的记载。明朝前期,主要在茶园的经营管理方面;后期,突出在茶树育苗和修剪方面。清朝,出现了茶树的压条繁殖法的记载。中国古代茶树栽培种植技术,就是这样不断汇集劳动人民一点一滴的创造,缓慢向前发展的。

新中国成立后,通过大力推广和运用低产茶园改造、茶树良种、深耕肥土、合理密植、修剪培育、灌溉施肥、耕作除草、防治病虫、茶园作业机械和合理采摘等技术措施,使茶园管理科学规范。因地制宜地抓好茶园的山地开辟,把握好种苗应用关、种植技术关和种后管理关,发展高标准新茶园,为茶园的高产优质奠定了良好的基础。20世纪80年代初,茶树矮化密植研究取得"早投产、早高产、早收益"的显著成果,并在全国推广。80年代中期,胶茶间作研究取得重大突破,海南、西双版纳、雷州半岛以及桂南一带大面积培育实践成功。20世纪下半叶,茶树保护有很大发展,在明确有害生物种群发生动态及其与环境关系的基础上,因地制宜,把有关防治措施加以协调综合应用,强调以农业技术防治为基础,化学防治与生物防治相结合,使有害生物种群数量控制在经济受害允许限度之内,把农药等对自然环境的破坏压至最低限度,维持生态平衡,保证饮茶者的健康不受影响。

20世纪80年代以后,中国茶叶种植技术开始了迅猛发展,茶园单产、产值都得到了很大的提高。在种植技术上注重选用早生种,加大秋冬基肥及早春追肥中的氮肥用量,各地茶区都出现了一大批"一优二高"的茶园;进入21世纪以来,在茶园丰产优质栽培技术、茶树施肥和土壤管理技术、机械化采茶技术和茶园标准化栽培技术等方面取得了一批丰硕成果。茶树田间试验方法、茶树育种研究法和茶树生理生化测定方法的不断完善,为深化和提升茶树栽培的研究奠定了基础。

建设生态茶园,选育新品种。选用无性系良种更换现有茶园群体品种,研究筛选有效生长调节物质对茶树生育实行定向调控,将抗虫基因导入茶树,实施茶树病虫害的综合协调治理,平衡施肥和茶树专用肥的施用,发展茶叶优质栽培以及普及茶园机械化作业,茶叶的无害化生产和清洁化生产,茶树养分生理特性,重金属和风险元素在茶树体内的累积和效应,茶园土壤培育技术、施肥技术,实现茶业可持续发展等方面将是中国茶树栽培今后的主要发展方向。

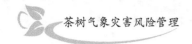

1.3.2 茶叶加工技术研究进展

人类用茶的历史从远古神农尝百草开始,逐渐产生了六大茶类的加工方法。茶叶加工是指选用茶树新梢,主要是茶树新梢的顶芽及顶芽向下的第一、二、三、四叶或者生嫩叶的梗,经过不同的工艺技术加工成茶叶的过程。茶叶加工的任务,就是控制条件促使茶叶品质优良。在茶叶加工的过程中,会使叶绿素遭到不同程度的破坏,从而产生不同色的叶色、香气和滋味以及不同的化学成分。

中国茶叶加工技术的演变过程可以分为茶叶加工起源时期、茶叶加工变革时期、茶叶加工发展时期和茶叶加工机械化时期等四个时期。

茶叶加工起源时期是从食用野生茶树的鲜叶开始到生煮羹饮。随着对茶的认识逐渐加深,三国以后,出现了简单的茶叶加工工艺,对鲜叶进行晒干或烘干收藏。此后为了去掉茶叶中浓郁的青草气味,至唐朝前发明了制饼烘干的茶叶加工技术,逐渐去掉了茶叶的苦涩味,宋朝由蒸青团茶发展到蒸青散茶。从蒸青团茶发展至炒青散茶的过程称为茶叶加工变革时期,主要经历了宋朝到元朝300多年的时间。先由蒸青团茶改为蒸青散茶,再改为炒青散茶也就是现在的绿茶。元朝团茶逐渐被淘汰,散茶有了较大的发展。炒青散茶利用干热制法,可以发挥茶叶香气,这样制作过的茶香气和滋味都更加浓郁。明朝蒸青散茶十分盛行。

明朝至清朝几百年继绿茶之后,逐渐衍生出了多种茶叶的加工方法,这个时期是茶叶加工的发展时期。在追求茶叶的香气和滋味的改变中,开始了不发酵、半发酵和全发酵的一系列由于发酵程度的不同而引起茶叶内质变化的研究,总结规律后通过不同的加工工艺,白茶、青茶、花茶相继出现。

由于茶叶加工技术的不断完善和工业化的发展,各类制茶机械相继出现,茶叶加工逐渐进入机械化时期。关于利用机械化制茶,其实中国唐宋时期就开始利用水车动力进行碾磨制作茶团。国外于20世纪初开始利用机械加工制茶。

现在全国有大规模的红、绿茶加工厂,红、绿茶生产实现了机械化。茶叶也从初级产品到深加工产品,例如茶叶饮料、茶叶提取物加工而成的药品和保健品等形式多样的产品。

1.3.3 茶叶功效成分研究进展

茶是由各种各样的生化反应产生的一系列化学成分组成的特殊物质。关于饮茶的作用,经过总结主要有:少睡解倦、解毒止渴、消食祛痰、利尿明目、延年益寿等。相应的茶类对部分疾病有辅助治疗效果,如普洱茶有降血脂、降血糖的辅助保健功效,绿茶有抗癌、抗氧化的保健功效等。茶叶鲜叶中水分占75%~78%,干物质22%~25%。经过研究,茶叶中含有10余类、700多种化学成分,其中有机化合物占9成左右。干物质又分为有机物和无机物。其中有机物主要是:蛋白质、糖类、脂类、生物碱、有机酸、氨基酸、色素、维生素和芳香物质,且茶蛋白、茶多酚、咖啡因、茶氨酸、茶色素等具有良好保健功效。

茶叶中的蛋白质、糖类、脂类占90%以上,是茶叶产量的决定因素,但决定茶品质的主要是其色、香、味。"色"主要是色素(叶绿素、胡萝卜素)和酚类;"香"主要是芳香物质,其中鲜叶中87种、绿茶260种、红茶400多种;"味"主要是多酚类、氨基酸、咖啡因和糖。

茶叶中含有多种对人体有益的营养成分,如蛋白质、氨基酸、各种糖类、多种维生素等。茶氨酸有镇静和增强记忆的作用。但茶叶的功效成分主要是：茶多酚、茶色素、茶氨酸、咖啡因，最具有现实应用价值。

茶多酚，亦称"茶鞣质""茶单宁"，是茶叶中多酚类物质的总称，是存在于茶树中的多元酚混合物。茶叶中的茶多酚含量丰富，茶鲜叶中的含量一般在18％～36％（干重），主要分布在茶芽上，对茶叶的品质影响最显著。茶多酚包括黄烷醇类（儿茶素类）、黄酮类、黄酮醇类、花青素类、花白素类、酚酸等。茶多酚的主要作用有：增强微血管壁的弹性，调节血管的渗透性；利尿；降低胆固醇、增强心肌和血管壁弹性、杀菌消炎、抗氧化和抑菌、解毒、抗突变、抗癌、抗辐射等的作用。

茶叶中氨基酸一般为1％～4％。目前茶叶中已发现20种蛋白质氨基酸和6种非蛋白质氨基酸，其中，最主要的有茶氨酸、谷氨酸、天门冬氨酸和精氨酸。茶氨酸几乎为茶叶所特有，约占所有氨基酸含量的50％。氨基酸是组成茶叶滋味最重要的三大类物质（茶多酚、氨基酸、咖啡因）之一，如果茶叶当中氨基酸含量较高，那么口感就会表现出鲜、爽、甜。部分氨基酸还表现出一定的良好香气，如腥甜、海苔味、鲜甜、紫菜气味等，有些氨基酸还能与其他物质相结合，在制茶过程中参与良好香气的形成。茶叶的氨基酸能提供人体生理代谢所必需的氨基酸。相关实验证明，茶叶氨基酸有助于大脑进入状态，对人的思维、记忆、学习等脑力活动具有良好的辅助作用。茶叶氨基酸还可以抑制由咖啡因引起的人体兴奋，使人镇静，促使注意力集中。

茶叶中含有的生物碱物质主要有咖啡因、可可碱、茶叶碱等。生物碱有刺激中枢神经系统、呼吸系统、心肌以及骨骼肌的作用，并且可以扩张冠状动脉，松弛横纹肌和平滑肌，这些对解除疲劳有良好的作用，同时也有利尿作用。

茶叶中的有机酸成分会与吗啡、尼古丁等发生中和反应，生成溶于水的盐类。因此，饮茶可以帮助存在于人体中的有害成分生成盐类，溶于水后排出体外。所以普遍认为饮茶可以缓解烟毒。茶叶的杀菌成分主要有醇类、醛类和酯类等化合物，此外，茶叶中的硫、碘、氯等无机物，也有一定的杀菌作用。

1.3.4　茶叶贮藏技术研究进展

唐宋时期就有利用贮藏工具隔绝空气中的水分来保持茶叶品质的方法，陆羽的《茶经》中就提及茶叶适宜贮藏在较暗而干燥的小气候环境之中。北宋蔡襄著的《茶录》、17世纪熊明遇写的《罗芥茶记》中，也记载着茶叶贮藏的方法，它们也都与小气候有关。

1.4　茶叶气象研究进展

1.4.1　中国古代茶叶气象相关记载

中国是世界上利用野生茶树、种植茶树及生产茶叶最早的国家。随着茶叶生产的发展，人们逐步总结茶树种植的生产经验，包括茶树适应的土壤以及与天气、气候等的关系。公元761年陆羽写出了关于茶叶的第一部专著《茶经》，全书7000多字，全面总结记录了唐朝及唐朝以前有关茶叶的栽培、制作、饮品的实践经验。其中包括了有关茶叶产地的气候生态及茶树适宜的小气候环境等的描述。自此以后，在许多学者的著作文献中陆陆续续也有若干类似的茶树

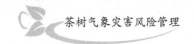

气候方面的文字记载。

唐代陆羽在他的《茶经》中第一章"茶之源"记述了茶树的植物学性状、茶树生长的自然条件和栽培方法、鲜叶品质的鉴别方法以及茶的功效等;第八章"茶之出"记载了唐代茶叶的产地,是在"山南""淮南""剑南"及其以南的江南、岭南各地,这些地区都是水热资源丰富、很适宜茶树生长的地区。陆羽在文中还比较了各茶区当时所产茶叶的品质优劣。宋代宋子安在《东溪试茶录》中还总结了福建山区,春季适宜于茶树生长的温度、空气湿度和光照条件。他说,在早春的时候,早上有虹出现,经常下雨,等到雨止天晴,则云拥雾障,日光昏暗微弱,犹如在蒸气之中,虽然是在白昼的中午,仍然觉得较寒,所以适宜于茶树的生长。

宋子安在《东溪试茶录》一书中写道:"茶宜高山之阴,而喜日阳之早。"就是说,茶树适宜栽培在高山阴蔽的地方,而喜欢较早地受到阳光的照射。在陆羽的《茶经》中,也指出茶树宜植于阳光可照射到的山岩上,并要有树林遮掩着。若茶树种在山的北面坡地或山谷中,则所产的鲜叶品质差。这些都明确指出了,茶的品质与外界环境条件有较大关系。

1.4.2　中国现代茶叶气象研究进展

中国现代关于茶叶气象的研究也比较多,如吴英藩(1952)较全面地概述了气候与茶树的关系。庄晚芳(1956)将全国划分为四大茶区:华中北茶区,处于 $31° \sim 32°$N,包括皖北、豫、陕南产茶区,全年平均气温较低,最低气温有时可达-12 ℃,降水量也少,是我国最北茶区;华中南茶区,包括苏、皖(南)、浙、赣、鄂、湘等省产茶区,这些地区四季分明,年平均气温为 $16 \sim 18$ ℃,但局部地区因低温侵入,冬季气温较低,个别地区最低气温可达$-10 \sim -5$ ℃,而夏季的气温较高,丘陵、平地产茶区气温常在 30 ℃ 以上,降水量较大,但四季不均;四川盆地及云贵高原茶区,在四川盆地内酷暑而无严寒,盆地外则夏季凉爽,冬季温和,年平均气温 $17 \sim 18$ ℃,降水量在 1200 mm 以上,云贵高原属亚热带气候,冬天低温一般在 4 ℃ 以上,在云南南部则为热带性气候,降水量在 1500 mm 左右;华南茶区,包括福建、广东、广西、湖南南部,属亚热带及热带气候,茶树生长期均比其他茶区长,在山麓或平原年平均气温为 $19 \sim 22$ ℃,降水量在 1500 mm 以上。中国农业科学院农业气象室农业气候组等(1982)以极端最低气温的多年平均值和极值作为指标,并辅以年平均气温和活动积温($\geqslant 10$ ℃),参考年降水量等因素,将中国茶区分为茶树栽培适宜、次适宜、可能种植及不可能种植 4 个气候区;在适宜气候区中,又根据年活动积温 6000 ℃·d,年平均气温 18 ℃ 等条件分 2 个副区;其中四川盆地和长江流域等适宜中、小叶种茶树生长,而华南副区适宜大叶种茶树生长。黄寿波(1965)指出,浙江茶区茶叶气候资源优越,但冬季受寒潮南下影响,茶树易受冻害,夏秋季水分不足,茶树易受旱害。浙江和安徽主要山地茶树适宜栽培的上限高度分别是:天目山区西南坡为 360 m 左右,黄山南坡约 500 m,括苍山西坡是 560 m。超过该高度虽然也可种茶,但茶叶产量相对较低,冻害较重,生产成本较高。同一座山地不同坡向坡地的茶树适栽上限高度是有区别的,一般南坡比北坡高$50 \sim 100$ m,而东、西坡介于南、北坡之间(黄寿波,1982a)。谢庆梓(1993)根据福建山地气候生态特征和茶树的生物学特性,指出闽南(龙岩—华安—长泰—厦门以南)海拔 400 m 以下的山地、闽中(武平—六田—惠安的山腰)海拔 200 m 以下的山地为大叶种茶树最适宜种植气候带;闽西南(永定—大田北部—惠安以南)海拔 600 m 以下的山地、闽中和闽东北(连城北部—福州西北部—政和东南部—惠安以南)海拔 200 m 以下山地为大叶种茶树适宜种植气候带;

闽西北(连城—政和以北)的山地不适宜种植大叶种茶树。闽西南海拔600 m以下、闽中和闽东北海拔200 m以下山地最适宜种植小叶种茶树;闽西南海拔1200 m以下、长汀以南—南平以北—蒲田以东海拔1100 m以下的山地、闽西北和闽东北(泰宁—建阳北部、福州北部)海拔900 m(部分县、市600 m)以下山地适宜种植小叶种茶树;闽西南(永定—大田北部—崇武以南)海拔1500 m以下山地、闽中海拔1200 m以下山地、闽北(建宁—崇安—政和东部)及闽东北的宁德和罗源以东北海拔950 m以下山地为中、小叶种茶树次适宜种植气候带;闽南海拔1500 m以上山地、闽中和闽东海拔1200 m以上山地、闽北和闽东北海拔950 m以上山地为中、小叶种茶树不适宜种植气候带。

庄雪岚(1964)研究了不同茶季茶树的光饱和点和补偿点,结果说明盛夏时的光饱和点较大而春秋季则较小。王利溥(1995)指出日照时间影响茶树生长发育以及产量形成、产品质量。李倬等(1990)指出茶丛表面可将近红外线(750～1100 nm)反射掉52%～55%,对670～400 nm波段反射率约为5%;在透射辐射中,有10%～12%的近红外线可透射到丛下地面20 cm高处,其余波长仅透射2%～4%;对蓝紫光(400～480 nm)、橙光(680 nm)吸收率都很高,对近红外部分吸收极少;茶丛表面晴天中午的反射能谱以780 nm波长为最强,波长小于700 nm的反射率皆小于4%,760～980 nm波段为35%～43%,1100 nm波长的反射率高达52%;茶丛对光合有效辐射中各波长的吸收率一般为95%～97%,紫外波段为91%～100%,红外部分也有35%～60%。

蒋跃林等(2000)指出冬季低温条件是茶树栽培北界和垂直高度界限的决定因子。以年极端最低气温≤−15 ℃、≤−5 ℃低温出现频率10%分别作为划分灌木中小叶型茶树和乔木大叶型茶树栽培北界的气候指标,划分出茶树的栽培北界。灌木中小叶型茶树栽培北界位于朝阳、蚌埠、信阳、商县、武都、泸定、德钦、林芝到错那一线;乔木大叶型茶树栽培北界位于温州、龙岩、韶关、榕江、广南、昆明到六库一线。用年极端最低气温多年平均值−10 ℃和−3 ℃作为两种生态类型茶树栽培垂直高度界限指标,推算出茶树栽培垂直高度界限为440～2130 m。黄寿波等(1989)考虑到茶树对低温的敏感性、活动积温对茶叶产量的影响等因素,选择了4种与温度有关的指标,作为茶树生态区划的依据,并参考了茶树气候区划的结果和地形土壤条件,将中国划分为5个栽培适宜性生态区,即乔木型大叶类品种适宜区、小乔木或灌木型品种适宜区、灌木型品种次适宜区、灌木型品种可能栽培区和灌木型品种不能栽培区。

在气候变化对茶叶生产影响方面,Lou等(2020)针对春季、夏秋季茶叶生产特点,使用适合茶叶生产系统的建模技术,建立春季茶叶经济产出模型和夏秋季茶叶产量模型,分析了气候变化对茶叶产出的影响。

1.4.3　中国茶园小气候研究进展

茶树经过人工种植和培育后形成了稠密、整齐、光滑、水平形或椭圆形的树冠,这是茶园进行热量、水分交换的表面。在茶园范围及其附近地区靠近地表内2 m以下的空气层和表层土壤中,形成了一种独特的小范围的气候。由于茶园所在地的纬度、海拔高度、地形和特定的大气候条件不同,茶园小气候也是在特定的大气候背景下派生出来的。

茶园四周种植护茶林和茶园种植遮阴树都是改善茶园小气候的手段。《四时纂要》一书中有茶与雄麻、黍稷间作的最早记载,写道"此物畏日,可种于桑下竹阴之地",指出茶树怕很强的

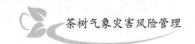

阳光直射,可以将它种在桑树下或竹子荫蔽的地方,这样在桑、竹的遮阴下,可以长得更好。《大观茶论》中也说"植茶之地,崖必阳,圃必阴",即茶园必须种在山崖的向阳处,但茶园必须是一些有荫蔽的场所,"今圃家植木以资茶之阴"。这说明,当时茶园的主人们已经有意识地采取在茶园中种植树木,为茶树遮阴,以避免受到过强的太阳直接辐射。这比其他国家在茶园种植遮阴,足足早了8个世纪。

在茶园地形小气候方面,《茶解》中指出,山区茶园中,地形小气候的优劣差异很大,书中写道:"茶地南向为佳,向阴者遂劣。故一山之中,美恶相悬。"在《岕茶汇钞》一书中,提出:"洞山之岕,南面阳光,朝旭夕晖,云滃雾淳,所以味迥别也。产茶处,山之夕阳胜于朝阳。庙后山西向,故称佳。总不如洞山南向受阳气特长,是称仙品。"洞山处于太湖之滨,其南向山岕中的茶树,既能获得充分的柔和的阳光和热量,而且有从太湖湖面上送来的雾水汽,因而所产的绿茶持性好,内质特优,与其他地方所产的绿茶迥然不同,所以冒襄赞之为"仙品"。此外,《罗岕茶记》中,也谈到罗岕产茶地的光照等小气候条件。

在茶树与树木间作研究方面,杨清平等(2013)研究表明,猕猴桃与茶间作能将茶园的相对湿度提高3%～5%,茶园日最高气温降低2～7 ℃,日平均气温降低2～5 ℃,茶蓬面上的光照度降低25%,夏茶和秋茶产量分别提高12.2%和18.6%,夏、秋茶的氨基酸含量明显增加。翁友德(1988)指出,利用果(林)与茶树间作,在一定种植密度下,能改善茶园小气候,调节和合理利用光能,提高土壤肥力,但有些间作果(林)树种如荔枝、板栗等,由于树冠庞大,枝叶稠密,使透光降低,光强度减弱可达60%～70%,不利茶树的同化作用,间作后会造成茶树生长受抑制,长势矮小,芽头稀疏,百芽重小,对夹叶多。

适宜的水分供应是保证茶树正常生育的必要条件。在长江中下游茶区,每年"出梅"后7—8月常有"伏旱",茶园需要灌溉补充水分。茶园土壤表面铺草覆盖是夏季防旱、冬季保暖的措施,对茶园水分也有调节作用。潘根生等(1981)指出,茶园喷灌后土壤温度和空气温度的日变幅明显减少,土壤温度和空气温度的垂直分布差异缓和,土壤和空气湿度增大;喷灌茶园的降温增湿效应,喷灌期间比喷灌结束后明显,白昼比夜间明显,晴天比阴天明显,接近地表的土壤和空气比远离地表的土壤和空气明显;大田试验喷灌比不喷灌增产11.2%,小区试验增产4.0%～38.9%,喷灌可使氨基氮增加19.91～39.51 mg/g,水分增加2.1%～4.5%,芽叶纤维素减少0.39%～0.98%。

黄寿波(1983)指出,茶园中有两个活动面,一个是树冠表面,称外活动面,另一个是土壤表面,称内活动面。在密植茶园中,外活动面对茶园小气候形成起着决定性作用。茶树树冠表面是茶园内各气象要素垂直变化的转折点,在白昼午后出现最高温度,夜间或清晨出现最低温度,因而茶树树冠温度日变幅最大。这一特点对茶树生育各有利弊,我们应采取相应的农业技术措施,以达到趋利避害的目的。茶树树冠以下气层光照弱、风速小、无直射光、空气湿度大,有利于茶树病虫害的传播与活动,在生产上应予注意。茶园内各气象要素的日变化特点与裸地或其他农作物相似。但茶树基部,由于树冠的遮蔽,无论是光、温、湿、风的日变幅均较裸地或其他作物要小。

李倬等(1997)指出,茶丛冠层上,晴天清晨常出现有辐射逆温层,此时叶温通常比大气温度低4～5 ℃;白天,冠层下面,近地表处,气温皆低;茶丛中空气相对湿度的分布,不论冬夏,在垂直方向上,皆为下大上小,内大外小,二者相差可达5%～15%;茶树冠层中,光能减弱很快,在稍密的(LAI＝4.3)树冠中,阳光深入 20 cm,即被减弱到 3%～20%;茶丛表面,通常可将总辐射反射掉 21%～25%,个别可超过 28%。

关于塑料大棚茶园的小气候特征,黄寿波等(1997)对塑料大棚茶园内温、湿度曾做了较为全面的研究。班昕等(1997)探讨了山东塑料大棚茶园内一些冬季保温、保湿措施,以调节其小气候。此外,储长树等(1992)有关塑料大棚内温、湿度变化规律及通风效应等研究结果,也值得经营塑料大棚茶园者参考。

1.4.4　中国茶叶品质与气候条件研究进展

影响茶叶品质的因素很多,如茶树的品种、产地(土壤、生长的生态环境)、种植管理水平和采摘制作技术工艺以及茶叶的收购、贮存条件。

中国古代对茶叶和气候条件就开始了研究,留下的记载也不少,例如宋子安曾观察研究并记录了当时宋朝皇家茶园建溪北苑春茶萌发的早迟与当年初春气候的关系,认为建溪春茶的萌发较邻近其他茶园为早。而北苑壑源的尤早:"岁多暖则先惊蛰十日即芽,岁多寒则后惊蛰五日始发,先芽者,气味俱不佳,唯过惊蛰者最为第一。"即在当地气候条件下,茶树常萌发于惊蛰前后。若遇暖春年份,茶树发芽可提前到 2 月中下旬,若遇寒春,则茶芽将延迟到 3 月 10 日前后才萌发。而早先发芽的茶树鲜叶制成的成品茶,其茶汤、香气、滋味都不是很好,唯以过了惊蛰发芽的茶树嫩梢鲜叶加工的成品茶,品质最好。

优质绿茶决定于地形、栽培条件和茶园的气候条件。高山茶区相对低温、高湿、多云雾气候,是高山名优茶的主要气候生态环境条件。

温度升降的快慢与茶叶品质有关。曾经一段时间茶农追求茶叶产量,但茶叶产量并不决定茶叶产值。决定茶叶品质主要是茶叶里面氨基酸的高低,茶叶中的苦味主要是咖啡因的作用。优越的高山气候条件,能调节多酚类的生物合成和氮化物分解代谢速度,所以高山优质茶氨基酸含量高,而多酚类浓度则相比低海拔地区低。

另外,光照条件也影响茶叶品质,在散射光多的条件下,茶叶品质较好,春茶的品质明显高于夏、秋茶就跟光照、温湿度条件有关系。生态环境与茶叶品质也有相关性,例如在茶园周围种植护茶林,适当种植茶园遮阴树等。

娄伟平(2014a)研究表明,气象因子对茶叶生化成分的影响可划分为敏感区间和不敏感区间。在敏感区间内,生化成分随气象因子显著变化;在不敏感区间,生化成分不随气象因子变化。

1.4.5　中国茶树气象灾害研究进展

中国对茶树气象灾害及其防御方面的研究,主要集中在茶树受低温冷、冻害及旱、热害方面。其他气象灾害还有暴雨、大风、湿害和冰雹等。其中低温冻害和旱、热害对茶叶生产影响最大。

茶树受低温危害可分寒害和冻害两种,在冻结温度 0 ℃以上的低温危害称为寒害或冷害,而冻结温度 0 ℃以下的低温危害称为冻害。茶树耐低温的能力,因品种、年龄、器官、栽培管理水平、季节和其他因子的配合不同而异。例如气温降到 -2 ℃时,茶花大部分死亡。在冬季,茶树枝梢耐低温能力较强,大部分品种能耐 -16～-8 ℃,但南方类型如阿萨姆茶树只能耐

−6 ℃。中国茶树冻害主要发生在桐柏山—大别山北坡,江淮分水岭—苏北总干渠以北各茶区。大别山区的冻害对该地茶叶生产影响较大,浙江茶区有的年份也有冻害,在闽北茶区也有冻害出现,海拔越高冻害越重。谢庆梓(1993)调查指出,1962 年到 1963 年冬季,闽北茶区海拔 500 m 的茶园,受冻茶树占 30.6%,程度较轻;海拔 700 m 的茶园,受冻茶树占 88.6%,程度稍重。海拔 860~1170 m 高的庐山云雾茶产地,经常有冻害发生,冻害是该地发展茶叶的最大威胁。茶树受冻程度与低温强度、品种以及其他气象要素的配合情况有关。据浙江省气象局调查,在茶树越冬期,当最低气温降至−6 ℃左右连续冻结 6 d,西北风 6~8 m/s,嵊州茶区的当地茶树品种嫩梢就会受到不同程度冻害;当最低气温降至−8 ℃,连续冻结 12 d 以上,就会引起严重冻害。春季茶芽萌发后,遇到 0 ℃左右的低温茶树就会受冻(黄寿波,1985)。

茶树的低温冻害对生产影响很大,应采取各类方法防御。一般来说是选择有利的地形和小气候条件种植,在茶园四周种植护茶林等;选取耐寒品种,加强栽培管理和及时采摘鲜叶。也有采取覆盖、培土、熏烟、喷雾等方法防茶叶霜冻。

温度过高引起的茶树危害称为热害,水分不足又缺乏灌溉引起的茶树受害称为旱害。在长江中下游茶区,旱害和热害基本同时发生。高温日数多、干旱期又长的年份茶树受害最严重,可使夏秋茶以及第二年的春茶产量和品质都会降低。杭州茶区 1964 年 7 月平均气温为 30.3 ℃,月极端最高气温为 38.9 ℃,月降雨量为 60 mm,不少茶园的新梢枯死,夏、秋茶产量明显降低。高温、干旱是伴随发生的,干旱重的年份往往高温日数多,高温日数多也使干旱加重。有的年份虽然旱期长无雨日数多,但高温日数不多,茶树受害相对较轻;而高温日数多,旱期又长的年份则对茶树危害大,可使夏秋茶及翌年产量降低(黄寿波,1985)。

1.4.6 国外茶叶气象研究进展

19 世纪以来,随着科学技术的发展,茶叶气象的研究在世界范围内亦有长足的发展。尤其以日本、俄罗斯等国做的工作较多。印度、斯里兰卡、肯尼亚等国也做了不少工作。主要通过茶树生长发育、产量和天气气候条件的对比分析和一些模拟试验得出茶树生长的气象指标。

Koppen(1900)在研究世界气候分类时,得出在多年平均最热月气温为 22 ℃以上,多年平均最冷月气温为 2~18 ℃,气候温和但冬季较冷的地区,其气候适宜于山茶属及其他一些亚热带植物的生长,其典型的代表性植物就是茶树,他将这种气候型命名为"茶属气候型"。另外,他还提出了多种气候型,并以各气候型中的典型植物命名。威廉·乌克斯(2011)也对茶树生长所适宜的气候条件作了简要叙述。

Domrös(1974)对斯里兰卡茶叶产区的气候进行了分析,并在此基础上做出该国茶树适宜种植的气候区划。他以年平均气温作为最重要的茶树区划指标,把茶区分为 3 种:最适宜、适宜和不适宜。最适宜区的年平均气温为 18~20 ℃,它位于斯里兰卡中央高地西坡上海拔高度为 1150~1500 m 的地段和东坡海拔高度为 1250~1625 m 的地区;适宜区的指标界定在年平均气温为 25 ℃,高地上西坡海拔 400~1150 m 和东坡海拔 1500~1900 m 的地区;不适宜区则在海拔 1900 m 以上的高山,因气温较低而常有霜冻。

Hadfield(1968)在阿萨姆邦发现,在气温 30~32 ℃的环境下,太阳照射下的叶片温度达到 40~45 ℃,尽管遮阴导致叶片温度下降到环境温度±2 ℃,无遮阴叶片(阿萨姆邦型)比体型较小、近直立的叶片(中国型)高 2~4 ℃。在实验室的受控条件下,Hadfield(1968)对离体叶片进行研究,发现两种类型的茶叶的净光合速率在 35 ℃ 以下稳定上升,然后急剧下降,当叶温达到 39～42 ℃ 时,呼吸停止。呼吸作用继续上升,直到叶子在 48 ℃ 以上受到不可逆转的损害。

Chang(1968)指出,在许多情况下,土壤温度对植物生命的生态意义大于空气温度,并且有一些证据表明土壤温度影响茶叶的生长速度。Carr(1970)指出,在坦桑尼亚南部的寒冷季节,当土壤温度(地表草表面以下 0～30 cm 处)低于 19～20 ℃ 时,茶树嫩枝伸展受到限制,当土壤温度达到 17～18 ℃ 时,枝条完全停止生长,当土壤温度上升到接近 20 ℃ 时,地上部的伸长才重新开始。地上部生长量与土壤温度存在极显著的线性关系,而与平均气温不存在这种线性关系。

生长在高纬度地区的茶树,如印度东北部和巴基斯坦东部(23°～27°N)和马拉维(16°S),在冬季有一段休眠期,或生长相对缓慢。仅根据气温就可以解释这种休眠,因为茶树生长在赤道附近,如锡兰(7°N),或生长在赤道(如肯尼亚和乌干达)上,但海拔较高,气温相似,有时更低,但全年仍在生长。人们提出了各种各样的解释,但似乎没有一种解释具有普遍的适用性。Harler(1966)认为,当 1 月和 7 月的日平均气温差超过 11 ℃ 时,在冬季会引起休眠。然而,有些茶区的气温年变化幅度远低于 10 ℃,但仍处于冬季休眠状态,如巴基斯坦东部和坦桑尼亚南部。

冬季休眠最有可能的唯一解释是基于光周期反应。这一观点是由 Schoorel(1949)提出的,他观察到,在 13°N 到 13°S 之间种植的茶树全年都在生长,而 22°N 和 17°S 以南,四季的影响是显而易见的。后来,Carr(1972)指出,Barua 通过人为地将白天延长到 13 h(黎明前或黄昏后),成功地打破了阿萨姆邦茶树的冬眠状态。补充光照促进了芽的生长,加速了芽的断裂,抑制了开花。在短日照季节向植物注射赤霉素也有类似的促进生长的作用,这表明短日照是通过内部生长调节剂起作用的。Barua(1981)认为茶树会经历一段完全休眠期,即冬季白天短于约 11 小时 15 分钟的临界长度,至少持续 6 周,这种休眠发生在赤道以北或以南的纬度大于 16°的地方。在坦桑尼亚南部的 Mufindi 区,纬度只有 8.5°S,海拔 1900 m,即使最短日照时间不低于 11 小时 40 分钟,冬季休眠仍然存在。在这个时候已经可能是土壤温度较低导致茶树休眠。

茶树对水分条件的要求比较严格。Eden(1974)指出,茶树种植区年雨量至少需要 1150 mm,而且要求雨量季节分配均匀;如果有灌溉水可以利用,那年降水量小于 1100 mm 的地区仍然可以种植茶树,并获得产量;提高空气湿度有利于茶树生长,空气相对湿度在 73％～85％ 有利于提高茶树产量、品质。目前还没有确定茶叶能够成功种植的最大年降雨量。Eden(1974)指出,在锡兰年降雨量 5000 mm 的地区,茶树生长良好,因此他认为没有决定性的上限。Harler(1966)认为过多的雨水会使土壤淹水,减缓茶树的生长。这两种理论也不相互排斥,因为降雨量的影响还取决于其他环境因素,如日照、土壤排水特性和地下水位高度。

空气湿度高有利于茶树生长(Eden,1974)。Lebedev(1961)发现,每天中午间歇洒水会提高茶树丛周围的湿度,降低茶树丛周围的空气温度。这改善了植物的水分平衡,并对所测的许多生理参数产生了有利的影响,使产量比未灌溉的对照提高了 5 倍,每 10 天灌溉一次的产量增加了 50％。

多数学者认为,茶树是一种耐阴植物,喜欢散射和漫射光。Hadfield(1968)对叶姿平展型

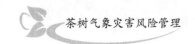

(H 型)和直立型(E 型)茶树对印度东北茶区夏季高温与强光照适应性的试验研究表明,H 型阿萨姆种茶树若要获得最大生长量则需要遮阴。

Roy 等(2020)指出气候变化影响茶叶生长和产出。在印度东北部,天气模式发生了变化:多年来降雨量减少了约 200 mm,过去 93 年平均气温上升了约 1.3 ℃,特别是在过去 30 年,超过 35 ℃的高温日数明显增加;年降雨量的减少与月降雨量的分布发生显著变化,季风后期和冬季月降水量较多;另一个重要方面是大气中 CO_2 浓度上升。近年来,阿萨姆邦的 CO_2 浓度升高到 398 ppm,比过去 10 年的 CO_2 浓度高出许多,2008 年的 CO_2 浓度在 364 ppm 左右。由于这些气候变化,近年来与茶树有关的总体害虫情景已经发生了明显转变。目前,茶树害虫通过提高繁殖潜力、取食率、分布格局、生育期缩短、年世代数增多、迁移等途径对茶树造成更大的危害,并伴有一些次生害虫暴发。

Duncan 等(2016)发现,当月平均气温高于 26.6 ℃时,变暖会产生负面影响,茶叶产量随平均气温升高而下降;干旱强度不影响茶叶产量,降水变异性,特别是降水强度,对茶叶产量有负面影响。Jayasinghe 等(2019)发现在 MIROC5 和 CCSM4 全球气候模式下,2050 年和 2070 年,低海拔地区的大部分最优和中等茶树适宜性种植区域将比高海拔地区减少得更多。对目前和未来适宜茶种植区分布的比较显示,总的"最佳""中等"和"边缘"适宜区分别下降了约 10.5%、17%和 8%,这意味着到 2050 年和 2070 年,气候将对斯里兰卡茶树的种植适宜性产生负面影响。

1.4.7 国外茶园小气候研究进展

茶园小气候研究,国外也做了不少工作。Fordham(1984)在马拉维中非茶叶研究所进行了茶树小气候观测,测定内容有茶叶气孔开度、太阳辐射、气温、风速等。得出了灌溉茶园的小气候规律。俄罗斯学者曾研究过不同季节在不同天气条件下茶园内的叶温和茶树的活动面温度,为茶树冬季防冻、夏季防高温提供了气候依据。观测表明茶树的叶温与气温的差值大小随季节和天气状况变化。晴天,夜间叶温比气温低,但变化很小。早晨日出后叶面温度升高很快,下午太阳辐射减弱后,叶温也逐渐降低。而在阴天,夜间叶温和气温几乎没有差别,白天叶温比气温也只高 1~2 ℃。无论晴天还是阴天,叶温和气温的差值都是冬季比夏季大。白天叶温比气温高,而夜间叶温比气温低,所以叶温的日变化比气温的日变化幅度要大。

Callander 等(1981)在肯尼亚研究了种植园中茶树冠层热量水分等的传输,Kairu(1995)也在那里对成年茶树冠层上独特的边界层气候情况进行了较全面的研究。在灌溉茶园的小气候方面,Fordham(1984)曾在马拉维茶区旱季降水前后测定它的小气候并计算了波文比。观测结果表明,旱季灌溉,可改变作物表面能量平衡,使小气候得到改善。Konomoto 等(1972)研究表明,旱季茶园灌溉能改善茶园小气候条件,从而增加茶叶产量和提高茶叶质量。茶园中覆盖茶株的小气候效应,若干学者做了不少研究,Sukasman 等(1984)以塑料膜覆盖扦插茶苗,促使茶芽早发。Widayat 等(2011)在西爪哇万隆茶叶和金鸡纳研究所研究表明,成熟茶区常绿乔木的存在,能保持适宜茶树生长的温度、相对湿度和日照强度,抑制害虫的数量,增加害虫天敌的数量,在雨季和旱季可分别增加茶树的产量 21%、55%。

1.4.8　国外茶树气象灾害研究进展

东非、俄罗斯和印度等茶区,高温和干旱影响较大,这些国家主要采用建造防护林、喷灌和种植遮阴树等方法减轻灾害。Harler指出,如果雨量过多或者排水不畅,会引起茶树湿害,雨量太少而气温太高会引起茶树旱热害。

斯里兰卡、孟加拉国、印尼等低纬度国家,由于茶树多在高山种植,品种耐寒性差,也易受到寒冻害。报道认为,影响茶树寒(冻)害的因子非常复杂,茶树耐低温的能力不但决定于低温强度和持续时间长短、低温前后天气状况等气象因子,而且与茶树生长状况、茶树品种和栽培技术有关。Lengerke(1978)指出,在印度南部尼基里斯高原,海拔1800 m以上,茶树每年都会遭受辐射型霜冻。从上一年的10月第三周到当年4月第二周,近6个月是潜在霜冻季节,夜间霜冻会对茶树造成严重的损害和严重的产量损失。喷水防冻是一个有效的防御方法,但其应用仅限于实际发生霜冻的夜晚。

Aono等(1953)通过对日本春季茶园霜冻分析指出,在霜冻夜易冻害地区,气流从较高的地方流下来,停留在不是田间最低的地方,而是植物生长最低的地方。柑橘树下的茶树没有比露地上的茶树更容易受冻。遮阴可使茶丛周围空气保持温暖,促进茶树芽的生长,提高茶叶品质。Takahashi等(1958)指出茶树遭受霜冻后萌发的芽有两种,一种是从存活芽发育而来,另一种是从损伤芽下部的侧芽中发育而来。有时,老茎上的不定芽也发生了严重的损伤。受伤的芽的采摘日期比未受伤的芽推迟10~45 d。

国外对茶树防御寒冻害的方法进行了大量的研究。归纳起来有回避的预防法、永久的预防法、抵抗的预防法、应急的预防法和补救法等。回避预防法就选择有利的地形等小气候种植。在茶场四周种植防护林等是防御寒冻害的永久方法,影响冻害的主要因子是最低气温和大风。抵抗的预防法主要是选择耐寒性强的茶树品种,加强栽培管理等手段。适当密植,适时定植、合理修剪,合理采摘等是高纬度种植茶树国家的防冻措施之一。低温来临前,世界各国采取防霜设备和防冻材料来防御茶树寒冻害的方法很多。目前采取较多的是风障法、覆盖法、喷灌或喷雾法、喷施化学药剂法、烟熏法、扇风法和加热法等。当茶树遭受寒冻害后,各国也采取一些挽救措施,对受冻的茶树加施氮肥和矿物质肥料,促使茶树重新生长新梢。俄罗斯对受冻茶树和修剪、采摘也比较重视,以迅速恢复茶树长势。

在肯尼亚的克里科和南迪山地区,以及巴基斯坦东部和印度东北部,冰雹可能是茶叶减产的主要原因之一。茶树芽叶被冰雹砸碎,当冰雹伴有强风时,会造成茶树丛部分树皮损坏。当茶树丛正在从严重干旱影响中恢复时,或者从早先的冰雹灾害中恢复时,这种情况尤其有害(Carr,1972)。

第 2 章　茶树植物学特性

2.1　茶树植物学分类及变种

2.1.1　茶树植物学分类

茶树学名为 *Camellia sinensis*(L.)O. Kuntze.,属于种子植物门、被子植物亚门、双子叶植物纲、山茶目、山茶科、茶属、茶种。由于长期的自然与人工选择,根据形态特征与栽培情况,可分为 4 个类型。山茶科植物至今已有 6000 万—7000 万年的历史,在这漫长的历史中受古地质和气候变迁等影响,形成了茶树特有的形态特征。

通常,在自然状态下,茶树可以成长为 9～10 m 的小乔木,亦可长成 13 m 以上的大乔木,也可形成几十厘米高的灌木丛。这主要取决于树种以及当地的气候生态条件。如阿萨姆变种茶树(包括中国云南大叶种、印度阿萨姆种、缅甸种、柬埔寨种等),在南亚热带或部分热带地区,都是以乔木姿态出现的。随着向热量较低的地区移植,它将逐渐矮化为小乔木,以至成为圆锥形的小灌木。而中国变种茶树,通常为 1 m 多高的灌木丛或者是数米高的小乔木。

2.1.2　茶树变种

关于茶树的变种分类,至今尚无定论。其中在分类史上有过重要作用和较大影响的分类法主要有:1753 年瑞典林奈将茶树定名为 Thea sinensis Linn,即"茶属茶种";1881 年孔茨将茶树定名为 Camellia Sinensis(L.)O. Kuntzec,即"山茶属茶种";1908 年,Watt 将茶树分为 4 个变种,Stuart 在 Watt 分类的基上进行了归并,分为 4 个变种:武夷变种、中国大叶变种、掸形变种和阿萨姆变种;此后其他学者依据茶树的形态特征,尤其是叶之性状提出了各种不同的分类法,例如 Linne、Watt、Eden、Sealy 等,但是都不全面(骆耀平,2015)。

中国茶学家庄晚芳等(1981)总结了国内外茶树分类资料,根据茶树亲缘关系、利用价值与地理分布等把茶树分为 2 个亚种 7 个变种,即云南亚种和武夷亚种。云南亚种包括云南变种、川黔变种、皋芦变种和阿萨姆变种;武夷亚种包括武夷变种、江南变种和不孕变种。

2.2　茶树植物学特性

茶树作为一种植物是由根、茎、叶等营养器官及花、果实和种子等生殖器官构成。各个器官相互依存,是一个有机整体。

2.2.1　茶树的根

茶树根系的作用是固定、吸收、贮藏、合成等多方面,也是营养繁殖的材料。茶树根分为定根和不定根。其中定根为主根和各级侧根。不定根为从茶树茎、叶、老根或根茎处发生的根,分为吸收根(须根)和根毛。比如无性繁殖扦插苗形成的根就是不定根。主根向地性非常强,可以在土壤里生长到$1\sim2$ m。随着主根的生长会发生一级级的侧根,从而形成强大的根系。主根和侧根呈红棕色,寿命长;吸收根寿命短,不断衰亡更新,少数吸收根可发育成侧根。一般茶树主根受各土层营养条件的差异,生长速度不同,而侧根的生长有一定的规律,所以茶树根系出现层状结构。

茶树根系在土壤的分布根据茶树的品种、种植密度和树龄不同而有所不同。茶树根和其他植物的根一样具有向湿性、向肥性以及向阻力小方向生长的特性。茶树根系在有机质较多的酸性土壤里,发育最好;在中性土壤中,不能很好发育;在碱性土壤里,根系将会死亡。

2.2.2　茶树的茎

茶树茎是茶树与叶、花、果联系的轴状结构,与地下部根系相连。包括主干、分枝和当年生的新枝,起着支持叶片、花和运输水分、养分的作用。枝条是主干以上着生叶的成熟茎,新梢是着生叶的未成熟茎。树冠的骨架由主干和枝条构成。根据分枝部位不同,可以把茶树分为:乔木、半乔木和灌木3种类型。乔木型茶树,多为野生,植株高大,主干明显;半乔木型茶树与乔木的区别是分枝部位距地面较近;灌木型茶树植株比较矮小,分枝都丛生于根、茎部,没有明显主干。中国栽培最多的是灌木型和半乔木型茶树。

根据分枝角度的不同,可以把茶树树冠分为直立状、半开展状和披张状。分枝方式有2种,分别为单轴分枝和合轴分枝。

2.2.3　茶树的芽

茶树新的叶片、嫩枝是由老叶的腋芽或枝端的顶芽发育而成。芽是叶、茎、花、果的原始体,可以分为叶芽和花芽两种。叶芽为营养芽,其发育成叶或枝条,花芽由腋芽转变分化出。叶芽分为定芽和不定芽。定芽又分为顶芽和腋芽。位于枝条顶端的定芽称为顶芽,着生在枝条叶柄与茎之间的定芽称为腋芽。顶芽又分驻芽和休眠芽。

茶芽按照形成季节分为冬芽与夏芽。夏芽细小,春夏形成,夏秋发育。冬芽较肥壮,秋冬形成,春夏发育。冬芽外部包有$3\sim5$片鳞片,表面富含蜡质并着生茸毛,一方面能减少水分散失,另一方面有御寒的作用。芽的大小、形状、色泽以及着生茸毛的多少与茶树品种、生长环境、管理水平有关。

2.2.4　茶树的叶

叶是茶树重要的营养器官,也是茶叶生产的收获对象。叶片是茶树蒸腾和呼吸作用的主要场所,叶片通过光合作用合成茶树生长所需的有机物质。

茶树的叶片分3种类型,分别是真叶、鱼叶和鳞片。真叶是发育完全的叶片,形态一般为椭圆形或长椭圆形,少数为卵形和披针形。真叶叶色与茶类适制性有关,通常有绿色、浓绿色、

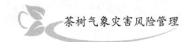

黄绿色、紫绿色。鳞片呈黄绿或棕褐色,表面有茸毛与蜡质,无叶柄,鳞片随着茶芽萌展,逐渐脱落。发育不完全的叶片称为鱼叶,叶形多呈倒卵形,叶尖圆钝,其色较淡。鱼叶叶柄宽而扁平,叶缘一般无锯齿,或前端略有锯齿,侧脉不明显。每轮新梢基部一般有鱼叶 1 片,多则 2~3 片,夏秋梢也有无鱼叶的情况。

茶树叶片通过主脉和细脉,连成网状。茶树叶片大小以定型叶的叶面积来确定,叶面积的测量方法有公式法、方格法及称重法、求积仪法等。公式法因简单易行,生产实际中应用最多。但因茶树品种间叶形差别较大,公式法中的系数值常以 0.7 为茶树叶片面积的计算系数。叶面积计算公式为

$$叶面积(cm^2) = 叶长(cm) \times 叶宽(cm) \times 系数(0.7)$$

2.2.5　茶树的花

茶树的芽在一定条件下会分化为花芽,然后开花结实。茶树花芽的形态一般比叶芽肥大,有一个较长的细柄,由 4 部分组成的两性花,分别为萼片、花瓣、雌蕊和雄蕊。花冠直径为 1.8~8.6 cm,多数为 3.2~5.0 cm。花芽与叶芽同时着生于叶腋间,属假总状花序,有单生、对生、丛生和总状 4 种着生状态。萼片是花的最外层,呈覆瓦状排列,4~7 片,宽 0.3~0.5 cm,绿色或绿褐色,作用是保护子房,直到果实成熟亦不脱落,成为宿存萼片。

花瓣是介于萼片与花丝之间,一般有 5~7 枚,呈倒卵圆形或倒椭圆形,下部连成管状。大小依品种的不同而不同,大的直径为 4.0~5.0 cm,而小的直径为 2.5 cm 左右。

雄蕊由花丝和花药组成,一般每朵花有 200~300 枚,多的有 400 枚。每个花药有 4 个花粉囊,内含无数花粉粒。花粉粒是圆形单核细胞,直径为 30~50 μm。

雌蕊居花冠中部,由花丝包围着,由子房、花柱和柱头三部分组成。开花时柱头能分泌黏液,使花粉粒易于黏着。花柱是花粉管进入子房的通道。子房呈白色或乳黄色,外有茸毛或无毛,有 3~5 个室,心皮与中轴连接,中轴上每室着生 4 个胚珠,子房上大都着生茸毛,也有少数无毛的。子房茸毛和柱头裂数都是茶树分类的依据。

江南茶区,茶树在 9 月至 10 月上旬开始开花,10 月中旬至 11 月中旬达到开花盛期。茶花的寿命一般为 2~3 d,在阴雨天气可以延长到 1 周左右。

2.2.6　茶树的果实和种子

茶果为蒴果,呈球形或半球形,少数呈肾形,果实的形状与内含种子粒数有关,常见的有 3~4 室,每室有 1~2 粒种子。成熟后的果实为棕绿色或绿褐色、黑褐色等,微现裂缝,略带光泽,富有弹性。茶树的坐果率较低,一般不超过 10%,种子的发芽率为 75%~85%。茶籽大小依品种而异,大粒茶籽直径为 15 mm 左右,质量 2 g 左右,小粒直径 10 mm 左右,质量 0.5 g 左右。茶籽的大小和质量都与茶树品种有关。

茶籽由种皮和种胚两部分构成。种皮又分外种皮与内种皮。当种子缺乏水分时内种皮紧贴于种胚,内种皮之下有一层由拟脂质形成的薄膜,保护种胚。当外界的温度和水分适宜时这层薄膜会分解,然后种子才会发芽。种胚由胚根、胚茎、胚芽和子叶等部分组成。子叶部分最大,基本占据整个种子内腔,含有相当于本身质量 32% 左右的油脂,常被加工为茶籽油或茶油。茶籽油中含有大量不饱和脂肪酸,与橄榄油相近。

2.3 茶树的生长发育

2.3.1 茶树的一生

茶树总发育周期是指茶树一生的生长发育过程。茶树所处的环境条件可以影响茶树生长发育，但是不能改变茶树生长发育的基本规律。茶树是多年生木本植物，既有一生的总发育周期，又有一年中生长和休止(休眠)的年发育周期。一株茶树的生命，是从一个受精的卵细胞开始的，经过一年左右的时间，在母株上生长、发育而成为一粒成熟的种子。种子播种后发芽、出土而形成一株茶苗。茶苗不断从外界环境中吸收营养元素和能量，逐渐生长发育，长成根深叶茂的茶树，并开花、结实、繁殖后代。几十年后，逐渐趋于衰老，最终死亡。整个生长发育的全过程，叫作茶树的总发育周期。按照茶树的生长发育特点和生产实际应用，把茶树一生划分为幼苗期、幼年期、成年期和衰老期等四个时期。

幼苗期是茶树一生的开始，从种子成熟，经播种发芽，到地上部植株第一次生长休止。无性繁殖的茶树，是从营养体再生到形成完全独立植株的时间，一般为4～8个月。茶籽播种后，外界要求是满足水分、温度和空气三个条件。茶苗出土后除对水分、温度和空气有一定需求外，还要求土壤里有丰富的养分供根系吸收。扦插苗在生根以前主要依靠茎、叶中储藏的营养和物质，需要水分供给，发根后从土壤中吸收养分，所以要保障水肥的供应。幼苗期容易受到外部环境的影响，特别是高温和干旱。

幼年期是茶树地上部从第一次生长休止开始，至第一次孕育花果，一般历时3～4年。栽培茶树种植以后一般要经过3～4年才能正式采茶。这个时期的长短，与生态环境和栽培管理水平有很大的关系，茶树管理得好，一般第3年就可以开采了。茶树在1～2年生的时候，对干旱、冷冻、病虫等自然灾害的抵抗性较弱，要注意防护。

成年期是指茶树正式投产到第一次进行更新改造为止，这一时期就是壮年时期。这一生物学年龄有20～30年，管理条件好的，时间更长。进入成年期的茶树生育最为旺盛，产量和品质处于高峰阶段，茶树的营养生长和生殖生长都达到了旺盛时期，到8～9年时，自然生长的茶树一般有7～8级分枝，人工管理过的可达11～12级分枝，同时茶树地面部分的根系也具有非常发达的侧根分枝根系，并形成以根轴为中心，向四周扩展离心生长的特征。

衰老期是指茶树从第一次自然更新开始到植株死亡的时期。这一时期的突出标志是以根茎部为中心的更新复壮，出现向心生长趋势，骨干枝逐渐衰老或干枯，出现侧枝更新。经过几次更新后，茶树产量无法再提高、已失去经济价值时，应立即挖除，换种改植。这一时期的长短因管理水平、外部环境、茶树品种的不同而不同，一般为数十年至百年以上。茶树的经济年限一般为40～60年。

2.3.2 茶树枝梢生长发育

茶树在一年中的生长发育过程，称为茶树的年生育。由于茶树本身的生长特性和外界环境的不同，茶树在一年中各个季节具有不同的生长特点。

茶树的树干是由粗细、长短不同的分枝及茂密的叶片所组成的。枝条是由一个个的茶芽

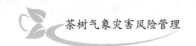

长成叶片,节间伸长而形成新梢,随着茶树的生长发育新梢不断增粗、增长、木质化程度不断提高而形成的。

2.3.2.1 茶树的分枝

幼年期的茶树是单轴分枝,随着茶树树龄的增加,过渡到合轴分枝,随着茶树根颈部产生新的徒长枝时,单轴和合轴分枝方式在茶树上同时表现出来。合轴分枝使侧芽得到发育生长,因为新梢和叶片数量的增加,茶树的光合作用面积增大,使茶树的产量增大。

自然生长茶树达到 2 年生足龄时,高度可达 40～50 cm,有 1～2 级分枝,当茶树龄达到 8 年生时,有 7～8 级分枝。到一定树龄时,分枝级数便不再增加,不符合茶叶生产的需求。而栽培茶树 8 年生可以有 10～12 级分枝,满足鲜叶采摘的需求。

但是随着茶树的生长,新生的叶片和枝条等在形态上和品质上都有所不同。这是由它的内部质变和外界环境条件所决定的。枝条下端与上端的阶段发育是有差异的。正常理解是下端的生育年龄比上端的生育年龄老,但其生理发育年龄却是下端较上端幼。因为上端的细胞组织是由下端逐渐分生的,因而下端细胞相对而言更原始一些,通过实践,茶农发现从树冠上部剪取的枝条比徒长枝的扦插苗开花较早,说明了枝条端的异质性。

茶树在幼年时期,一些枝条逐渐发育成为粗壮的骨干枝,这时由于树冠分枝不密,通风透光好,不会出现细弱枝条枯死的现象。成年期的茶树由于分枝密,在不断的采摘和修剪下,顶部枝条十分细弱,尤其是树冠内部,一些细弱的分枝会逐渐枯死,而在较粗壮的侧枝上,又会产生新的小侧枝,使树冠不断向外扩展。野生茶树出现这种现象较人工栽种的要迟。野生茶树枝条可以有春、夏、秋、冬四次生长。但在采摘的条件下分季节生长不明显。

2.3.2.2 茶树新梢的生长

新梢是茶树的收获对象。采茶就是采摘茶树的嫩叶和茶芽,进而加工成各种茶叶。在中国春季雨水比较多的地区,温度是主导因子,一般当气温上升到 10 ℃以上,营养芽内部进行着复杂的生理生化变化,开始萌动,呼吸作用显著加强,水分含量迅速提高,芽的体积随着膨胀而增大,鳞片便逐渐展开。第一片展开鳞片会在新生长中脱落,随后芽继续生长,鱼叶作为茶芽的第一片真叶会展开,此后陆续展开 2～7 片真叶。展叶数的多少,主要由叶原基分化时产生的叶原基数目决定的,但也受环境条件、水分、养分状况的影响。一般气温适宜、水分、养分供应充足时,展开的叶片数多些。等真叶全部展开后,顶芽停止生长,形成驻芽。驻芽一段时间后,又继续展叶生长。这样生长和休止情况中国大部分茶区一年有 3 次,分别是越冬芽萌发→第一次生长休止→第二次生长休止→第三次生长→冬眠,分别对应春梢、夏梢、秋梢。春夏梢之间常有鱼叶。另外,也不是所有的枝梢都是 3 次生长 3 次休止的,有些细弱的小侧枝,一般只有 1～2 次生长,就转为生殖生长、孕蕾开花,而且当年的顶芽也不再生长。茶树的生长周期性就是指生长、休止、再生长、再休止的情况,它与采摘、气候和其他环境条件无关,仅仅是茶树生理学上的意义。中国茶区大部分全年可以发生 4～5 轮新梢,少数地区或管理良好的茶园可以发 6 轮,在海南等高温高湿地区可以萌发 8 轮新梢,而北方茶区仅能萌发 3 轮新梢。增加全年茶叶新梢的萌发次数,也就是增加茶叶的采摘轮次,是提高茶叶产量的重要手段。

新梢有未成熟新梢和成熟新梢两种,主要区分标准是新梢是否继续生长。但有些新梢萌发后只展开 2～3 片新叶,顶芽就呈驻芽,顶端的 2 片叶片节间很短,似对生状态,是不正常的成熟新梢。因为茶树的品种、所处的营养条件以及在枝条上处的位置不同,同株茶树上同一轮次的新梢生长有快有慢。根据浙江农业大学茶叶系调查表明,顶芽比腋芽形成新梢所需要的时间要短3～7 d(骆耀平,2015)。如果是处于发育不充分的茶树叶的腋芽或鱼叶等处的腋芽,发育成新梢的时间会更长,而且比较瘦弱。每片叶子展开的时间也与温度关系密切,气温高展叶期就短,一般为1～6 d。

茶树上不同轮次的新梢,生长发育速度不同。一般形成一芽三叶所需要的时间以头轮新梢最长,第四轮和第五轮延续时间最短,第六轮需要的时间又延长。各轮新梢的轮次会交错发生,如7月在同一茶树上会同时存在第二、三轮新梢,8月同时出现第二、三、四轮新梢。每轮新梢的生长发育都分为隐蔽发育阶段和生长活跃阶段。隐蔽发育阶段是指芽开始膨大到鳞片展开,此过程不太明显;而生长活跃阶段是指鳞片展开到新梢成熟,芽的生长也特别明显。头轮新梢隐蔽发育阶段时间短,而生长活跃阶段长,第三轮新梢的隐蔽发育阶段最长,主要是因为第三轮新梢时期所处的气候条件为气温高,而水分供应不充足。

新梢在生长中,长短、粗细、重量、性状和叶片数量都有区别,就算同一品种在同一生长环境下,新梢长短也各不相同,叶片发育越多的新梢越长,叶片一般占新梢总鲜重的7成左右。随着新梢的生长,不同部位叶片的大小也是不同的,但是有相应的规律。一般来说,真叶是中间的叶片大,两端的小,当新梢顶芽形成驻芽时,近鱼叶的叶片和靠近芽断的叶片小,而中间的叶片长而宽。新梢上的节之间的间隔长短也与叶片大小分布规律一样,即新梢中间段的节相对较长,两端短一些。

茶树新梢的重量跟茶叶数量、茶树的品种、栽培水平、茶树的树龄都有关系,同一品种各轮新梢的重量也不相同,但一般第一轮和第二轮新梢略重。一般来说,叶片大、展叶数量多、叶片生长迅速、叶片鲜嫩、新梢发育轮次多的属于高产优质的茶树品种。

光合作用和呼吸作用在新梢代谢活动中会因新梢成熟度不同而不同。研究表明,一芽三叶以前呼吸作用消耗物质大于光合作用,以后则相反。春、夏、秋梢生长的时候,茶树以前储藏的老叶片形成的光合作用产物向上运输,为新梢提供养料。而当新梢停止生长时则相反,光合作用的产物主要储藏于茶树的根部和茎部,为第2年的春梢萌发提供能量储备。

外界环境条件对新梢的生育活动有密切关系。一般来说,春季雨量一般充足,影响春季芽叶生长的主要因素是温度(包括气温和地温),芽芽萌发的迟早、新梢的生长速度都与温度关系非常大。茶芽开始萌发一般需要日平均气温在10 ℃左右,而日平均气温为14～16 ℃时,茶芽会开始伸长、叶片展开,当日平均气温为17～25 ℃时,新梢生长开始旺盛,气温超过30 ℃时,生长开始受到抑制。如果春季茶芽已经开始萌发,气温降到10 ℃以下,茶芽又停止生长或者生长缓慢下来,如果气温降到0 ℃及以下就会使已萌动的茶芽受冻害。春季日平均气温较低,白昼气温较高,故而茶树白天生长量大于晚上,到了夏季,白天气温较高,往往超过了新梢生长适宜的温度,所有夏季的晚上茶梢生长比白天快。在一年中,4—7月的气温对茶树生长较为适宜,所以茶树生长量大,7月以后由于气温高而且降水量少,新梢的生产受抑制。

此外,茶园土壤的养分状态也直接影响茶树的产量。如果茶树在生长过程中养分充足,则可以加快生长速度。反之土壤贫瘠的茶园,新梢生长时展叶少,新梢长势差、节间间隔短,顶芽的两片叶子成对夹叶,严重影响产量和品质。

2.3.2.3 茶树叶片的生育

叶片是茶树重要的营养器官,也是茶叶生产的收获对象。叶片的形成,首先是形成叶原

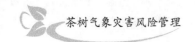

基,叶原基不断分裂出新的细胞形成凸起,称为原座。叶原基的边缘组织和顶端分裂,使两端出现隆脊,隆脊继续分裂向外生长而形成叶片,中央部分形成中脉,中脉活动形成侧脉。随着主脉、侧脉不断分生,布满叶内,叶肉组织和维管束组织也随着生长,形成叶片。野生茶树一个新梢每年可以展叶 10～30 片。但人工栽培的茶树根据茶树品种、气候条件和管理水平等有所差异。

新梢上的叶片开始生长后,叶面积增大迅速,但不同叶位增大的比率不同,其中新梢中部的叶片增长最大,而第一轮基部较小。经过 30 d 的生长,叶片面积不再增大。幼嫩芽叶的叶背多密被茸毛,成型不再生长后叶背茸毛会自行脱落。茶树叶片含有许多无机和有机的成分,以及一些其他微量成分,这些成分的含量随品种和所处新梢的位置不同而有差异,从而也形成了各类茶树品质的独特特点。

茶树的光合作用主要是在茶树叶片中进行的。决定光合作用强度的因素很多,如叶片的老嫩、叶色、叶绿素含量等。随着叶片的生长,光合作用能力增强,光合作用产物多余部分可以向其他新生器官运送。叶温在 20～35 ℃ 范围内,光合作用较强,但叶面温度超过 35 ℃ 时,净光合作用急剧下降,到 39～42 ℃ 时就没有净光合产物积累。一般认为高效的光合作用可以持续 6 个月,也就是春季形成的叶片,在 6—11 月光合作用较强;夏季形成的叶片,则直至 12 月光合效率仍较高,此后由于气温降低,光合作用下降,第二年的 3—4 月又迅速加强。叶片即使在最寒冷的冬天也有光合能力,但同一枝梢上不同部位的叶片光合作用效率是不同的。

茶树叶片是物质同化代谢的主要器官,叶片除进行光合同化作用外,也进行如氮素的同化作用。茶树吸收的氮素,其大部分运转到叶部,供叶片同化氮素。当新梢开始萌发时,各器官中部分储存的氮也会转运至新梢。此时叶片中的其他生理活性物质含量较为丰富。在茶树叶片发育过程中,树叶的生理机能也是逐步加强的。一般来说,叶片开展萌发 30 d 左右到达叶面积最大,这个时候光合作用也达到最高水平,而叶面厚度一般要 2 个月才不会变化。叶片成熟以后,又开始逐渐老化,生理机能略有下降。当叶片完全老化时,它的产物主要是供给新生的器官和用于发育。叶片的光合产物总是向当时的生长发育最活跃的部位输送。例如在同一新梢上,主要运向顶梢和中部长势旺盛的侧梢。所以越接近新梢顶端的部位越幼嫩,养分的分配比例就越大,而老的叶子吸收量却较少。茶树新梢萌发的初期,其营养物质主要由老叶的光合作用提供。研究表明,叶片的光合作用产物在每个季节分配的比例也不相同,冬季和秋季的光合作用产物只有不到两成用于新梢,而春季约有 5 成用于新梢的生长发育。夏季新梢的生长所需的营养供给主要由当季光合作用提供,秋季光合作用一部分储存起来供第二年春梢生长使用。

根据叶片的同化作用可以得出,茶树产量和品质与叶面积存在密切联系,叶面积与不同的栽培模式有关。叶面积也直接影响叶片的光合作用。自然生长的茶树叶片呈立体分布,人工栽培的茶树叶片有 85%～95% 集中分布在树冠表面 0～30 cm 叶层内。因为上层叶片遮蔽部分光照,所以 85% 光合作用由 5 cm 冠表层叶片完成,10 cm 以下叶层仅占光合作用量的 3%。叶片对光的散射特性也影响光的透射,叶片生长的角度、分布、叶片角质层的厚薄、太阳光入射角、光强度等都会影响光的透射,从而影响有效叶面积的数值。叶片的多少决定茶树的光合作用强弱,但两者并非完全成正比关系,而是呈抛物线变化。茶树上的叶片过多,造成通风透光性差,反而增加了呼吸强度,进而影响新梢的生育过程。

合理的叶面积指数在 3～4,茶树所占每平方米土地面积上应有叶片数为 600～800 片。

最佳叶面积指数与茶树品种、生长环境、树龄和管理水平等有关,一般中小叶品种成年茶树的叶面积指数以 3～4 为好。所有品种的茶树,叶面积指数在 3～7。

茶树叶片通过蒸腾作用把土壤里面的水和养分从根部运输到茶树各组织细胞中,当土壤中水分不足时,叶片可以通过水分扩散阻力调节水分向外扩散速度,水分扩散阻力与叶龄和叶片水分含量有关。一般幼嫩叶片的水分扩散阻力低于老叶,当土壤缺水时,幼嫩的叶片水分扩散阻力又比老叶高。幼嫩叶片的气孔密度几乎是老叶的 2 倍,但老叶的气孔大小又是幼嫩叶的 2 倍。耐旱茶树品种的气孔密度小。茶树气孔开张度的昼夜变化和光照强弱关系密切,当光照过强、气温过高的时候,叶片的气孔张开度缩小,而中午前后则闭合者较多。所以气孔的调节形成叶片对水分扩散阻力的迥异。

茶树是常绿植物,但其每片叶片都有寿命,寿命 1 年以上的叶片只占 25%～40%,个别品种甚至只有 5%左右,一般不超过 2 年。叶片寿命除与茶树品种有关外,与叶片生长的部位和生长季节有关。春梢上的叶片比夏秋梢叶片寿命长 1～2 个月。落叶在全年都会发生,每个茶树品种的落叶高峰期不同,龙井茶在 4—5 月,福鼎白茶在 3—5 月。

除茶树正常落叶外,受外界气候条件不良、营养条件和管理水平低以及病虫危害等因素,也会造成不正常的落叶。特别是春季茶树春梢开始萌动时,如果遇到严重冻害,会造成全株落叶,对产量影响很大。

2.3.3　茶树根系生长发育

茶树的根系在地面以下,与地面以上的茶树梢是一个相互制约、相互促进的整体。茶树根系是茶树重要的组成部分,对茶树的生长发育起着极其重要的作用,主要是固定植株、合成茶树生长养分并传输或贮藏在根内。影响茶树根系生长的外部条件主要是温度、养分和水分。

根系主要吸收的养分是矿质盐类,以及天门冬酰胺、维生素、脲、生长素等部分有机物质,但不能吸收不溶于水的类脂、多糖、高分子的蛋白质等有机化合物。根系可从土壤中的空气和土壤碳酸盐溶液中吸取二氧化碳,输送到叶片中,供叶片光合作用使用。根系可以储存有机物质也可以合成某些有机物质。贮存于根部的茶氨酸和精氨酸的量,取决于茶树肥料施用量与地上部对氮素需求量。茶树根系合成茶氨酸,并暂储存于根部,合成的精氨酸则运输到茶树的茎部,第二年输送到春梢,供春茶生育。另外根部储存的糖类物质对春梢的生育也起着重要的作用。夏茶之前追肥施用的铵态氮,同样能提高根部茶氨酸、精氨酸的含量。茶树利用谷氨酸的速度最快,茶树对茶氨酸的贮存期长,它缓慢地被茶树体所利用。

茶树是木本植物,根系常与菌根共生。菌根可以分解土壤中茶树根系无法吸收的物质,弱光、土壤高度肥沃,菌根感染减少。如果土壤中缺氮和磷,菌根感染概率会增加。

茶树根系的生育活动与地上部的生育活动密切相关。萌芽前根的细胞激动素含量最高,然后慢慢降低。当新梢生长缓慢时,地下根系生育则相对活跃,即根—梢交替生长现象。10 月前后为根系生育最活跃的时段,而这个时期茶梢基本停止生长。一般来说茶树根系生长一般要求地温为 20～30 ℃,在地温 10 ℃以下时根部生长不明显。据观测,茶树根系的冬季并不完全休眠,在冬季 1—2 月,仍然有一些白色的吸收根生长。

担负着茶树主要吸收功能的吸收根,根系每年都要不断地死亡和更新,使它能保持旺盛的吸收能力。根系的更新和死亡基本发生在冬季的 12 月至翌年 2 月的休眠期内。茶树根系活力在一年中也有强弱变化,这种变化规律和根系生长规律相似。每年 2—3 月是根系活力的高峰期,4—5 月活力显著降低,6—8 月又迎来第二次高峰,9 月至翌年 1 月维持在中等水平。大体看来是当地上部生长前的 1～2 个月,根系活力增强。研究表明,根系的活力与根内碳、氮化合物的含量以及酶的活力有关系。根系的活力与过氧化酶和多酚氧化酶、可溶性糖总量、根系氨基酸、儿茶素总量等呈正相关。根系活力与根系分布深度有一定关系,随着土层的深度增加,根系活力逐渐变小。也就是 0～20 cm 土层茶树根系活力最强,20～40 cm 变弱,40 cm 以下更低。茶树根系生长活跃的时期,也是吸收能力最强的时期。增加氮、磷、钾肥料能显著提高根系活力。茶树的土壤环境条件和茶树龄以及栽培措施的区别,会造成茶树根系在土壤中的分布以及根系总量的差异,特别是吸收根的量差异明显。

不同的茶树品种根系分布是不同的,在相同土壤条件生长的不同品种的茶树,其根系分布的深度和幅度有很大差异。例如铁观音根系分布较广而深,而毛蟹根系分布却多在土壤表层。茶树龄在 2 年内的茶树,主根长度超过地上部枝干长度,但侧根分布范围则不广。3 年以上的茶树侧根开始加速生长,分布范围慢慢超过树冠幅度。茶树根系也由直根系类型逐渐转变为分枝根系类型。侧根级数的不断增加和加粗,其粗度会和主根差不多。如果生长在质地疏松的土壤中,主根可以深达 2 m 以下,侧根分布范围约为树冠的 1.5 倍。随着茶树树龄的增长,茶树根系的更新能力减弱,逐渐只剩些较粗的侧根,而且只能在根颈部周围的主轴附近重新生长细根或侧根。对衰老茶树进行树冠修剪,不仅可以促进地上部生长出新的枝干,同时也可以促进茶树根系的生长。另外茶树根系被切断后,具有再生能力。其中 7 月根系被切断后发根最快,愈合 15 d,发根 25 d,适宜中耕和衰老茶树断根促生长。

目前大致认为茶树根具有如下特征:一是吸收根基本分布在水平和垂直两个方向,吸收根的总量随树龄变化;二是幼年的茶树吸收根主要在根颈部附近,随着树龄的增加而向外发散,成年期后又缓慢向内缩小,进入衰减期;三是吸收根主要分布在 0～50 cm 的土层中,茶树衰老期前,根的总量随树龄增长而增加。根系的生长和分布根据茶树品种、土壤性质和栽培管理方式水平等有密切关系。

除了茶树品种因素影响外,土壤对茶树根系的生长有决定性作用。土壤的性质和养分含量不同,造成茶树根系伸展的深度和分布范围不同。茶树适宜的土壤是酸性土壤,红壤、黄壤、沙壤土、棕色森林土均适宜茶树生长,土壤结构要求保水性、通水性良好。上层深度 1 m 以内没有硬盘层。茶树在中性或弱碱性土壤上根系发育较差。最适宜茶树根系生长的土壤是氧气含量在 10% 以上,含水量在 60%～75%,土壤孔隙度在 30%～50%。当土壤水分过多、空气少,生长就差,甚至会烂根,如果水分少,茶树生长也不会好。

茶树在黏重板结的土壤上,根系不易向下生长,仅有少量侧根或细根沿着缝隙向下伸展,根系分布浅,这样的茶树容易受外界环境条件变化的影响。在沙性土壤里,因为土壤松软,茶树根系既深又广。土壤沙性愈强,会形成根系深而长,但因沙性土壤保水性差,所以茶树的细根、吸收根较少。所以在不同类型的土壤中,茶树根系分布区别很大。在河谷冲积土上生长的茶树根系深度可达 2 m 以下,而在黏土和有潜育层的土壤上有的还不超过 50 cm。

茶树繁殖方式和自身的生长状况对根系生长也关系密切。通过茶树种子繁殖的茶树,根系比扦插繁殖的根系茂盛,特别是吸收根。但扦插繁殖茶树的根系没有明显的主根,仅在插穗基部轮生单层根系发育成向四周伸展的侧根,向土壤深层发展则较差,且根系总量也比种子繁殖的茶树明显要少。

茶树根系和其他木本植物一样,有较强的趋肥性。根系在肥沃、疏松的、水分适宜的土壤生长密集,发育良好;而在贫瘠的土壤上生长的根系少。施肥后,根会向肥料集中的土层里伸展。在生产中,为了使茶树吸收根集中部位向下层伸展,应深施基肥,否则施肥太浅,吸收根会集中在土壤表层,容易受到外界环境的影响,不利于茶树的抗灾性。

另外茶树栽培种植方式也影响根系的生长。影响茶树根量主要是种植的丛距,其次是条数,丛距小、条数增加,根量减少。人工种植时要考虑株数和茶树距离,提高亩产。

2.3.4 茶树开花结实

茶树开花结实是茶树繁育后代的过程。树龄在3~5年以后就开始结实,茶树一生要经历多次开花结实直到植株衰老死亡。茶树开花结实树龄受环境条件影响也有变化,开花结实还受茶树年龄和环境条件影响。在环境条件优越的情况下,幼年茶树营养生长旺盛,开花结实少,随着茶树龄的增加,结实率也逐渐提高。但在干旱、寒冻等灾害性天气气候下和土层浅薄、种植管理水平低等条件下生长的幼年茶树,常会引起早衰而提早开花结实,这种果实的出芽率也较低。

茶树多数品种是可以开花结实的,但有些品种,如福建水仙、政和大白茶、佛手等是只开花不结实,或者是结实率极低,这些品种需要通过无性繁殖繁衍后代。不同品种的开花结实特性差异明显。茶树从花芽形成到种子成熟需1年半左右时间。每年约6月,花芽从叶腋处分化发育,20~30 d花芽可以形成花蕾,7月下旬至8月上旬花蕾直径可以生长为2~3 mm。茶树开花的迟早因品种和环境条件多有不同,一般在9月初到10月上旬为开花初期,10月中旬到11月中旬为开花盛期,11月下旬到12月为开花终期。云南等温度高的茶区始花期在9—12月,盛花期在12月至翌年1月。一般来说小叶种开花早,大叶种开花迟。茶树的开花和气候有密切关系,开花适宜的温度是18~20 ℃,最适宜的相对湿度是60%~70%,如气温降到-2 ℃,花蕾便不能开放,如果气温更低还会受冻死亡。茶树一天中开花最多的时间,往往也是昆虫最活跃的时间。每天开花时间从06—07时开始增多,11—13时是开花高峰期,午后逐渐减少。不同茶树品种和不同的新梢轮次,茶树开花的持续时间和盛花期延续的时间有较大差异。茶花开放有一定的顺序,一般主枝上生长的花先开,侧枝上生长的花后开。一般在叶芽主轴上的花蕾先开,先开放的花生命力较强,结实率也高一些。茶树是异花授粉的植物,花粉的传播主要依靠昆虫,其中以蜜蜂为主。

由于茶树具有异花授粉的特性,人们常用杂交的原理培育新变异和新品种。据观察,不同茶树品种花粉的生活力差异很大。当花粉粒落在含有各种糖类和酶类的柱头上,花粉粒由柱头吸水,在2~3 h内就发育成花粉管。茶花受精后不久,花冠和雄蕊分离并脱落,子房开始发育。如遇低温时,子房便进入休眠状态。休眠期根据开花期不同而有3~5个月不等。没有受精的子房,开花后2~3 d就会脱落。受精的卵细胞称为合子,然后合子不断分裂、扩大,使子房增大,子房的外表皮逐渐成果皮。翌年4—5月,原胚继续发育,逐渐形成一个完整的具有子叶、胚芽、胚茎、胚根的胚。6—7月果实继续生长,胚乳被吸收,子叶迅速增大。果实在外观上色泽也由淡绿→深绿→黄绿→红褐色转变。8—9月,种子外种皮变为黄褐色,茶籽达到黄熟期,这时茶籽含水量约为70%,脂肪含量为25%左右。10月外种皮变为黑褐色,子叶饱满,

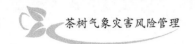

种子含水量为40%～60%，脂肪含量为30%左右，果皮呈棕色或紫褐色，开始从果背裂开，茶果属蒴果类，这时种子为蜡熟期，可以采收。

6—10月既是当年茶花孕蕾、开放和授粉的时期，也是上年果实发育成熟时期。同时进行开花与果实发育两个过程，这是茶树生长的一个特点。开花结实是大量消耗养分的生理活动，此时茶树对养分供应要求很高。而开花结实的生长会抑制茶树新梢的生长发育。

茶树开花数量虽然很多，但是能结实的仅占2%～4%，其主要原因有以下几点：一是茶树是异花授粉植物，而且一般柱头比雄蕊高，自花授粉困难而且自花授粉不育。二是茶树的花粉有缺陷，茶花花粉粒在其发育的最后阶段常会出现不规则现象，造成有缺陷的花粉粒，这些花粉授粉后也会因为胚珠发育不健全而引起落果。三是茶树花粉的传播主要依靠昆虫，其中以蜜蜂为主。昆虫将花粉粒传播到另外花朵的柱头上进行异花授粉，这些昆虫活动最旺盛的时期是在开花盛期，到终花期天气已较寒冷，昆虫活动不及初期。如果下雨或空气潮湿的情况下，昆虫活动也少，所以茶花授粉率较低，造成结实率也低。因为茶树树冠和花生长特性，靠风为媒介传播花粉也受到限制。四是养分供应情况也会影响授粉和落花、落果。幼果阶段落果概率最高。开花结实和自然落果都会消耗养分。为了减少花果数，使新梢得以生育，可采用乙烯利进行疏花。

开花后经过一系列的发育，第二年10月中旬前后也就是霜降前后果实成熟。在常温条件下贮藏的茶籽，其寿命不足1年。中国大部分茶区，茶籽采收后，除果壳，立即播种，翌年春季开始萌发。茶籽也可以经过冬藏后，在春季播种，播种后1个多月即可发芽。

茶籽中主要贮藏脂肪、淀粉、蛋白质等三大化合物，茶籽休眠到萌发在形态上会发生变化，其内部化合物也会发生化学变化。茶籽萌发只能靠子叶中储存的营养物质，子叶营养物质供应可持续6个月之久，从茶籽到第一次生长休止时，子叶中干物质量会减少7成。

茶籽吸收膨胀，导致种皮破裂，便于种胚吸收水分并与空气接触，茶籽开始萌发。这个时候子叶中的贮藏养分产生降解，供胚生长发育。胚生长后在土壤中向下伸展，开始吸收土壤中的水分，此时子叶柄张开，胚芽伸出种壳开始生长。胚芽在土壤中呈鱼钩状，是为了避免生长点被土壤碰伤。40～50 d后胚根进入10 d左右的休眠期，侧根开始发生，幼芽突破土面。茶树上部与地下部交替生长是茶树生长调节的过程。

胚芽在生长过程中，首先展开的是叶腋处的鳞片，鳞片一般为2～4片，作为后备生长点。当顶芽受损失时，这些生长点也可萌发生长。随后再生出鱼叶，再发育成真叶。当真叶展开3～7片时，顶芽形成驻芽，此时为第一次生长休止期。休止时间为2～3周，之后再开始第二次生长。

幼苗在第一次生长期间，地下部分的生长比较快。由于地上部分茶苗的高度因茶树品种、种子质量、播种方法、气候、土壤条件及栽培管理水平等有不同，所以在第一次生长休止时，地下部分的长度可以比地上部分长1～2倍。茶苗第一次生长休止时，地上部分高度为5～10 cm，最高可达到15～20 cm；根部一般为10～20 cm，最长达20～25 cm。

茶籽萌发必须具备水分、温度和氧气三个必要条件。如果播种后因某条件不能满足需要，常出现萌发延迟甚至不萌发现象。

万物萌发的首要条件都是充足水分，茶籽萌发也不例外。子叶充分吸水膨胀后才能使茶籽外种皮被机械裂开，同时，子叶内的贮藏物质也需要水分进行水解。但土壤中含水量过高时,茶籽也不能发芽,甚至霉烂。因为种胚全部浸泡在水中,得不到充足的氧气而处于无氧呼吸状态,导致胚中毒死亡。一般来说处于发育的茶籽含水量应在 50%～60%,而土壤含水量应在土壤饱和含水量的 6 成以上,才能满足茶籽萌发过程的需要。

温度是茶籽发芽的另一个重要条件。茶籽的呼吸作用在适宜的温度下才能开始,但是当温度升到一定程度后再继续升温,茶籽的出芽率会快速降低,因为茶籽里面的蛋白质会在高温下发生不可逆转的变化,就算之后茶籽处于适宜的温度下都不会再发芽。但是在低温下不会发芽的茶籽放在适宜的温度下还是可以发芽。经多年观察总结,茶籽一般在 10 ℃左右开始萌动,发芽最适宜的温度是 25～28 ℃。

另外茶籽的萌发还需要有充足的氧气。茶籽在萌发时,需要充足的氧气进行呼吸作用,有氧呼吸产生的能量,供茶籽萌发和生长活动需要。而无氧呼吸消耗产生的能量少,还可使茶籽中毒死亡。所以要播种的茶园土壤要疏松,保证土壤的含氧量。茶籽播种前浸种的时候也要经常换水,以免茶籽缺氧造成中毒霉烂。

第3章　茶树生长发育与环境因子

3.1　太阳辐射对茶树生长发育的影响

外界生态环境对茶树的生产和发育有至关重要的影响,其中太阳辐射就是最直接的影响因子。太阳辐射是茶树通过光合作用获得养分的能量来源,而不同的辐射强度、光谱成分及日照时间等要素对茶树的影响程度不同。除此以外,茶树原生长于亚热带丛林中,喜欢温暖湿润的气候,喜光耐阴,具有较低的光合效率,适合在漫射光下生育。同时,茶树花芽的分化对于不同的日照时间有不同的反应。

3.1.1　太阳辐射及光照强度与茶树生长

一般,太阳总辐射强度是指单位时间内单位面积上的辐射通量,以 J(焦耳)为单位。通常,一个晴天中午的太阳总辐射强度约为 697.8 J/(m² · s)。地理位置不同,太阳总辐射强度也会有差异,比如夏季晴天中午,中国南部的茶树区太阳总辐射强度约为 907.14 J/(m² · s),Fordham(1984)观测到 11 月马拉维茶树区太阳辐射强度的最大值约 976.92 J/(m² · s)。

除辐射能量外,太阳的光照强度也能直接影响茶树的光合作用。光照强度简称照度,表示单位面积内光通量,通常以 lx(勒克斯)为单位。由于茶树喜光耐阴的特性,它的光合作用补偿点低于 1000 lx,光合作用的饱和点则介于 3000~5000 lx。中国成年茶树光合作用的补偿点和饱和点会随季节的改变而改变,相同季节的光饱和点约为光补偿点的 100 倍。春季的光补偿点在 400~500 lx,夏季为 500 lx,秋季是四季中最低的,为 300~350 lx;对应的光饱和点春季约为 42000 lx,夏季为 45000~55000 lx,相似地,秋季光饱和点也为最低,约为 35000 lx。幼年茶树的光饱和点只在 10000 lx 左右,因此茶树在幼苗时期需适当地使用遮阴技术(青木智 等,1989)。

光合效率和光照强度存在紧密联系,Barua(1981)研究发现不同品种的茶树成年叶片,在光照强度低于 16000 lx 时,光合效率和光照强度呈一定程度的正比关系,光照强度上升,光合作用效率也随之上升;当光照强度介于 16000~22000 lx 时,部分茶树品种的净光合作用仍继续增加,上升速度也不一,而部分茶树品种光合作用则不再上升。原田重雄等(1959)提出幼年茶树的光合作用光饱和点会随季节变化而发生改变,夏秋季光饱和点为 348.9 J/(m² · s),冬季为 279.12 J/(m² · s);同时,成年茶树光饱和点为 488.46 J/(m² · s)。此外,他还提出在各轮次和各生长发育期,光饱和点也有不同。茶树在生长中期光饱和点值较小,为 418.68~558.24 J/(m² · s);采摘前,茶叶相对较多及绿色面积较大导致光饱和点较高,为 558.24~697.8 J/(m² · s);修剪或采摘后及萌发时,绿色面积变小,光饱和点也减小,为 348.9~

418.68 J/(m² · s)。

陶汉之(1991)在安徽农学院利用福鼎大白茶的研究指出,茶树春季、夏季、秋季、冬季光合有效辐射的光饱和点分别为 400 $\mu mol/(m^2 \cdot s)$、570~760 $\mu mol/(m^2 \cdot s)$、570 $\mu mol/(m^2 \cdot s)$、300 $\mu mol/(m^2 \cdot s)$,光补偿点分别为 25.0 $\mu mol/(m^2 \cdot s)$、20.0 $\mu mol/(m^2 \cdot s)$、17.5 $\mu mol/(m^2 \cdot s)$、22.5 $\mu mol/(m^2 \cdot s)$。茶树叶片光合作用的日变化既有双峰型也有单峰型,在早春、晚秋、冬季和夏季阴天时茶树叶片光合作用的日变化呈单峰曲线;夏季晴天时为双峰型;但在连续高温、强光、低湿天气条件下,叶片下午时段的光合值比较低,15—16 时的第二个高峰不明显,不是典型双峰型。庄雪岚(1964)在杭州利用龙井群体种的研究表明,茶树的光合作用,无论是生长季或生长休止期,无论晴天或阴雨天,其日变化的基本趋势都呈双高峰变化,正午前后会伴随"午睡现象","午睡现象"持续时间的长短随外界环境条件而变化,但其强度减弱程度均未超过早晚最低水平;茶树光合作用的季节变化与杭州气温的年周期变化相同,呈单峰曲线型式,最高峰与气温变化的最高峰一致。林金科(1999)在福州对铁观音的研究表明,茶树叶片光合作用的年变化呈双峰形式,第一个高峰出现在 3 月,第二个高峰出现在 6 月和 8 月,两个低谷分别出现在 1 月和 4 月;茶树的光合速率在 5—8 月一直比较高。

综合上述学者的研究结果可见,在不同的季节,茶树从生长茶芽开始到采摘,随着树梢生长发育,光饱和点会慢慢增大,生长量越大,光饱和点逐渐提高,经历采摘和修剪后,绿叶量减少,光饱和点快速减少。原田重雄等(1959)还提出茶树光合作用的补偿点为 20.934 J/(m² · s)。

不同茶树品种对光照强度的适应性存在差别。在原产地或其附近的茶树如云南大叶种喜欢较低的光照强度,光饱和点也较低,而北部茶区的茶树品种由于茶叶较厚,栅状组织发达导致它的光饱和点相对较高。

低纬度地区,直射的太阳光强度大,一般茶树不能适应,最终导致茶叶产量减少。所以,人们在茶园中种植合欢、托业楹等树种给茶树遮阴。目前多数学者认为中国 24°N 以南地区可采用这种遮阴技术,而 29°N 以北地区如皖南、赣北的屯绿、婺绿茶区也会种植乌桕树进行茶树遮阴。印度东北地区阿萨姆邦的托克莱茶叶试验站结果表明:当植树遮阴减少光照强度达30%时,第一年可将茶叶年产量提高到 134%;当树荫减少光照强度达 50% 时,此时的产量达峰值。如果遮阴过量,茶树会生长不良,叶片显著减少。

除茶树品种外,茶树的生态型对光照的适应性也不相同。Hadfield(1968)的试验结果表明,阿萨姆型(简称 H 型)茶树,叶片面积较大,水平方向伸展,略微有所下垂,这种类型的茶树叶面积指数(LAI)一般为 3~4;中国型(简称 E 型)茶树,叶片面积略小而半直立,叶面积指数可达 5~7。他认为,H 型茶树采摘面上的成熟茶叶,能很好地适应印度东北地区夏季高温和全部日光照度,而 E 型茶树却没有相似的情况。这两种生态类型的茶树树冠下层的叶片都存在一些透光,比较后发现,E 型茶树透光比较多,其透过的光会被叶面积指数大的部分利用,物质生产速率从而得以加快;H 型茶树透光少,下层茶叶的叶面积指数也较小,导致生产速率较慢,新鲜茶叶量较少。因此,他提出 E 型茶树在不遮阴的环境下生长状态较好,H 型茶树则需适当遮蔽光照才能获得最高产量。

Barua(1981)曾花费 9 年的时间在印度东北地区的平地茶园里对不同生态类型的无性系差异的茶树进行遮阴试验,试验结果表明直立与半直立叶型的茶叶产量接近,并没有显著差异,但都高于水平叶型的无性系茶树;在每一组叶型里,各无性系茶树产量差异较大,所有无性系三种叶型组的产量会随榀树的遮阴而增大,随竹帘的遮阴而减少。他提出,以上发现可以证明该地平地茶园种植遮阴树的必要性。Eden(1974)认为,树木遮阴对茶树的影响主要分为两种效应即直接和间接效应。直接效应包含光照、风、温度、空气及土壤的干湿程度;间接效应则包含土壤水分、有机质、养分贮存与循环、根系竞争。这些要素之间又会相互关联,进而对茶树的生长发育造成影响。

3.1.2　日照时数与茶树生长发育

茶叶原产于亚热带地区,喜短日照。中国江南地区,茶树一般经历冬季,初夏开始花芽分化,晚秋时期开花。中国茶树如果种植到格鲁吉亚地带一般不会结籽,如果再将日照时间缩短到 10 h,大部分的茶树可以开花结果,还有部分茶树表现为中间性。Takahashi 等(1960)通过试验发现,经过自然日照,花芽分化率达 47.6%,经过 8 h 日照,花芽分化率会增加至 67.5%,而经历长达 22 h 的日照后,花芽分化率会下降至 13%。二轮茶期间,不管是 8 h 还是 22 h 的日照,花芽分化率都超过 60%。自然光照条件下,花芽分化率略低,为 53.6%,同时,还发现温室中全年茶树花芽都会开花。

童启庆(2000)曾在浙江余杭地区进行试验,在 5 月 9 日当茶树接近 70% 新梢有一芽三叶的成熟度时,对茶树进行全遮光 20 d,在接近 7 个月后即 12 月 6 日调查茶树的开花情况时,发现遮光促使茶树开花时间提前,并且试验的茶树开了 23 朵花比对照的 16 朵多了 43%。夏春华等(1979)通过研究提出,在杭州地区人为适当地增加光照时间,茶树的花朵数会有所增加,如果减少光照时间花朵数也会相应减少(表 3.1)。

表 3.1　茶树开花与光周期的关系(1974 年 6—10 月)

处理	光照时数(h)	7 月中旬花蕾数(个)	10 月中旬花蕾数(个)
长日照	16	1207	1603
短日照	8	853	415
对照	自然光	1067	1071

引自(夏春华 等,1979)

Barua(1969)指出,当冬季有 6 个星期白天日照时间短于 11.25 h 这个临界值时,灌木型茶树有相对的休眠期,日照越短,休眠期越长。这是因为日照使茶树体内光敏色素合成内源激素。短时间日照下,茶株内的有机酸形成脱落酸导致茶树休眠。长时间日照,有机酸转变为赤霉素,赤霉素因与脱落酸相颉颃打破茶树休眠,茶树再次发芽。在赤道附近,整年的日照时间都超过 12 h,因此茶树终年不出现休眠现象,生长状态仅受雨量的影响。在离赤道较远的地方,冬季收获逐渐减少,在纬度超过 16°的地区,几乎完全冬眠,且随着纬度升高,休眠期会持续更长时间。童启庆(2000)指出,在杭州,茶树 10 月下旬即进入休眠期,原因可能是由于此时昼长比 6 月中旬缩短 2 h,导致体内脱落酸大量积累,茶树进入休眠期。因此说明短日照对茶树冬季休眠起着主导作用。中国不同地域茶树休眠期,有如下差异:江北茶区的胶东半岛,茶树休眠起止时间为 10 月上旬至翌年 4 月中旬,休眠期达 195 d;在江南茶区的杭州,茶树休眠起止时间为 10 月下旬至翌年 3 月中旬,休眠期达 150 d,在华南茶区的海南省,茶树终年无休眠期。除了光照和温度外,水分、营养状况、病虫害等也影响茶树冬季休眠。Barua(1981)指出茶树休眠不能被长时间日照完全打破,如非洲坦桑尼亚南部的木芬迪茶,一天日照时间大于11.66 h,但是当地茶树仍会休眠。

3.1.3　太阳辐射波谱成分与茶树生长发育

3.1.3.1　太阳辐射的波谱及其在大气中的减弱

太阳辐射由连续的电磁波谱构成,地球表面的太阳辐射射线短波波长约 290 nm,长波波长约 $3×10^6$ nm,能量主要分布在 300～1100 nm,包含了可见与不可见光。可见光又包括紫、蓝、青、绿、黄、橙、红,波长为 400～760 nm。

太阳辐射波谱中,最大能量密度波长 475 nm 处,然后向短波方向急剧递减,向长波方向依次缓慢减弱。地球表面大气层上界,可见光能量占据最多,约 47%,红外线部分为 46%,紫外线及其以下部分仅占 7%。

太阳辐射进入大气后会遇到尘埃、杂质、水滴等小质点,一部分被反射、吸收和散射掉,尤其在厚云雾层中,减弱程度较大。在晴天或少云的天气下,茶树接收到的太阳辐射包含了太阳直接辐射和天空的散射辐射;在多云或阴天,太阳直接辐射被遮蔽,茶株接收到的仅有天空散射辐射,散射强度也比少云天气下弱。

3.1.3.2　太阳辐射不同波段对茶树生长发育的影响

太阳辐射中不同波段的辐射对茶树影响也不尽相同,茶树参与光合作用的光包含了大部分可见光,波长范围 380～710 nm 或 400～760 nm,也被称为"光合有效辐射"(RAP)。紫外线和红外线辐射部分分别为茶树提供了化学能和热能。

(1)光合有效辐射(RAP)

光合有效辐射为茶树光合作用提供能量,参与光化学反应。而不同色素对不同波长的吸收利用率不同,如叶绿素 α 和叶绿素 β 吸收光谱都在蓝光(400～500 nm)和橙光(600～700 nm)附近最大,两者相比,叶绿素 α 的吸收峰值在 429 nm 和 656 nm 左右,在橙光附近吸收多;叶绿素 β 则在 459 nm 和 637 nm 左右,在蓝光附近吸收多。

同时,不同波段的单色光对茶树影响也有区别,如波长为 720～610 nm 的红橙光参与叶绿素的光合作用,单色红光下的茶树生长新梢时间短,叶片面积小数量少;波长为 610～510 nm 的黄绿光,虽然光合作用效率低下,但对植株成形有一定的作用。在单色黄绿光下,茶树新梢和茶叶数量都会有所增加,叶片面积变大,生育期和含水量也会产生变化。比如春茶萌发期提前,叶片中水分和叶绿色含量增加,持嫩效果好,延缓老化。除此之外,黄绿光下的茶树茶叶中含氮量也很高。

波长为 510～400 nm 的蓝紫光为茶树光合作用提供化学能,有抑制茶树枝条的徒长效果。单色光的照射下,茶树新梢枝条稍短且质轻,叶片面积小数量少,经历采摘后,新发的芽变少,春季萌发期也会推迟。

青木智等(1989)曾针对不同光质对茶苗叶片做过实验,发现如果用蓝光照射黑暗中的茶苗一侧,大部分的新鲜茶叶将向光源生长,如果改用黄光照射,并没有类似的明显效果,还发现,茶树的新鲜茶叶对蓝光反映最为强烈,在强度大于或等于 15 J/m^2 的蓝光长达 48 h 以上的照射下反应达最大,如果将照射时间延长至 12 d,叶片转向光源的效果不可逆转。其次,波长在 600 nm 附近的红橙光有抑制这种反应的作用。基于以上发现,青木智等(1989)认为可

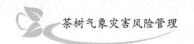

利用红橙光、蓝光及控制其强度改变茶叶的叶片生长方向。

（2）红外辐射（IR）

红外辐射是太阳辐射中能产生热量的部分，给茶树光合作用带来能量，提高植株的体温和叶温，促进茶树的蒸腾作用，进而带动根部在土壤中水分、营养和物质运输等过程。

此外，茶株通过热辐射后增温，会通过茎、叶表面以长波辐射的方式将一些能量释放到周围，改善茶树的生长环境，形成特色的小气候。

（3）紫外辐射（UV）

紫外辐射有良好的化学性能，波长低于 290 nm 的部分被称为短紫外线，有立即杀死有机细胞的性能，也被称为灭生性辐射。地球大气上界，氧分子和臭氧分子强烈吸收紫外线，从而使紫外线很难到达地球表面。因此，紫外线强度随高度上升而增强。

紫外线可分为紫外线 A（UV-A，400～315 nm）和紫外线 B（UV-B，315～290 nm），其中紫外线 A 对植物有成形作用，导致植物矮小，叶片变厚，能让新鲜茶叶的含氮量和茶多酚含量升高；紫外线 B 化学性能强，对大多数生物有害，可用来灭菌消毒，消灭农作物病虫害和有害微生物。如用波长为 290～360 nm 的近紫外线反射、辐射和照射茶园中的幼树，可减弱茶黄蓟马对茶树的伤害。

3.1.3.3　茶树鲜叶对太阳辐射的反应

（1）茶树单叶对辐射的反射、吸收和透射

茶树叶片对不同波段的辐射能造成一定程度的反射、吸收和透射，同时也产生不同的反应。李倬等（1990）曾使用连续光谱的光源（标准为 400～1100 nm）照射鸠坑种茶树单片鲜叶，再加以辐射分光光谱仪测得各谱段辐射的反射、吸收和透射率。光合有效辐射中，叶片对波长为 400～480 nm 的蓝紫光和波长为 670～680 nm 的橙光吸收率可超过 95%，对波长为 550 nm 左右的绿光吸收率约为 75%，对波长为 760 nm 附近的红光以及波长为 760～1100 nm 的红外线吸收率仅为 3.6%～1.0%。

茶树叶对于波长在 760～1100 nm 的红光和红外线有很高的反射率和透射率，各波段辐射均能被反射掉 54% 左右，透过率为 44%～46%。除波长为 540 nm 的绿光反射率达 17.5%，其余波长短于 670 nm 的波段反射率大多为 5%，同时，相应的透射率也很低。

但是，鲜叶叶片绿色深度随茶树品种不同而存在差异，它们对光合有效辐射的吸收率也不同。深绿叶色的茶树品种由于叶绿素含量高，茶树鲜叶对光合辐射的吸收率也较高（李娟，1991）。

（2）茶丛对太阳辐射的反射、吸收和透射

太阳辐射照到茶树身上有一部分被反射掉，据有关测定，晴天中午太阳高度角一般为 53°38′，叶面积指数为 4.6 的茶丛能够反射掉 13% 的太阳总辐射。通过冠层透漏到丛下地表以上 20 cm 高处的约为 5%，剩下的 82% 都会被茶丛冠层中多层叶片、枝梢所吸收（李倬 等，1990）。

3.2　温度对茶树生长发育的影响

茶树的原产地在亚热带丛林，生长期间喜欢较温和的气候。在亚热带的冬天，天气较冷，茶树因此有一段休眠时间，等到温暖春天，随气温上升，茶树的休眠被打破，开始萌动。

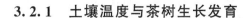

3.2.1　土壤温度与茶树生长发育

通常春季气温和土壤温度升高后,茶树开始苏醒。当茶树根系附近的土壤温度上升到 5 ℃左右时,茶树会开始生长。但生长的速率非常慢,即便土壤温度达到 10 ℃,生长速率也不会产生明显的改变,直到温度达 25 ℃,土壤根系生长最为迅速,而到 35 ℃时,生长速率再次变慢。

Carr(1970)在坦桑尼亚地区的茶园中发现土壤温度和茶树生长速率快慢有紧密联系。当距离草皮在 30 cm 以下的土壤温度低至 17~18 ℃时,茶树会暂停生长;如果温度上升到 20 ℃时,茶树会重新慢慢生长,温度上升超过 20 ℃后,茶树的生长速率与土壤温度呈直线相关。Fordham(1984)在马拉维茶园中发现,土壤温度超过 25 ℃时,茶树的生长速度慢慢下降。

3.2.2　气温与茶树生长发育

当水分条件充足,气温为 10~35 ℃时,茶树能正常生长,其中气温为 15~25 ℃时,生长速度很快;20~25 ℃时,生长速度最大;气温一旦超过 25 ℃,生长速度减缓;气温超过 30 ℃时,生长速度显著下降;气温超过 35 ℃时,茶树中酶促反应被损坏,茶树将慢慢停止生长发育。

3.2.2.1　气温与茶芽萌发

春天气温回升,当气温达到 7~10 ℃时,茶树越冬芽开始萌动。使茶树萌动的具体气温与茶树种类、生长地区及茶树年代有关,湖南农学院实验农场茶叶实验发现(王融初,1965),湖南长沙地区的毛蟹茶树萌动气温为 9.5 ℃;乌龙、大红和本山三种茶树萌动气温都高于 10 ℃,水仙茶树品种萌动气温最高,为 14~15 ℃。赵学仁(1962)观察发现,当年杭州地区的水仙萌动日期在 3 月 19—27 日,这段时间该地平均气温为 10~11.5 ℃,同时发现政和白茶在气温上升到 15 ℃附近才开始萌动。

一些学者认为,春天茶树越冬芽积聚了足够能量开始萌动,是一个量变到质变的过程。因此,段建真(1986)提出茶芽开始萌动的气温,既要考虑当天的气温,也要适当地考虑 10 ℃以上的积温或日平均气温高于某值的连续天数。如在祁门地区,特早生茶树品种"仙寓早"经过 1995—1997 年的观测发现,3 月上旬连续 5 d 日平均气温达 8 ℃及以上时,茶芽开始萌动。

3.2.2.2　气温与新梢生长

(1)气温与茶树新梢的生长

当茶树萌发后,新梢生长的适宜气温也和茶树种类和生长地区的气候环境有关,一般茶树在日平均气温为 15~30 ℃时生长较好。根据对贵州湄潭茶叶的研究发现,当气温在 20~25 ℃时,降水和湿度等气候条件都适宜时,茶树新梢生长速率最大:日平均生长皆超过 1.5 cm,大多数超过 2 cm。如果气温高于 25 ℃或者低于 20 ℃时,新梢生长速率比前者稍慢,气温低于 15 ℃时新梢的生长速率最低。虽然气温在 20~30 ℃时,茶树生长速率较快,但是芽叶易于质粗老化,如果再将高温时间延长,茶叶质量明显降低。春天河南地区的信阳大叶种在生长期间,如果气温条件维持在 25~30 ℃,空气的相对湿度维持在 75%~85%,新梢生长状况良好,轮性正常,若将此时气温降低到 15 ℃,该品种茶树新梢会立刻停止生长(蒋培兴等,1965)。

中国变种茶苗种植到日本,当气温为 5.0~12.5 ℃时,茶树都不会生长。

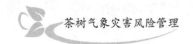

薮北品种茶树新梢生育最合适气温为 25～29 ℃。在这个范围内,若日夜温差大于 10 ℃,新梢的生长和叶片的展开逐渐减慢。而且,昼夜温差的影响在不同轮次茶期里也不相同。头茶期间,昼夜温差越大,茶树新梢伸长速度越快,茶叶产量会随之增加,而对于二茶和三茶来说,情况与之相反。日平均气温已经到高值,如果这时日夜温差越大,白天无效的积温就越多,茶树新梢的生长速度进而下降,茶叶产量有所降低。气温低于 25 ℃,新梢生长速度随气温的升高而加快,气温每上升 1 ℃,头茶茶树新梢伸长长度约增加 1%,二轮茶增加 1.3%,三轮茶增长量比头轮和二轮都小,仅增加 0.7%;同时,头茶的新梢成熟期会缩短 1.2 d,二茶缩短 1.4 d,三轮茶则不能缩短。

Carr(1972)、Fordham(1984)在非洲坦桑尼亚、马拉维亚等地区曾研究过茶树新梢生长和环境因子的关系,环境因子可变时,茶树新梢生长速率和气温有关,气温低于 14.5 ℃时,茶树嫩梢、嫩叶增长速率急剧下降;在坦桑尼亚南部木芬迪茶区,气温低于 14 ℃时,茶树新梢生长停止。Squire(1979)提出,在马拉维地区,寒冷气候阻碍茶树新梢生长量的关键变化因子是气温。气温在 16～24 ℃时,新梢伸长率和日平均气温呈近似的直线关系。但是,一旦气温超过 24 ℃时,不管相对湿度值如何,新梢生长率和日平均气温近似的直线关系也不复存在。综合多方面的研究经验,Squire(1979)提出茶树新梢生长气温一般高于 13 ℃。蒋培兴等(1965)观察信阳大叶种一天内的生长情况发现,一天内茶树新梢的生长速率和当天气温也有密切关系,新梢的绝对增长量,在下午气温较高时有一个峰值,半夜没有光合作用下,再次出现一个更大的峰值,相关的原因需进一步地深入研究。

春天,白天气温较高,茶树新梢的绝对增长量明显多于晚上。根据赵学仁(1962)的观察资料(表 3.2),春天白天贡献量为 62%,夜晚仅有 39%,但是气温高的夏天和秋天,情况相反,白天贡献量仅有全天的 8%,夜晚的增加量是白天的 10 倍以上,贡献量超过 92%。这主要是由于白天气温过高,超过适宜温度,夜晚的气温则在适宜温度内。

表 3.2　不同昼夜温度下茶树新梢增加情况

季节	春季			夏季		
时段	白天	夜晚	全日	白天	夜晚	全日
气温(℃)	16.0	14.7	15.4	36.2	27.9	32.1
新梢增加量(mm)	3.2	2.0	5.2	0.25	2.83	
占全日增加率(%)	61.5	38.5	100	8.0	92.0	100

引自(赵学仁,1962)

(2)茶树叶温与茶树的生长

茶树新梢的伸展量和温度为 20～35 ℃的茶树叶温呈直线关系。早上,茶园的茶树叶温高于 21 ℃时,新梢开始生长,如果温度超过 35 ℃,生长速率逐渐变慢。Barman 等(2008)研究指出,采摘期茶树叶温随光照强度增加而升高,茶树净光合速率的最适叶温为 26.0 ℃,当叶温超过 26.0 ℃,净光合速率显著下降。Hadfield(1968)研究指出,叶温超过 35 ℃,茶树有效光合作用骤降;叶温达 39～42 ℃时,测不出有效的光合强度,而呼吸强度较大;叶温超过 48 ℃时,叶组织就丧失光合能力,而出现永久性伤害。田月月等(2017)对泰安茶区三年生"黄金芽"叶片日灼发生情况的调查分析结果表明,"黄金芽"叶片日灼症状主要分为白化型、红变型和坏死型三种,其日灼伤害程度依次加重;高光强和叶片高温是引起"黄金芽"叶片日灼的两个必要条件;在日最大光强达 100 klx 以上,日最高叶温 38 ℃ 以上时可出现日灼现象;叶温日变幅大时,发生日灼的叶温阈值较低(38 ℃);叶温日变幅小且经过高温锻炼后,发生日灼的叶温阈值可提高至 40 ℃。黄世忠等(1986)指出,若气温在 35 ℃ 以上,叶温在 39 ℃ 以上,而又无降雨或灌溉,幼龄茶树就会遭受热旱危害,导致落叶死亡。高市益行等(1991)研究指出,在茶树叶片周围的露点在 -2 ℃ 以上的湿润条件下,即使叶面上充分出现结露,在下降到 -2 ℃ 左右以前叶体也不冻结,若低于这一温度,则结露冻结,由于冻露的植冰作用叶体也开始冻结。对于露点在 -4～-2 ℃ 的范围,叶温下降到露点以下时,叶面上形成冻露,并由此引起叶体开始冻结。当周围空气非常干燥,露点在 -4 ℃ 以下时,无论叶面上有否结露或结霜,叶温在 -4 ℃ 左右时叶体或枝条就开始冻结。一天中叶温变化远大于气温变化,Миладзе(1961)在格鲁吉亚地区观测到气温日较差 21.2 ℃ 时,茶树叶温日较差达 34.0 ℃ 时(表 3.3)。

表 3.3 不同时间段茶树叶温和空气温度 单位:℃

	早晨最低	午后最高	日较差
茶树叶温	-9.0	25.0	34.0
空气温度	-7.6	13.6	21.2
差值	-1.4	11.4	12.8

引自(Миладзе,1961)

3.2.3 茶树各生育期间对积温的需求

3.2.3.1 茶树新梢生长与积温

春天茶树茶芽萌发后,在活动积温(≥10 ℃)不断增加情况下,茶树新梢也持续增长。一般对于茶树来说,展开一片嫩叶需活动积温(气温≥10 ℃)为 90～100 ℃·d。对信阳茶叶进行试验发现,春天该茶种新梢生长过程中的积温积累情况近似 S 形状。第一片真叶到第五片真叶,活动积温增长速率较快,共增加 760 ℃·d,其中第三片到第五片活动积温增长速率最快,共增加 530 ℃·d,这也表明从第三片真叶开始,叶片老化速度加快。第五片真叶到茶树驻芽,茶树的积温增长量很少。

由于不同茶树品种萌发的时间、茶树新梢的生长速率不一,又受到各地采摘生产茶叶方式差异影响,各品种茶树从茶芽萌发到展叶再到成熟采摘期,整个过程时间及所需的积温也不一样。

周汉忠等(1965)在江西修水茶叶试验站进行观测发现,如宁州早的早芽茶树品种活动积温约为 400 ℃·d,上海州的中芽茶树品种活动积温约为 500 ℃·d,政和大白茶等迟芽茶树品种需活动积温约为 550 ℃·d(表 3.4)。

表 3.4 各品种春季新梢伸展期间的活动积温 单位:℃·d

时段	宁州早	广东水仙	苔茶	上海州	宁州大叶	政和大白茶
萌动—鱼叶展开	173.5	197.9	173.5	225.3	225.3	377.8
萌动—二叶展开	377.8	311.9	377.8	377.8	377.8	377.8
萌动—初采	401.9	401.9	436.6	500.9	500.9	548.2

引自(周汉忠 等,1965)

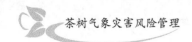

邱秀珍(1965)在杭州梅家坞研究发现,从茶芽萌发期到三叶展开当地特早芽、早芽和中芽品种所需活动积温(≥10 ℃)依次为 250 ℃·d、300~340 ℃·d 及 460 ℃·d 以上(表 3.5)。

表 3.5　特早、早芽、中芽茶树品种从萌芽到三叶展开期间需要的活动积温(≥10 ℃)　单位:℃·d

种类	特早				早芽			中芽
品种	乌牛早	黄叶早	清明早	龙井 43	藤茶	福丁大白茶	龙井群体种	鸠坑种
活动积温	252.1	252.1	266.7	266.7	305.5	305.5	341.5	463.3

引自(邱秀珍,1965)

即使生长在同一棵茶树上,茶芽生长位置与环境差异也会导致其生长速度存在差异。生长在茶树顶部的茶芽萌发时间早,新叶和新梢生长速度较快,而生长在侧边的茶芽萌发时间相对较晚,新叶和新梢生长速度偏慢。类似的,处于不同位置的茶芽从萌动到初采(三叶展开)所需的活动积温存在差异,对于不同的茶树品种这种差异也不尽相同。

刘隆祥等(1981)提出根据茶芽萌发特性,早春茶萌动的初始温度可采用≥5 ℃(早芽种)、≥7 ℃(中芽种)、≥11 ℃(迟芽种)分级,并且以当地多年出现该温度保证率在 80% 以上的日期为初始时间进行积温统计。他们采取这种统计方式发现,江西婺源地区的各种茶树品种从春季萌动到初采需要的活动积温如表 3.6 所示。

表 3.6　不同茶树品种从萌动到初采需要的活动积温

种类	品种	萌发起算温度(℃)	到萌动时的积温(℃·d)	到初采时的积温(℃·d)
早芽	碧云一号、婺源早、大面白	≥5	310~390	687.0
中芽	上梅州、浙农 12	≥7	170~240	628.5
迟芽	政和大白茶	≥11	—	556.7

引自(刘隆祥 等,1981)

谌介国(1964)在湖南通过研究发现,当地春茶在有效积温(>10 ℃)达到 30 ℃·d 时开始萌动。春季茶园>10 ℃的有效积温范围一般为 104~180 ℃·d,平均值可达 150 ℃·d。当茶园的有效积温达到 180 ℃·d 时,春茶进入采摘高峰期,一旦有效积温超过 300 ℃·d,春茶的采摘期明显变短。由此,谌介国(1964)提出 3 月下旬的积温是最有效的积温,当这个月的有效积温值越高,春茶采摘期提前更多。

3.2.3.2　各轮次茶树新梢生长与积温

季节和气候条件不同,不同轮次的茶树嫩梢从萌发到成熟可采,所需的活动积温或者有效积温存在差别。一般,茶树需要 400~600 ℃·d 的活动积温(≥10 ℃)或者 100~200 ℃·d 的有效积温(>10 ℃)(表 3.7)。

表 3.7　日本各轮茶芽萌发到采摘需要的活动积温和有效积温

积温种类	活动积温(℃·d)	有效积温(℃·d)
头茶	460.2±42.1	150
二茶	378.3±33.3	210
三茶	462.4±56.4	240

引自(梁濑好充,1981;关谷直正 等,1980)

李倬(1988)指出,福建福安地区,全年活动积温(≥10 ℃)约 5800 ℃·d,该地各轮茶新梢生长时间(即从上一轮新梢生长停止到这一轮新梢生长停止期间,首轮是从茶芽萌动开始),需要的活动积温在 760~1060 ℃·d,平均约为 880 ℃·d。簗濑好充(1981)研究指出,日本茶树每轮新梢生长,加上到下一轮萌动前的休止期,共需活动积温 900~1000 ℃·d,与 Миладзе (1979)对格鲁吉亚茶树的研究结果(表 3.8)大致相同。

表 3.8　格鲁吉亚各地茶树每轮需要的活动积温　　　　　　　　单位:℃·d

地区	芽萌动到头茶可采	从头论可采到二茶成熟可采	二茶成熟可采到三轮成熟可采
阿那西乌里	480	860	1070
嘎里	290	950	830
都尼普什	390	760	1060
扎卡地尔	470	800	810
苏格吉吉	450	900	1220
兰其胡特	300	830	890
阿尔皮尼	290	970	890
楚鲁凯泽	330	1200	1210
恰克瓦	470	1080	910
平均	385.6	927.8	987.8

注:表中活动积温 T≥10 ℃。引自(Миладзе,1979)

通过计算发现茶树新梢生长每一轮大概需要活动积温为 1000 ℃·d,可以用此值估算各地方一年内茶树可能出现的轮次。如安徽祁门、屯溪一带,多年平均的活动积温(≥10 ℃)均在 5100 ℃·d 左右,云南景洪较高,超过 7900 ℃·d。所以,茶树在这几个地区可分为五轮、六轮及八轮新梢。但是,由于各地习惯不同,如秋季采摘过多,封闭茶园较晚,茶树越冬缺少物质基础容易受到低温冻害。同时,留养晚秋茶为来年春茶生长发育打好基础,因此各茶区采摘茶叶轮次比理论上少。

3.2.3.3 茶树各发育期与气温

长江以南地区的茶树花芽大部分在 6 月开始分化,9 月中、下旬到 10 月上旬开花,10 月中旬到 11 月中旬开花最盛,11 月下旬到 12 月是终花期。茶树花期平均气温一般为 16~25 ℃。茶树开花最适宜气温为 18~20 ℃,空气相对湿度为 69%~70%。若在花蕾形成后期,气温低于−2 ℃,茶花则不能盛开,气温低于−4 ℃,大部分茶花会死亡。如果秋天副热带高压强盛长时间控制长江流域,当年冷空气来得晚,秋天气温一般高于 25 ℃,茶树花开时间推迟;相反,若秋季副热带高压迅速东撤,冷空气来得早,秋天气温较低,茶树也会早开花。

茶花属于虫媒花,授粉一般依靠昆虫传播,使之受精、结实,蜜蜂是其中的主要传播力量。不同地区蜜蜂采集、授粉温度也各不相同,中国在 10 ℃以上,意大利在 14 ℃以上,通常最适宜气温在 20~30 ℃。如果气温低于 13 ℃,意大利种蜜蜂的个体慢慢趋于僵化,所以当秋天白天气温高于 16 ℃时,蜜蜂传递花粉情况较好,气温高于 20 ℃时,传花粉情况最佳。根据上述情况发现,冬季气温低是茶花结实率较低的主要原因。

茶花在受精一年后,逐渐长出果实,待果实成熟后要及时收获、贮藏,不然茶果果皮很快裂开,种子掉落在地上很快就丧失发芽力。收获的茶籽存放在窖中,维持所处温度在 5~7 ℃,控

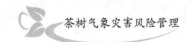

制种子含水量为 15%～17%,可让其萌发力保持较长的时间。周玥等(2011)从 11 月开始在湖南农业大学长安茶场进行茶籽贮藏试验,结果表明,贮藏温度较高会造成茶籽烂籽率迅速升高(表 3.9)。茶籽发芽适宜温度为 25～28 ℃,10 ℃时开始萌发,如果将其放置在温度为 25 ℃和一定水分的湿沙里,15 d 左右,茶籽开始发芽,若温度高于 30 ℃,种子容易变质发芽率降低,一旦温度超过 45 ℃茶籽会丧失全部的发芽力。

表 3.9　不同贮藏温度下茶籽的烂籽率　　　　　　　　　　　单位:%

贮藏时间(d)	20	40	60	80	100	120	140	160
5 ℃贮藏	4	4	4	5	6	6	7	7
室温贮藏	5	6	8	8	9	9	14	15
25 ℃贮藏	7	14	16	18	22	25	27	30

引自(周玥 等,2011)

3.3　水分对茶树生长发育的影响

3.3.1　茶园中的水分收支

茶树喜欢生长于湿润多雨的环境,本身含水量充足,其根部水量约占根部总重量的 50%,枝干含水量占枝干总重量的 45%～50%,老叶含水量为 65%,幼嫩新梢含水量最高,为 75%～80%,就连休眠的茶籽中含水量也有 30%。江浙地区一直流传着"无水就无茶"的农谚,更能说明水分在茶树生长发育过程中的重要地位。

水分供需情况可从茶园中的水分收支中看出,水分收入主要来源于大气中的降水(如雨、雪、雾、露、霜),其次就是地下水,同时涉及人工灌溉部分;水汽支出包含茶园中土壤表面蒸发和茶叶蒸腾作用,此外还有少部分水分下渗到土壤深处。在多雨季节里,山区坡地茶园的降水往往以地表径流的方式流失,所以一般被忽略。

茶树生长期间,可用各月蒸散量作为其需水量的客观衡量标准。如果月降水量大于该月茶树的蒸散量,则说明茶园土的水分是充分的,反之,土壤水分不足,进而影响到茶叶的产量及品质。

茶园的蒸散量,可用当地气象台站的基本气象数据(如气温、云量、风速、空气湿度等)并根据彭曼(Penman H L)半经验半理论公式,测算出自由水面蒸发量。联合国粮农组织(FAO)曾在世界各地试验结果的基础上,提出修正的彭曼公式,将其运用于计算可能蒸散量。同时,联合国还收集并综合了各种农作物的作物系数,用于计算局部地区作物表面的蒸散。

茶园的可能蒸散量一般小于自由水面的蒸发量,只需了解当地的降水量和自由水面上蒸发量的差值或者比值,就可大致了解该地水分供需情况。降水量与水面蒸发量的差值称为水分盈亏,降水量与水面蒸发量的比值用干燥度表示,水面蒸发量和降水量的比值用干湿度表示,干湿度和干燥度互为倒数关系。中国主要茶区水分盈亏均为正数,为 200～1000 mm,年干燥度值小于 1,干湿度则大于 1,最大可超过 2,不过一年内,季节月份不同,数值差异较大(表 3.10)。

表 3.10　我国部分茶区干湿度和最湿月、最干月的干湿度值

茶区	年干湿度值 D_m	最湿月		全年湿月月数	最干月		全年干月月数
		D_m	月份		D_m	月份	
南京	1.2	2.1	4	11	0.5	10	1(10月)
杭州	>2	5.0	1	12	1.2	10	0
长沙	1.5	5.4	3	9	0.7	9	3(8—10月)
福州	1.3	3.9	3,5	9	0.2	10	3(10—12月)
昆明	1.2	3.0	7	5	0.11	4	7(11月—翌年4月)
腾冲	2.9	10.0	7	6	0.34	12	6(11月—翌年4月)

注：D_m 为干湿度，降水量与蒸发量之比。引自(陆渝蓉 等,1982)

年干燥度值低于 1.0 的地区,基本可以栽培茶树;年干燥度值低于 0.7 的地区可以作为主要产茶区,该区的茶树能进行大范围的经济培育;年干燥度在 0.5 左右的地区,产出的茶叶质量较高(胡江波 等,1963)。

克伐拉兹赫里亚等(1957)指出,可用谢梁尼诺夫的水热系数 K 来衡量各种气候条件下作物水分供应盈亏状况。对于茶树水分平衡而言,水热系数不能低于 1.5,最适宜茶区水热系数不低于 2.0。格鲁吉亚茶区月平均气温为 23~26 ℃时,月平均需要 120~150 mm 的降水量,对应的水热系数为 1.6~2.0。

茶树新梢生长期间,嫩梢和嫩芽生长速度快,耗水量大。孙继海(1964)发现贵州湄潭茶区旬降水需求量 40~100 mm,簗濑好充等(1971)发现日本各轮茶芽从萌发到一轮采摘结束需水量约 120 mm。Миладзе(1979)分析了格鲁吉亚茶区茶树各轮期间的需水量(表 3.11),茶树从芽初展到第一轮成熟可采期间需水量为 80~160 mm,平均值为 110 mm,这和日本研究资料一致。表中三个时期恰克瓦所需降水量最多,阿尔皮尼地区在芽初展到第一轮成熟期间所需降水量只有恰克瓦地区的 50%,到第二轮和第三轮分别增加到 170 mm 和 210 mm,这可能与降水的时间分布有关。格鲁吉亚和阿塞尔拜疆的茶区资料显示,各个地区在茶树采摘季节里每一个批次平均所耗降水量各不相同。表 3.12 为几个茶区全年采摘批次及每批次平均降水量情况,可以看出舒恩图克或凌柯兰茶区,每一批次平均降水量仅为 26~27 mm,而恰克瓦、阿那西乌里等地约该区的 2 倍。

表 3.11　格鲁吉亚各茶区茶树各轮期间的总降水量　　　　　单位:mm

地区	芽初展到第一轮成熟可采摘	第一轮到第二轮成熟可采摘	第二轮到第三轮成熟可采摘
阿那西乌里	140	180	260
嘎里	90	170	140
都尼普什	100	140	160
扎卡地尔	130	160	140
苏格吉吉	100	160	260
兰奇胡特	90	180	240
阿尔皮尼	80	140	160
楚鲁凯泽	90	200	230

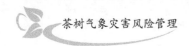

续表

地区	芽初展到第一轮成熟可采摘	第一轮到第二轮成熟可采摘	第二轮到第三轮成熟可采摘
恰克瓦	160	270	280
平均	110	170	210

引自(Миладзе,1979)

表 3.12　格鲁吉亚、阿塞尔拜疆几个茶区全年采摘批次及每批次平均降水量

国家	地区	采摘批次	每批次平均降水量(mm)
格鲁吉亚	恰克瓦	18	55
	阿那西乌里	16	49
	苏格吉吉	16	47
阿塞尔拜疆	凌柯兰	11	
	舒恩图克	10	26

引自(Миладзе,1961)

在亚热带季风气候地区的茶树,新梢生长期间,雨热同季,热量充足,嫩芽的生长速度、茶叶产量随当年雨水量盈亏而变化,所以亚热带季风茶区降水量与茶叶的产量有密切联系。在中纬度地区,热量较少情况下,只要水分充足,温度是影响茶叶产量的直接要素。

东北地带,冬春(11月—翌年3月)的旱季,茶树同样需要足够的降水量。如1—5月该地月均降水量能达到200 mm,茶树生长比较适宜。如这段时间里,仅有或不足100 mm的降水,后期茶叶产量十分不理想。

气温高的地方,茶树蒸发、茶叶蒸腾作用旺盛,降水需求量也随之增大,这样才能使茶树生长状态良好,茶叶产量提升。格鲁吉亚和中国陕西南部的安康茶区,年均气温为14~15 ℃,年降水量约1000 mm,该地茶树生长状况良好。而印度东北部年均气温达29 ℃,由于旺盛的蒸发和蒸腾作用,给予相同的1000 mm降水量,这对当地茶园显然是远远不够的。

中国广东红星茶场,1972—1976年的茶叶鲜叶产量和蒸散量及降水量有明显的相关性。只要是蒸散量超过降水量的季节,当季的茶叶产量显著减少,两者的差距越大,产量减少得越多。中国农业科学院茶叶研究所发现,一般茶园里,在茶树生长期间,每生产500 g干茶,需耗水1.5 t;许允文(1981)指出,在杭州,茶树每形成1 g的干茶就需耗水300~385 g。

低纬度地区,茶树在生长季节里,阵性降水出现颇多,降水强度也较大。当降水没渗入土壤前,一部分就以径流的方式流入河川,从而导致这些地区的降水有效性降低。因此,印度、缅甸的一些茶区中,年降水量尽管高于4000~5000 mm,但仅相当于茶树地区有效的1500~2000 mm年降水量。除此之外,暴雨形成的地表径流有可能造成大范围的土壤侵蚀,破坏茶园肥沃的表土,使茶树根部裸露在外,带来不良后果。

3.3.2　空气湿度与茶树生育

在茶树的生长过程中,空气湿度条件必不可少。茶树对空气湿度的要求很高,在高湿环境中,茶树新梢柔嫩,展开的茶叶薄而大,茶叶产量多、品质高。

通常情况下,茶树在生长期间,空气相对湿度需达80%及以上,午后湿度低时,空气相对湿度也需在70%以上。若空气相对湿度过低,蒸腾量大,茶树本身的水分平衡被破坏,新梢生长量低,多出现对夹叶。若空气相对湿度高,蒸腾量变少,茶树中更多的水分会用于生长嫩梢。6—8月贵州茶区,如果当日的空气相对湿度低于80%,茶树新梢日生长量低于2 mm;当空气相对湿度为82%~85%,新梢的日生长量增加到3 mm以上。Bushin(1975)分析了俄罗斯克拉斯诺达尔茶区茶叶产量和空气相对湿度的关系,发现在茶叶采摘前20天内的空气相对湿度对茶叶产量有明显影响,当20天内的空气相对湿度高于80%时,产量达峰值;若每日15时的平均相对湿度高于70%,由于光合作用和呼吸旺盛,茶叶产量也会提高;若空气相对湿度低于60%,茶树的呼吸强度增大,所耗的二氧化碳多于同期光合作用,茶叶的质量偏粗硬,产量也会下降。适当增加空气相对湿度可促使茶树新梢生长和叶绿素的生成,生长在阴湿试验室里的茶树幼苗,高度比对照高度高出32%~34%,每株茶树上的叶子数量也多出23%~34%,每片茶叶的面积增加10%~22%,叶绿素含量高出18%~19%,光合作用强度增强3%~55%。

空气湿度用空气中水汽压和饱和水汽压的百分比表示,其中饱和水汽压随温度的变化而变化。当空气中水汽压相对稳定时,空气相对湿度和气温的变化趋势相反,在一些山区特定高度内,空气相对湿度随海拔升高而增大。一般在600~700 m到2000~3000 m的高层一年里经常云雾弥漫,这就是空气相对湿度达到饱和的体现。高山云雾不仅提供了高湿度,也减弱了太阳直射光,增强漫反射,形成茶树适宜生成的生态环境。如黄山毛峰、庐山云雾茶等许多名茶就在这种环境生长。

中国东南沿海茶区,夏季季风送来了充足的暖湿空气。台湾、浙江、福建等茶区的山间迎风坡上,由于地形抬升作用,暖湿空气生成云雾弥漫、多降水、高温高湿的茶树适宜生长环境。除此以外,在河川湖泊或大型水库附近的山地丘陵,常年处于水汽缭绕,雾霭萦绕,当地产出的茶叶品质最佳。如江苏太湖东山的碧螺春,湖南洞庭湖的君山银针等都是绿茶中的极品。

3.3.3 土壤湿度与茶树生育

茶园中土壤水分情况是茶树生长的重要影响因素,它最初影响茶树根部,同时影响茶树新梢的生长进度。茶树生长的土壤湿度应保持在65%以上,尤其是在生长最旺盛、蒸发和蒸散作用最旺盛、需水量最多的夏季。孙有丰(2007)研究表明,茶树最适宜生长的土壤湿度是76%±6%,此时茶树的最大相对生长量最大,随着土壤水分胁迫强度的增加,对应的最大相对生长量逐渐下降,最大生长速度有着先升后降的变化趋势。在最适土壤湿度下,有效积温达到93.5 ℃·d时茶树进入旺盛生长期,有效积温达286.5 ℃·d时达到最大生长速度,有效积温达到574.0 ℃·d时旺盛生长期结束。

Smith等(1993,1994)在坦桑尼亚南部高原的暖旱季试验表明,茶园灌溉能提高茶树光合作用的最适温度,降低强光照下的光抑制作用;能增加茶树叶片气孔导度和降低叶温,从而提高健康叶片单位叶面积的光合速率和提高光合有效叶片截获的阳光比例来提高光合速率。

许允文(1980)在杭州中国农业科学院所研究茶叶发现,茶树的耗水量和土壤含水量以及各种吸力(PF)的土壤中耗水量有密切关系(表3.13)。当茶园土壤中水分含量在田间持水量的范围内时,土壤水分含量高,吸力低,可提高蒸腾强度,增加植株间的空气湿度,进而促进茶树新梢的生育。

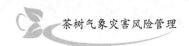

表 3.13　各种土壤含水量各吸力(PF)的土壤中耗水量

水量	7月30日			8月4日	阶段耗水量 (5 d合计) (mm)	每日平均 耗水量 (mm)
	土壤贮水量 (mm)	PF值	喷水量 (mm)	土层贮水量 (mm)		
高湿	141.7	1.8	17.36	131.56	27.5	5.5
中湿	133.6	2.4	10.46	124.36	19.73	4
对照	123.7	2.8	0	107.48	16.24	3.2

引自(许允文,1980)

　　在田间持水量和凋萎系数之间的土壤水分只够维持茶树的生命活动,虽不会使茶树死亡,但不能促使新梢进一步生长,只有土壤中自由的有效水分能使新梢生长。当降水量少于茶园的蒸发蒸腾总量时,土壤水分大量亏缺,茶树只能保持生命活动,新梢生长受到抑制;当降水量过多时,排水不畅,茶园土壤水分过饱和,茶树根系及生长不良,甚至导致死亡。

3.4　其他气象因子对茶树生长发育的影响

　　茶树生长发育除受到上述的光、热、水等气象因子的影响外,也受到自然界中的风、冰雹及大雪等天气的影响。

3.4.1　风

　　对茶树生长发育造成影响的风主要分为大风、干风及台风,目前很多茶园尚未种植防护林带,也没有遮阳树,所以在刮大风时,茶园气候变化较大,尤其是西北干风能降低茶园空气相对湿度,蒸腾及蒸发作用加剧,给茶树生育带来不利影响。冬季,茶园遭遇低温时,如果伴随着干风,那茶树受到冻害的概率将大增。茶叶生长季,江南沿海茶园有时会受到超强台风的侵袭,处于迎风面的冠面茶叶均被吹落。夏秋干旱季,台风风力不大时,不仅不会给茶园造成破坏,还在一定程度上减轻或解除茶园干旱。来自东南的季风,一般是湿润柔和,可增强茶叶蒸腾作用,调节水分平衡,促进茶叶光合作用,有利于茶叶生育。

3.4.2　冰雹

　　冰雹往往给茶叶带来严重的危害。如果在茶树生长期发生冰雹,繁茂且幼嫩的茶树受到冲击,叶破梢断,再加上强劲的大风,甚至会引发大量茶叶脱落,树梢表皮受伤。

3.4.3　雪

　　适当的雪层覆盖在茶树树冠,有利于减轻甚至避免茶树受冻,但积雪过后,覆盖时间过长,会压断枝梢造成机械型损伤。

3.5　地理因子对茶树生长发育的影响

　　地理因子如纬度、坡度、坡向、地势、海拔等要素都对气象因子产生重要影响,进而对茶树

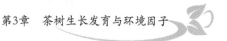

生育和茶叶品质产生影响。《茶解》中写道:"茶地南向为佳,向阴逐劣,故一山之中,美恶相悬。"由此可见,地理因子对茶叶品质有着至关重要的影响。

地理纬度不同,日照强度、气温、降水量及地温等气候因子亦不同,中国茶区最北位于30°N,最南位于18°~19°N的海南。通常情况下,纬度偏低的茶区年平均气温高,地表接收的日辐射量较多,气候环境呈现为热量和光照丰富的特点。纬度低的南方茶区,年平均气温较高,茶树体内的物质代谢利于进行碳代谢,进而促使茶多酚的生成。所以,南方的茶树品种,有很多的茶多酚,适合制造红茶;生长在纬度高的茶树,光、温、湿利于蛋白质、氨基酸含氮物质代谢,适合制造绿茶。生长在不同纬度同种茶树,化学成分含量也存在明显差异。比如生长在云南的大叶种茶树,北移到纬度较高的地区,不仅越冬生长困难,茶多酚和儿茶素的含量也对应降低。

不同的地形对不同茶园小气候的形成有重要的影响。茶园小气候是指茶树及茶园生物和环境因子相互作用形成的小范围特殊气候,也称微域气候或微域气象。即地表浅层到2.0 m高的贴地层气候,小气候形成取决于日照辐射及贴地气层的湍流、水分交换。坡地对茶园小气候的影响主要取决于坡度、方位和地形,由于辐射量的变化,形成不同特点的茶园小气候。温带地区,南坡太阳辐射总量多于水平面,北坡太阳辐射总量少于水平面,夏季南、北坡差异小,冬季差异大,东西坡介于南、北坡之间,没有明显差异。北坡属于冷坡,终年土温和气温较低,出现霜冻概率大,霜期长,但温度低,蒸发少、土壤湿度大;南坡情况则相反。谷地和小盆地,白天由于空气流动受阻,利于太阳辐射加热空气和土壤,夜间利于冷空气沿斜坡流向谷地和在盆地堆积,所以白天加热和夜间冷却作用,盆地和谷地下部都比顶部激烈。

水域对邻近地区气候有一定影响,太阳辐射能渗入几十米水层,水面上的水汽来源充足,蒸发消耗热量大于陆地,所以水的加热和冷却稳定。水域上的气温变化较温和,日、年变化幅度小,无霜期长,空气湿度大。因而水域邻近地区的茶园旱热害和冻害轻于陆地,无霜期和茶树生长期较长。由于水域邻近地区空气湿度大,雾日多,利于茶叶品质的提高。

俗话说"高山云雾出好茶",这说明茶的品质和良好的生态环境存在密切的关系。中国大多数名茶生产在生态环境优越的名山胜水间,如黄山毛峰生长在700~800 m的桃花峰、紫云峰、云谷寺一带。

不同海拔地区,气候因子存在很大差别。海拔越高,气压和气温越低;降水量和空气湿度随海拔增高而增大,超过一定高度呈下降趋势。山区空气湿度大,云雾弥漫,接受的日光辐射和光线强度和平地存在差别,通常情况下,漫反光及短波紫外光丰富,昼夜温差大。

气温和地温随海拔高度变化而变化,在一定海拔高度内,海拔每升高100 m,气温降低0.5 ℃。空气相对湿度随海拔高度升高而升高;由于海拔高,空气湿度大,山地日照时间短,蒸发量少,土壤含水量随海拔升高而增大;低海拔的光照度和光合强度高于高海拔。所以,春茶低山茶园开采时间早,高山茶园开采较迟,外山茶早,内山茶迟。

受气温影响,不同海拔高度茶树物质代谢不同,鲜叶中茶多酚、儿茶素、氨基酸含量也不同。如江西庐山、浙江华顶山、安徽黄山的鲜叶中,茶多酚和儿茶素含量随海拔升高而降低,氨基酸随海拔提高而升高。此外,海拔高、气温低条件下,鲜爽、清香型的芳香物质积累量大。

高山良好的生态条件能产出好茶,但并不绝对,海拔越高不代表茶叶品质越好。中国不少名茶生长在低地丘陵或江河湖海之滨,共同之处是气候适宜、土壤肥沃、生态良好、茶树品种

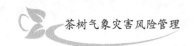

优,如西湖龙井、洞庭碧螺春茶种。

段建真等(1991)认为:以安徽黄山为代表的皖茶南区海拔低于 700 m,大别山海拔低于 500 m,但茶叶产量和品质都处于好的状态;谢庆梓(1993)研究福建山地气候提出:闽西南海拔为 1200 m,闽西北、闽北、闽东北为 950 m,是适宜种茶的上限。海拔高度过高不仅影响产量,也会影响到鲜叶中氨基酸的含量。鲜叶中香气成分也有类似的表现,海拔为 500～700 m 茶叶香气相对较好(表 3.14)。从表中可见,海拔为 500 m、700 m 茶叶的香气中醇类、酯类、酮类含量比例高,这和炒春茶绿茶香气的分析结果相同。谢庆梓(1996)调查福建周宁县不同海拔高度的茶叶产量,发现海拔和单产呈中度负相关。

表 3.14　不同海拔鲜叶香气情况　　　　　　　　　　　　单位:%

化合物	海拔高度(m)				
	300	500	700	900	1000
萜烯醇	30.684	27.764	26.150	29.256	26.533
醇(非萜)	16.254	18.017	17.998	20.936	10.881
酮类	8.460	10.525	13.661	5.836	9.342
酯类	12.039	14.872	12.603	7.456	11.192
醛类	5.517	5.979	5.876	8.921	4.392
碳氢化合物	19.285	18.270	15.596	16.973	26.508

引自(谢庆梓,1993)

3.6　土壤对茶树生长发育的影响

土壤是茶树赖以生长、摄取水分和养分的必备要素,它满足茶树对水、肥、气、热需求,是茶叶生育的重要资源。茶树生育主要受土壤物理、化学条件影响,充分认识茶园土壤对茶树生长发育的影响,有利于指导茶园土壤管理,根据茶树生育基本要求,选择茶园土壤,采用专业农业技术措施,可为人类持续生产所用。

3.6.1　土壤物理条件与茶树生育

土壤物理因子包含土层厚度、土壤质地、土壤结构、土壤水分和土壤容重等因素,对茶树根系生存的基本条件有着直接和间接影响,进而影响茶树生育、产量、品质。

土壤疏松、土层深厚、排水良好的砾质、沙质壤土适宜茶树生长。砂岩、页岩、花岗岩、片麻岩和千枚岩风化形成的土壤物理性状(通气、透水)好。硅含量多的石英砂岩和花岗岩等形成成土母质,适合形成茶树生长的沙砾土壤,沙砾土壤上生长的茶树根量多,所生产的茶叶品质好。千枚岩、页岩风化的土壤养分含量丰富,玄武岩、石灰岩和石灰质砂岩、钙质页岩等岩石发育的土壤中游离碳酸钙或酸碱度偏高,不利于茶树的生长。

3.6.1.1　土层厚度

茶园土层深厚,有效土层达 1 m 以上,茶园土的表土层或称为耕作层,厚度为 20～30 cm,直接受耕作、施肥和茶树枯枝落叶影响而形成。这层土壤中布满了茶树的吸收根,和茶树生长关系密切。亚表土层或称亚耕作层,位于表层土之下。这层土在种茶之前,经历土地深翻施基肥和种植后的耕作施肥等农事活动,使原来紧实心土层变为疏松轻度熟化的亚表土层,厚度位于 30～40 cm,在其上部吸收根分布较多,也是茶树主要的容根层。心土层位于亚表土层之下,是原来土壤的淀积层,受人为影响较小,此层土中茶树吸收根较少,却是骨干根深扎的地方,要求土层厚度超过 50 cm。底层土,在心土层之下,是岩石风化壳或母质层。茶树是多年生深根作物,根系分布可伸展到土表的 2 cm 以下,要求在心土层以下无硬结层或黏盘层,并具有渗透性和保水性的底土层。实践证明,土层深浅对茶树生长势的影响很大,在同一块茶地上,土层越深,茶树生长高度越高,树幅越大。土层厚度和茶叶产量关系密切(表 3.15)。

表 3.15　茶叶产量与有效土层厚度的关系

有效土层深度(cm)	茶叶产量指数
38～40	1.00
54～57	1.29
60～82	1.68
85～120	2.05

引自(汪莘野,1984)

3.6.1.2　土壤质地

土壤质地又称土壤机械组成,是指不同粒径土粒在土壤中所占的比例,并将土壤划分为沙土类、壤土类、黏土类三大类别,其间还可细分。不同质地的土壤特性不同。沙土组成以沙粒为主,粒间孔隙大,通气透水性良好,无黏结性、黏着性和可塑性。黏结性指土壤在干燥和含水少时,土壤黏结成块的性质。黏着性指土粒黏附于外物如农具等之上的性质,土壤宜耕期长,耕作阻力小。但沙土保水保肥能力很差,土温变幅大,养分含量少。沙壤土比沙土保水保肥能力强,但养分、水分含量仍然不足,必须注意及时灌水和施肥,而且少量多次。轻壤土在一定程度上保持了沙土的优势,保水保土能力明显增强,中壤土和上述土壤比较,黏粒的性状明显增强,透水变慢,透气减弱,黏结性、黏着性、可塑性增强。重壤土和黏土比中壤土更难耕作,通气透水能力更差。茶树生长对土壤质地的适应范围较广,从壤土类的纱质壤土到黏土类的壤质黏土中都能种茶,但以壤土最为理想。若种在沙土和黏土上,茶树生长较差。

3.6.1.3　土壤物理性状

土壤中的固、液、气三相分布,是土壤物理性状的综合反映,各地高产优质茶园的调查表明,表层土中的固相、液相、气相以 50∶20∶30 左右为宜,而心土层则以 55∶30∶15 左右为宜。茶园土壤的质地影响土壤中三相比,影响土壤水、肥、气、热和微生物活动,和茶园土壤的水分状况有密切联系。许允文等(1980)测定,茶园土壤质地不同,水分常数和有效水分有很大差异,土壤含水率在 14%,对细沙土来说,土壤吸力仅在 0.1 Pa 以内,已达到田间持水量状态,有效水分丰富,适茶树生长;而对黏土来说,14% 的土壤含水量,土壤吸力到达 15 Pa,处于永久萎凋湿度,难以被茶树吸收利用。

3.6.1.4　土壤结构

土壤结构指土粒互相黏结而形成各种自然团聚体的状况,按团聚体的形成可分为块状、片状、棱状、核状和微团粒、团粒结构。茶树适宜的土壤结构以表土层微团粒、团粒结构,心土层为块状结构较好。团粒结构是土壤中的土粒在腐殖质和钙的作用下,经历多级团聚而形成的直径为 0.25~10.00 mm 的小团块,具有泡水不散的水稳性特点。这种大大小小的团粒组成土壤松紧适度,大小孔隙配比得当,此类土壤中水、肥、气、热条件协调,土壤理化性质良好。精耕细作所形成的非水稳性团粒结构,对改善土壤通透性、促进根系下扎、养分迅速分解等方面都有良好的作用。土壤结构不良或无结构,则土壤紧实,通透性差,土壤中微生物活动受到抑制,茶树根系生长和发育受阻,水、肥、气、热不协调,茶树得不到水肥的稳定供应。对这类土壤应采取混入客土、多施有机肥、合理耕作、种植豆科及绿肥作物等措施,以改善其结构。

3.6.1.5 土壤容重

土壤容重是指土壤在自然结构状况下,单位体积内土壤的烘干重量,是表示土壤黏紧度的一个指标。孔隙度是指单位容积土壤中孔隙的数量及其大小分配。茶园土壤松紧度决定于茶园土壤质地、结构和三相比,与容重与孔隙度有直接的关系,适宜茶园的土壤,其松紧度要求表土层为 10~15 cm 处容重为 1.0~1.3 g/cm^3,孔隙度为 50%~60%。心土层为 35~40 cm 处容重为 1.3~1.5 g/cm^3,孔隙度为 45%~50%。

3.6.1.6 土壤水分

茶园土壤的地下水位要低于茶树根系分布到的部位,土壤水分过多,尤其是地下水位过高时,由于土壤孔隙被水分完全堵塞,而使根系不能深扎,即使原有的根系,由于处于淹水中,根系正常呼吸受阻,妨碍茶树的正常生命过程。茶园土壤孔隙中水分和空气的比例是经常变动的。土壤液、气两相组成的变化,影响着土壤的温度和湿度。夏茶期间,由于温度高,湿度大,加上茶园土壤的"呼吸"现象比春茶期强,二氧化碳大量地积累起来,高时可达 5%~6%。施有机肥,将修剪枝叶铺于行间等,可以改善土壤总孔隙度和透水性等特性,以促进土壤与大气间的气体交换。土壤中各种组成成分以及它们的相互关系,影响着土壤的性质和肥力,从而影响到茶树的生长和发育。

3.6.2 土壤化学因子与茶树生育

土壤化学环境对茶树生长的影响是多方面的,其中影响较大的是土壤酸碱度、土壤有机质和矿质元素。

3.6.2.1 茶园土壤酸碱度

土壤酸碱度是土壤盐基状况的综合反映,其大小通常用 pH 值来表示,土壤溶液的 pH 值多为 4~9。根据中国土壤的酸碱性情况,总的来说,是由北向南,土壤 pH 值有降低的趋势。pH 值最高的为吉林、内蒙古及华北地区的碱土,高达 10.5;最低的是广东的丁湖山、海南的五指山等山地的黄壤,pH 值低至 3.6~3.8。

土壤的酸碱度对土壤肥力有重要的影响,其主要是通过影响矿质盐分的溶解度而影响养分的有效性。通常微酸性的条件下,各种养分的有效性都比较高,适宜作物生长。酸性土壤中容易引起磷、钾、钙、镁的缺乏,多雨地区还会缺少硼、锌、钼等微量元素;在 pH 值为 5.5 以下的酸性土壤中,磷和铁、铝结合而降低了有效性;pH 值<4.5 的强酸性土壤中,活性铁、铝过多,而钙、镁、钾、钼、磷极为缺乏,对许多作物生长不利。在碱性土壤中硼、铜、锰、锌的溶解度低。pH 值>7.5 的石灰性土壤中,磷的有效性大幅度降低。土壤的酸碱度还通过影响微生物的活动而影响养分的有效性,微生物能够旺盛生长的 pH 值范围比较窄,许多细菌只能生存在

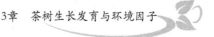

中性土壤中。

茶树是喜欢酸性土壤的植物,种植茶树的土壤要求有一定的酸碱度范围,适宜种植茶树的土壤 pH 值在 4.0～5.5。中国农业科学院茶叶研究所用硝态氮和铵态氮为氮源,进行了不同 pH 值的水培试验,研究表明:茶苗对 pH 值的反应相当敏感,当 pH 值＞6.0 时,茶苗生长不良,叶色发黄,有明显的缺绿症,叶龄缩短,新叶约长出 1 个月就枯焦脱落,严重的主茎顶芽枯死,根系发红变黑,伤害败死现象普遍,生理活动严重受阻。pH 值＜4.0 以下时,茶苗发生氢离子中毒症,叶色由绿转暗再变红,根系变红、变黑,生理活动受阻,甚至死亡。当茶园土壤 pH 值过低,在 3.5 以下时,可考虑施用少量石灰或苦土(氧化镁),以调节茶园土壤 pH 值。在适宜的 pH 值条件下生长,叶片中叶绿素的含量较高,光合能力也较强,呼吸消耗相对较弱,有机物的合成和积累量较大。茶树在过酸和偏碱的条件下生长,叶色较黄,光合能力较弱,而呼吸作用却极强,消耗大于合成,有机物的积累极少,生长不正常。当土壤 pH 值为 5.5 时,茶树发芽早,新梢生长快,较高和较低的 pH 值时,茶树发芽迟缓,新梢生长量也小。对根系生长的影响结果也相同。

3.6.2.2　茶园土壤有机质

茶园土壤的有机质是对茶树生育有较大影响的又一重要因子。土壤有机质是土壤微生物生活和茶树多种营养元素的物质基础,茶园有机质含量反映了茶园土壤熟化度和肥力的指标。从中国现有生产水平出发,含有机质在 3.5%～2.0% 的为一等土壤;含有机质在 2.0%～1.5% 的为二等土壤;含有机质在 1.5% 以下的为三等土壤。高产优质的茶园土壤有机质含量要求超过 2.0%。土壤腐殖质是土壤中有机质的主体,一般占土壤有机质总量的 85%～95%。它是土壤微生物分解有机质时,将分解物又重新合成的具有相对稳定性的多聚体化合物,呈黑色或棕色,主要成分是胡敏酸和富里酸。土壤腐殖质与矿物胶体紧密结合,凝聚形成具有多孔性的水稳性团粒结构。土壤腐殖质对作物营养有重要作用,腐殖质被分解后,可提供二氧化碳、铵态氮、硝态氮及磷、钾、硫、钙等养分,是作物所需的各种矿质营养的重要来源。腐殖质具有巨大的表面积,并带有大量的负电荷,可以提高土壤吸附分子和离子态物质的能力,增强保水、保肥能力。腐殖质吸附的离子可与土壤溶液中的离子进行交换。当土壤溶液中 H^+ 过多时,H^+ 被腐殖质吸附而降低了土壤溶液的酸性;当土壤溶液中 OH^- 过多时,H^+ 被代换到溶液中与 OH^- 中和,降低溶液的碱性,因而腐殖质对酸碱有较强的缓冲能力。腐殖质中的胡敏酸类物质还是一种生理活性物质,可以促进根系生长,促进作物对矿质营养的吸收和增强作物的代谢活性。

茶园土壤腐殖质的组成与自然土壤和农作土壤不同,孙继海等(1981)在一块低丘黏质黄壤中测定表明,茶园土壤腐殖质中的胡敏酸碳含量比例显著缩小,富里酸碳的比例增大。丰产茶园的胡敏酸碳占土壤的 0.15%(农作土壤为 0.25%),富里酸碳占土壤的 0.37%(农作土壤为 0.18%),胡/富比为 0.41(农作土壤为 1.39)。土壤有机质在 2% 以上,与有机质不到 1.5% 的茶园土壤相比,容重可降低 0.1～0.2 g/cm³,孔隙率可增大 3.5%～9.0%,湿度常稳定在田间持水量的 80% 以上,三相比较为理想。

3.6.2.3　茶园土壤矿质元素

茶园土壤中除了有机质以外,还会有大量的矿质元素,如钾、钠、钙、镁、铁、磷、铝、锰、锌、钼等,这些元素大多呈束缚态存在于土壤矿物和有机质中,经过风化作用和有机质的分解而矿

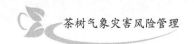

质化,缓慢地变成茶树可利用形态,或呈溶解态被吸附于土壤胶体或团粒上。这些元素含量的多少,直接或间接地影响茶树生育和茶叶品质。

3.7 茶园生态系统与茶树生长发育

生物与生物之间以及生物与其生存的环境之间密切联系、相互作用,通过物质交换、能量转化和信息传递,成为占有一定空间、具有一定结构、执行一定功能的动态平衡整体,称为生态系统,亦称"生态系"。人类的生产活动改变了原始的生态系统状态,活动的合理与否对生态系统带来很大的影响。现行的茶园生态系统就是一个人们活动条件下产生的生态系统,主要类型有纯茶园生态系统和人工复合茶园生态系统两种。二者因生态结构不同,带来的效应差别也较大。

3.7.1 纯茶园生态系统

纯茶园生态系统是指地面只种植茶树,没有人工间作、混作其他栽培植物的茶园。这种茶园不受其他种植物的影响,主要是茶园中的茶树、动物、微生物、一年生草本植物等纯茶园生态系统,强化了专业化茶园管理,茶树集中成片。系统的地上垂直分布为茶的生态系统,结构较简单,物种单树冠为最上层,地表有一些草本覆盖物和苔藓、地衣等地被层。平面结构上也没有其他作物。这种分层较为简单,层次较少,受环境影响比较大,树冠顶部和外围受光直射,光照度大,树冠外围到中心,顶部到下部光照度逐渐降低。树冠内部及下层,受光照度弱,散射光比例多,湿度大,叶温低,风速小。研究表明,茶树密度愈大,光透射率愈低,即透射率与叶面积指数和分枝密度呈负相关,与太阳入射角也呈负相关。郭素英等(1996)对一茶园研究表明,08时,太阳入射角小,透射率达 $20\%\sim25\%$,13 时仅为 $5\%\sim8\%$,而 17—18 时,光透射率又有所增大。茶树叶片表面有角质和蜡质,对光的反射较强。李倬等(1997)研究发现,夏季茶树单条栽树冠面可反射太阳总辐射量的 $21\%\sim25\%$。这种单一的茶园生态系统,在中午强光时,光能利用率不高,而在早上或下午光强度较弱时,中下层叶片又可能照射光线不足。受光照影响,茶树各部位的温度也不同。夏季晴夜后的清晨,茶树冠层表面(单条栽)常出现辐射逆温层,树冠表面气温比 1.5 m 以上大气温度低 $0.2\sim1.0$ ℃,表层叶温比叶旁气温低 $3.8\sim4.0$ ℃。树冠下,距地表 $20\sim50$ cm 高处,有一低温中心,而贴地(2 cm)气层,由于夜间地面放热,故不太低。以后随日高度角增高,叶面吸热多,08 时前后逆温层消失,叶温升高,中午前后树冠顶脊偏东处,形成高温带。自此向冠层而下,气温逐渐降低,直到地表。茶行之间形成鞍形温度场。冠层叶温与光照度分布有关,叶温随不同时间光强度改变而变化。

茶叶表面的蒸腾作用,使得茶丛上空气湿度高于空旷地,暖季晴天的清晨,低地、河滩的茶园上空,日出前常笼罩一层浅雾。树冠表面也有重重雾滴。随着增温降湿,冠面空气湿度下降,但冠面空气湿度常比大气湿度高,而从下近地表处可保持较高的湿度。由于茶丛内外光照条件和温湿度的变化,使茶园中不同高度的其他生态因子如风速、二氧化碳浓度、生物等都不同。受地面生态环境影响,纯茶园生态系统内的地下结构,也呈现出一定的规律性变化。地表温度受光照的影响,白天升温快,夜晚向冷空间放热,降温也快,日夜温差大,而下层地温受此影响小,日夜温差小。水分亦如此,表层干湿度变化大,而下层变化小。生物组成的群落结构和种类,在地表以下呈倒金字塔形分布。地表层有枯枝落叶,根系有分泌物,所以微生物、动物的种类和数量均大于亚表层和底层。种茶后微生物总数量增加,根系向深层土壤伸长,也使深层土中的微生物数量显著增加。种茶后其他条件的变化,如耕作、施肥、灌溉等栽培措施和茶树自身的影响,使土壤 pH 值降低,钙、镁等盐基减少,铝活性增加等使土壤微生物生活的环境发生变化,影响微生物的生长繁殖。纯茶园生态系统,夏日茶树受烈日暴晒,冬天遭寒风侵袭,生态条件恶劣,易受逆境的影响,进而影响茶叶的产量与品质。单作茶园结构简单,鸟类较少栖息其中,益虫种类和数量均因生态条件改变和农药施用而减少。解决单作茶园面临的生态环境脆弱问题,合理的建设和发展传统的林茶复合经营技术是达到茶叶丰产、优质、高效、低耗的有效途径,这在土地条件较为恶劣、自然灾害较频繁的产茶区尤为重要。

3.7.2 人工复合茶园生态系统

人工复合茶园生态系统利用了茶树耐阴的特性,与不同高度冠层和根系深浅的植物,组成上、中、下三层或二层林冠及地被层的生态系统。这种人工群落,可以充分利用光照、地力、养分、水分和能量,不同类群的生物又能在较适宜的生境中生育,发挥出最佳的生物、生态效应和经济效益。人工复合茶园是近年越来越受重视的茶园人工群落。这方面各地研究颇多,有胶茶人工群落、林果茶间作、林茶药材或绿肥人工群落等,都取得明显的效果。

中国古代就有茶林间作、茶粮间作的茶园,主要是为了充分利用土地,但缺乏按生态效应及其因子间关系进行合理组合,对群落内部各项因子的变化也了解不多。研究表明,复合生态茶园的生态因子与纯茶园有较大的不同。人工复合茶园引入了占据不同空间层次的物种,增加了系统的多样性,比纯茶园生态系统能更好地利用光照。夏季,高大的植被对茶树可起遮阴作用,光在层次间的直射、反射、漫射和透射,使光能利用率得到提高;冬季,低温与冻害影响时,对茶树有较好的保护作用;台风、干旱发生时,可使茶树受害程度减轻,保持茶园中有较稳定的温、湿条件;大雨侵袭时,因层次的增加,减少雨水直接对茶园土的冲刷力,雨水渗入土层的深度增加,涵养水分的能力得到提高。人工复合生态茶园多数引入的是高于茶树的树种,使茶树上层有乔木林冠遮蔽,因此,茶树可接收到的光照,散射辐射的比例大幅度增加。茶树在散射光下生长新梢持嫩性好,氨基酸含量升高,对茶叶自然品质改善有重要意义。复合茶园内只要树种适当,种植密度合理,能使茶树上的总辐射强度超过茶树光饱和点 $29 \sim 3.0$ J/(cm^2 · min)的水平,而散射辐射所占比例比纯茶园直射光大,春季达到 $65\% \sim 80\%$,夏、秋季达 $45\% \sim 60\%$。上层林冠为阔叶落叶树种时比常绿针叶树种散射辐射比例大。散射辐射量与总辐射量呈正相关。复合茶园光能吸收率高,冯耀宗(1986)在研究胶茶群落时测得,群体平均对辐射吸收量高于纯茶园 5%,高于纯胶林 27%。复合茶园种植的乔木树种遮光率必须有所控制,地理纬度不同,光照度有差异,遮光率也应有所变化。茶园中过度间作其他树种,会造成茶园光线不足,影响茶树生长,产量低。间作物的株行距,除了根据地方光照强弱变化外,还需考虑间作物的高度与枝叶密度,有时间作物枝叶太多,还需对间作枝叶进行疏枝、修剪等措施。

由于复合茶园内有上层乔木树种的阻滞作用,使茶园内风速小于纯茶园,一般低于纯茶园的 $10\% \sim 30\%$,故茶园内气温的年变幅和日变幅都比较小。常绿树种冬春季对气温影响明显,而落叶树种对气温的调节作用较小。复合茶园与纯茶园相比,冬春季气温高 $0.5 \sim 2.0$ ℃,夏秋季则低 $0.5 \sim 4.0$ ℃。李倬等(2005)对安徽屯溪的茶乌桕复合茶园地温的测定表明,不同

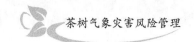

深度土层的地温日变化较缓和,特别是夏季晴天,与纯茶园比,差异最为显著。如夏季晴天午后茶园内的地表温度,非复合茶园比茶乌柏复合茶园高 6.7 ℃。复合茶园在高温干旱的季节,可以降低茶园内最高温度,从而使气温日变幅减小,复合茶园的结构具有"冬暖夏凉"的作用。

人工复合茶园生态系统中植物种类增加,栽培模式多样化,生态环境的改变,也影响了昆虫类群数量的改变。系统中茶园多样昆虫物种组成了复杂的食物网、食物链。邹祐梅等(1986)对云南热带植物研究所的胶茶群落中蜘蛛群数的调查发现,胶茶群落与纯茶园(均不施农药)中蜘蛛种群的组成上差异不大,而数量上胶茶群落比纯茶园任何时候都多,总蛛量胶茶群落是纯茶园的 2.3 倍,每 100 丛达 1390.25 头,纯茶园每 100 丛仅 527.27 头,其中跳蛛科是纯茶园的 2.3 倍,皿网蛛科是 5 倍。

由于复合茶园改善了水、肥、气、热条件,有利于茶树的生育,故茶树生长良好,尤其是单位土地经济收益大幅度增加,据各地报道,梨茶复合园可提高经济效益 2.27 倍,胶茶复合园可增加收益 86%,湿地松茶复合园也可以增加 30% 的收益。但是复合茶园种植的乔木树种遮光率必须控制在一定范围以内,不然,过度遮光也不利茶树生长。具体可以通过控制乔木树种的株行距来达到控制一定透光度的目的。一般树冠高于 4 m 的果树,林木可按行距 8 m、株距 6～7 m,果树与林木间可布置 5 行茶树。海南、云南等地的胶茶间作,橡胶林以 1.5 m×2.2 m 的行距,或 12 m×2 m 行株距,每公顷种植茶树 37500 丛较为适宜。除加大株行距外,应在果木定型后加强修剪、疏枝,增加下层通风透光。在树种选择方面可选择既能有一定经济效益,又不与茶树争水、争肥的树种,如林木可选择乌柏、湿地松、杉、泡桐、合欢、楹、相思,果树有梨、栗、柿、枣、葡萄,经济林有橡胶、油桐、银杏等。也可以按三层种植,增加地被层,如种植香菇、花生等不影响茶树生育和茶园管理的植物。

3.7.3 茶园生态系统的调控

茶园生态系统的调控是指对系统模式的选定和技术体系的确定。系统模式是茶园生态系统结构和功能的基本格局。调控包括环境改造、品种布局、输入安排、产出计划、内部关系等。模式选定可以用经验方法,也可以用科学规划方法。广大茶农在实践中创造了很多很有启发性的模式,有些是过去创造的,有些是近年创造的。茶园生态系统模式调控主要是通过调整群落空间和时间结构来实现对系统的调控。茶园合理的生态结构应该是多物种,具有更高的经济效益和生态效益。

选择合理的茶园生态系统模式可从以下两方面考虑。

3.7.3.1 合理配置生态位

作为以茶树为主体的人工群落,在新建茶园和改造茶园中,其上部大致可安排三层,即乔木层、灌木层和草本层。除茶园行道树和防护林带外,茶园内也可适当种植林、果等乔木层,这一层在创造群落内小气候环境中起主要作用,它既是接触外界大气候变化的作用面,又起遮蔽强烈阳光照射的作用,保持茶园内温度和湿度不致有较大幅度的变化,起到调控下层生态因子的作用。中层为茶树,下层可种植绿肥或饲料等草本植物。地下部分层情况是和地上部分相应的,草本植物根系分布在土壤的最浅层,茶树根系分布较深,树木根系则深入到地下更深处,它们在土壤中的不同深度。这样可使光能得到充分利用,土壤营养也可在不同层次上被利用,土地资源利用率也得到提高。水平结构上要避免过多的重叠,茶树虽是耐阴作物,但遮阴过度,光照不足,也会影响光合作用进程而使茶叶减产,然而过少重叠会削弱生态效益,因此要根据间作物种的生物学特性合理地配置行株距,使通过上层树木的直射、透射和漫射光能满足下层茶树的需要,保证系统有较长时期的稳定性和互补性。据试验和实践调查结果发现,上层树木的郁闭度控制在 0.3～0.35 较适合茶树生育。所谓树木的郁闭度,指树冠垂直投影面积与园地总面积之比。用 1.0 表示树冠投影遮住整个园地为高度郁闭,0.8～0.7 为中度郁闭,0.6～0.5 为弱度郁闭,0.4～0.3 为极弱郁闭,当郁闭度为 0.2～0.1 时只能称为疏林。郁闭度大小直接影响林内生态条件,对树下层植物生育有很大作用,所以测定郁闭度有着重要生态意义。但要注意郁闭度不同于透光度,透光度不仅决定于树冠的覆盖程度,还决定于树冠本身的浓密程度。

3.7.3.2 合理选择生物

增加到茶园生态系统中的物种要利于系统的稳定,可选择前期生长快、叶片多、深根性、冬季落叶的速生树种。不能与茶树激烈竞争水分和养分,与茶树无相同的病虫害,对茶树无明显的化感抑制作用植物。目前已有的人工群落类型有茶树与林木复合园,如杉、松、湿地松、泡桐、楹、相思、丁香、竹、桉、楝、合欢、樟、椿、台湾相思、桤木、铁刀木等;茶树与果树复合园,如龙眼、荔枝、番石榴、梨、桃、柑橘、柚、杨梅、葡萄、菠萝、苹果、枣、柿、李、杜果、椰子等;茶树与经济林复合园,如橡胶、八角、漆树、乌桕、油桐、桂花、八角树、板栗、山核桃、杜仲、银杏、梅、肉桂、七里香、香料、山苍子、天竺葵等;茶树与经济作物复合园,主要是在幼龄茶园内种植具有固氮作用或经济效益较高的大田作物,如有花生、大豆、绿豆、木瓜、玉米、白菜、金针菜、苜蓿、黄花菜、红花草、绿肥等。

不同的复合间种模式中,以茶树与林木、经济林复合园比较合理,这种复合生态园,更能使经济效益和生态效益得到统一;果树与茶间作,树冠不高,分枝开张状,根系与茶树在相同的层次,有些果树病虫害较易发生,这对茶园的无公害生产带来了影响。在中国热带地区,林—胶—茶群落是一种防护型立体结构,充分体现了胶茶间作在互利互惠功能上的促进作用,可使相互间在气候和其他方面得到互补,形成一个良性循环的人工生态系统。防护林带在外围挡风防寒,胶茶间作在内形成多层次的空间分布方式。橡胶树为典型的热带雨林乔木树种,喜光、喜温,要求静风、高温、湿润的环境,占据上层空间,进行充分的光合作用,如在海南岛这样的生态环境中单一种植,会因台风和低温而伤害,胶树下种植茶树,为胶树起到保水、保土、保温作用,降低了风和低温伤害,区域生态环境条件得到改善;对耐阴、喜湿的茶树来说,单一种植,则嫌光照太强,胶林为茶挡去了强光的直射,在下层形成了较阴湿的环境,这种生态环境正适宜耐阴、喜温、好湿的茶树的生长。王建江等(1990)报道,胶茶群落中,茶树对能量利用的有效性比单一茶园高 3.9%,橡胶树的光能有效利用率比单一胶树高 2.2%,胶茶间作同时也将土地利用率提高了 50%～70%。胶茶群落还有利于增加茶叶害虫小绿叶蝉的天敌——蜘蛛,同时茶红锈藻病的发病指数比单茶园低 13.9%,枝条发病率低 12%。胶茶群落由于层次增加,能明显减少水土流失,减少雨水对土壤的冲刷,提高土壤的肥力。

为了提高茶园生产效益,一些生产单位在茶园中发展养殖业,在原来的生产链中加入新的环节,使被养殖的动物利用茶园中的虫草,其粪肥作为茶园的养分,既能获得原有茶叶的收获,又增加了养殖业中的收入,使茶园生态环境更趋合理。如在一些地方有茶园养鸡、养羊等。其目的是想利用生物间的共生性、和谐性和互利性,建立茶与动物相互依存、共同生长的复合生态体系,多种生物共生、相互利用。曹潘荣(2008)试验研究指出,鸡茶间作的茶园,三个季节的青草总量均比单纯茶园低,养鸡灭草效果显著;茶园放养鸡可显著降低假眼小绿叶蝉、尺蠖类、茶蚜、蜡蝉类、卷叶蛾、蓑蛾类、刺蛾类、象甲、瘿螨类、蝗虫、螽斯等害虫的基数;提高鲜叶及成品茶的氨基酸、水浸出物含量,认为"茶鸡共作"既是一种很好的生态环保措施,同时又是一种经济栽培技术,不用农药和化肥,又保证茶叶的生长可节省茶园杀虫剂、除草剂和化肥的投入,降低生产成本。这方面的认识还需人们对其模式进行更深入的探讨,使之更利于推广应用。茶园建设之初,要对整个区域的生态建设进行全面规划,尽量利用可利用的土地植树造林,提高全区森林植被的覆盖率。如低山丘陵茶园的上方、荒山荒坡要植树,陡坡茶园应退茶还林,充分利用宅、路、塘、渠等旁边及空隙地栽植树木,并可发展家畜、家禽和池塘养鱼,达到茶、林、农、牧、渔的生态良性循环,协调区域生态,促进茶叶生产持续发展。

现代农业的特点是商品生产和系统开放,不从多种途径拓展系统外养分来源,生产难以发展,也难以克服养分亏损、库存下降的局面。系统外养分来源是多方面的,就茶园而言,既包括化肥,也包括农家肥、土杂肥及来自城镇与市场的各种有机的与无机的肥源。人工复合茶园系统的建立,可有目的地选择归还率较高的作物及其类型进行间作,建立合理的间作制度。间种豆科植物和归还率高的植物,有利于提高土壤肥力,保持养分循环平衡。试验指出,间种绿肥、蚕豆等,土壤中有机质、速效磷、速效钾含量都有所提高,非毛管孔隙增多,粮食产量增加。间作不仅能使土壤理化性质得到改善,同时由于农田生态条件的改变,病虫杂草危害减轻。

技术体系是指茶园生态系统中应用的全部技术的集合。在一个相互联系的开放系统中,技术之间是相互有机联系的,技术和生物及其环境也密切相关,技术体系的确定要利于生态的保持和茶树的生育。经过长期摸索,现在的技术体系是采用工程措施加生物措施。工程措施中实行治坡技术与治沟技术相结合,坡上开梯带,沟里设沙坝,山脚挖鱼塘。生物措施中实行乔、灌、草结合,做到当年种植、当年覆盖、长期起效。多项工程措施与生物措施结合形成了水土流失的治理技术体系。不同的技术体系,必须注意技术对当地自然条件、社会经济、文化传统的适应性,以及和当地品种的相容性。

第4章　茶叶生产与气象条件的关系

4.1　气候条件与茶树生态特征

4.1.1　茶树原产地的自然环境

　　适者生存,不适者被自然所淘汰,任意一种栽作物物种在生长发育中,不断使遗传特性和环境相适应,都经历过多次自然选择、人工栽培和驯化过程。作物对环境的适应条件一定程度地反映了原产地环境特点。茶树也是这样,19世纪末叶之前,全球一致认为茶树的原产地在中国,只是1824年英国人R. Bruce在印度北部发现了大茶树,提出茶树的原产地在印度,由此引发了争端,部分人提出了二元说,即中国种茶树原产于中国,阿萨姆种茶树则产于印度(一芯等,2007)。

　　瓦维洛夫(1982)提出,栽培植物起源中心学说和"八大世界农业发源地和栽培植物起源地",首个"最大且独立的世界农业发源地和栽培植物起源地"在中国中部和西部山区及其毗邻的低地,而茶树就是该地作物之一;Eden(1974)在他的著作《茶》中谈茶树的原产地和传播路径提出,茶树是从靠近伊洛瓦底江发源地的中心地传播到中国东南部、中印半岛以及印度阿萨姆,但是这个观点并没有相关的佐证资料。众所周知,伊洛瓦江的发源地在中国云南西北、西藏察隅东部,附近大多是横断山脉的高山、深壑、急流,垂直气候带显著,高原山地高寒,只在1500 m高度以下的一些湿热南亚热带常绿阔叶林地带,才有机会生长出茶树,目前还没有关于该地带出现过任何野生大茶树或栽培老茶树的相关记载。

　　在公元8世纪中叶,《茶经》中提过四川、贵州一带有高数尺、粗有两人合抱的大茶树。1930年以来,贵州、云南、四川、广西等地陆续发现了野生的乔木和半乔木大茶树,其中云南发现的数量最大,进而证明了我国是茶树的原产地。除此以外,国外一些学者根据细胞遗传学、植物形态学等理论研究提出,茶树原产地在中国的观点是有科学价值的(吴觉农,1981)。

　　中国植物学者们研究发现,在地质年代新生代第三纪前期,山茶科植物化石已经在四川、云南、西藏地区常绿阔叶林带出现,茶属植物是常绿阔叶林的下木。该地保持温热湿润的热带气候,并且存在具有丰富有机物质的酸性土壤。之后,大约在第三纪中期,地质史上层有巨大演变,印度版块和亚洲古大陆相撞、挤压,形成喜马拉雅山,青藏高原及云南、贵州和四川的南缘和广西的部分地区以及越南北部地区抬升为较为稳定的西南高原,使原来热带气候转变为亚热带气候。同时,该地地质发生褶皱断裂让横断山脉隆起,进而该地形成了错综复杂的地形小气候,创造了优良的植物生态环境。到第四纪冰川,亚洲古大陆以至北半球绝大多数部分被冰川所覆盖,第三纪留下的动植物遭受浩劫,高等植物多灭绝,而云南、四川、贵州及广西北部边缘等地由于纬度低、地势高、地形浮躁,至今保留较多第三纪的植物种类,如苏铁、银杉和野

57

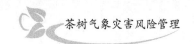

生茶等(吴觉农,1981;严学成 等,1982)。中国植物学家关征镒基于研究植物区系的基础指出,云南西北部、东南部和金沙江河谷等地既是古热带植物区系的避难所又是在古代分化发展的关键地,同时也是原产地(吴觉农,1981)。

综上所述,根据大量历史资料考证和现代调查研究结果,国内外大多数学者确认中国是茶树的原产地,而且更明确了茶树原产地中心是在中国云南与贵州、四川、广西等省(区)毗邻的云贵高原主体地区。在这些地区,茶树在长期系统发育形成中,与该地温暖湿润的热带、亚热带古气候相适应,在野生状态下作为常绿阔叶林的下木一直保留至今。因此,茶树最适宜生长于温暖、湿润、柔光、无严寒的气候环境条件下。

4.1.2 茶树原产地的气候

近六七十年来,中国陆续发现的野生乔木大茶树主要分布在 29°N 以南,109°E 以西的云贵高原及其边缘。此种茶树原产于南部横跨北回归线,61.7%生长地属于亚热带季风气候区,近 30.1%属于南亚热带季风气候区,而属北热带季风气候区的仅约 7%。

大茶树原产地都处在低纬度的高原上,常年太阳高度角较大,空气清净,日光强烈,全年太阳总辐射多在 3400~5800 MJ/m² ,而桐梓、湄潭附近大娄山一带低于 3400 J/m²,滇南、滇西南部高于 5400 J/m²。日平均气温大于 10 ℃时,滇南、滇西南部太阳辐射总量高于 5000 J/m²,景洪高于 5440 J/m²,从滇北昭通到大娄山低于 2900 J/m²。

除滇南和滇西少数地区外,其余地区的日平均气温都大于 10 ℃,茶树在一年四季中都能生长。原产地全年日平均气温大于 10 ℃的天数大于 250 d;滇、黔、川接壤的昭通—大娄山一带少于 200 d,且该地日平均气温稳定通过 10 ℃的首日在 4 月 1 日之后,终日在 10 月 21 日之前;其他地区首日除贵州大部及昭通地区外都在 3 月上旬之前,终日在 11 月 10 日之后。

茶树原产地热量丰富,大部分地区年平均活动积温(≥10 ℃)少于 4000 ℃·d,丽江、迪庆、昭通和大娄山一带的高寒地年平均活动积温(≥10 ℃)为 4000~8000 ℃·d。加上该区冬春季节常有昆明准静止锋,夏季多降水,全年日照时数较少,一般为 1800~2200 h,贵州低于 1400 h;至于湄潭、遵义、桐梓和大娄山区更是低于 1200 h;昆明附近日照数较多,全年高于 2600 h。

茶树原产地降水量丰富,干湿季分明。一般地区年降水量为 1000~1600 mm,仅有少数地区(昆明、昭通、元江河谷)年降水量为 700~800 mm,滇南、桂南小范围地区年降水量多达 1800~2200 mm。从 4—5 月到 9—10 月,哀牢山西边受来自孟加拉湾的西南暖湿气流控制,东边受东南暖湿气流控制,各月的降水量都在 100 mm 之上。其中 5—10 月降水量占全年的 85%~90%;11 月至翌年 4 月为旱季,受偏北气流控制干冷少雨,在亚热带植物林中空气湿度大经常出现浓雾重露,进而滋润下木及土壤。春天,由于高空气流不稳定,经常出现冰雹。

4.1.3 气候与乔木型茶树主干高度

茶树原始形态为高大乔木,在原产地仍然保持较高的主干(树干上最低分枝与地面部分高度在 70 cm 之上)。将它们引种到南亚热带季风气候区,由于经受不住严寒,枝干常常由于冻害枯死。一般,受茶园近地层中枯枝落叶和周围植被地物的影响,风速小,温度高,茶树树干基部受冻害的程度比树冠程度轻,到第二年春天可重新萌发新枝。但是,由于新枝生长高度较低,主干高度和茶树整体高度将变矮。如果当乔木型茶树继续向更冷的高纬度迁移,冬天低温强度加大,乔木型茶树受冻的概率变大,受到危害的程度也随之变大,主干和树高进一步矮化(表4.1)。

表4.1　乔木、小乔木型茶树品种的主干高度和其原产地年最低气温的多年平均值

品种	产地和纬度	生态型	植株高度(m)	主干高度(m)	年最低气温的多年平均值(℃)
政和大白茶	福建政和(27°23′N)	小乔木	3～5	0.20	−5.9
江华苦茶	湖南江华(24°59′N)	小乔木	5～6	0.65(0.4～0.9)	−2.5
临沧大茶树	云南临沧(23°53′N)	小乔木	8	1.22	0.6

不同纬度地区特有的茶树品种或群体种,其遗传性和生态型是在长期的进化中适应该区气候生态条件所形成,因此各纬度地区乔木型茶树的主干高度随纬度增高而变矮。这也是乔木型茶树对较高纬度地区冬季出现的低温的生态适应体现。蒋跃林等(1996)曾对乔木型茶树主干高度和气候间的关系进行研究,挑选华南、江南茶区从19°03′N(琼中)至30°23′N(杭州)均匀分布的11个气象站点,选用站点资料和对应各地栽培较久的乔木型茶树品种主干高度(cm)进行统计分析。结果表明,乔木型茶树主干高度和当地年极端最低气温的多年平均值有显著的相关性,当年极端最低气温的多年平均值在−6.7℃左右时,乔木型茶树主干高度将趋于0,也就是说在这种状况下,小乔木型茶树将绝迹,转变为无主干主茎的、全由根茎部抽出枝条的灌木型茶树。在中国江北、江南、华南茶区,年极端最低气温多年平均值为−6.8℃的等值线大致位于杭州、修水、钟祥、汉中一带,这也是小乔木型茶树分布的北界。

4.1.4　气候与茶树的高度

中国茶区,南北各地茶树高度不一,《梦溪笔谈》中提过"茶在闽中多为乔木,及至江淮,则属丛茇而已"。这种茶树在南方高大,北方矮小,这和茶树品种的遗传特性和生长气候条件有关。而茶树的遗传特性,是和周围气候环境条件统一适应而产生的有利变异,并进行传承的现象。

茶树从南亚热带湿热的森林中向中亚热带、北亚热带季风区迁移,气温降低,热能减少,冬季变长,全年适宜茶树生长的日数减少,太阳辐射总量减少,全年降水量和空气湿度变小,而叶面蒸腾增加,从而导致茶树光合作用形成的有机物质减少。营养物质的减少,茶树植株的生长受到阻碍,形态结构开始发生变化,趋于矮化,最终适应新的气候环境。

蒋跃林等(1996)为揭示气候生态条件对茶树高度的影响程度,统计分析了茶树生长期间的活动积温$\sum T(T \geq 10℃)$、同期降水量R(mm)和光合有效辐射Q_{PAR}(J/m^2)与当地土生品种或群体种茶树高度H(m)的关系。结果表明,季风气候茶区里活动积温是茶树高度的决定因素,其对茶树高度的影响大于降水,而光合有效辐射和茶树高度并没有紧密联系。

4.1.5　气候和茶树叶片的大小

茶树的叶片是进行同化作用、呼吸作用和影响水分平衡的重要器官,叶片大小直接涉及它

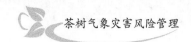

能够制造多少有机物质,以供茶树本身生长的需要。同时,其叶片大小影响到叶面蒸腾量,亦和所处的气候条件能提供的水分和热量相适应,而叶长、叶宽都是叶面面积的函数(叶面积(cm^2)=叶长×叶宽×0.7)。一般情况下,在温暖湿润的南亚热带季风区,尤其是常绿阔叶林内的茶树,叶片长且宽,北亚热带季风区,叶片短又窄。

蒋跃林等(1996)用中国茶区均匀分布的18个气象站点的资料,研究了光、热、水等主要气候因子与当地茶树品种或群体品种的茶树叶片长度(cm)和宽度(cm)的关系,进行相关统计分析,建立了气候因子与茶树叶片长度和宽度的回归方程。研究结果表明,主要气候因子——水分和热量条件,与茶树叶片的长短宽窄有紧密联系。其中,降水量和叶片长、宽之间的关系胜过活动积温;在降水量和活动积温中,同种气候因子对茶树叶片长度的影响大于对宽度的影响。所以,在生长期短、降水量少、空气干旱、热量低的气候条件下,茶树叶片伸长受到的阻碍慢慢变小,茶树叶片的缩小,将减少茶树的蒸腾量,进而保持了植株体内的水分平衡,这也是茶树在逆境中生长适应性的体现。如福鼎大白茶,在福安叶片大小为12 cm×6 cm,而到安康大小则缩小到6.9 cm×2.9 cm(表4.2),大小差异的形成原因和气候因素有重要关系。

表4.2　福鼎大白茶叶片对气候适应而产生的变化

地区	纬度(°N)	年活动积温($\sum T_{\geq 10℃}$)(℃·d)	$T\geq10$℃期间降水量(mm)	叶长(cm)	叶宽(cm)	叶面积(cm^2)
福鼎	27.33	5873	1248	11.1	5.9	49.15
杭州	30.23	5080	1062	9.1	3.3	21.02
宣城	30.93	5049	1071	9.4	3.8	25.00
合肥	31.85	5052	829	8.6	3.7	22.27
安康	32.72	4972	745	6.9	2.9	14.00

引自(蒋跃林 等,1996)

4.2　气象条件与茶叶产量的关系

在任何一个茶区、一段时间内,年际之间茶叶单位面积产量会有所变化,这是由于天气、气候的直接影响(气候适宜性或冻害、干旱等)和间接影响(气候导致病虫害发生)所导致的。如湖南涟源茶场,在1970—1976年的鲜叶产量曲线中,1972年、1974年和1976年处于低谷,就是因为前一年的冷冻影响。

4.2.1　茶叶产量和构成要素

茶叶产量是从茶树上采摘的品质优良、合乎规格的芽叶数量估算的,能够用鲜叶或者加工后的茶重量表示。和大田作物或果树不同,茶树上最有经济价值的就是柔嫩茎叶。茶叶只采摘部分嫩梢、芽叶,且不同的茶树品种对于茶叶鲜叶的大小和嫩度标准也有差异。像洞庭碧螺春、黄山毛峰、高桥银峰等特种绿茶,采用极嫩的一芽一叶嫩芽茶为原材料,约12万个芽头制成 1 kg 茶,品质越高的茶叶单位面积产量越低。鲜叶亩产数十千克,成茶产量每亩几千克到十几千克,产量虽低但品质优良,经济价值也高。而老青茶、黑砖茶等边茶的加工原料,有70%以上是驻芽的全部新梢(包括茶梗),多用刀割方式进行采摘。等级较高的黑茶,则要求4～5叶的新梢。这些茶类的产量高,亩产鲜叶以万千克计,产量虽高但经济价值较低。在茶叶方面,产量和品质的矛盾十分明显,一般的茶类品种,加工原料多以一芽二、三叶的嫩梢为主。每制成 1 kg 的成茶,要 4 万多的芽头,茶园单位面积上鲜叶可产 500～600 kg,成茶产量可达 100 kg 以上。即使同一种茶叶鲜叶原料,由于受到采摘时芽叶老嫩程度影响,茶叶产量也会存在差异。为了相互比较,通常以采摘一芽二、三叶的鲜叶为标准,来研究茶叶产量的多少。本节中,除特别说明,所谈到的茶叶产量是指一芽二、三叶的鲜叶产量。茶叶总产量由多要素构成,首先起决定作用的就是单位面积上种植的茶树密度(茶丛树)和单丛茶树的产量。单丛茶树的产量构成包含多个因素:单位面积(m²)上的芽头个数、每个芽叶的重量、整年营养生长期的长短、新梢生长速度、年周期内新梢萌发轮数和整年实际采摘批次等。这些因素中,芽头个数和芽叶重量是基础影响因素。

实践证明,相同品种不同树龄茶树的产量存在很大差异(表 4.3)。通常情况下,壮年茶树产量最高。此外,年周期中不同轮次间茶叶产量也有差异,它往往随芽头个数而变化。同时,也有资料显示不同轮次间芽叶数变异的幅度显著大于平均芽叶重的变异幅度。可见,对于某个品种茶树而言,在芽叶数和平均芽叶重量之间,平均芽叶重量比较稳定,而芽叶数量是决定茶叶重量的主要因素。在土壤肥力和环境相对稳定的条件下,茶叶重量主要受当年气候条件影响。

表 4.3 不同树龄的总芽数、单芽重和产量的比较(福建茶叶科学研究所)

树龄	鲜叶产量		年总芽头数		年均单芽头重	
	kg/hm²	%	万个	%	平均重(g)	%
幼龄(3 龄)	262.4	700	115.1	371	0.228	190
壮龄(25 龄)	810.3	2161	405.6	1296	0.200	167
半衰期	140.7	375	80.4	257	0.175	146
衰老期	37.5	100	31.3	100	0.120	100

引自(浙江农业大学,1982)

为了让茶树鲜叶产量提高,除了上述两个因素外,全年大于生物学下限温度的生长期延长可增加茶树新梢全年萌发的轮数。新梢生长速度快,在一定时间内可增加采摘批次。综合以上几个因素才能使茶树全年茶叶产量达到较高水平。

4.2.2 气候对茶叶产量的影响

茶叶产量的相关各种因素都会受周围环境内气候条件的影响,从茶区全年的活动积温 $\sum T(\geqslant 10 \ ℃)$ 数值和日平均气温 $\geqslant 10 \ ℃$ 的连续天数判断该茶区全年获得的热量和茶树全年生长期的时间,从而推测该茶区茶树全年可萌发的轮次。表 4.4 是各地年活动积温和茶树全年抽梢的轮数及采摘批次。

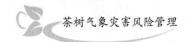

表 4.4　不同产茶区的年活动积温(≥10 ℃)与茶树全年抽梢轮数及采摘批次

地名	日照	信阳	杭州	丽水	宁德	安溪	韶关
纬度	35°23′	32°08′	30°14′	28°28′	26°40′	25°04′	24°40′
海拔高度(m)	37	115	43	60	33	89	121
年活动积温(≥10 ℃)(℃·d)	4200	4800	5300	5800	6450	7000	6900
总抽梢轮数	3～4	4～5	5～6	6～7	7～8	8	7～8
总采摘次数	10～12	14～16	18～20	20～22	26～28	30～32	26～28
≥10 ℃天数(d)	200	215	235	260	295	325	310

注:表中活动积温$\sum T$(≥10 ℃)数值和日平均气温≥10 ℃的连续天数为近 30 年平均值

　　从表 4.4 可看出,平均每轮新梢从萌发到下一轮新梢萌发之前大约需要相当于 500 ℃·d 的活动积温(≥10 ℃)。同时,一年中≥10 ℃的延续天数越多,茶树的生长期越长,全年茶树的采摘批次也越多。

　　茶树新梢生长速率不仅和茶芽萌发初期和生长后期本身生理作用有关,还和气温、湿度等要素有关。李倬(1988)研究表明,皖南茶区柿大茶在气温低于 12℃时,无论湿度条件如何生长速率都极慢,茶芽日增长量不超过 2 mm;气温为 15～22 ℃,空气湿度(U)满足 $U > 140.035 - 4.42t$(t 为气温,℃),茶芽的日增长将超过 2 mm;气温达到 22～23 ℃,相对湿度达 86%～88%,茶芽生长迅速,生长量可达 12 mm。这说明气温适当、水分充足的条件下,茶叶产量将增加。Миладзе(1979)研究指出,在格鲁吉亚的茶树,雨量达 55 mm,积温达 170 ℃·d,就可以获得一批茶叶;而雨量较少,低于 27 mm 时,积温累积到 380 ℃·d 以上才能采得一批茶叶。Bushin(1975)研究了俄罗斯克拉斯诺达尔地区,发现 5 月 20 日所采得茶叶和当年 1 月 1 日到 5 月 20 日间日平均气温大于 0 ℃时的活动积温有关,并且发现这段时间内活动积温越少,新梢生长越慢,茶叶产量也越低。此外,不同茶园在相同条件下茶叶产量也存在差异。

　　在雨水少且分布不均匀的地区,水分对于茶叶产量有很大影响。许多学者认为茶树生长期间每月降水量大于 100 mm 才能获得一定产量的茶叶。Eden(1974)认为如果连续几个月降水量都少于 50 mm,那茶叶产量会产生严重损失。

　　庞振潮(1980)曾用杭州茶叶试验场获得丰产茶园 1959—1977 年的茶叶产量和杭州气象数据,分析当地茶叶产量和气象要素的关系。在试验中他考虑了茶树树龄的增长、施肥水平的变化等因素对茶叶产量的影响,经过统计分析发现,杭州在上年 12 月越冬初期的雨量、最冷月的平均气温和夏季高温干旱期(6 月下旬到 7 月上旬)的雨日数和全年茶叶产量有密切联系,前两个因子对秋茶产量影响最大。

　　太阳光的强弱也会直接影响茶树叶片的光合作用和嫩梢叶片的生长,进而影响到茶叶的产量。世界上某些茶区,通过茶园种植遮阴树的办法为茶树遮阴。这种方法对不同气候条件下不同茶树品种茶叶产量的具体效果不一。张文锦等(2004)在福建省农业科学院茶叶研究所通过不同透光率的黑色遮阳网来处理照射黄旦茶树的光强,结果表明,遮阴后 5—8 月的日平均温度及白昼平均温度随遮阴度增加而显著下降,日平均相对湿度和白昼平均相对湿度随遮阴度的增加而增大;遮阴后茶树 1 芽 3 叶梢长,2、3 叶节间长和芽下第 3 叶面积随遮阴度的加大而增大。与对照相比,第二轮萌发的茶叶(5 月、6 月)45% 和 30% 遮阴度处理分别增产了 9.65% 和 20.35%,差异显著和极显著,60% 遮阴度与对照相近,差异不显著;第三轮萌发的茶叶(5月、6月)遮阴后产量极显著高于对照,增幅达102.52%~119.75%。王玉花等(2011)在湖南省中国科学院桃源农业生态试验站茶叶试验场以"碧香早"茶树为试验材料的研究表明,遮阴能增加百芽重和芽密度,其中以遮掉一半到六成的光强增加最明显(表4.5)。单武雄等(2010)在湖南省湖南湘丰茶业有限公司东西山设施茶园对福云早毫茶树的试验表明,秋季1芽1叶长度、芽密度、百芽重和产量均随遮阴度增加而降低。

表4.5 遮阴情况不同时茶树百芽鲜重和芽密度

光强(%)		100	44	38	25
百芽重(g)	春季	16.19	17.54	16.62	16.48
	夏秋季	14.03	16.62	15.39	14.84
芽密度(个/m²)	春季	1009.26	1359.26	1279.31	1261.11
	夏秋季	772.63	879.13	820.50	798.38

引自(王玉花 等,2011)

Barua(1981)在印度阿萨姆观察并测定了阿萨姆型(H型)和中国型(E型)无性系茶树的叶温和叶面积指数,发现遮阴可降低叶温,同时如果增加叶片周围湍流也能达到相同效果。他认为,Hadfield(1968)在东北印度得出的结论(35 ℃叶温是净光合作用的最适宜温度)是正确的。他还提出,如果将H型茶树获得的太阳辐射强度降低到60%,叶温也相应降低,此时茶树将大部分同化物质转化为经济产量,而不是净生产力总量(表4.6)。Hadfield(1968)把全日光的50%~80%看作是茶叶生产适宜的光强,并对半直立的、中间型和平展型叶子的茶树进行分析,发现随着叶片在枝条上生长角度从锐角到平角,其和茶叶产量之间的关系变成负回归趋势。

表4.6 遮阴对采摘茶芽及顶端生长物质量(包括修剪的)的影响 单位:鲜重,kg/丛

处理(日射相对强度)	全日光(100%)		竹帘遮阴(55%)	
采摘物	芽梢	顶端生长物	芽梢	顶端生长物
E型	0.5	1.284	0.389	0.966
H型	0.212	0.598	0.237	0.628

引自(Barua,1981)

在干旱和强光照条件下过分的曝晒可采用遮阴起到保护作用,但在雨水过多地区遮阴会使茶叶减产。Barua(1981)比较了各产茶国的最高气温,特别是各国主要茶叶收获季节的月平均最高气温,提出除印度东北部平原的茶叶主要收获月份(5—9月),月平均最高气温超过30 ℃,茶丛表面叶温可能超过35 ℃外,肯尼亚、斯里兰卡和印度南部茶区气温远低于30 ℃。马拉维茶区,也只有在收获季节早期一段时间里,平均最高气温可达30~31 ℃。但是,当地空气湍流大于印度东北部平原,所以马拉维的茶树叶温也不会超过临界值35 ℃。因此,除印度东北部,大多数原产国都主张去掉茶园中的遮阴树来获得高经济,而种植E型茶树的茶园,在去掉遮阴树后,经济效益达最大。

在一些特定的气候条件下,种植遮阴树,也会诱发一些茶树病虫害,从而使之蔓延或者导致一些茶树虫害猖獗,进而使茶叶减产。

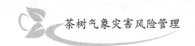

4.3 气象条件与茶树鲜叶品质的关系

4.3.1 茶叶质量评定标准

热带和亚热带地区,只要是雨量充足、空气湿润的地方,大部分都适宜种植茶树。但是生产的茶叶,品质优劣悬殊,这除了茶树植株品种自身的特性,还很大程度上和茶树生长的气候条件有关。长时间的饮茶活动中,人们通常基于"色、香、味、形"四个方面对茶叶的品质优劣进行评定,也就是茶叶的外观形状、色彩光泽、散发的香气及滋味。

4.3.1.1 茶叶外观形状

茶叶形状包含干茶的形状和叶底(即经过冲泡后吸水涨大的茶渣)形态和茶叶质嫩度。干茶形状由制茶的技术所决定,干茶类型众多,一般有条形、圆珠形、扁形、针状、颗粒状、团块形等。名茶有自己特有形状,如珍眉是条形,龙井为扁形,涌溪火青呈珠状,安化松针、雨花茶都是针状,形状差异较大。

叶底形态和叶质软硬,大概分为芽形(单芽组成)、朵形(芽叶完整成朵)、整叶形(叶片完整、较嫩,叶缘向背反卷)及半叶形、碎叶形。其中前三者品质较好。叶质嫩方面,主要看纤维素含量低,质嫩为好。

4.3.1.2 茶叶色泽

茶叶色泽包括干茶的色泽、茶汤色和叶底色泽。这些色泽和鲜叶中有色物质在制茶过程中的变化有紧密联系。

从干茶的色泽方面看,绿茶以翠绿、深绿最好,墨绿次之,鲜叶细嫩,多白毫的茶叶为灰绿色,黄绿型的品质较差;乌龙茶为砂绿色,有光泽;红茶以乌黑有光泽的为佳,黑褐色次之,棕红色的品质较差。在黑茶中,黑褐色是名茶六堡茶典型色泽。

从汤色、叶底方面看,绿茶汤色多为黄绿色,若不正常会呈黄汤或红汤色。正常的绿色茶底,绿色鲜亮或黄绿明亮;反之,会产生红梗红叶,色青绿或黄暗,花杂、焦斑。正常的红茶汤色,红艳、红亮,不正常的为红暗或浅黄。红茶叶底也应该是红艳、红亮,不正常的则是花青或乌暗色。

4.3.1.3 茶叶香气

茶叶鲜叶中含有近50种芳香物质,成茶的绿茶中则有100多种,红茶有300多种。但是茶叶的干物质中,含量不足0.02%。由于品种和栽培过程中的气候条件、采摘茶叶老嫩程度和加工的技术不同,形成了具有不同香型的成茶。新鲜茶叶中的芳香物质主要是芳香油(一些酸类、酮类、醛类、酚类、酯类等物质),不过鲜茶叶中的儿茶素、氨基酸、糖、胡萝卜素等,本身没有芳香,但在制茶工程中小气候环境影响下发生化学变化从而转化为香气物质(程启坤 等,1985)。

茶叶香气可分为花香、清香、松烟香等,一些绿茶成茶会有如板栗的甜香气,如果鲜叶采摘、储存不当或者过度发酵,则会散发一些青草气、粗老气或者馊酸气。鲜叶中的帖烯类和棕榈类没有香气,但由于具有较强的吸附特性,在空气被污染的小气候条件下,会使茶叶强烈地吸附从而带有异常气味,进而降低茶叶的品质。

此外,新鲜茶叶中不同物质会溶于水中,茶汤呈现不同气味,如多酚类会有涩味,氨基酸多为鲜味,糖类味道甜醇,咖啡因微苦。茶多酚和氨基酸对茶叶的品质也有重要影响。

茶多酚由糖类物质经过代谢(C代谢)转化形成,在新鲜茶叶中占10%~40%。而儿茶素是茶多酚物质的主要成分,在茶多酚中占50%~80%,其极易氧化聚合形成氧化聚合物,进而决定茶叶的色、香、味。

氨基酸是氮代谢(N代谢)的产物,蛋白质是由多种氨基酸组成。在幼嫩的茶树鲜叶中,氨基酸占2%~4%,能溶于水的氨基酸占氨基酸总量的40%~60%,能够使茶汤具有鲜爽滋味。新鲜茶叶中蛋白质含量可占25%以上,不过其中只有1%~2%能够溶于水,但是能增加茶汤的滋味和浓度(程启坤 等,1985)。

由上可见,茶叶的品质是由新鲜茶叶的质量和制茶技术决定的。而气候变化和茶园的小气候会直接影响茶树的光合作用,进而影响到光合产物、茶多酚、儿茶素等物质的合成与积累,同时也影响到氮代谢产物。茶叶的制茶技术,需要一定的温度、湿度条件和茶厂间的适宜小气候环境,因此可以发现茶叶品质和气候有密切联系。

4.3.2 气候与茶叶品质

俗语有言"高山出好茶",这是人们在长时间的饮茶活动中通过感官得出的经验。这说明,高山的气候环境比较适宜茶叶的生长,制成的茶叶质量也比较高。

气候在多方面影响茶叶品质,不仅影响茶叶的色泽、大小、厚薄和嫩度,还影响内部物质(如氨基酸、蛋白质、茶多酚、咖啡因、糖类和芳香物质等)的形成和积累,进而影响到新鲜茶叶的品质优劣和适制性,最终影响成茶品质。

由于不同气候带和气候类型的差别,以至在不同的气候区域中,气候对茶叶品质的影响差异较大。总结地说,纬度较高的亚热带边缘和温带茶区,冬季和全年温度较低,空气湿度小,降水量少,日照时间短,利于氮代谢,但是碳代谢较差,只适合小叶种茶树的生长。小叶种茶树叶片较小,组织紧密,叶绿素和蛋白质含量高,茶多酚含量低,酶活性弱;如果将其用于制作绿茶的原料,制成的干茶颜色绿,成茶的汤色和叶底绿亮,有清香、嫩香、花香或者嫩板栗香,滋味鲜爽,品质佳。如果将其制成红茶,制成的干茶色黑褐,叶底青暗,味淡,香气差,品质劣。而低纬度热带、亚热带季风气候下的茶区,气温较高,降水量大,日照时间长,适宜大叶种茶树的生长。大叶种茶树叶大而薄,利于碳代谢,但是氮代谢能力较差,叶组织较松,茶多酚、儿茶素、水浸出物及糖类含量较高,酶的活性强,蛋白质、黄酮类含量低,如果将其制作成红茶,制成的干茶色乌黑油润,汤色、叶底红艳,滋味醇厚鲜爽,有花香、甜香,品质佳;如果将其制作成绿茶,制成的干茶颜色深暗,汤色叶底都偏黄,味苦涩,香气低,品质劣。

在山区一些特殊的地形小气候条件下,如三面有峰峦环抱,中有溪涧流淌,植被覆盖度大的山坞、山沟之中,经常出现云雾弥漫,雨水丰沛,湿度高,气温低下,昼夜温差大,日照时数少,散射辐射比重大。这种气候环境下,茶树生长正常,芽叶大而薄,叶质柔软,持嫩性好,内含水浸出物有效成分较高,蛋白质、氨基酸、芳香油、叶绿素等容易形成和积累,同时糖类、多酚类相对含量较低。这种新鲜茶叶制成绿茶,品质比不上山地里坑、坞小气候的茶叶,如果制成红茶,色香味较好。

受到气候的季节性差异,同地区同品种的茶树在不同季节里生成的鲜叶品质不同。在亚洲东部茶区,如杭州、屯溪地区,一般情况下春季气候温和,昼夜温差大,阴雨天数多,空气湿度

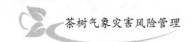

大,太阳辐射强度一般。茶树在这种气候条件下,生长正常,鲜叶中的氨基酸、蛋白质等含氮物质和叶绿素含量高,而多酚类的含量低,特别是在春季初期,因而可以加工为高级绿茶。到了夏天,太阳直接辐射强,温度高,茶芽生长迅速,新鲜茶叶中多酚类含量高,氨基酸、果胶物质低,可用来制造夏季绿茶,但是茶叶味道苦涩,香气不高,品质低劣。

在新鲜茶叶中,儿茶素含量占多酚类总量的70%,会直接影响到红茶的品质。华南和西南茶区,云南大叶种中,儿茶素含量和成分随季节不同存在差异。春茶中,儿茶素含量低,夏茶中含量最高,之后季节中含量逐渐减少。程启坤等(1985)分析了一芽二叶的新梢中茶多酚和氨基酸含量的季节变化,也得出相同结果。在云南西双版纳和凤庆茶区,由于春季雨水少,茶叶的品质低劣,4月盛行西南季风,雨水增加,空气湿度大,日射增强,气温升高到20 ℃,有利于儿茶素的形成和积累,所以在5月的二茶质量最优,秋季的三茶质量介于二茶和头茶之间。同样,台湾茶区也有类似情况。

4.3.3　气候因子对茶树鲜叶中几种主要内含化学成分的影响

4.3.3.1　气候因子对茶叶中茶多酚、氨基酸含量的影响

气候环境条件对茶树的生理活动会产生直接影响,如温度、辐射、降水等主要气候因子直接影响茶树体内物质的形成和积累。作为茶树鲜叶中主要化学成分的茶多酚、氨基酸和芳香物质含量也会受到气候因子的影响。

气温是影响茶树鲜叶中化学成分重要的因素。中国茶区,四季分明,除冬季较寒冷,茶树处于休眠状态外,从春季到秋季,都可以采制茶叶。春季,气温比较低,茶树植株体内氮元素代谢旺盛,有利于氨基酸和蛋白质的形成和积累,但是碳代谢较弱,茶多酚含量低下。所以,春季茶叶品质通常情况下最佳。到夏天,温度较高,植株的光合作用增强,碳代谢旺盛,糖类生产增加,利于转换合成更多的茶多酚,但是氮代谢转移,氨基酸和蛋白质含量迅速减少,导致夏天绿茶茶味多涩苦,香气淡。到秋天,暑气散去,气温比春季稍高,茶树碳代谢较强,茶多酚含量降低,氮代谢虽然有所增强,但仍然较弱,所以秋茶味道也多苦涩,由于茶多酚含量高,有利于红茶品质的提高。所以,夏秋季节气温较高的茶区,生产的红茶品质比春季优。程启坤等(1963)曾经分析杭州地区茶树鲜叶(一芽二叶)中茶多酚和氨基酸含量,得出其随月份变化的曲线。如果以杭州多年平均的逐月气温变化曲线和其对比,可以发现:新鲜茶叶中茶多酚的含量和气温的变化成正相关,氨基酸的含量则和气温的变化成反相关。

为了研究气温和茶树鲜叶中氨基酸和茶多酚含量的关系,胡振亮(1985)曾经在浙江南部茶区缙云县境内3个不同海拔高度(200 m、500 m 和 650 m)的茶园取样,进行气象平行观测。同时研究了气象要素对新鲜茶叶生化成分的影响,发现三个不同高度气象条件的改变和新鲜茶叶中氨基酸及茶多酚含量的变化有明显的相关,其中,和氨基酸的相关最为密切,茶多酚次之。筛选分析后发现,用春茶采摘前15 d的日平均气温(℃)和茶树新鲜茶叶中氨基酸的含量(%)呈明显的负相关,和茶多酚含量(%)则为明显的正相关。结果还发现,春茶采摘前20 d的总日照时数,也与春茶新鲜茶叶中氨基酸含量(%)呈明显的负相关,和茶多酚含量(%)呈明显正相关;而采摘前20 d的相对湿度平均值(%)和新鲜茶叶中氨基酸含量(%)呈正相关,与茶多酚的含量呈负相关。

蒋跃林(1990)研究了杭州和长沙茶区,发现茶叶采摘前20 d的平均气温和新鲜茶叶中氨

基酸含量(%)呈明显对数相关。杭州地区,茶芽从萌发到清明时段内气温均值为 10~13 ℃,此时新鲜茶叶的芽梢中氨基酸含量高达 4.8%,所以在当地各个季节中清明茶品质最好。长沙地区,新鲜茶叶中氨基酸含量和采摘前 20 d 平均气温有紧密联系,只要是采茶前 20 d 的平均气温低于 18 ℃,鲜叶中的氨基酸含量大于 2%,利用这些茶叶可以制成品质优良的成茶。此外,不同的温度水平对氨基酸含量的影响也在不断变化。在春茶初采时,如果采茶前 20 d 的平均气温在 12 ℃左右,气温每上升 1 ℃,鲜梢芽叶中氨基酸含量会减少 0.262%,此时气温每日上升,作为绿茶原料的鲜叶,品种会迅速降低。这也是对浙皖茶区广泛流传的农谚"(春茶)早采三天是个宝,迟采三天是个草"的科学佐证。在夏茶季节,采摘前 20 d 平均气温如果上升到 28 ℃,气温每上升 1 ℃,氨基酸含量会相应减少 0.11%,不到春茶的 50%。

东亚旱热的夏秋季节,烈日高温和低湿的气候条件下,在采取喷灌措施增加土壤中水分,会促进茶树植株体内的代谢活动,进而提高茶叶品质。李金昌(1987)在皖南茶区泾县汀溪红星茶场茶园中在干旱季节(7月下旬到 8月底)进行了喷灌试验,研究水分对秋茶品质的影响。试验中采用了喷高水(18 mm/次)、中水(12 mm/次)和低水(6 mm/次)三种方式处理,旱热期间,每隔 3 d 喷灌一次,和不喷灌地区进行对照。喷灌试验结束后,测定并比较各区 40 cm 深土层的土壤含水量和秋茶鲜叶内主要生化成分的差异。结果表明,喷灌区茶树鲜叶中主要生化成分,不管是氨基酸还是儿茶素含量都比对照不喷灌的高,氨基酸含量高出 0.24%~0.15%,儿茶素含量高出 29.5 mg/g,茶多酚含量除了喷灌低水区的稍低于对照外,其余两区都对比高出 2.81%~1.37%。在该试验喷灌量范围内,鲜叶中氨基酸、儿茶素含量,大部分都随着喷灌量的增加而增加(表 4.7)。由此表明,在江南茶区夏秋旱热季节茶园适当地采取喷灌增大喷水量,可提高新鲜茶叶品质。

表 4.7 旱热季节中喷灌量对茶树新鲜茶叶氨基酸含量的影响

处理	40 cm 深处土壤水分(%)	氨基酸(%)	茶多酚(%)	水浸出物(%)	儿茶素(mg/g)
高水区	97.5	1.23	31.38	44.78	191.5
中水区	87.8	1.14	29.94	44.37	182.9
低水区	83	1.18	27.83	42.34	163.7
对照(不喷水)	61.6	0.99	28.57	43.41	162.0

引自(李金昌,1987)

太阳辐射的强弱直接影响到茶树碳氮代谢活动和茶树新鲜茶叶中茶多酚、氨基酸、蛋白质、儿茶素等化学成分的合成和积累。在一般情况下,茶树体内的碳代谢会随着太阳辐射的增强而增强,茶多酚、糖类物质和儿茶素等化学成分的含量也增多,但是氮代谢则会随着太阳辐射的增强而减弱,含氮化合物如氨基酸、蛋白质、咖啡因、叶绿素等成分含量则降低。当太阳辐射强度减弱到露天光强的一半时,茶树新鲜茶叶中合成氨基酸的量较多,低纬度地区太阳辐射强度远高于茶树的光饱和点,所以常采用在茶园中种植遮阴树的技术,其结果也涉及茶树新鲜茶叶中和品质有关的成分含量。在云南,种植三叶橡胶树遮阴的大叶种茶树茶园,茶树新鲜茶叶中的氨基酸、儿茶素和茶多酚含量相对露天茶园中分别提高 0.54%、2.83%和 1.33%,且含量会随着胶茶群落下层光强的变化而变化。当下层光强是露天时的 40%~60%,新鲜茶叶中的氨基酸、儿茶素含量较高。如果光强不在此范围内,含量有所下降,茶多酚、粗纤维的情况有

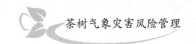

所不同,新鲜茶叶中多酚含量随着茶园中光照强度的减弱而增加,粗纤维含量随光强的增强而增加。所以,在胶茶群落里,太阳辐射强度弱,生产的茶树新鲜茶叶中多酚类物质含量高,粗纤维少,可以加工成高品质红茶。

陈席卿(1989)曾经用塑料大棚、稻草等措施对茶树进行遮阴,进而研究茶叶品质,发现在稻草遮盖下茶树的氮代谢随着遮光率的增加而变强,新鲜茶叶中氨基酸含量变高,碳素代谢变弱,茶多酚含量变少;同时,塑料大棚的遮阴会提高茶树新鲜茶叶中叶绿素和维生素 C 的含量,在稻草简单的遮蔽下,只能提高叶绿素含量,维生素 C 的含量呈下降趋势。此外,塑料大棚覆盖,促使一芽二叶的新梢中,茶多酚含量升高,氨基酸和咖啡因的含量降低。

蒋跃林(1990)研究建立中国红、绿茶品质的气候模式时,选取中国茶区均匀分布的各茶点,取当地春、夏、秋茶新鲜树梢(一芽二叶)中茶多酚、氨基酸含量(%)和相应茶树生长期间多年平均活动积温 $\sum T(\geqslant 10\ ℃)$、光合有效辐射 $PAR(\mathrm{J/m^2})$ 和降水量 $R(\mathrm{mm})$ 等光、热、水条件进行相关分析,结果发现,无论是鲜叶中茶多酚还是氨基酸的含量,都和茶树生长期间的活动积温 $\sum T(\geqslant 10\ ℃)$ 及光合有效辐射 $PAR(\mathrm{J/m^2})$ 有密切的线性关系,但是和降水却不存在明显的相关关系,进一步分析发现光、热因子和鲜叶中茶多酚含量存在综合定量关系,同时茶树生长期间的活动积温和光合有效辐射也会影响茶树鲜叶质量,对鲜叶内茶多酚含量呈正面影响,对氨基酸含量则为反面影响。

4.3.3.2　季节气候与茶树鲜叶中的香气成分

各种茶树芽叶中存在 80 多种芳香物质,这些芳香物质主要为醇类、醛类、酮类和酸类等,其中散发着青草味的青叶醇,占芳香总量的六成,其余则有沉香醇、苯甲醇、苯乙醇、橙花醇、茉莉醇等,还包括不少含有花香、果香、甜香、清香的芳香物或香气成分。

各类茶树芽叶所含有的芳香物质种类及比重各不相同,茶树芽叶中含有的芳香物质,在不同的气候条件下存在差异。春茶含有清香型的戊烯醇、己烯醇等物质较高,夏茶则低;秋茶含有带花果香气的苯乙醇、苯乙醛等物质;键合态单萜烯醇总量春茶高于夏茶。张凌云等(2007)研究表明,在春、夏、暑、秋四个茶季采摘时期的重发酵单丛茶中,秋茶、春茶芳香物质种类相对较少,香精油总量占总挥发性成分比例比夏茶低;夏、暑茶芳樟醇氧化物、杜松醇、葎草烯等含量较高,而香叶醛、吲哚、茉莉酮、橙花叔醇等花香型香气成分含量比秋茶低得多;感官审评表明,秋茶、春茶香气品质要比夏、暑茶好。曹潘荣等(2006a)水分胁迫试验表明,水分胁迫处理能明显增加芳香物质的种类,其中以土壤含水量(w)为 10.56% 的处理芳香物质种类最多、含量最高。曹藩荣等(2006b)研究表明,在白天温度 25 ℃条件下,夜间低温胁迫能使芳香物总数增加,且芳香类种类和各种芳香类物质含量随着温度的降低(夜间温度从 20 ℃到 5 ℃)而增加。

赵和涛(1992a)对祁门红茶产区自然生态条件对红茶中主要芳香化学物质的影响分析结果表明,较优自然生态环境(4—10 月平均气温和相对湿度分别为 20～20.3 ℃、91.2%～91.5%、海拔高度 530～650 m)的茶树芽叶中无论是芳香物质种类,还是香精油含量,都高于较差生态环境(4—10 月平均气温和相对湿度分别为 21.3～21.8 ℃、88.3%～88.5%、海拔高度 180～210 m)生产的红茶;处于较优生态环境的茶树芽叶中,醇类、酮类、酚类芳香物质种类都表现较多,而杂环类、醋类芳香物质种类却略少;较优自然生态环境生产的红茶,构成红茶香气的骨干芳香物质,如 2,6-二甲基 1,4-苯醌、2,6-二甲基 1,4-苯酚、香叶醇、3,7,11,15-二十二烯酸甲酯、水杨酸甲醋等化合物的含量,比较差生态环境处理的红茶高 40% 以上,有的竟高出 1~2 倍。

　　光通过光敏色素影响茶树挥发性代谢物。Fu 等(2015)用蓝光和红光照射采摘前的茶树新梢 3 d,以黑暗处理为对照,发现其内源性萜类物质、苯甲醇、苯乙醇、苯甲醛含量明显增加,而苯丙氨酸含量显著降低。苯乙醇具有玫瑰花香,是红茶的重要的香气物质。Yang 等(2012)指出,茶树在遮阴无光的条件下,鲜叶黄化并失去活力,挥发性物质含量显著增加,尤其是苯环类香气物质;茶树氨基酸等含氮物质代谢与光照、温度密切相关,低温和漫射光条件可以促进氮代谢,茶叶滋味鲜爽、香气馥郁("高山云雾出好茶"的理论支撑),而高温和高光强下,茶叶滋味苦涩、香低气短,影响茶叶品质;日本最好的绿茶(玉露和碾茶)关键生产工艺之一就是对即将开采的茶园进行遮阴处理,改善光源,提高茶叶风味。董尚胜等(2000)研究表明,夏茶新梢叶片中的游离香气种类较少,遮阴后游离香气总量增加了 84% 左右;在香气种类上,遮阴后多了壬醇、香叶醇两种香气,遮阴后除苯乙醇的量无变化、反-2-己烯醇有所减少外,其余香气量均有不同程度的增加,其中以顺-3-己烯醇、正己醇、芳樟醇的增幅较大。沈生荣等(1990)研究表明,茶树遮阴后芳樟醇、橙花醇、香草醇、香叶醇及其环化后生成的菇品烯及醇明显提高,对提高夏秋茶的香气有明显的效果。

　　中国祁门红茶、印度大吉岭红茶、斯里兰卡高地茶被誉为世界最著名的三大高香红茶。祁门茶园多分布在山多林密、云雾笼罩的峡谷山地和丘陵地带,日照强度较弱,有助于茶叶中的品质成分和芳香类化合物有效积累,对茶叶香气的形成极为有利。茶区属典型亚热带季风气候,四季分明,降水集中于春夏两季,冬季少雨,在夏秋交接之际常有夹秋旱,适度、短时干旱的"夹秋旱"是形成中国祁门红茶特殊香味的气候特点。印度大吉岭茶区海拔 2000 m 以上,年平均温度 15 ℃ 左右,白天日照充足,但日夜温差大,谷地里常年弥漫云雾。在 10 月雨季结束时受越过喜马拉雅山脉的东北季风控制,进入高香季,此时天气晴朗凉爽,晴天夜里经常出现 10 ℃ 以下的低温,月降水量快速减少到 100 mm 附近,日照时长增加,空气湿度保持在 80% 左右,此时的茶叶制作成芳香物质多的高香红茶,也就是大吉岭高香茶,挥发性芳香成分是平地茶的 3 倍。茶叶具有浓郁的玫瑰花香,香气组成的成分主要是香叶醇、香叶醇、苯甲醇等,但芳香醇及它的几种氧化物等含量比重低。斯里兰卡的高香茶情况截然相反,芳香醇和氧化物含量较多,还有茉莉酮甲酯、茉莉内酯等具有茉莉花香和果香物质,但是香叶醇等成分比重较低。斯里兰卡地处热带,一年有明显的干季和湿季。如斯里兰卡的乌瓦(Uva)茶区位于中央高地东坡上的山间盆地,海拔只有 670 m,中央高地地形屏蔽,印度洋西南季风给斯里兰卡雨季带来了充足的降水,一般分布在高地西南迎风坡、西坡和南坡上,年降水量在 2000 mm 以上,当西南季风达到乌瓦盆地时,水分减少,年降水量只有 1791 mm,特别是 7—9 月,降水量不足 100 mm,晴天比较多,日照时数占 50%,空气湿度接近 80%,晴天夜里盆地气温偏低。受到此气候影响,当地茶叶中芳樟醇和氧化物的成分比例越大,制成的红茶香气越鲜爽,从而生产出有名的斯里兰卡乌瓦高香季茶。

　　在斯里兰卡的另一个海拔高度约 1900 m 的努瓦拉埃利亚茶区,也生产高香季红茶,其主要生产时间在 1—2 月。这个时间努瓦拉埃利亚茶区处于东北季风的背风坡,偏北气流越过山脊随坡面下沉,形成了一种强而干暖的"卡其昌(Cachichan)"风,暂时改变了茶区长期阴雨过湿的气候环境。1—2 月,该地多晴天,日照时间约 50%,由于海拔高度较高,气温只有 14 ℃

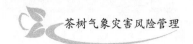

多,在晴天的夜晚有时会出现薄霜,两个月月均降水量分别为 140 mm 和 70 mm,月均空气湿度为 80%。和巴杜拉高香季地区相比,除气温低 9 ℃,其余气候要素都很接近(表 4.8),从而促使努瓦拉埃利亚茶区生长出芳香浓郁、品质高的高香红茶。

表 4.8　斯里兰卡乌瓦茶区和努瓦拉埃利亚茶区高香季气候

茶区		巴拉度(乌瓦茶区)670 m			延布拉(努瓦拉埃利亚茶区)1882 m	
		月份				
		7	8	9	1	2
气候要素	平均气温(℃)	24.1	24.2	23.9	14.3	14.9
	月总降水量(mm)	50	95	90	145	95
	平均相对湿度(%)	78	79	79	83	78
	平均日照百分率(%)	46	50	50	42	54

一些茶区,春季茶芽萌发时,气温低,空气湿度大,茶树嫩梢芽叶中多形成和积累戊烯醇、己烯醇、苯甲醇,在芳香物质中所占含量较多,所以春茶一般具有较高的甜醇清雅香气(如江南碧螺春、日本煎茶)。茶树鲜叶中芳香物质含量随气温升高而减少,所以夏茶清香味较低。部分茶区在秋季晴朗凉爽,昼夜温差大,晴天夜晚温度低的条件下,茶树鲜叶中苯乙醇、苯乙醛含量增加,从而生产出具有花、果、蜂蜜甜香似的高香茶。

茶树鲜叶中的芳香物质,经过采摘后,摊放、萎凋或发酵、高温等一系列加工制造过程,产生很大变化,许多芳香物质和其他物质结合,经过摊晾,水分蒸发,水解酶活性提高,许多香气成分被释放,有的低沸点挥发性物质,在温度稍高时挥发掉(如青叶醇);有的经过制茶车间的小气候环境下产生化学变化,改变香气组成成分。此外,一些原本不具有芳香成分的物质,经过一定的温度、湿度互相作用,产生了化学反应转变成新的香气成分。因此,和茶树鲜叶相比,成品茶中香气成分种类较多。

4.4　气象条件对茶树病虫害的影响

气候条件发生异常后会给茶树带来一些茶树病害的大流行和一些茶树虫害的发生和消亡,进而影响到茶叶产量。

4.4.1　气候与茶树病害的消长

茶树病虫害的发生和传播都需要适宜的气候条件。当气候环境不适宜时,病菌孢子会临时寄生于茶树的某个部分,没有任何的表征,一旦周围气候条件变化,达到对它适宜的程度时,病害会迅速传播暴发。特别是在茶园里,茶树病害寄主种类单一,一旦某种病害发生,就会很快蔓延到大范围的茶树植株上,进而使茶叶生产受到损失。

不同的病虫害对不同的气候环境反应也各不相同。当气温较低时,空气湿度大,云雾多,日照又偏少,茶树的茶饼病会蔓延开。印度东北部的阿萨姆茶区,冬春季节经常出现这种气候,茶饼病对该地茶树的危害已有 100 年的历史(Eden,1974)。近半个多世纪以来,中国海南、华南地区、斯里兰卡、印度南部茶区和东非高原茶区也经常出现茶饼病。此外,在气温较低,空气相对湿度较高的情况下,茶芽枯病、茶白星病和茶圆赤星病等病害时常发生。

高温、高湿气候环境下,茶云纹枯病、茶炭疽病、茶菌核黑病等病都会严重地暴发和蔓延,同时也有利于茶苗白绢病的发生。当气温为 20~25 ℃且空气相对湿度大于 80% 时,有利于茶梢黑点病的发生。

如果某茶区的气候适宜某种病菌滋生,那么这种病害可能会是该茶区的主要多发病害,如印度阿萨姆茶区的茶饼病。同时,同一个茶园中,由于种植疏密不一,土壤水分和养分分布有差别,各地区的茶树小气候不同,由于小气候环境适宜于病害,所以当茶树病害发生时,可能有一个或多个发病中心,也可能出现一些未受病害影响的地区。

4.4.2 气候与茶树虫害的消长

每种茶树虫害的发生也有各自最适宜的气候条件。

在斯里兰卡茶区的旱季,暖热干旱的气候条件下,经常使紫红短须螨大量生长,并猖獗地危害茶树,进而使茶树叶片掉落,严重使茶叶减产。当雨季来临时,高温高湿的气候又会有利于茶角盲椿象的蔓延,危害茶树,使茶叶减产。

在一些茶区,在温暖干旱少雨的季节里茶叶瘿螨会阻碍茶树成叶,进而导致茶叶减产。温暖湿润的气候条件下,不仅有利于茶树嫩梢的生长和优质芽叶的形成,而且有利于小绿叶蝉迅速繁殖、蔓延,危害茶树新梢嫩叶生长。

温暖干燥的环境也会促使咖啡小爪螨、咖啡绿蚧等害虫生长和繁衍,对茶树造成伤害。某一茶区的气候如果适宜某些茶树虫害的繁衍,这种茶虫会变成当地的主要害虫,长期影响茶叶生产。此外,由于各地段存在小气候的差异,对茶虫分布造成影响,所以各地受到的危害程度存在很大差别。

第5章 中国各茶区的气候特征

5.1 中国茶区分布和茶叶生产概况

中国茶区最早的文字表达始于唐朝陆羽《茶经》,在该书"八之出"中把当时植茶的 43 个州、郡划分为 8 个茶区:

山南茶区:包括峡州、襄州、荆州、衡州,金州,梁州;

淮南茶区:包括光州、舒州,寿州,蕲州,黄州、义阳郡;

浙西茶区:包括湖州、常州、宣州、杭州、睦州、歙州、润州、苏州;

剑南茶区:包括彭州、绵州、蜀州、邛州、雅州、泸州、眉州、汉州;

浙东茶区:包括越州、明州、婺州、台州;

黔中茶区:包括思州、播州、夷州;

江南茶区:包括鄂州、袁州、吉州;

岭南茶区:包括福州、建州、韶州、象州。

陆羽列举的这些茶叶产地,只是评定各地茶叶品质时所列出的典型和代表,而不是全部产地。

由《茶经》和唐代其他文献记载来看,唐代茶叶产区已遍及今四川、陕西、湖北、云南、广西、贵州、湖南、广东、福建、江西、浙江、江苏、安徽、河南 14 个省(区);而其最北处,已达到河南道的海州(今江苏连云港)。从总体上看,唐代的茶叶产地已达到了与现代茶区相似的局面。

现如今中国茶区辽阔,分布极为广阔,东起 122°E 的台湾省东部海岸,西至 95°E 的西藏自治区易贡,南自 18°N 的海南岛榆林,北到 37°N 的山东省荣成市,东西跨经度 27°,南北跨纬度 19°。在这一广大区域中,有浙江、安徽、湖南、台湾、四川、重庆、云南、福建、湖北、江西、贵州、广东、广西、海南、江苏、陕西、河南、山东、甘肃等共 21 个省(区、市)967 个县、市生产茶叶。在垂直分布上,茶树最高种植在海拔 2600 m 高地上,而最低仅距离海平面几十米或百米。地跨中热带、边缘热带、南亚热带、中亚热带、北亚热带和暖温带。在不同地区,生长着不同类型和不同品种的茶树,从而决定着茶叶的品质及其适应性和适制性。中国茶区划分采取 3 个级别,即一级茶区,系全国性划分,用以宏观指导;二级茶区,系由各产茶省(区、市)划分,进行省(区、市)内生产指导;三级茶区,系由各地县划分,具体指挥茶叶生产,国家一级茶区分为 4 个,即西南茶区、华南茶区、江南茶区和江北茶区。

西南茶区位于中国西南部,位于米仓山、大巴山以南,红水河、南盘江、盈江以北,神农架、巫山、方斗山、武陵山以西,大渡河以东区域,包括云南、贵州、四川、重庆以及西藏东南部等地,又称"高原茶区",是中国地形地势最为复杂的茶区,也是中国最古老的茶区,该茶区为茶树原产地,是茶叶的发源地。茶树品种资源丰富,主要生产红茶、绿茶、沱茶、紧压茶和普洱茶等,是中国发展大叶种红碎茶的主要基地之一。云贵高原为茶树原产地中心。地形复杂,有些同纬度地区海拔高低悬殊,气候差别很大,大部分地区均属亚热带季风气候,冬不寒冷,夏不炎热。土壤状况也较为适合茶树生长,四川、重庆、贵州和西藏东南部以黄壤为主,有少量棕壤;云南主要为赤红壤和山地红壤,土壤有机质含量一般比其他茶区丰富。

华南茶区位于中国南部,位于大漳溪、雁石溪、梅江、连江、浔江、红水河、南盘江、无量山、保山、盈江以南区域,包括广东、广西、福建、台湾、海南等省(区),为中国最适宜茶树生长的地区,是我国最南茶区,又称"南岭茶区"。该茶区有乔木、小乔木、灌木等各种类型的茶树品种,茶资源极为丰富,主要生产红茶、乌龙茶、花茶、白茶和六堡茶等,所产大叶种红碎茶,茶汤浓度较大。茶区土壤肥沃,茶区土壤以砖红壤为主,部分地区也有红壤和黄壤分布,土层深厚,有机质含量丰富。该区以生产红茶、乌龙茶为主。

江南茶区位于中国长江中、下游南部,大漳溪、雁石溪、梅江、连江以北区域,包括浙江、湖南、江西等省和皖南、苏南、鄂南等地,为中国茶叶主要产区,年产量大约占全国总产量的2/3。生产的主要茶类有绿茶、红茶、黑茶、花茶以及品质各异的特种名茶,诸如西湖龙井、黄山毛峰、洞庭碧螺春、君山银针、庐山云雾等,是中国发展名特茶的适宜区域。茶园主要分布在丘陵地带,少数在海拔较高的山区,如安徽的黄山,福建的武夷山,江西的庐山,浙江的天目山、雁荡山、天台山、普陀山等。这些高山,既是名山胜地,又是名茶产地,黄山毛峰、武夷岩茶、庐山云雾、天目青顶、雁荡毛峰、普陀佛茶均产于此。茶区土壤主要为红壤,部分为黄壤或棕壤,少数为冲积壤。种植的茶树以灌木型为主,少数为小乔木型。

江北茶区位于长江中、下游北岸,包括长江以北,秦岭、淮河以南,大巴山以东,山东半岛以西区域,主要有河南、陕西、甘肃、山东等省和皖北、苏北、鄂北等地,又称"华中北茶区",是中国最北的茶区。该茶区气温较低,茶树采摘期短,尤其是冬季,会使茶树遭受寒、旱危害。主要种植的是灌木型中叶种和小叶种茶树,生态环境和茶树品种均适宜绿茶生产。茶区土壤多属黄棕壤或棕壤,是中国南北土壤的过渡类型。少数山区有良好的微域气候,加之,本区不少地方昼夜温差大,有利于茶树有机质的积累,因此,所产绿茶具有香气高、滋味浓、耐冲泡的特点,茶的质量亦不亚于其他茶区,如六安瓜片、信阳毛尖等。

目前中国是世界上茶树种植最多、最广的国家。据不完全统计,全国现有茶树种植面积约为110万 hm²,占全世界茶树栽培总面积的43.43%,位居各产茶国第一。中国全年茶叶的总产量大约为703673 t,约占世界茶叶总产量的23.9%,居各产茶国第二位。中国生产的成品茶中,以绿茶为大宗,其次为红茶、青茶和花茶等。每年约有三分之二的成品茶作为内销,其余的出口。出口量约占世界茶叶市场各产茶国出口总量的17.4%,位居各产茶国第二。中国出口茶主要以绿茶为主,其次是乌龙茶、红茶等。

5.2　华南茶区气候特征

华南茶区是极具特色的茶区,处于季风气候区,大部分地区高温多雨,基本上无冬季和冰雪,是茶树生长发育气候生态条件最适宜的地区之一。年平均气温多在18～22 ℃,日平均气温≥10 ℃的活动积温为6500～8000 ℃·d,日平均气温≥10 ℃的累计天数为256 d以上,在此期间太阳总辐射值多大于4187 MJ/m²。日平均气温≥15 ℃的活动积温在5600～7600 ℃·d,

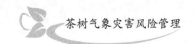

日平均气温≥15 ℃的累计天数为230～340 d；最冷月平均气温多在8～16 ℃，年极端最低气温的多年平均值皆高于-3 ℃；大部分地区年平均降水量多在1500～1800 mm。全年降水的月际分布也不均衡，一般多伏、秋旱，而滇南及滇西南则多春旱，影响春茶产量与品质。

　　根据中国农业气候区划的有关指标，本茶区基本上包括滇西南、滇南茶区，粤西桂南茶区，及海南、粤北、粤东、闽中南、台湾等茶区。

5.2.1　滇西南及滇南茶区

　　滇西南和滇南茶区属南亚热带及热带北缘地区，日照充足。本茶区主要的气候特征是：热量丰富、无冬无雪、干湿分明、春旱频繁。

　　滇西南茶区年降水量大多在1600 mm以上，全年干湿季分明，降水分布图皆呈不对称的悬崖单峰型。11月到翌年4月为旱季。一般月降水量仅为几十毫米，其中2月降水量最少。5—8月月降水量增多，各月降水量一般都有200～300 mm，自9月起，降水量迅速减少，但9—10月，月降水量仍有100 mm左右。年平均相对湿度在80%以上。全年的雾日通常在120 d以上，尤以冬春季为多。年活动积温（≥10 ℃）都在6500 ℃•d以上，日平均气温≥15 ℃的积温，在4700～7600 ℃•d，年平均气温在18～20 ℃，有利于大叶种茶树新梢生长的天数为250～280 d。通常，在2月下旬、3月初，气温稳定通过15 ℃时，茶树即开始长出新梢，可供采摘，11—12月气温低于15 ℃时，秋梢停止生长，秋茶采摘也结束。4—9月平均气温多在20 ℃以上，雨水充沛，日照充足，最适于云南大叶茶的生长，而且，也利于叶内优质内含物的形成。由于当地旱季少雨，头茶产量和品质皆较差，而4月的二茶产量最高，品质也最好。本茶区的年极端最低气温多在0 ℃以上，少数年份在-3～0 ℃。当出现-3 ℃的低温时，云南大叶种茶树即将受到轻微冻害。当遇到-5 ℃以下的低温时，大叶种茶树将受到严重冻害，以致全株死亡。本茶区大叶种茶树遇到严重冻害的概率几乎接近于0，但局部地区仍有发生的可能。

　　滇南茶区全年≥10 ℃的活动积温为6000～7000 ℃•d，日平均气温≥15 ℃的活动积温为4200～5200 ℃•d。年平均气温为18～20 ℃，可供采摘茶叶的天数为200～260 d，3月至4月上旬可供采摘，大多在10月中旬采摘结束。年极端最低气温低至-4 ℃左右。因此，茶树冻害比滇西南茶区出现较为频繁，受害程度稍重。全年降水量一般只有900～1000 mm，5—9月各月降水量大于100 mm，其中7月和8月降水量最多，但少于200 mm，1和2月降水量最少，不过雾、露亦可弥补一些水分。相对湿度大多月份在80%以上。此时日照百分率在40%左右。因此云南大叶种茶树在该地区内的生育期和采摘期都较滇西南区短（仅有200 d左右）。而中、小叶种茶树则都在10个月以上。

5.2.2　粤西桂南茶区

　　本茶区年平均气温为20.5～23.0 ℃，从1月20日到3月初，自南向北，气温将先后上升到10 ℃以上，直到12月中下旬，才又降到10 ℃以下。全年日平均气温≥10 ℃活动积温为6500～8100 ℃•d，日平均气温≥10 ℃的累计天数为288～360 d。日平均气温≥15 ℃活动积温为5800～7600 ℃•d，累计天数为236～318 d。全年最冷月平均气温多为10～16 ℃，年极端最低气温平均在0～5 ℃。小叶种、大叶种茶树在本区基本无冻害。本茶区水资源丰富，年降水量多为1000～1800 mm，其中，4—9月，月降水量都大于100 mm，全年降水有两个高峰，6

月和 8 月降水量最多,7 月相对较少。在内陆茶区,6 月雨水量最多,而沿海茶区,8 月雨水量最多,这是因为热雷雨以及台风雨导致。平均相对湿度大多在 80% 以上。年平均日照百分率都在 46% 以下。尤其是 3 月,日照百分率约为 20%。所以,春茶产量较少,而夏茶要占一半左右。

5.2.3 海南茶区

本茶区是中国最南的一个茶区。除高山地区外,终年无霜雪,属北热带气候。年平均气温大于 23 ℃,≥10 ℃ 的活动积温超过 8000 ℃·d,≥15 ℃ 的活动积温为 7100～9200 ℃·d,其累计天数在 300～365 d。最冷月平均气温也大于 15 ℃。年极端最低气温的多年平均值为 4～8 ℃。因此,大叶种茶树在该区全年生长,无冻害。年降水量在 1600～2000 mm。降水集中在 5—10 月。9 月受台风影响,月降水量超过 300 mm,7 月副热带高压控制降水偏少。年平均相对湿度在 80% 以上,本茶区日照充足,月日照百分率大多超过 40%。

5.2.4 粤北茶区

本茶区年平均气温为 20 ℃ 左右,≥10 ℃ 的活动积温在 6200～6700 ℃·d,累计天数为 270～290 d。≥15 ℃ 活动积温达 5400～5800 ℃·d,累计天数为 220～235 d。年最低气温的多年平均值在 -1.2～2.4 ℃,极端最低气温为 -3～-5.1 ℃。因此,大叶种茶树在局部地区可能受到严重冻害。年降水量一般在 1500～1800 mm,其中 6 月降水量最多,7 月副热带高压控制华南,伏旱较重,降水迅速减少,8 月受台风影响降水量略有增加,9 月以后,渐进入干旱季节降水减少。年平均相对湿度为 76%～79%,年平均日照百分率在 30%～44%。

5.2.5 粤东、闽中南沿海茶区

本茶区气候温暖,雨量充沛。年平均气温为 20.0～21.5 ℃,≥10 ℃ 的活动积温多在 6200～7200 ℃·d,累计天数 325～340 d;≥15 ℃ 的活动积温在 6000～6500 ℃·d,累计天数 250～270 d。最冷月平均气温为 9～12 ℃,年极端最低气温多年平均值在 0.7～4 ℃,极端最低气温在 0.5～-2 ℃。因此一些大叶种茶树,一般无冻害。年降水量在 1100～1700 mm。4—9 月内,各月降水量都在 100 mm 以上,10 月起,降水量骤减到 50 mm 左右,因而冬季较干。年相对湿度多在 78%～82%。本茶区云雾较多,同期日照百分率低于 45%（特别是 3 月低于 35%）。此时,如夜晚吹北风,气温和空气湿度降低,则制成的乌龙茶品质较高。7 月以后,多为高压控制,晴天增多,云量迅速减少,各月日照百分率多为 60% 左右。本茶区中,迟芽的大叶种,通常在 3 月中旬开始发芽 4 月下旬开采,其后一直可以生长到 12 月中旬;一般中、小叶种可以全年生长。

5.2.6 台湾茶区

本茶区具有南亚热带、中亚热带海洋季风气候特点,常有台风侵袭,常年温暖湿润。年平均气温在 22～23 ℃,≥10 ℃ 的活动积温在 7200～8200 ℃·d,≥15 ℃ 的活动积温为 6100～7000 ℃·d。全年最冷月平均气温为 15～18 ℃,极端最低气温值约为 -0.2 ℃。本区茶树基本上没有严重冻害。年降水量多在 2000 mm 以上。各月降水分布较均匀,月降水量都在

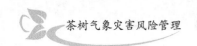

100 mm 以上。月平均相对湿度都在 80％左右,7—8 月常发生伏、秋旱,影响茶叶产量。本茶区云雾量以台北、桃园、花莲较多。年平均日照百分率不到 40％。台北、桃园等地,夏、秋季多阵雨天气,云雾少,日照百分率在 50％以上,此时茶树品质较高。其余各月日照百分率较低,特别是 12 月至翌年 4 月,都低于 30％。

5.3　江南茶区气候特征

本茶区地势低缓,土壤肥沃,气候温暖,水分充足,大部分属中亚热带季风气候区。本茶区热量资源随纬度由北往南递增,年平均气温为 15～20 ℃,长江以南局部地区在 18 ℃以上。≥10 ℃活动积温在 4500～6500 ℃·d,累计天数为 230～280 d;在此期间太阳总辐射值为 3350～4187 MJ/m²。≥15 ℃的活动积温为 4200～5600 ℃·d,累计天数为 177～235 d。≥35 ℃高温日数由北往南递增。最冷月平均气温在 1.4～9.0 ℃,年极端最低气温－1～－9.5 ℃,极端最低气温在－3～－13 ℃。年降水量空间分布特征明显,由东南向西北减少,年降水量多在 1100～1800 mm,局部超过 2000 mm,降水月际分布不均匀,3—10 月(茶树生长季)本茶区月降水量在 110～200 mm。7—9 月气温较高局部地区易发生旱情,影响秋茶生产。年平均相对湿度在 75％～83％。年日照时数空间分布特征表现为由西南向东北递增,江苏、安徽、浙江大部分地区平均年日照时数超过 1500 h,湖南、江西及湖北等地平均年日照时数在 1200～1500 h。综上所述,本茶区具备充足的热量、充沛的水汽及适宜的光照条件,较好满足茶树生长对气候资源的需要。

5.4　西南茶区气候特征

本茶区地形复杂,气候多样,是中国云雾最多、日照最少的地区,具有高原与盆地气候的特点。川西北、黔西、滇北高山茶区相当于北亚热带或温带季风垂直气候带,滇中、川中一带,则为中亚热带湿润季风气候带。

年平均气温多为 15～18 ℃。≥10 ℃的活动积温在 4500～6000 ℃·d,累计天数为 230～270 d;≥15 ℃的活动积温在 3100～5000 ℃·d,累计天数为 150～210 d。全年最冷的 1 月平均气温在 3～8 ℃。极端最低气温的多年平均值多在－6～0 ℃。年降水量多在 1000～1800 mm,空间分布及月际分布都不均匀,该茶区的水分资源丰富。年平均空气相对湿度多在 80％左右。年平均日照百分率,川、黔各地,只有 30％左右,滇中一带则高达 60％左右;川、黔茶区,以 7—8 月日照百分率值最高,而滇中茶区,则以冬、春干季为最高(可达 70％以上),在 6—10 月的雨季中,日照百分率值迅速降至 40％左右。

5.5　江北茶区气候特征

本茶区属北亚热带(鲁东南部分属暖温带的南部),气候温和,雨水较少,夏季湿热,冬天干冷,茶树常受冻害。夏、秋之交常有伏旱,影响茶树幼苗的正常生长。年平均气温大多数在 13.0～15.5 ℃。≥10 ℃的活动积温在 4500～5300 ℃·d,累计天数为 225～240 d。在此期间太阳辐射值为 3350～4187 MJ/m²。≥15 ℃的活动积温在 3700～4500 ℃·d,累计天数为170～185 d。最冷月平均气温多在 1.0～4.0 ℃。鲁东南日照等茶区在—1 ℃以下。极端最低气温多在—15～—8 ℃。其中武都及汉中盆地茶区,冬季气温较高,大别山、桐柏山北坡各茶区则较冷。鲁东南沿海茶区极端最低气温并不太低,但它低于—11 ℃的气温出现的频率却高达 54%以上。冬季茶树都将受到不同程度的冻害。年降水量大致在 800～1600 mm。其中桐柏、大别山茶区,年降水量为 1000～1400 mm,山中腹地可达 1600 mm。沿长江各地多为1200～1400 mm。鲁东南茶区及连云港,亦有 900 mm 以上的降水。而汉中盆地内各茶区,全年降水量仅 800～900 mm。就茶树生长而言,水分的供应稍显不足。在整个江北茶区中,各月降水分布 7 月最多,大别山茶区月降水量大于 100 mm 的月数长达 7 个月,沿江各茶区月降水量大于 100 m 的月数有 6 个月,信阳、合肥等地有 5 个月,汉中、连云港及日照等地皆有 4 个月,安康茶区月降水量超过 100 mm 的,只有 7—9 月 3 个月。年平均空气相对湿度多在 72%～80%,霍山、汉中皆是 80%左右,且霍山在全年各月的月平均相对湿度值都在 78%以上;汉中在 7 月以后,直到 12 月,各月的月平均相对湿度也较高。沿江的江北各地茶园,自 3—4 月到7—8 月,空气相对湿度都较高,其后湿度迅速减小。本茶区其他各地,全年各月相对湿度高于78%的月份,一般只有 3 个月,而且多在夏、秋季的多雨季节里。年日照百分率一般都在 40%～65%,百分率多在 40%～45%。本茶区北部各地茶园晴天偏多,年平均日照百分率都较高,如江苏盱眙为 51%,连云港及山东日照高达 57%以上。月平均日照百分率小于 45%的月数,以汉水河谷中各茶园为最多,如安康、汉中等地,除 7 月和 8 月外,全年有 9～10 个月,皆是多云寡照的时期;长江河谷北岸的宜昌,也有类似的情况;大别山茶区,一般也有 5～6 个月,主要出现在春、夏季;皖东、皖中、信阳茶区,有 2～3 个月;山东日照茶区,月平均日照百分率小于45%的月份,全年只有 7 月。本茶区的气候生态环境条件,对茶树而言,并非是很理想的,因此种植的茶树品种需要抗寒性较强。

第 2 篇

茶树气象灾害风险识别及防控

第6章 农业气象灾害风险管理概论

6.1 国内外农业气象灾害风险管理研究现状

6.1.1 国外农业气象灾害风险管理研究现状

现代农业气象灾害风险管理采用科学的方法,通过加强灾前风险管理、组织灾后抗灾、救灾和恢复重建工作,对农业气象灾害风险进行管理评价。Kimura 等(2011)研究表明,面对澳大利亚不同农业灾害风险要应用相应的风险管理措施来转移或缓解风险,需建立农户、政府和市场三者有机结合的农业风险管理体系。美国、加拿大等国家主要通过推广保护耕作法和耕作轮休制,发展旱作农业,结合抗旱作物品种等一系列措施进行干旱风险的管理;Prabhakar 等(2008)提出印度的旱灾风险管理包含两个方面:一是旱灾监测、反应和救济机制;二是减灾机制;Zamani 等(2006)基于资源保护理论指出资源节约理论非常适合于灾害风险管理研究;White 等(2009)指出预防性的风险管理方法对干旱管理十分管用。Jallow(1995)归纳了应对旱灾的策略;Thomas(2008)概括了农业气象灾害风险管理的相关技术手段,有助于减少气候变化脆弱性。Ayers 等(2009)强调了管理气象灾害风险的战略,即减缓和适应措施能有效提高对灾害的适应能力和可持续发展水平。

6.1.2 国内农业气象灾害风险管理研究现状

气象灾害风险管理主要是以气象灾害风险评价为基础,依据风险评价结果,将风险管理办法、理论应用到气象灾害管理中。国内多数研究是根据气象灾害特征及其对经济影响的基础构建灾害风险管理体系。目前国内农业气象灾害风险管理研究注重灾害影响评价的风险化、数量化技术方法,旨在构建由风险分析、风险评价、灾后评价、防灾减灾组成的综合技术体系。孙蓉等(1994)研究表明,农业灾害风险管理是利用各种自然资源和技术手段对各种农业风险及其损失进行管理的行为过程;庹国柱等(2002)认为农业灾害风险管理是一个组织或个人为降低损失而进行的管理决策过程;张峭等(2007b)研究表明,需构建"农业保险+订单农业+农产品期货市场"并辅以政府政策支持的风险管理体系;史培军等(2006)提出了区域自然灾害风险的"三维矩阵管理"模式;张继权等(2006)探讨了综合自然灾害管理的基本理论、对策及其实施过程;王国敏(2007)根据灾前、灾中和灾后的不同情况,建立了农业自然灾害风险管理综合防范体系。杨霞等(2010)认为农业保险能提升中国农业自然灾害风险管理能力。钟秀丽(2003)探讨了近年来霜冻风险管理技术研究的新进展,提出了趋利避害、合理布局品种等防霜冻灾害对策。此外随着 GIS 技术的不断发展,GIS 以强大的数据管理和空间分析功能在气象灾害风险管理中发挥越来越重要的作用。

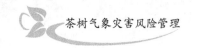

6.2 农业气象灾害风险管理基本理论

风险管理又称危机管理,是指个人、家庭组织(企业或政府单位)对可能遇到的风险进行风险识别、风险估测、风险评价,并在此基础上优化组合各种风险管理技术,对风险实施有效的控制和妥善处理风险所致损失的后果,期望达到以最小的成本获得最大安全保障的科学管理方法(杨梅英,1999)。随着社会的发展和科技的进步,风险因素越来越多,进行风险管理很有必要也很迫切。对付风险也产生了一些办法,在这些方法中风险管理的核心和准则就是以最小的经济成本获得最大的安全保障。

风险管理过程是连续的、循环的、动态的。澳大利亚风险管理标准将风险管理定义为应付各种潜在机会和不利影响的有效管理的文化、过程和结构,将风险管理过程定义为系统的应用各种管理政策、过程和实践来确定背景、识别风险、分析风险、评价风险、处置风险、监测风险和交流风险的过程(黄崇福,2012)。因此,风险管理过程可分为确定背景、识别风险、分析风险、评价风险以及处置风险,完成整个过程需要监测与检查及交流与磋商。

确定背景需要完成以下三个方面的工作:①明确问题。通过确定风险管理方案的特征和范围来明确问题,包括明确风险发生的区域,将要处理问题的类型,以及将要执行这个方案的区域范围。②确定实施风险管理的框架。包括相关法律和政策、行动影响的利益集团、区域的目标、政治和经济形势等。③制定风险评价标准,做出风险优先顺序的判断。通过一个区域、风险管理者和其他利益确定集团之间的互动过程,确定区域的风险理解。

识别风险是风险管理的第一步,也是风险管理最基础的工作。其过程包含以下三个环节:①感知风险,即通过调查了解客观存在的各种风险;②识别风险,即通过归类、掌握风险产生的原因和条件以及鉴别风险的性质;③描述风险,即系统地、全面地描述所面临的和潜在的风险的类型、导致损失的风险事故、引起风险事故的主要原因和条件、风险事故所致后果等。感知风险是识别风险的基础,识别风险是关键,描述风险是对识别风险结果的综合。

通过风险识别,了解面临的各种风险和致损因素,其目的之一就是便于实施风险管理过程的第二阶段——衡量风险的大小。风险识别是风险衡量的基础,也是进行风险管理决策的基础,其目的之二是为了选择最佳的风险处理方案。

识别风险的方法有很多,每一种方法都各有其优、缺点和适用范围。常用方法有:表格与问卷识别法、风险列举法、风险因素预先分析法、幕景分析法、安全检查表分析法。

分析风险是在风险识别的基础上对可能出现的任何事件所带来的后果的分析,以确定该事件发生的概率以及与可能影响潜在的相关后果。分析风险的目的为:①对诸风险进行比较和评价,确定它们的先后顺序;②从整体出发,弄清各风险事件之间确切的因果关系,以便制定出系统的风险管理计划;③考虑各种不同风险之间相互转化的条件,研究如何才能化威胁为机会,同时也要注意机会在什么条件下会转化为威胁;④进一步量化已识别风险的发生概率和后果,减少风险发生概率和后果估计中的不确定性。

风险分析中所使用的主要方法有概率分布、概率树、网络分析法(PERT)、图形评审法(GERT),而蒙特卡罗方法是随着计算机的普及日益得到广泛使用的重要方法,运用于问题比较复杂、要求精度较高的场合,特别是对少数几个可行方案实行精选比较时更为重要。

一般的做法是,通过测定风险事件发生的可能性和后果来分析风险,在测定可能性和后果时通常用定性与定量方法。

评价风险的目的是判断风险的严重性,为处置风险提供依据。一般来说,实施风险评价的步骤包括:①对照标准比较风险。将风险分析期间确定的风险等级与已有的风险评价标准进行比较。②确定风险优先顺序。可利用风险分析确定的风险等级(如"极高""高""中等""低"等)来确定风险优先顺序。注意在同一风险等级内也需要确定优先顺序,例如,同是"高"风险时,要确定哪个是严重的。③决定风险可接受性。

风险估计的意义在于:①通过风险估计,较为准确地预测损失概率和损失幅度。通过采取适当的措施,可减少损失发生的不确定性,降低风险。②对损失幅度的估计,使风险管理者能够明确风险事故造成的灾难性的后果,集中主要精力去控制可能发生的重大事故。③建立损失概率分布,为风险管理者进行风险决策提供依据。风险管理者根据损失概率分布的状况,结合损失幅度的估计结果,分配风险管理费用,采取相应的风险控制技术,将风险控制在最低限度。

处置风险的目的是通过选择和实施风险处置措施,减少风险危害的可能性,分为以下步骤。

(1)形成风险处置方案

预防、准备、应对和恢复(PPRR)是风险管理的全部领域。大多数风险管理的潜在成功,在预防和准备阶段即可实现。

控制层面有各种控制方法,主要包括:消除,即消除危险,也就是消除风险源;代替,即以另外一个导致更小危害的过程或事物来代替这个危险;工程控制,即用结构方法尽量避免风险因素暴露于危险之中;行政(程序)控制,即建立一系列行政程序以减小暴露于危险中的机会;个人保护装备,即使用装备保护个人免遭伤害;应急程序,即制定在紧急事态中使用的程序。

标准的风险管理处置方案主要包括:避免风险,即决定不去执行可能形成风险的行动;降低风险发生的可能性,即通过减轻危险来降低风险发生的可能性;减轻风险发生的后果,即通过减轻易损性或增强抵抗力来减轻风险发生的后果;转移风险,即安排另外一个团体承担或分担风险;保留风险,即接受风险并准备应付其后果。

(2)考虑风险处置方案的评价标准

在考虑评价标准时,可能有必要参考相关的政策,也有必要考虑不同对象的期望。然后做出利用哪些标准的决定,而且要适时修订这些决定以适应既定的风险管理项目的背景。

(3)评定并选择风险处置方案的最佳综合

应该利用所选定的评价标准和风险评价标准,评价每个风险处置方案。经过评价,应该选择根据这些标准鉴定为最佳的那些风险处置方案。鉴定风险处置方案的一个方法是按照下列类别将每个方案进行分类:必须实施;应该实施;能够实施。应该建议有关当局执行风险处置方案。

(4)准备并实施风险处置进度和计划

风险处置计划应该明确责任、进度和处置的预期结果、预算、执行措施、适当规定的检查程序等。成功实施风险处置计划要求有效的管理系统,该系统要详细说明所选择的方案、分配职责和个人行动责任。如果在处置后有残留风险,需要决定是保留这个风险还是重复实施风险

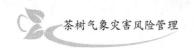

处置程序。

（5）支持风险管理的要素

监测与检查：在社会生活和生产实践中，没有说哪一种风险是静态不变的，因而必须连续不断地监测和检查风险管理程序，以确保程序运行正常；同时，还必须不断地监测风险状况和风险要素间的相互作用，而且必须经常检查风险管理过程。连续的监测能使风险管理过程动态地适应风险的变化以及利益集团需求的变化。在有残留风险的地方应决定是保留风险还是重新进行风险管理程序。交流与磋商：交流与磋商在风险管理过程中的每一步都非常重要，目的是保证利益集团共同推进风险管理过程。磋商是双向的，是使风险管理的计划者理解并接受来自利益集团的信息，而不是计划决策者向利益集团的单向信息流动。

根据对自然灾害研究内容的不同，自然灾害研究存在如下 3 个理论。①致灾因子论认为，灾害的形成是致灾因子对承灾体作用的结果，没有致灾因子就不会形成灾害。②孕灾环境论认为，近年来灾害发生频繁，灾害损失不断增加，其原因与区域环境变化有密切的关系，其中最为主要的是气候与地表覆被的变化以及物质文化环境的变化。由于不同的致灾因子产生于不同的致灾环境系统，因此，研究灾害可以通过对不同致灾环境的分析，研究不同孕灾环境下灾害类型、频度、强度、灾害组合类型等，建立孕灾环境与致灾因子之间的关系，利用环境演变趋势分析致灾因子的时空强度特征，预测灾害的演变趋势。③承灾体论，承灾体即为灾害作用对象，是人类活动及其所在社会各种资源的集合。一般包括生命和经济两个部分。承灾体的特征主要包括暴露性和脆弱性两个部分。承灾体暴露性描述了灾害威胁下的社会生命和经济总值，脆弱性描述了暴露与灾害之下的承灾体对灾害的易损特征（如承灾体结构、组成、材料等）。通过对承灾体进行研究，确定区域经济发展水平和社会脆弱性，为防灾减灾、灾后救助提供指导。

区域灾害系统论认为灾害是地球表层异变过程的产物，在灾害的形成过程中，致灾因子、孕灾环境、承灾体缺一不可，灾害是地球致灾因子、孕灾环境、承灾体综合作用的结果（史培军，2002）。忽略任何一个因子对灾害作用的研究都是不全面的。许多致力于区域灾害系统论的学者都对区域灾害系统进行了研究。史培军（2005）认为由孕灾环境（E）、致灾因子（H）、承灾体（S）复合组成了区域灾害系统（D）的结构体系，即 $D = E \cap H \cap S$ 并认为致灾因子、承灾体与孕灾环境在灾害系统中的作用具有同等重要的地位。

致灾因子包括自然致灾因子，如地震、火山喷发、滑坡、泥石流、台风、暴风雨、风暴潮、龙卷风、尘暴、洪水、海啸等，也包括环境及人为致灾因子，如战争、动乱、核事故等。因此，持致灾因子论的有关研究者认为，灾害的形成是致灾因子对承灾体作用的结果，没有致灾因子就没有灾害。孕灾环境包括孕育产生灾害的自然环境与人文环境。近年灾害发生频繁，损失与年俱增，其原因与区域及全球环境变化有密切关系。其中最为主要的是气候与地表覆盖的变化，以及物质文化环境的变化。承灾体就是各种致灾因子作用的对象，是人类及其活动所在的社会与各种资源的集合。其中，人类既是承灾体又是致灾因子。承灾体的划分有多种体系，一般划分人类、财产与自然资源两大类。

自然灾害风险指未来若干年内可能达到的灾害程度及其发生的可能性。根据目前比较公认的自然灾害风险形成机制，一定区域自然灾害风险是由自然灾害危险性、暴露或承灾体、承灾体的脆弱性或易损性三个因素相互综合作用而形成的。除此之外，防灾减灾能力也是制约和影响自然灾害风险的因素。

　　自然灾害危险性,是指造成灾害的自然变异的程度,主要是由灾变活动规模(强度)和活动频次(概率)决定的。一般灾变强度越大,频次越高,灾害所成的破坏损失越严重,灾害的风险也越大。

　　暴露或承灾体,是指可能受到危险因素威胁的所有人和财产,如人员、房屋、农作物、生命线等。一个地区暴露于各种危险因素的人和财产越多,即受灾财产价值密度越高,可能遭受的潜在损失就越大,灾害风险也就越大。

　　承灾体的脆弱性或易损性,是指在给定危险地区存在的所有财产由于潜在的危险因素而造成的伤害或损失程度,综合反映了自然灾害的损失程度。一般承灾体的脆弱性或易损性越低,灾害损失越小,灾害风险也越小,反之亦然。承灾体的脆弱性或易损性的大小,既与其物质成分、结构有关,也与防灾力度有关。

　　防灾减灾能力表示出受灾区在长期和短期内能够从灾害中恢复的程度,包括应急管理能力、减灾投入、资源准备等。防灾减灾能力越高,可能遭受潜在损失就越小,灾害风险越小。

　　综上所述,区域自然灾害风险是危险性、暴露性、脆弱性和防灾减灾能力四个因素相互综合作用的产物。通过考虑灾害的主要原因、灾害风险的条件和承灾体的脆弱性等与灾害风险及其管理密切相关的关键问题,全面和综合地概括灾害管理过程的各个环节,并且弥补其缺欠或薄弱环节,采取全面的、统一的、整合的的减灾行动和管理模式是非常必要和有效的。

　　灾害风险管理与灾害危机管理的区别:过去的灾害管理的工作重点是危机管理,强调灾后的救济和恢复,轻视灾前的预防和准备,即重救轻防,综合管理力度不够。因此,社会总是从"一个灾害走向另一个灾害",很少降低灾害风险。随着灾害在全球造成的影响越来越大,人们的注意力越来越转向降低灾害风险方面,通过采取各种减灾行动及改善运行能力的计划降低灾害事件的风险,对灾害进行风险管理。风险管理是指采用科学、系统、规范的办法,对风险进行识别、处理的过程,以最低的成本实现最大的安全保障或最大可能地减少损失的科学管理方法。对于灾害管理,预防与控制是成本最低、最简便的方法。灾害风险管理正是基于这个道理提出的。风险管理强调的是在灾害发生前着手进行准备、预测、减轻和早期警报工作,对可能出现的灾害预先进行处理,将许多可能发生的灾害消灭在萌芽或成长的状态,尽量减少灾害出现的概率。而对于无法避免的灾害,能预先提出控制措施,当灾害出现的时候,有充分的准备来处理灾害,以减轻损失。

　　灾害危机管理和灾害风险管理除了在管理的方法、依据和决策等方面存在着本质差异外,在管理过程上也存在着明显的差异,灾害危机管理集中于灾害临近或已发生时的管理,而灾害风险管理则贯穿于灾害发生发展的全过程,倡导灾前的准备,并要使之纳入疏缓、准备、回应、恢复四大循环进程中。因此,面对各种各样的自然灾害,对于政府而言,如何将风险管理纳入灾害管理中,建立起一个全面的整合的自然灾害管理体系和模式,即综合自然灾害风险管理体系和模式,不断提升政府和社会的灾害管理能力,可以说是当今灾害管理的最大挑战。

　　所谓综合自然灾害风险管理是指人们对可能遇到的各种自然灾害风险进行识别、估计和评价,并在此基础上综合利用法律、行政、经济、技术、教育与工程手段,通过整合的组织和社会协作,通过全过程的灾害管理,提升政府和社会灾害管理和防灾减灾的能力,以有效地预防、回应、减轻各种自然灾害,从而保障公共利益以及人民的生命、财产安全,实现社会的正常运转和可持续发展。综合自然灾害风险管理模式核心是全面整合的模式,其管理体系体现着一种灾害管理的哲思与理念;体现着一种综合减灾的基本制度安排;体现出一种灾害管理的水准及整合流程;体现出一种独到的灾害管理方法及指挥能力。综合自然灾害风险管理的基本内涵体现在:灾害管理的组织整合,建立综合灾害管理的领导机构、应急指挥专门机构和专家咨询机构;灾害管理的信息整合,加强灾害信息的收集、分析及处理能力,为建立综合灾害管理机制提供信息支持;灾害管理的资源整合,旨在提高资源的利用率,为实施综合灾害管理和增强应急处置能力提供物质保证。其核心是要优化综合灾害管理系统中的内在联系,并创造可协调的运作模式。

农业生产作为一种经济行为,是在一定的风险之上进行时,由于各种风险(社会的和自然的)影响,对于农业生产经营者可产生两种不同的后果:在有利的条件下达到预定的经济目标或者损失较小,在不利的条件下付出风险代价。由于生产要求和气象条件的矛盾性,各种农业生产方案可导致多种农业气象灾害,从风险的角度来说,农业气象灾害是农业风险的重要来源,这就为从风险的角度研究农业气象灾害提供了现实的基础(杜鹏 等,1998)。

农业气象灾害是危害农业生产最主要的自然灾害,它与农业经济效益紧密相连。与气象灾害概念不同,农业气象灾害是结合农业生产遭受灾害而言的,即农业气象灾害是指大气变化产生的不利气象条件对农业生产和农作物等造成的直接和间接损失。农业气象灾害一般是指农业生产过程中导致作物显著减产的不利天气或气候异常的总称,是不利气象条件给农业造成的灾害。

霍治国等(2003)定义农业气象灾害风险是指在历年的农业生产过程中,由于孕灾环境的气象要素年际的差异引起某些致灾因子发生变异,承灾体发生相应的响应,使最终的承灾体产量或品质与预期目标发生偏离,影响农业生产的稳定性和持续性,并可能引发一系列严重的社会问题和经济问题。张继权等(2007)认为农业气象灾害风险是指农业生产和农作物遭受不同强度气象灾害的可能性及其受灾后可能造成的损失程度。

农业气象灾害风险是农业气象灾害发生的原因,只有存在农业气象灾害风险才会有灾害发生,农业气象灾害是农业气象灾害风险的结果,即发生农业气象灾害是因为农业气象灾害风险的存在;农业气象灾害风险的孕育是一个量变的过程,当气象灾害风险孕育到一定程度就会发生气象灾害,农业气象灾害风险与农业气象灾害是量变与质变的关系。农业气象灾害风险和农业气象灾害存在的辩证关系是进行农业气象灾害研究的基础,也是进行农业气象灾害防治的切入点(张继权 等,2006)。

农业气象灾害风险的特征是由风险的自然属性、社会属性、经济属性所决定的,是风险的本质及其发生规律的外在表现,主要包括以下几点。

(1)随机性。这是由于不利气象条件(气象事件)具有随机发生的特点。一方面,农业气象灾害的发生、程度、影响大小不但受各种自然因素的影响,即除了气象要素本身的异常变化外,还与作物种类、所处发育阶段和生长状况、土壤水分、管理措施、区域和农业系统的防灾减灾能力以及社会经济水平等多种因素密切相关,其发生具有一定的随机性和不确定性。另一方面,客观条件的不断变化以及人们对未来环境认识的不充分性,导致人们对农业气象灾害未来的结果不能完全确定。

(2)不确定性。农业气象灾害的发生在时间、空间和强度上具有不确定性。

（3）动态性。气象事件的程度和范围及农业气象灾害大小是随时间动态变化的；农业气象灾害风险在空间上是不断扩展的。

（4）可规避性。通过发挥承灾体的主观能动性和提高防灾减灾能力，可降低或规避农业气象灾害风险。

（5）可传递性。农业气象灾害风险具有从单一灾害向其他灾害传递的可能性，从而形成灾害链。

20世纪80年代初，灾害学家开始关注灾害及其风险形成机制与评价理论，从系统论和风险管理的角度探讨了形成灾害与灾害风险的要素及其相互作用和数学表达式。目前，国内外关于灾害形成机制的理论主要有"致灾因子论""孕灾环境论""承灾体论"及"区域灾害系统理论"。这些理论分别从不同的角度揭示了灾害形成机制，描述了影响灾害形成的关键因素及其相互关系，为科学解释灾害风险形成机制提供了理论基础。区域灾害系统理论认为灾害是孕灾环境、致灾因子及承灾体综合作用的结果。史培军（1996）在汲取各方观点的基础上，提出了区域灾害系统论，认为灾害（D）是地球表层异变过程的产物，是地球表层孕灾环境（E）、致灾因子（H）、承灾体（S）综合作用的产物，即 $D = E \bigcap H \bigcap S$，$H$ 是灾害产生的充分条件，S 是放大或缩小灾害的必要条件，E 是影响 H 和 S 的背景条件。同时认为孕灾环境、致灾因子和承灾体在灾害系统中的作用具有同等的重要性（史培军，2002；史培军，2005）。

在国际减灾十年（DNDR）活动中，灾害风险管理学者就灾害风险的形成基本上达成共识。目前国内外关于灾害风险形成机制的理论主要有"二因子说""三因子说"和"四因子说"（张继权 等，2012）。

6.3　农业气象灾害风险管理方法

农业气象灾害风险管理常用的方法有损失期望值风险决策法、基于效用理论的风险决策法、贝叶斯风险决策法、马尔科夫风险动态决策法、群决策特征根法等。

6.3.1　损失期望值风险决策法

损失期望值风险决策法是常用的风险管理模型之一，它是以各种风险管理方农业气象方案的损失期望值作为决策依据，选取损失期望值最小或期望收益最大的风险管理方案。

以期望值为标准的决策方法一般适用于以下几种情况：①概率的出现具有明显的客观性质，而且比较稳定；②决策不是解决一次性问题，而是解决多次重复的问题；③决策的结果不会对决策者带来严重的后果。

损失期望值风险决策法的基本步骤（田玉敏，2000）如下。

步骤1：建立损失模型。损失模型就是用来揭示在不同方案下，损失额、费用额与决策效果之间数量关系的模型。损失模型应该反映出以下情况：灾害发生概率及损失后果的大小，针对灾害拟定的措施和行动方案，以及不同方案的成本大小。

步骤2：忧虑价值的影响。由于灾害发生的不确定性，管理者对所选择方案总存在着某种担心和忧虑，这种忧虑在损失模型中以价值形态即货币额反映，这就是忧虑价值概念。在损失模型中考虑适当的忧虑价值可以使决策方案更为完善和符合实际。忧虑价值对决策方案的影

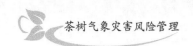

响表现在：①决策者的忧虑价值越大，则越倾向于保守方案的选择；②决策者的忧虑价值越小，则越倾向于冒险方案的选择。

步骤3：方案的确定原则。①将一定时期内最大潜在损失减少到最低限度，即"最大最小化"。比较各种方案在最坏的情况下可能出现的最大损失额，以损失额最小者为优。②将一定时期内潜在的最小损失减少到最低程度，即"最小最小化"原则。在灾害不发生的情况下，选择成本最低的方案为最优。

在损失概率能够确定时，决策原则是将一定时期内预期的损失额减少到最低限度。

6.3.2 基于效用理论的风险决策法

效用理论是由金融经济学的效用观念和心理学的主观概率而形成的一种定性分析理论。所谓效用是指决策人对待特定风险事件的期望收益和期望损失所持有的独特兴趣、感觉或取舍反应。效用在风险管理决策中代表着决策人对特定风险事件的态度，也是决策人胆略的一种反映。"效用"一般可用效用值指标表示其定量值，效用值采用0与1之间的界定方法，即效用值≤1。

效用函数是指决策人在某种条件下对不同期望值所具有的不同效用值。设$u(x)$表示效用函数，$E[u(x)]$表示效用函数的期望效用，则可对各种决策方案进行不同期望值下的效用描述，并进行最优方案的选择。

效用概率决策方法是以期望效用值作为决策标准的一种决策方法。

效用理论考虑了人们对待风险的态度，通过比较不同方案的效用值大小，选择方案的原则是期望效用值最大。

基于效用理论的风险决策法的基本步骤如下。

步骤1：选择决策的最优结果和最差结果作为两个参考点。因为效用表示的是一个相对值而不是一个绝对值，因此可以随意确定这两个点的效用值。只是要求随收益的增大效用值也增大。为简便起见，分别把这两个点的效用值定为1和0。

步骤2：确定介于这两种极端收益之间的其他收益对应的效用值。这时，效用值的确定是基于等效点（无区别点）的概念。

步骤3：进一步计算不同决策者对不同方案的期望效用值，进行最后的决策。

不同方案的期望效用值按以下公式计算，即

$$EUV(i) = \sum P(j) \times EUV(ij) \tag{6.1}$$

式中，$EUV(i)$表示某方案i的期望效用值；$EUV(ij)$表示某方案i中某收益j对应的效用值；$P(j)$表示收益j情况下的概率。

6.3.3 贝叶斯风险决策法

6.3.3.1 贝叶斯定理

贝叶斯是18世纪的英国数学家，他发明了一个在概率运算和风险决策中广泛适用的定理，即逆概计算公式，被命名为贝叶斯定理。

贝叶斯全概率公式的含义为：若有n个互斥事件（$i=1,2,\cdots,n$），它们组成事件完备组，

而另有事件 B,它只能与任一事件发生时同时发生。设已知的发生概率为 $\sum_{i=1}^{n}P(A_i)$,事件 B 在发生条件下出现的概率为 $\sum P(B/A_i)$,则事件 B 发生的概率 $P(B)$ 为

$$P(B)=\sum_{i=1}^{n}P(A_iB)=\sum_{i=1}^{n}P(A_i)P(B/A_i) \tag{6.2}$$

由乘法公式:

$$P(A_iB)=P(BA_i) \tag{6.3}$$
$$P(A_i)P(B/A_i)=P(B)P(A_i/B) \tag{6.4}$$

则

$$P(A_i/B)=P(A_i)P(B/A_i)/P(B) \tag{6.5}$$

在已知 $P(A_i)$ 和 $P(B/A_i)$ 的条件下,可以计算出 $P(A_i/B)$。这就是逆概公式,即贝叶斯定理。

贝叶斯定理是概率论中的基本定理之一,它揭示了概率之间的关系。运用贝叶斯定理能解决计算后验概率的问题。公式中,$P(A_i)$ 称为先验概率分布,$P(B/A_i)$ 为条件概率,即通过调查获取的新的信息,$P(A_i/B)$ 即为后验概率分布。贝叶斯定理的意义在于,能在出现一个新的补充事件的条件下,重新修正对原有事件 A_i 概率的估计,即计算出后验概率分布 $P(A_i/B)$。

6.3.3.2 贝叶斯决策法

贝叶斯决策法就是根据各种事件发生的先验概率进行决策,一股具有较大风险,减少这种风险的办法是通过科学试验、调查、统计分析等方法获得较为准确的情报信息,以修正先验概率。利用贝叶斯定理求得后验概率,据此进行决策的方法。

后验概率的确定:利用贝叶斯定理进行决策分析,关键的问题是要计算后概率,即根据已获取的补充信息,重新修正对原有事件概率的估计,简而言之就是修正先验概率。计算后验概率有公式计算法和概率树计算法两种方法。

方法1:公式计算法。它是指按逆概基本公式来计算后验概率的方法。

方法2:概率树计算法。这种方法是在形如树状的图形上标示各种概率,并按照一定的顺序进行计算。按这种方法要求画两个概率树,一个是实际概率树,另一个是信息概率树。

首先绘制实际概率树。各先验概率标于第一段树枝上,各条件概率标在第二段树枝上。

画好实际概率树后,便可根据已知的先验概率和条件概率计算各个联合概率,并将计算结果写在对应树枝的末端位置。

计算得到联合概率后,接着可画信息概率树。信息概率树的形状和结构与实际概率树相似,只是树枝上的概率值不同。在信息概率树上,第一段的树枝表示各个非条件概率,第二段的树枝表示后验概率。

画好信息概率树后,首先确定树枝末端的联合概率值。各联合概率值已在实际概率树中求出,将各联合概率值填入信息概率树末端的正确位置。然后,便可计算各非条件概率。第一段每一条树枝上的非条件概率等于各自后面分枝末端的联合概率之和。

第二段上的各后验概率,可用其树枝同一路径上的非条件概率和联合概率求得。计算公式为

$$后验概率＝联合概率/非条件概率 \tag{6.6}$$

概率树方法的最大优点就是不需死记后验概率计算公式,只要能正确地画出两个概率树,就可十分容易地计算各个后验概率。运用这一方法的关键就在于先在实际概率树上计算联合概率,而后在信息概率树上便可算出后验概率。这种方法计算简捷,不容易出差错,是一种实用性很强的方法。

6.3.3.3 贝叶斯决策的优点

(1)一般的决策方法大多用的是不完备的信息或主观概率,而贝叶斯决策能对信息的价值或是否需要采集新的信息做出科学的判断。

(2)它能对调查结果的可能性加以数量化的评价,而不是像一般的决策方法那样,对调查结果或者是完全相信,或者是完全不相信。

(3)如果说任何调查结果都不可能完全准确,先验知识或主观概率也不是完全可以相信的,那么贝叶斯决策则巧妙地将这两种信息有机地结合了起来。

(4)它可以在决策过程中根据具体情况下不断地使用,使决策逐步完善和更加科学。

6.3.3.4 贝叶斯决策的局限性

(1)它需要的数据多,分析计算比较复杂,特别在解决复杂问题时,这个矛盾就更为突出。

(2)有些数据必须使用主观概率,有些人不太相信,这也妨碍了贝叶斯决策方法的推广使用。

6.3.3.5 贝叶斯决策法的基本步骤

步骤1:进行预后验分析,决定是否值得搜集补充资料以及从补充资料可能得到的结果和如何决定最优对策。

步骤2:搜集补充资料,取得条件概率,包括历史概率和逻辑概率,对历史概率要加以检验,辨明其是否适合计算后验概率。

步骤3:用概率的乘法定理计算联合概率,用概率的加法定理计算边际概率,用贝叶斯定理计算后验概率。

步骤4:用后验概率进行决策分析。

6.3.4 马尔科夫(Markov)风险动态决策法

6.3.4.1 马尔科夫风险动态决策法的特点

大多数的决策方法都隐含有这样一个假设:认为状态变量在各个时期都是固定不变的。而在实际问题中,状态量却是随着时间而变化的,而且其变化往往是不以人的主观意志为转移的随机过程。可见要提高决策的可靠性,在决策过程中就应该把状态变量变化的随机过程考虑进去,用一定的方式加以描述。马尔科夫决策法就是一种通过对决策对象的不同状态初始概率与状态之间转移概率的研究确定状态变量的变化趋势的一种决策方法(巩艳芬 等,2004)。

用马尔科夫决策方法进行决策的特点:①转移概率矩阵中的元素是根据近期市场或顾客的保留与得失流向资料确定的。②下一期的概率只与上一期的预测结果有关,不取决于更早期的概率。③利用转移概率矩阵进行决策,其最后结果取决于转移矩阵的组成,不取决于原始条件,即最初占有率。

6.3.4.2 马尔科夫决策的步骤

步骤1:分析决策问题,确定被选方案。

步骤2:确定决策对象可能有的状态。

步骤3:确定转移概率和转移概率矩阵,研究对象可能有 $E_1, E_2, \cdots, E_n$,共 n 种状态,而且每次只能处于某一种状态,每一种状态都有 n 个转移方向,即 $E_i \rightarrow E_1, E_i \rightarrow E_2, \cdots, E_i \rightarrow E_i, \cdots, E_i \rightarrow E_n$。这种转移的可能性用概率描述,就是状态转移概率,将决策对象的各个状态的转移概率依次排列就得到了一个转移概率矩阵。

步骤4:根据稳态概率计算公式,求出稳态概率向量。马尔科夫过程在一定条件下经过 k 步(k 足够大)转移后,就会达到稳定状态,而且与初始状态无关,达到稳定状态的状态概率就是稳定状态概率,简称稳态概率。它可以用稳态概率向量来描述。

设处于稳态的概率向量为 $(x_1, x_2, \cdots, x_n)$,则稳态概率 P 可通过以下公式计算:

$$\left\{ \begin{array}{l} (x_1, x_2, \cdots, x_n) = (x_1, x_2, \cdots, x_n)P \\ \sum_{i=1}^{n} x_i = 1 \end{array} \right\} \tag{6.7}$$

步骤5:利用稳态概率向量,计算各方案的期望损益值。

步骤6:按期望值进行选优,期望收益值大或者期望收益值小者为优。

6.3.5 群决策特征根法

为了克服单人决策偏好影响的不足,采用群决策特征根法确定干旱预警等级。

设有一群决策者 $D = \{D_1, D_2, \cdots, D_m\}$,一组等级 $A = \{A_1, A_2, \cdots, A_m\}$,第 i 个决策者对第 j 个方案的评价值为 X_{ij}, $i = 1, 2, \cdots, m$; $j = 1, 2, \cdots, n$。X_{ij} 的值越大,表明决策者 i 认为评价对象隶属 j 等级程度大。将 D 对 A 的评价列成矩阵 $\boldsymbol{X}$,则

$$X = (X_1, X_2, \cdots, X_m)^{\mathrm{T}} = \begin{bmatrix} x_{11} & x_{12} & \cdots & x_{1n} \\ x_{21} & x_{22} & \cdots & x_{2n} \\ \cdots & \cdots & \cdots & \cdots \\ \cdots & \cdots & \cdots & \cdots \\ \cdots & \cdots & \cdots & \cdots \\ x_{m1} & x_{m2} & \cdots & x_{mn} \end{bmatrix} \tag{6.8}$$

决策者的决策水平不仅取决于他的专业水平、经验、知识面和综合能力,而且与决策者的精神状态、情绪和偏好密切相关。我们假设一个评分最准、最公正,即决策水平最高的专家叫理想(最优)决策者 D_0,他的评分向量为 $X_0 = (X_{01}, X_{02}, \cdots, X_{0n})^{\mathrm{T}}$。

由于人们总是聘请水平较高的决策者参与,故我们现实地定义理想决策者为:对被评物的认识与群体 G 有最高一致性的决策者,即 D_0 的结论与 D 的完全一致,与决策者个体间的差异最小。

矩阵具有评分向量与群体中决策者评分向量夹角之和最小的决策者,称为该群体的理想(最优)决策者。

由上定义不难写出 X_0 是使函数

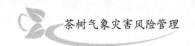

$$f = \sum_{i=1}^{m} (B^{\mathrm{T}} X_i)^2 \tag{6.9}$$

取最大值时的向量,式中,$B = (b_1, b_2, \cdots, b_n)^{\mathrm{T}}$,且不失一般性,$\|B\|_2 = 1$

$$\|\overset{max}{B}\|_2 = 1 \sum_{i=1}^{m} (B^{\mathrm{T}} X_i)^2 = \sum_{i=1}^{m} (X_0{}^{\mathrm{T}} X_i)^2 \tag{6.10}$$

可用下述定理求解 X_0。

对于 $\forall B \in E^n$,

$$\|\overset{max}{B}\|_2 = 1 \sum_{i=1}^{m} (B^{\mathrm{T}} X_i)^2 = \sum_{i=1}^{m} (X_0{}^{\mathrm{T}} X_i)^2 = \rho_{max} \tag{6.11}$$

式中,ρ_{max} 为矩阵 $F = X^{\mathrm{T}} X$ 的最大正特征根;X_0 为 ρ_{max} 对应于 F 的正特征向量,且 $\|X_0\| = 1$。可以借助 Matlab 中的 eig(F) 函数求解 ρ_{max} 和 X_0,也可使用数值代数中的幂法求解。

6.4　农业气象灾害保险进展

政策性农业保险能减少乃至消除特定农业自然风险对农业生产的负面影响,是各国政府保护、促进农业发展的有效工具之一。2004 年以来,中国开展了新一轮农业保险试点,对水稻等农作物采用传统成本保险。试行三年,发现逆选择、道德风险及灾后理赔时效低、理赔成本高是经营过程中困扰政府与政策性农业保险经营单位的问题,一定程度上阻碍了农业保险的可持续发展。

国外在 20 世纪 80 年代以前采用传统农业保险模式,不可避免地出现了逆选择、道德风险及灾后理赔成本高的问题。为了解决传统农业保险中存在的问题,20 世纪 80 年代以来,发达国家不断创新农业保险产品,减轻或降低了农业保险中存在的问题,促进农业保险发展。本节回顾总结了国内外农业保险产品的研究进展,探讨适宜我国的农业保险产品,以促进我国政策性农业保险发展。

6.4.1　国内农业保险回顾

20 世纪 30—40 年代,中国已先后出现官僚资本、民族资本和保险合作互助社等组织形式开办的农业保险机构。但由于当时中国的政治经济局势极不稳定,农业保险的试验没有宽松的外部环境,因此均以经营失败告终,没能持续下来。1949 年新中国成立后不久,中国就开办了农业保险。当时的农业保险是强制参加的,由中国人民保险公司统一办理。中国人民保险公司在 50 年代连续开办了 8 年的农业保险业务,1950—1952 年收取农业保险费 4800 亿元旧人民币,赔款 1800 多亿元旧人民币。当时由于缺乏正确的理论引导,农业保险领导机构没有根据经济发展水平确定农业保险的发展方针与政策,因此导致了农业保险经营一哄而上、一哄而下的局面,1958 年,随着政社合一的人民公社的建立,中国农业保险停办(赵国锋,2012)。

1982 年,中国重新恢复试办农业保险,到 1986 年,政府干预力量较为得力,农业保险由中国人民保险公司代表政府垄断经营,具体方式就是中国人民保险公司直接向农户和其他农业企业出售农业保险单。业务发展呈现快速上升趋势,但在运作过程中,这种方式的缺陷也逐渐显露:一方面在业务经营中不大考虑盈亏问题,经营的种植业、养殖业保险实行全国统一核算,盈亏由保险公司内部险种互补,亏损可由其他险种的盈利弥补,不利于调动保险公司经营的积极性,也不利于政府考核保险公司的绩效;另一方面农业保险"大干大赔,小干小赔"的局面使保险公司倾向于减少农业保险的供给,而加大营利性险种的经营。自1996年实行商业化经营后,随着政府支持性措施的减弱,特别是中国人民保险公司向商业性保险公司的转变,农业保险因为没有利润而逐年萎缩、淡出。

近年来,随着中国加入WTO,农业保险对"三农"的保护伞作用日益突出,农业政策性保险受到了政府和社会的关注。2004年中国启动了新一轮政策性农业保险。

6.4.2 国内农业保险产品研究进展

中国农业保险一直采用传统成本农业保险,对保险区划及费率厘定进行比较粗的划分。保险费按"每亩保险金额(元/亩)×基础保险费率(%)×保险面积(亩)×承保区域系数"计算。如中国人民保险公司财产保险浙江分公司制定的水稻基础保险费率为2.5%,而承保区域系数按照一、二、三类风险区域划分,分别为1.3、1.2、1.0,这种粗糙的风险区划造成较重的逆选择现象。保险公司在自然灾害发生后,由保险公司代表、农业专家组成一个3人理赔小组,到农田现场勘察,确定产量损失率。按"每亩保险金额×产量损失率×实际受损亩数"计算赔偿金额。中国地形复杂,农业生产以农户为生产单位,即使同一农户,其拥有的农田也可能比较分散,加之一些农业气象灾害对产量的影响要过一段时间才能完全反映出来,这种理赔方式不可避免地出现道德风险和理赔时效低、理赔成本高现象。

为了解决农业保险中存在的问题,中国学者开展了保险区划及费率厘定的精细化研究。庹国柱等(1994)通过定义农作物风险区,采用指标图重叠法和模糊聚类分析法划分风险区域,根据风险分区确定费率厘定,并以关中平原的陕西省泾阳县棉花生产为例,在假定棉花产量符合正态分布的条件下,划分了棉花一切险的风险分区和费率分区。

邢鹏(2004)对农业风险分区和农业保险费率厘定等技术问题进行了深入研究,为中国政策性农业保险的研究和试点工作提供了很好的借鉴和参考。王克(2008)研究了农作物单产分布对农业保险费率厘定的影响,认为农作物单产并不是简单的正态分布。王丽红等(2007)研究了非参数核密度法在厘定玉米区域产量保险费率中的应用。陈新建等(2008)根据农作物生产风险程度大致类似的原则,以非参数核密度信息扩散模型为核心,通过聚类分析对湖北省水稻生产县市进行了风险区划,以此为基础对湖北省水稻区域产量保险纯费率进行厘定。周玉淑等(2003)在分析切比雪夫大数定律的保险学意义的基础上,参照国外保险费率的计算方法,计算了中国全国范围内保险费率的数值,并采用动态迭代自组织聚类算法将保险费率在全国分区,给出了全国保险费率的分布情况。邢鹏等(2007)简要评析了目前主要的农业保险产品,并对农业保险的创新产品——指数保险进行了介绍。张峭等(2007a)对农业自然灾害风险的管理工具进行了评述,认为传统的农业保险未能克服逆选择和道德风险问题,交易成本高昂,指数保险则可以克服这些缺点,且数据获取比较容易,我国小农生产的特征决定着传统农业保险的问题在中国可能更加严重,认为指数保险可能更适合中国国情。他们利用河北省邢台县和枣强县108个农户小麦单产数据,进一步对传统农业保险和区域指数保险的效果进行了比较和评价,认为虽然传统保险存在成本高昂等缺点,但是其风险规避效果较好;如果考虑保费,从单位保费的风险规避效果来看,区域指数保险的竞争力大大增强,该险种应该成为中国农业

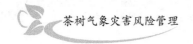

保险体系中的一员。

2007年中国一些单位开始研究天气指数保险。所谓天气指数保险,是指把一个或几个气候条件对农作物损害程度指数化,每个指数都有对应的农作物产量和损益。保险合同以这种指数为基础,当指数达到一定水平,并对农产品造成一定影响时,投保人就可以获得相应标准的赔偿。上海安信农业保险股份有限公司在2007年推出天气指数保险。2007年1月,该公司在上海南汇等4区县试点承保200亩设施西瓜连阴雨指数保险,风险保额150万元;2007年梅雨期间,在金山试点承保8500亩露地西瓜,风险保额1275万元;在崇明试点承保500亩露地西瓜,风险保额75万元。2008年4月18日,农业部、国际农业发展基金和联合国世界粮食计划署在中国科学院启动了一项名为“农村脆弱地区天气指数农业保险”的国际合作项目,该项目以安徽省为试点,为当地农民量身定做天气指数农业保险产品。娄伟平等(2009a)研究了浙江省柑橘冻害与气象条件的关系,结合中国农业保险实际,吸收指数保险优点,设计了气象理赔指数。把气象理赔指数保险定义为在一个事先指定的区域,以一种事先规定的气象事件发生为基础,根据气象事件造成作物产量的损失率,确立损失理赔支付的合同。理赔指数是事先规定的气象事件对应的气象指数,每个指数值对应一定的赔付率,并将柑橘严重冻害理赔指数定义为4个等级:气象要素未达到3级冻害标准时,理赔指数为0,对应的赔付率为0;气象要素达到3级冻害标准时,理赔指数为1;气象要素达到4级冻害标准时,理赔指数为2;气象要素达到5级冻害标准时,理赔指数为3。理赔指数为1、2或3时,各对应一定的赔付率。

与传统农业保险相比,天气指数农业保险的功能主要在于三点(汪丽萍,2016):首先克服了传统保险中的信息不对称问题,天气指数保险基于科学客观的天气指数,投保人对指数并不具有信息优势,也不能影响指数的实际值,天气指数保险的应用可以解决传统农业保险面临的逆选择和道德风险问题,不仅如此,由于天气指数保险的赔付金额和实际损失不直接挂钩,反而可以激励农户采取有效的自我预防和自我保护措施;其次,天气指数保险存在着及时理赔、低交易成本的显著优势,由于天气指数保险是基于指数进行支付而不是针对个别投保人农产品产量的损失,可以简化赔付过程,并且由于天气指数保险合约相对简单明了,不像传统保险需要针对不同的投保人考察其风险暴露的具体情况来调整合约,可以简化销售过程,降低销售成本;此外,天气指数保险还有更好的流动性,由于其高标准化和透明度,使得其相对于传统保险产品更容易进行流通转让,更有利于在条件成熟时被引入资本市场,通过强大的资本市场来分散风险。天气指数提供了客观的且相对简便的评估损害的依据,但这也不可避免地产生了基差风险,也就是赔付和损失之间的不匹配风险。基差风险是天气指数保险的设计和发展所面临的最大挑战。除了基差风险,天气指数保险的发展需要投入大量的资本和人力进行气象站的建设以及合理地进行指数构建,同时需要展开政府与保险公司的通力合作,争取政策支持和财政补贴,并对投保人进行推广教育等基础工作从而增加有效需求。中国地形复杂,尤其南方以丘陵山地为主,简单采用指数保险会出现很大的基差风险。同时中国农业生产以农户为基本生产单位,参保地块散而不集中,给保险公司灾后理赔带来很大困难。另一方面,自然村或村民小组农田面积一般在$3\sim5\ hm^2$,农田地理条件变化小,投保人在$3\sim5$户,自然村内单个投保人的平均产量和自然村平均产量相关性高,基差风险水平低;20世纪60—80年代中国大部分县(市)布设了$7\sim10$个气象哨,积累了丰富的小气候气象资料,2003年以来中国大部分地区布设了间距$5\sim7\ km$的中尺度自动气象站,测绘部门实现了$1:50000$地形图对陆地国土的全部覆盖,为气象要素和作物减产率空间精细化到自然村一级提供了基础。娄伟平等(2010)吸收指数保险优点,结合中国实际,通过建立基于GIS技术的单季稻暴雨灾害减产率模型,模拟不同地形地区的水稻遭受暴雨灾害减产率分布,将气象理赔指数精细化到自然村或村民小组一级,为复杂地形地区的水稻遭受暴雨灾害灾损评估研究提供了切实可行的理论方法和技术指导。并针对农业气象灾害影响因素复杂,为了应用方便,在气象灾害指标确定上往往只考虑几个气象要素值,风险具有时间和强度的不确定性特征,传统的统计方法无法保证很高的精度,利用信息扩散理论计算农业气象灾害风险,从而提高了系统风险识别精度(娄伟平等,2009b)。

6.4.3 国外农业保险产品研究进展

20世纪80年代以前,国外农业保险所采用的传统农业保险主要可划分为两种:成本保险和产量或产值保险,这两种保险方式从20世纪40年代以来,为化解农业风险、保障农业稳定做出了一定贡献。国外传统农业保险模式在保险区划及费率厘定上较中国精细得多,降低了逆选择与道德风险的发生,但仍存在中国农业保险经营中出现的各种弊病。为了解决传统农业保险中逆选择和道德风险、理赔成本高这一类问题,国际金融保险界从20世纪80年代以来,先后开发了两个农业保险产品:区域产量指数保险和天气指数保险。区域产量指数保险是当保单持有者的农作物发生了灾害损失时,只有在整个地区的平均产量低于保险产量时,才能得到保险赔款的农业保险模式,是一种面向农场的团体保险,主要为美国、巴西、加拿大等国所采用。天气指数保险是以特定的农业气象指标作为触发机制,如果超出了预定的标准,保险人就要负责赔偿的农业保险模式,它与大灾后实际的农作物受损状况无关,无须逐户勘查定损。天气指数保险作为天气衍生产品,将金融工具的理念用于自然灾害的风险管理,吸引社会资金参与分散农业自然风险,为农业生产者的风险转移提供了新途径,降低保险公司或再保险公司经营中的风险。印度开展了干旱农业天气指数保险;加拿大采用天气指数保险分散降低降雨造成的奶制品产出下降的风险,补偿高温带来的玉米和饲草种植利益损失的风险等;墨西哥种植业保险通过天气指数保险衍生工具进行再保险;阿根廷采用天气指数保险分散化肥贷款由于天气的不确定性而带来的财务风险;南非的苹果合作社应用天气指数保险分散霜冻带来的苹果种植风险。这两种指数保险分别从区域产量或气象数据出发建立农业保险模型,解决了信息不对称问题,是目前世界各国政策性农业保险采用的主要先进模式。

6.4.4 中国农业保险产品展望

指数保险是1997年才开始的农业保险新产品,目前举办得最成功当属印度的ICICI银行保险总公司和BASIX公司从2003年起在安得拉邦Mahabubnagar地区共同主办的天气指数保险。参保人数逐年上升,2003年只有230个农户参加,2006年达到3万人,4年来一直处于盈利状态。截至2006年,该保险方案共向3000多个客户支付了300万卢比的赔款。此外,该保险方案还促进了气象事业的发展,仅2006年就新建了200多个气象站,它带来的社会效益远大于其自身的经济效益。指数保险能有效解决大多数发展中国家开办农业保险所面对的许多共同问题,因此,指数保险在中国基本可行。我们也必须认识到指数还需要不断的完善,例如天气指数保险中的指数不能随意选取,要有实际意义;地区单位产量保险没有考虑

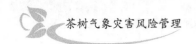

茶树气象灾害风险管理

到土壤、小气候等差异所造成的损失等。而且它被人们认可和接受还需要一定的时间,目前有农民甚至是研究人员指责指数保险是保险公司骗取保费的新伎俩,使农民成为信息缺失方,造成了新的信息不对称。

中国是一个自然灾害多发的国家,开展政策性农业保险的目的是在农业大灾发生后,通过农业保险帮助参保农户及时恢复生产,解决因灾受损农户的生产、生活困难,指数保险必须结合中国实际进行不断完善。气象理赔指数保险是结合中国农业保险实际设计,吸收了指数保险优点,把气象灾害造成的产量损失率和气象要素对应起来,根据气象要素确定损失理赔支付。气象部门作为公益服务部门,是保险公司和投保人外的第三者,提供的气象要素客观实际,以气象要素进行理赔,能为投保人和保险公司接受,可以避免信息不对称导致的逆选择和道德风险问题,解决农业保险赔付时效低及成本高的问题。因此,气象理赔指数保险是一个有利于中国农业保险持续发展的保险产品。中国地形复杂,小气候变化大,设计气象理赔指数时应利用地理信息技术,确定气象要素的空间变化和对作物产量的影响,从而实现气象理赔指数定点定量化。

第7章 茶树霜冻风险因子识别和变化规律

茶树是一种喜温的叶用植物,霜冻是茶叶生产中最常见的一种自然灾害。在中国江南茶区,早发茶树品种萌动的生物学最低气温为 6～8 ℃,中发茶树品种萌动的生物学最低气温为 8～10 ℃,迟发茶树品种萌动的生物学最低气温为 10～12 ℃(娄伟平 等,2013)。早春气温回暖茶芽萌动后,茶树抗寒能力减弱,如果气温突降至 0 ℃或以下,会使已萌动的茶芽遭受冻害。

7.1 茶树霜冻分类和症状

茶树霜冻发生程度与气象因子、茶树品种、地理因子等因素有关。

7.1.1 茶树霜冻类型

根据发生时期,茶树霜冻可分为秋季霜冻、春季霜冻两类。

(1)秋季霜冻

秋季或初冬气温偏高,茶树生长旺盛,秋梢处于生长状态。遇北方冷空气南下,日最低气温降到 0 ℃以下,叶面上结霜,或虽无结霜而造成茶树秋梢嫩叶和顶部枝梢受害或死亡。江南茶区,秋季或初冬茶树经常遭受霜冻,因对茶树产量或经济产出影响较小而被人们忽视。

(2)春季霜冻

早春气温回暖茶芽萌动后,茶树抗寒能力减弱,如果气温突降至 0 ℃或以下,会使已萌动的茶芽遭受冻害。茶芽遭受霜冻后不能用于制作茶叶而失去经济价值,因此春季霜冻会给春季茶叶生产造成严重经济损失。

农业生产上将春季茶芽萌动到春茶采摘结束期间遭受的冻害均称为霜冻,因此根据霜冻成因,茶树霜冻可分为白霜、黑霜、冰冻、雪冻四类。

(3)白霜

北方冷空气南下过境后,受冷高压控制,晴朗无风的早晨,茶树冠层附近最低气温降到 0 ℃以下,茶树叶片上结霜,有明显白色小冰晶,霜融化时吸收叶片热量,使叶片温度降到 -2～-3 ℃及以下,从而遭受冻害。

(4)黑霜

在强冷空气的侵袭下,温度急剧下降,伴之刮干冷西北风,由于空气中水汽不足,虽然未能形成"白霜",但茶树树冠枝叶温度降到 -2～-3 ℃及以下时,使茶树细胞组织遭受危害。

(5)冰冻

在冷空气影响下,气温下降到 0 ℃以下,降水落在茶树树冠上形成冰冻,冷空气过境后树冠上的冰冻融化吸收热量,使茶树叶片温度降到 -2～-3 ℃及以下,从而遭受冻害。这类霜冻多发生于山区。

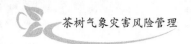

(6)雪冻

春季在强冷空气的侵袭下,出现降雪,在茶树树冠上形成积雪,冷空气过境后树冠上的积雪融化吸收热量,使茶树叶片温度降到−2～−3 ℃及以下,从而遭受冻害。

在茶叶生产中,主要是春季霜冻影响茶叶经济产出。本章讨论春季霜冻的风险管理,以下所称霜冻如无特别注明均指春季霜冻。定义霜冻概念如下:春季茶芽萌动至春茶采摘结束期间,由于日最低气温下降到0 ℃或0 ℃以下,使茶树芽叶受到冻伤,从而导致减产、茶叶品质下降甚至绝收的一种农业气象灾害。

7.1.2 茶树霜冻的症状

茶树在遭受霜冻灾害后,由于细胞内水分冻结,原生质遭到破坏,茶汁外溢而发生红变,出现"麻点"现象,芽叶焦灼;茶芽生长点受霜冻危害后,停止萌发,形成死芽,造成春茶采摘期延后。茶树受冻是从嫩叶或芽的尖、缘开始蔓延,继而使叶、芽呈黑褐色焦枯状。在发生严重霜冻时,不仅使顶部枝梢枯死,枝梢下部刚处于萌动状态的芽也会遭受冻害。如浙江省新昌县明福茶场在2010年3月10日、11日分别出现−4.9 ℃、−4.6 ℃低温,茶树遭受特重霜冻,嘉茗1号茶树已萌发的芽全部冻死;3月下旬,枝梢下部茶芽萌发长出叶片后,叶片上虽未出现"麻点"、焦灼等症状,但叶片畸形,扭曲不平整。

北方重度霜冻造成茶树叶枯、叶落、枝梢萎枯,呈烧焦状;特别严重霜冻会造成茶树骨干枝树皮冻裂、液汁外溢,叶片全部枯死脱落,根系变黑腐烂,整株茶树死亡(田生华,2005)。

当芽局部受冻,部分叶细胞坏死,如采摘时没有发觉,制成干茶,冲泡后的茶叶上会出现很多虫孔状的坏死细胞,严重影响茶叶的质量。遭受霜冻的嫩叶制作的绿茶滋味苦涩,制作红茶因酚类衍生物减少而发酵不良,香气降低。

7.1.3 霜冻对芽叶生化成分及制茶品质的影响

浙江省新昌县明福茶场在2010年3月10日、11日分别出现−4.9 ℃、−4.6 ℃低温后,对比分析了在3月11日从嘉茗1号茶树上采摘遭受霜冻的芽叶制成的干茶与低温霜冻害影响前(3月8日)未遭受霜冻的芽叶制成的干茶生化成分,结果见表7.1。茶叶遭受霜冻后,茶多酚、咖啡因和各类儿茶素(除GC、EGC外)含量比未受冻害时明显偏多。还原糖相差不大,氨基酸含量降低,蛋白质含量较高。从外观看,遭受冻害后嫩芽炒制的茶叶呈焦黄色,说明叶绿素遭受破坏。泡水后,茶汤呈黄色,苦涩味浓,无鲜味。

表 7.1 霜冻前后茶叶主要生化成分含量 单位:mg/g

项目	未受冻害(3月8日)	受冻害(3月11日)
水浸出物	38.94	36.81
茶多酚	15.55	20.15
氨基酸	5.33	4.69
蛋白质	2.91	3.51
还原糖	5.33	5.32
咖啡因	2.98	3.76

续表

项目	未受冻害(3月8日)	受冻害(3月11日)
GC	1.63	1.58
EGC	1.22	1.18
C	0.04	0.08
EC	0.84	0.43
EGCG	2.77	3.85
GCG	1.01	2.09
ECG	1.28	1.38
CG	0.41	0.67
总儿茶素	9.21	11.27

郭湘等(2015)研究表明:茶树遭受1级霜冻后的芽叶(部分新芽芽尖受冻变为黄褐色或红色,略有损伤)与霜冻结束后4d左右采摘的未受冻的正常芽叶比较,遭受霜冻后,单芽、一芽一叶和一芽二叶的芽长分别下降20%以上;百芽重下降25%以上;水浸出物含量下降1.5%以上;氨基酸含量降低4%以上;茶多酚含量下降3.5%以上;咖啡因含量下降2%以上。受冻样外形条索不及正常茶一样紧细,色泽偏黄欠润,香气欠鲜,汤色欠明亮。

7.1.4　茶树霜冻机理

茶树霜冻害的实质是低温引起细胞结冰。研究表明,茶树含水量低,代谢活动弱,有利于抗冻;反之,茶树含水量高,代谢活动强,不利于抗冻。就叶片水分动态而言,自由水与束缚水所起的作用是不同的,当冬季茶树叶温下降到0℃以下时,细胞间隙的自由水便开始结冰,而束缚水的冰点在−20℃～−25℃,因此束缚水的相对含量较低,自由水的相对含量较高时,不利于抗冻。不同品种茶树成熟叶片中含水量和自由水含量与温度的变化成正相关关系,束缚水含量与温度的变化呈负相关;可溶性糖含量与温度也呈负相关。春季温度上升到茶芽萌动起始温度以上后,茶芽萌动,新生长的嫩叶和芽代谢活动强,含水量和自由水含量高,可溶性糖含量低。当温度下降到一定程度时,细胞间隙的自由水首先形成冰晶的核心,随着温度的继续下降,冰晶体不断增大,细胞内部的自由水不断凝结或外渗,结果细胞的原生质严重脱水,同时受到冰块的挤压而造成伤害,当缺水和挤压超过一定限度时就会引起细胞原生质的不可逆破坏,细胞脱水、破裂、死亡。茶树嫩芽叶细胞汁液开始结冰,冰晶出现于细胞外并不断夺取细胞内的水分,造成原生质浓度剧增,产生严重的脱水现象。蛋白质因脱水过度而变质,原生质也由于同样原因不可逆地凝胶化。细胞因冰晶的膨大产生的机械压力而变形,虽然细胞壁在温度回升冰晶融化后尚具有一定的复原性,但原生质因吸水膨胀缓慢而被撕裂损伤。质膜、细胞衬质因胞内冰晶的形成、融化而被破坏,作为高度精密结构的原生质因此受到致命的损伤,茶汁外溢与空气相遇,氧化红变、焦枯,形成茶树芽叶外观上的叶层水渍、水烫等症状。

因此,由于春季茶树新萌发的新梢、芽叶细胞壁薄、含水量高、渗透调节能力弱;生长代谢旺盛,其具有较强的光合作用和呼吸作用,此时外界短时的霜冻天气极易导致细胞内部组织结构损伤、代谢紊乱,造成新梢、芽叶的褐化和死亡。

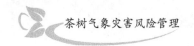

7.1.5 茶树霜冻害下生理变化

黄晓琴(2009)指出,茶树霜冻害伤害的主要部位是原生质膜。茶树遭受低温胁迫时,茶树体细胞内自由基的产生和消除的平衡会遭到破坏,积累的自由基对茶树的膜系统造成伤害,使膜脂产生过氧化作用,细胞膜的结构和功能受到破坏。原生质膜受到伤害,失去半透性,大量电解质和糖外渗,主动运输酶系统失去活性,并由此引起体内各种代谢紊乱和生理过程受阻,最终导致叶片受伤甚至死亡。

当处于 0 ℃ 以下低温时,茶树的光合速率急剧下降,其叶绿体的机构呈现受破坏的迹象。王学林(2015)设定昼/夜温度为 15 ℃/4 ℃、15 ℃/2 ℃、10 ℃/0 ℃、10 ℃/-2 ℃、10 ℃/-4 ℃ 共 5 个处理,处理时间分别为 1 d、3 d 和 5 d,同期正常环境温度下的盆栽茶树为对照研究表明,龙井 43 茶树春季一芽二叶时期经日最高温度/日最低温度 10 ℃/0 ℃ 处理 5 d 后,茶树叶片叶绿素 a 和叶绿素 b 含量较对照组分别下降 51% 和 52.8%,且下降率随最低温度下降而增加,说明遭受低温影响后,茶树叶片叶绿素合成受阻。同时龙井 43 茶树类胡萝卜素随着低温胁迫程度及其持续时间的增加逐渐降低,类胡萝卜素主要参与调节植物光合机构中过剩光能的耗散作用,表明低温削弱了茶树过剩光能的耗散作用,产生光抑制,加剧了植物光合机构的损伤。茶树叶片的最大净光合速率下降为对照组的 16.8%,说明春霜冻对茶叶光系统有一定的破坏作用,光合作用能力显著下降。当日最低温度从 4 ℃ 下降到 0 ℃ 时,茶树叶片气孔限制值增大,而 0 ℃ 以下的气孔限制值增加较为平缓,表明气孔限制值已成为限制茶树叶片光合作用最主要的因素。过氧化氢酶(CAT)、过氧化物酶(POD)、超氧化物歧化酶(SOD)是植物体内最重要的保护性酶,当植物处于逆境环境下,它们可有效地清除植物体内大量积累的活性氧自由基,避免细胞膜系统产生氧化胁迫,保护了细胞膜系统的稳定性和透性,是衡量植物抗寒性强弱的重要指标。研究表明,日最低气温从对照突降为 4 ℃ 时,茶树叶片 CAT、POD、SOD 活性均呈现大幅度的增强趋势,低温诱导茶树叶片内抗氧化酶活性增强,植物体内活性氧和自由基在超氧化物歧化酶的作用下分解生成 H_2O_2 等产物,H_2O_2 进一步在过氧化氢酶、过氧化物酶的作用下及时得到清除,避免了膜系统过氧化,表现为一定的抗寒性,随着日最低气温的进一步降低,三种保护酶活性仍有小幅度的增强,在 2 ℃ 时均达到峰值。当最低气温降为 0 ℃ 时,三种保护酶活性表现为不同幅度的突降趋势,且随着冻害强度的加大及冻害持续时间的延长而进一步下降,后期下降幅度逐渐趋于平缓。由此可知,冻害导致茶树叶片防御系统逐步受损,保护酶活性合成受阻。日最低温度从 4 ℃ 降到 -4 ℃,与对照组相比,茶树叶片组织内可溶性蛋白含量均呈现明显的先增加后下降趋势,不同处理下的茶树叶片组织可溶性蛋白含量均在日最低气温为 2 ℃ 时达到最大值,且随着日最低气温的降低及持续时间的延长,可溶性蛋白含量均显著增大。当日最低气温降至 0 ℃ 时,仅持续 1 d,其可溶性蛋白含量与日最低气温降至 2 ℃ 后相比,均有不同幅度的下降,说明植株自身防御系统功能受损,茶树叶片组织合成的可溶性蛋白含量降低。当日最低气温达到冻害时,其可溶性蛋白含量进一步降低,在 -4 ℃ 下处理 5 d 其可溶性蛋白含量已降至对照组以下,细胞膜内原生质体产生严重的脱水伤害。在 4 ℃ 到 2 ℃ 温度范围内,茶树嫩芽的伤害率和相对电导率随温度降低逐渐增加,且增加速度比较缓慢,而嫩芽的伤害率始终在 40% 以下,说明在 2 ℃ 时,嫩芽的膜透性的完整性还没有遭到破坏,可以进行正常的生理代谢。在 2 ℃ 到 0 ℃ 之间,不同低温及持续日数下嫩芽的相对电导率随温度降低迅速增大,超过 50%,表明茶树嫩芽的膜系统受到不可逆转的破坏。而低温胁迫下茶树的细胞伤害率呈现明显的"S"型曲线,在 0 ℃时达到最大值,后随着温度的降低细胞伤害率变化减慢,趋于平缓。

李仁忠等(2016)以树龄 8 年乌牛早、龙井 43、鸠坑和福鼎大白茶为试验对象,分别进行昼/夜温度为 15 ℃/3 ℃、12 ℃/2 ℃、10 ℃/1 ℃、10 ℃/0 ℃、10 ℃/一1 ℃、10 ℃/一2 ℃等 6 个处理,其中各设理组较高温度持续 12 h,较低温度持续 4 h,试验分析结果得到与王学林(2015)相同的结果。

7.1.6　茶树霜冻等级划分

春季霜冻主要造成茶树嫩叶和茶芽受害,从而影响茶叶产量、质量和开采期,因此 现有的茶树冻害指标不适用于春季茶叶生产中的霜冻等级划分。许映莲等(2012)根据春季霜冻造成茶树嫩叶和茶芽受害面积占嫩叶或茶芽面积的百分比将春季茶树霜冻分为 4 级。本节用芽冻伤率即冻伤的芽占茶树已萌发的芽总数的百分比来反映霜冻指标。根据历年各次春季霜冻过程最低气温和茶树嫩叶、茶芽受霜冻情况及对茶叶生产的影响,将霜冻冻害分为 5 个级别(表7.2)。

表 7.2　茶树霜冻等级划分

等级	表现症状
轻度霜冻	顶部叶片周缘或芽顶部受冻呈黄褐色或红色,略有损伤,芽冻伤率<10%
中度霜冻	芽冻伤率达 10%~30%
较重霜冻	芽冻伤率达 30%~50%
重度霜冻	芽冻伤率达 50%~80%
特重霜冻	芽冻伤率>80%

7.2　茶树霜冻影响因素

茶树的霜冻害受到许多因子的影响,与低温及其持续时间、茶树的品种、茶树所处的地理条件以及栽培管理等因子均密切相关。

7.2.1　茶树品种与霜冻的关系

郭湘等(2015)利用名山特早芽 213、川茶 3 号、嘉茗 1 号、福选 9 号茶树遭受 1 级霜冻后的芽叶(部分新芽芽尖受冻变为黄褐色或红色,略有损伤)与霜冻结束后 4 d 左右采摘的未受冻的正常芽叶,测定单芽、一芽一叶、一芽二叶的长度和百芽重;采用蒸汽杀青、80 ℃ 4 h 烘干法制蒸青茶样,测定主要生化成分和组分。结果表明,遭受霜冻后,不同茶树品种影响不同。名山特早芽 213、川茶 3 号、嘉茗 1 号、福选 9 号茶树一芽一叶的芽长分别下降 32%、21%、28%、31%;一芽一叶的百芽重分别下降 28%、25%、22%、32%;水浸出物含量下降 1.5%~7.5%,下降幅度大小顺序顺序为名山特早芽 213>福选 9 号>嘉茗 1 号>川茶 3 号;氨基酸含量降低4%~10%,下降幅度大小顺序顺序为名山特早芽 213>福选 9 号>嘉茗 1 号>川茶 3 号;茶多

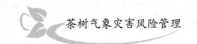

酚含量下降 3.5%~20%,下降幅度大小顺序为嘉茗 1 号＞福选 9 号＞名山特早芽 213＞川茶 3 号;咖啡因含量下降 2%~8.3%,下降幅度大小顺序为川茶 3 号＞嘉茗 1 号＞福选 9 号＞名山特早芽 213;游离氨基酸组分总量下降 3.4%~8.2%,下降幅度大小顺序为名山特早芽 213＞福选 9 号＞嘉茗 1 号＞川茶 3 号;儿茶素总量下降 9%~22%,下降幅度大小顺序为名山特早芽 213＞福选 9 号＞嘉茗 1 号＞川茶 3 号。

7.2.2 茶树霜冻与冰核活性细菌的关系

茶树遭受霜冻害除了与低温和茶树本身抗霜冻的能力有关,与茶树茎叶上附生的冰核细菌也密切相关。冰核细菌具有很高的冰核活性,冰核形成平均气温为－2.7 ℃,冰核一旦形成,就快速蔓延,使茶树遭受霜冻。

自然界和植物体上广泛存在具有冰核活性的细菌(Ice Nucleation active Bacteria,简称 INA 细菌),目前已知的有 3 个属中的 23 个种或变种,它是诱发植物霜冻的关键因素,可在 －2~－5 ℃诱发植物细胞水结冰而发生霜冻;相反,无冰核细菌存在的植物,能耐受－7~－8 ℃ 的低温而不发生霜冻。

0 ℃是水的液相与固相的平衡点,称为冰点。水在 0 ℃以下仍能保持液体状态,这种现象叫作过冷却作用,小体积纯水可过冷却到－40 ℃而不结冰。水从液态向固态转变需要一种称为冰核的物质来催化。由水分子自生形成的冰核称为同质冰核,它在－40 ℃时催化水结冰;非水分子形成的冰核称为异质冰核,多数异质冰核催化水结冰的温度都在－10 ℃以上,如:碘化银为－8 ℃、高岭土为－9 ℃、尘埃颗粒为－10 ℃。INA 细菌,是一类能在－2~－5 ℃条件下催化诱发植物体内水分产生冰核而引起霜冻的细菌。冰核活性细菌广泛附生于植物表面尤其是叶表面上,正常情况下,植物细胞中的游离水即使处于－7~－8 ℃的低温下也不会结冰,发生过冷却现象,但当冰核活性细菌存在时,这种微生物作为最强的异质冰核因子诱发冰晶的生成而使植物组织中失去了过冷却作用,进而引起对宿主植物组织的冻伤损害。

有冰核细菌的植株,在温度降到－2~－3 ℃时发生冻结,生物膜加速损伤,电导率急剧增大,在短短的 10 min 内就超过半致死值。结冰持续时间越长,伤害越严重,直至完全冻死。而无冰核细菌的植株则保持过冷却状态,其电导率虽然也随温度降低而逐渐增大,但是温度降到 －6 ℃时也远未达到半致死值,日出升温后植株仍能恢复生长。这表明,有大量冰核细菌的植株在霜冻中受害是因为它们开始发生冻结的温度较高、时间较早,且至解冻前的冻结持续时间较长,致使细胞膜遭受严重伤害的缘故。

茶树上冰核细菌数量存在季节性变化特征,一般在 11 月可在茶树上检出冰核细菌,12 月至次年 4 月是冰核细菌不断增加的时期,4 月下旬至 5 月中旬,茶芽上的冰核细菌达到最大数量,而 6—10 月则很难从茶树上分离到冰核细菌(Takahiro,1983)。当菌液浓度在 $5×10^2$~$5×10^8$ 细胞/ml、温度是－2~7 ℃,当温度一定时,菌液浓度越大冰核活性越强;当菌液浓度一定时,温度越低冰核活性越强(孙福在,1991)。

黄晓琴(2009)研究表明:茶树的初展叶上存在大量的冰核细菌,相对于嫩叶和老叶,初展叶(芽)上能分离到的冰核细菌的密度是最高的,最高可达 $7.36×10^7$ cfu/g,比嫩叶和老叶的冰核细菌的最高密度分别高 3 个和 4 个数量级,同时茶树初展叶(芽)常容易分离得到冰核细菌。这是因为冰核细菌生长所需的营养主要有 C 源和 N 源,茶树各部位叶片所含的营养物质是不同的,初展叶中所含的营养物质比嫩叶、老叶都要高,比如初展(芽)中茶氨酸的含量为1150 mg/100 g,而第四和第五叶中的茶氨酸含量则为590 mg/100 g(宛晓春,2003),其含量相差将近一倍,其他如糖类物质、蛋白质等都在初展叶中含量较高。其次,初展叶中水分的含量也相对较高,这些都是冰核细菌生长所需要的物质,因而有利于冰核细菌的生长。因此,茶树上冰核细菌存在的最高密度是:初展叶(芽)>嫩叶>老叶。不同茶树品种,其上冰核细菌的密度是不相同的,在青岛茶区发现龙井43茶树上冰核细菌的密度均要高于福鼎大白茶茶树上的密度;对于同一茶树品种,空气湿度大、降水量相对较多地区比气候相对干燥地区较适宜冰核细菌的生长。

7.2.3　茶树霜冻发生的气象条件

7.2.3.1　树冠叶片最低温度与最低气温的关系

茶树冠层是遭受霜冻灾害最先发生的部位,娄伟平等(2014b)研究分析了茶树冠层叶片温度与大气温度的变化关系。

影响作物冠层温度的因素有:作物冠层的蒸腾作用和光合作用、与大气的乱流热量交换、天空状况、太阳辐射、长波辐射、降水、土壤水分、作物冠层内部热量交换等。影响气温与冠层温度差变化的主要因子为天气状况和作物冠层内部热量交换。为便于分析,将天气类型分为五类:晴好天气取值为0,多云天气取值为0.25,阴天取值为0.5,降雨天且日雨量小于10.0 mm取值为0.75,降雨天且日雨量大于等于10.0 mm取值为1.0。利用2010年2月21日到4月10日大明有机茶场自动气象站最低气温与茶树树冠各高度叶片最低温度的差和天气类型进行相关分析,结果见表7.3,均为显著性负相关。丛生型茶树的170 cm处冠层和平面型茶树的100 cm处冠层茶树树冠叶片的最顶层,完全暴露在空气中,自动气象站最低气温和它们的最低温度差与天气类型关系密切。晴好天气,平面型茶树树冠顶部叶片夜间辐射降温明显,最低温度比最低气温低3 ℃以上,丛生型茶树树冠叶片上下两面都暴露在空气中,和空气的热量交换比平面型树冠叶片多,树冠叶片最低温度与最低气温的差小于平面型树冠叶片。树冠内部(丛生型茶树树冠100 cm处、平面型茶树树冠50 cm处)叶片长波辐射受到上部叶片的反射,下沉冷空气受到上层树冠的阻挡,最低温度和最低气温的差与天气类型的相关性小于树冠顶,在阴雨天气,甚至出现最低温度高于最低气温的现象。丛生型茶树130 cm处树冠部分暴露于空气中,介于树冠顶部和内部之间,树冠最低温度和最低气温之差与天气类型相关密切,但小于树冠顶部,在其上面有叶片对长波辐射的反射和下沉冷空气的阻挡,因此变化幅度和树冠内部相似。

表 7.3　最低气温与茶树树冠各高度叶片最低温度差和天气类型的相关性

	丛生型			平面型	
	离地面 170 cm	离地面 130 cm	离地面 100 cm	离地面 80 cm	离地面 50 cm
相关系数	-0.6701^{**}	-0.6869^{**}	-0.3659^{**}	-0.5907^{**}	-0.4439^{**}

注:** 表示达0.01显著水平

7.2.3.2　晴朗静风或微风天气下叶片最低温度与最低气温的关系

春季霜冻过程指在极端最低气温出现在地面冷锋过境后,地面受冷高压控制晴朗无风的早晨。本节讨论了晴朗静风或微风、阴雨雪天两种天气对气温与冠层温度差的影响。

图 7.1 是在典型晴朗无风的天气下(2010 年 3 月 11 日)茶树冠层叶片温度和气象站气温的变化。06 时太阳直接照射作用下,树冠冠层叶片温度和空气温度开始上升。对于丛生型茶树树冠,07 时树冠叶片温度已高于空气温度。开始升温时顶部树冠叶片升温幅度大于 130 cm 处树冠叶片(从树顶向下树冠叶片密集呈平面状处),09 时 130 cm 处树冠叶片升温幅度超过顶部树冠叶片,11 时 130 cm 处树冠叶片温度超过顶部树冠叶片温度,到 13 时冠层叶片温度达到最大值;13 时后树冠叶片温度开始下降,130 cm 处树冠叶片降温幅度大于顶部树冠叶片,14 时顶部树冠叶片温度已高于 130 cm 处树冠叶片温度;18 时顶部树冠叶片降温幅度大于130 cm 处树冠叶片,22 时顶部树冠叶片温度低于 130 cm 处树冠叶片温度,06 时前后冠层叶片温度出现最低值。07—15 时顶部和 130 cm 处冠层叶片温度高于空气温度,其中 11 时到 13时顶部和 130 cm 处冠层叶片温度比空气温度高 4~8 ℃;在 16 时到次日 06 时顶部和 130 cm处冠层叶片温度低于空气温度,其中 17 时到次日 06 时顶部和 130 cm 处冠层叶片温度比空气温度低 2~3 ℃。100 cm 处冠层叶片处于茶树丛中间,温度变化比顶部和 130 cm 处冠层叶片温度变化小,09—13 时冠层叶片温度高于空气温度,其余时间冠层叶片温度低于空气温度。

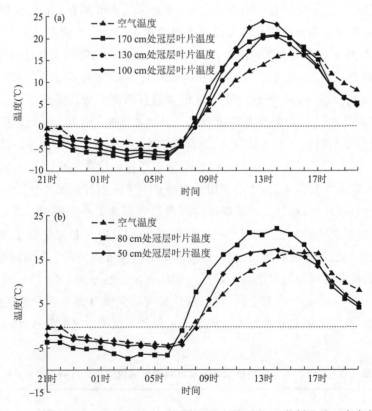

图 7.1　晴天(2010 年 3 月 11 日)丛生型(a)和平面型(b)茶树叶片温度变化

平面型茶树顶部冠层叶片温度与丛生型茶树顶部树冠叶片温度变化趋势一致,树冠内部 50 cm 处冠层叶片温度与丛生型茶树树冠内部 100 cm 处冠层叶片温度变化趋势一致。其中17 时至次日 06 时顶部和 50 cm 处冠层叶片温度比空气温度低 2~4 ℃。

因此,当最低气温达到 0 ℃时,茶树冠层叶片最低温度可达-2~-3 ℃,造成霜冻。

7.2.3.3 阴雨雪天天气下叶片最低温度与最低气温的关系

阴雨雪天由于缺少太阳辐射,而茶树树冠叶片发射长波辐射,使树冠处温度比气象站气温低。其中夜间树冠顶部叶片比气温低 0.5～1.0 ℃,白天树冠顶部叶片比气温低 0.8～1.5 ℃,树冠内部由于上部叶片对长波辐射的反射和下沉冷空气的阻挡,温度高于树冠顶部。平面型茶树冠层叶片紧密,在冷空气影响时由于树冠顶部对冷空气的阻挡作用,树冠内部叶片温度出现高于气温的现象(图 7.2)。

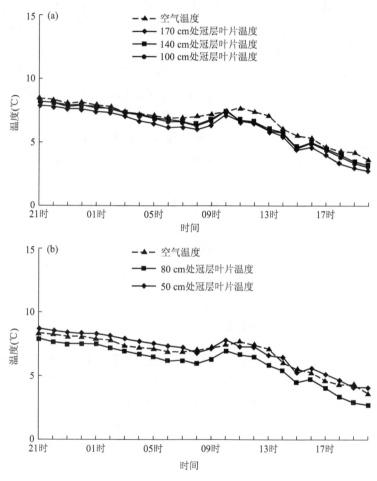

图 7.2　雨天(2010 年 3 月 6 日)丛生型(a)和平面型(b)茶树叶片温度变化

7.2.3.4 茶树霜冻与天气条件的关系

2007 年 3 月 20 日晚至 21 日凌晨,浙江省嵊州市里南、贵门、崇仁等乡镇出现-0.2～0 ℃低温,天空晴朗无风,造成 3 万多亩茶芽梢正处生长旺盛期的良种茶园轻度到中度霜冻,直接经济损失约 5000 万元。

2010 年 3 月 8—9 日浙江省北部山区出现降雪。湖州市安吉山区积雪为 5～6 cm,高山区为 15～18 cm,天荒坪顶为 40 cm 左右,其他地区为 2～3 cm,平原部分地区有少量积雪。10 日早晨湖州市区最低气温为-3.0 ℃,安吉、德清山区气温普遍低于-5 ℃,造成刚萌发的浙农 139、浙农 117、浙农 113、迎霜、龙井 43 等早茶品种遭受冻害;未萌发的白茶冻害较轻,仅叶

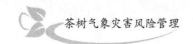

片稍有发红,已萌发的白茶芽头被冻焦。3月8—9日新昌县出现降雪,南部和东部山区积雪在 5 cm 以上,10 日各地最低气温在−5.0～−3.0 ℃,海拔 400 m 以上山区最低气温在−5.0 ℃以下。10 日、11 日茶树叶片和树枝上出现结冰,11 日茶树表面覆盖一层厚厚的浓霜,致使早中生茶树品种遭受了近年来最严重的冻害,直接经济损失 1.2 亿～1.3 亿元。其中 3 万亩嘉茗 1 号茶芽全部冻死,龙井 43、龙井长叶等早生茶树品种中上部茶芽冻死,中生茶树品种如白茶部分顶芽冻死。

2015 年浙江省新昌县海拔高度在 250 m 以下的低丘平原地区,嘉茗 1 号等特早发茶树品种在 3 月 2 日进入开采期,海拔高度在 350 m 以上山区嘉茗 1 号等特早发茶树品种在 3 月 10 日进入开采期,龙井 43 等早发茶树品种在 3 月 15 日进入开采期,海拔高度在 350 m 以上山区,龙井 43 等早发茶树品种在 3 月 22 日进入开采期。3 月 2 日,新昌县大部分地区最低气温在 0 ℃以下,但全县出现大雾,经调查茶树未遭受霜冻。3 月 11 日,新昌县大部分地区最低气温再次在 0 ℃以下,并出现大雾,其中明福茶场最低气温达−1.3 ℃,调查表明,大部分地区茶树未遭受霜冻,只有明福茶场部分地势低凹处茶树遭受轻度霜冻。3 月 24 日,天气晴朗无风无雾,新昌县回山镇最低气温达−0.3 ℃,地面出现霜冻,龙井 43 等茶树遭受中度霜冻。4 月 2 日,浙江省新昌县罗坑山茶园鸠坑群体种茶树进入开采期,在茶园中的气象站观测到 4 月 8 日凌晨最低气温为−0.3 ℃,4 月 7—8 日该地为阴雨天气,茶叶未遭受霜冻。4 月 13 日下午到夜里出现降雪,茶树叶片上有积雪,4 月 13 日夜里最低气温 0.9 ℃,14 日天气转晴,最高气温上升到 13.8 ℃,茶树叶片上的积雪融化,造成茶叶严重冻害。

因此,茶树霜冻的发生与天气条件关系密切,即除了与最低气温有关外,还与天空状况、降水等有关。

7.2.4 茶树霜冻与地形条件的关系

春季霜冻害的发生与地形关系密切。强冷空气过境时,近地面气温随高度升高而降低,此时如出现降雪或冻雨,茶树霜冻害随海拔高度升高而降低。强冷空气过境后,地面受冷高压控制,晴朗无风,由于辐射降温,加上冷空气下沉,在地势低洼、地形闭塞的小盆地、洼地、坡地下部,冷空气容易沉积,茶树受冻较重;山坡地中部,空气流动畅通,茶树受冻较轻;海拔较高的山冈处与大气热交换容易,受高海拔影响,周围大气温度低造成茶园气温相对较低。有霜冻的夜间,不同地形间温度可相差 6～7 ℃,山坡 2 ℃,山间谷地−2～−3 ℃,盆地则低达−4～−5 ℃。

坡地的不同坡向,霜冻的程度也不一样。山的北面接受太阳辐射少,又直接受西北风影响,山的北坡比南坡重,东坡、东南坡比西坡及西南坡重。靠近湖泊、水库、河道的茶园,水体对附近地区的茶园小气候有一定的调节作用,使白天温度不易升高,夜间温度不易降低,霜冻较轻。土壤干燥疏松的茶园,白天升温快,夜间冷却也快,比土壤潮湿的茶园受冻重。

7.2.5 茶树霜冻害与栽培管理的关系

晴朗无风的夜晚,辐射降温冷空气下沉时,冷空气容易在平面型茶园的茶棚上部积累,茶树中下部由于茶树相互间遮护,冷空气不易透入,茶棚上部霜冻害重,中下部受害较轻。丛生型茶园中丛栽茶树由于四周受风,茶棚上部和四周霜冻害重,中间部位受害较轻。另外,管理良好的茶园不易遭受霜冻害的威胁,生长健壮的茶树具较强的抗寒能力;反之,茶树容易遭受冻害。

7.2.6 茶树霜冻害与霜冻发生时间的关系

茶树霜冻害是指茶芽萌动到春茶采摘结束期间,茶树遭受霜冻灾害,是产量、经济产出下降的一种茶树气象灾害。因此,茶树霜冻害与霜冻发生时间有关。如2010年3月9—11日低温霜冻过程,浙江省绍兴市特早生茶树品种嘉茗1号因刚进入开采期,茶树遭受到特重霜冻,茶芽基本冻死、冻伤;早生、中生茶树品种遭受到较重霜冻,已萌发茶芽基本冻死、冻伤;迟生茶树品种还未萌发,基本没有冻害。2019年4月1日浙江省嵊州市南部和西北部山区出现0℃以下低温霜冻过程,早、中生茶树品种如龙井43已采摘结束,没有霜冻害,迟生茶树品种如鸠坑群体种因刚进入开采期,霜冻灾害较重。

7.3 茶树霜冻指标

7.3.1 茶树霜冻等级划分

根据《气象灾害预警信号发布与传播办法》(中国气象局令第16号,2007年),气象灾害预警信号的级别依据气象灾害可能造成的危害程度、紧急程度和发展态势一般划分为四级:Ⅳ级(一般)、Ⅲ级(较重)、Ⅱ级(严重)、Ⅰ级(特别严重)。茶树霜冻灾害是气象灾害(低温霜冻)作用于茶树造成的结果,为了和气象灾害预警信号等级一致,便于使用者理解和接受,结合茶树霜冻害等级传统划分级别,将茶树霜冻等级划分为五个:五级、四级、三级、二级、一级,分别代表轻度霜冻、中度霜冻、较重霜冻、重度霜冻、特重霜冻。

7.3.2 茶树霜冻等级指标

如采用日照、湿度等条件不变,以温度作为变量,采用人工气候箱、以植物膜脂过氧化产物丙二醛(MDA)和相对电导率(R)为考察指标来确定茶树低温半致死温度,不同温度设定得到的茶树低温半致死温度是不同的。

胡家敏等(2019)以贵州省主要茶叶种植品种福鼎大白茶为供试材料,针对贵州春季倒春寒多为平流降温过程,冷害天气日较差约5℃,设置3组动态低温处理,处理5℃/0℃、4℃/−1℃、3℃/−2℃。每组按气温日变化特征设置06时为最低温,14时为最高温,人工气候箱根据气温日变化周期性特征模拟低温天气的气温日变化动态。结果表明:5℃/0℃处理下茶树叶片形态没有明显变化;5℃/−1℃处理,1 d时茶树叶片出现明显焦黑,2 d时50%叶片出现明显焦黑,3 d时大部分叶片出现焦黑。低温胁迫程度不同,福鼎大白茶生理响应特征不同。MDA含量随处理温度的下降呈先升高后下降的趋势,随着胁迫时间的延长总体呈升高的趋势,低温为0℃持续3 d时MDA含量达到最大。相对电导率随低温胁迫程度的加深(不论是温度降低还是胁迫时间延长),均呈上升趋势。贵州福鼎大白茶低温半致死温度与低温胁迫持续日数成正相关,当低温胁迫日数为1 d时,低温半致死温度为−3.1℃,而当低温胁迫日数为2 d时,低温半致死温度为−3.0℃。李仁忠等(2016)以乌牛早、龙井43、鸠坑和福鼎大白为材料,应用人工气候箱开展低温胁迫控制试验,模拟6组不同低温条件和持续时间(15℃/3℃、12℃/2℃、10℃/1℃、10℃/0℃、10℃/−1℃、10℃/−2℃,各设置组较高温

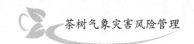

度持续 12 h,较低温度持续 4 h),观测茶树叶片生理生化指标的变化。结果表明:茶树霜冻害的发生与低温强度和持续时间密切相关,各品种茶树叶片半致死温度为福鼎大白茶(-1.5 ℃)<乌牛早(-1.3 ℃)<鸠坑(-1.2 ℃)<龙井 43(-0.7 ℃)。因此,不能单纯依靠人工气候箱试验来确定茶树霜冻指标。

由前所述,茶树霜冻发生与天气条件关系密切。根据茶树霜冻机理、发生程度与气象条件的关系,以 0 ℃作为实际田间条件茶树霜冻发生气象指标,并建立春季茶树霜冻等级气象指标,见表 7.4(娄伟平 等,2013)。

表 7.4 春季茶树霜冻等级与最低温度关系

冻害等级	1 级	2 级	3 级	4 级	5 级
温度(℃)	0～-1	-1～-2	-2～-3	-3～-4	≤-4

7.4 茶叶春季开采期预测

7.4.1 茶树萌芽与气象条件

茶树萌芽期:茶树营养芽开始膨大到鳞片开展期。单位面积营养芽中,有 10%～15%芽头的鳞片开展为萌芽初期,50%以上的芽头鳞片开展为萌芽盛期。影响茶树萌芽期的因子主要有气象条件、土壤条件、茶树品种特性、修剪时间、采摘技术以及病虫害等。但上述诸因子中,气象因子的影响往往是最大的。浙江省气候湿润,热量条件是影响春季茶树萌芽的主要因子,春季茶树越冬芽萌动是在积累了一定热量之后才表现出来的。

根据绍兴市茶叶气象服务示范基地观测结果,在浙江省新昌县,嘉茗 1 号茶树在 6 d 滑动平均法确定的 7 ℃初日后≥5 ℃有效积温达到 50 ℃·d,嘉茗 1 号茶树进入萌芽初期;在 6 d 滑动平均法确定的 7 ℃初日后≥5 ℃有效积温达到 85 ℃·d,嘉茗 1 号茶树进入萌芽盛期。在 6 d 滑动平均法确定的 10 ℃初日后≥5 ℃有效积温达到 70 ℃·d,龙井 43 茶树进入萌芽初期;在 6 d 滑动平均法确定的 10 ℃初日后≥5 ℃有效积温达到 90 ℃·d,龙井 43 茶树进入萌芽盛期。在 6 d 滑动平均法确定的 10 ℃初日后≥5 ℃有效积温达到 70 ℃·d,迎霜茶树进入萌芽初期;在 6 d 滑动平均法确定的 10 ℃初日后≥5 ℃有效积温达到 85 ℃·d,迎霜茶树进入萌芽盛期。在 6 d 滑动平均法确定的 10 ℃初日后≥5 ℃有效积温达到 70 ℃·d,浙农 113 茶树进入萌芽初期;在 6 d 滑动平均法确定的 10 ℃初日后≥5 ℃有效积温达到 95 ℃·d,浙农 113 茶树进入萌芽盛期。在 6 d 滑动平均法确定的 12 ℃初日后≥5 ℃有效积温达到 50 ℃·d,翠峰茶树进入萌芽初期;在 6 d 滑动平均法确定的 12 ℃初日后≥5 ℃有效积温达到 80 ℃·d,翠峰茶树进入萌芽盛期。在 6 d 滑动平均法确定的 12 ℃初日后≥5 ℃有效积温达到 50 ℃·d,鸠坑群体种茶树进入萌芽初期;在 6 d 滑动平均法确定的 12 ℃初日后≥5 ℃有效积温达到 85 ℃·d,鸠坑群体种茶树进入萌芽盛期。

7.4.2 茶树开采期预测

不同干茶品种对茶芽有不同要求,本书所指茶树开采期是根据《GB/T 18650—2008 地理

标志产品 龙井茶》对茶树芽叶达到制作龙井茶特级茶标准而定义:茶树棚面每平方米有一芽一叶初展的芽有 10～15 个,芽长于叶,芽叶均齐肥壮,芽叶夹角小,且芽叶长度不超过 2.5 cm 的日期。

茶树作为多年生木本常绿植物,在早春气温回升到生物学下限温度以上并持续一定的时间,地上部分休眠状态被打破,进入萌发状态。当气温再度下降到生物学下限温度以下时,植物的生长和发育就会受到抑制,暂时停止生长,但植物体还是活着的,由于植物的阶段生育过程具有不可逆性,当气温再次回升时,再次进行其生育活动。因此,对多年生木本常绿植物茶叶树不能简单采用"5 d 滑动平均法"来确定其萌动的生物学下限温度初日,应采用多种步长滑动平均来确定其萌动的生物学下限温度初日(王怀龙 等,1981)。茶树的开采期与其萌动后到开采之间的气象要素有关,可建立二者的回归方程来进行预测(黄寿波,1985)。对于同一茶树品种,萌动的生物学下限温度相同,同一区域内各地茶树种植方式一致,茶树萌动后的气象要素是影响茶树开采期的主要因素,即各地茶树开采期之间的差异是由各地间茶树萌动的生物学下限温度初日和初日后影响茶树开采期的气象要素差异造成的。因此,茶树开采期可用下式来进行预测:

$$Y = a_0 + \sum_{i=1}^{n} b_i x_i \tag{7.1}$$

式中,a_0 为参考地的常数项;b_i 为回归系数,x_i 为茶树萌动前二旬到开采期之间与开采期相关的气象要素。

本书在收集浙江省各地 2004 年以来茶树主栽品种开采期资料的基础上建立了以下四个代表性茶树品种的开采期模型。

7.4.2.1 特早生茶树

以嘉茗 1 号茶树作为特早生茶树品种代表,嘉茗 1 号茶树开采期与 6 d 滑动平均法确定的 7 ℃初日显著相关。浙江省南部嘉茗 1 号茶树开采期在 2 月中旬到 3 月上旬,中部在 2 月下旬到 3 月中旬,北部在 3 月上旬到 3 月下旬。嘉茗 1 号茶树开采期所在时期是当地气温变化幅度最大的时期,经常出现日平均气温在 5 ℃以下甚至在 0 ℃以下的天气,使茶芽生长停止甚至进入休眠状态。茶芽生长需要一定积温,利用积温法分析发现 6 d 滑动平均法确定的 5 ℃初日到嘉茗 1 号茶树实际开采期间≥5 ℃有效积温至少需要 110 ℃·d。利用积温法和线性回归法建立嘉茗 1 号茶树开采期预测模型:

$$y_w = 78.6 - 2.3352 x_w + a_w \tag{7.2}$$

式中,y_w 为嘉茗 1 号茶树开采期,x_w 为各茶场历年 7 ℃初日平均值所在候的前一候到后二候共 4 候的平均气温;如该茶场与新昌县气象站历年 7 ℃初日平均值在同一候,a_w 为 0,如不在同一候,a_w 为该茶场与新昌县气象站历年 7 ℃初日平均值所在候的差乘以 5。

如果 6 d 滑动平均法确定的 5 ℃初日开始到根据式(7.2)计算的嘉茗 1 号茶树开采期≥5 ℃有效积温在 110 ℃·d 以上,则式(7.2)的计算值为该茶场嘉茗 1 号茶树开采期,否则以 6 d 滑动平均法确定的 5 ℃初日开始≥5 ℃有效积温达到 110 ℃·d 以上的日期作为嘉茗 1 号茶树开采期。

7.4.2.2 早生茶树

以龙井 43 茶树作为早生茶树品种代表,龙井 43 茶树开采期与 6 d 滑动平均法确定的 10 ℃

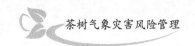

初日显著相关。浙江省南部龙井43茶树开采期在2月下旬到3月中旬,中部在3月上旬到3月下旬,北部在3月中旬到4月上旬。龙井43茶树开采期所在时期日平均气温基本在0 ℃以上,利用线性回归法建立龙井43茶树开采期预测方程:

$$y_1 = 95.6 - 2.3054x_1 + a_1 \tag{7.3}$$

式中,y_1为开采期,x_1为各茶场历年10 ℃初日平均值所在旬的前一旬到后一旬共3个旬的平均气温;如该茶场与新昌县气象站历年10 ℃初日平均值在同一旬,a_1为0,如不在同一旬,a_1为该茶场与新昌县气象站历年10 ℃初日平均值所在旬的差乘以10。

7.4.2.3 中生茶树

以白叶1号茶树作为中生茶树品种代表,白叶1号茶树开采期与6 d滑动平均法确定的10 ℃初日显著相关。浙江省南部白叶1号茶树开采期在3月上旬到3月中旬,中部在3月中旬到3月下旬,北部在3月下旬到4月上旬。白叶1号茶树开采期所在时期日平均气温基本在0 ℃以上,利用线性回归法建立白叶1号茶树开采期预测方程:

$$y_b = 101.9 - 2.5807x_b + a_b \tag{7.4}$$

式中,y_b为开采期,x_b为各茶场历年10 ℃初日平均值所在旬的前一旬到后一旬共3个旬的平均气温;如该茶场与新昌县气象站历年10 ℃初日平均值在同一旬,a_b为0,如不在同一旬,a_b为该茶场与新昌县气象站历年10 ℃初日平均值所在旬的差乘以10。

7.4.2.4 迟生茶树

以鸠坑群体种茶树作为迟生茶树品种代表,鸠坑群体种茶树开采期与6 d滑动平均法确定的12 ℃初日显著相关。浙江省南部鸠坑群体种茶树开采期在3月中旬到3月下旬,中部在3月下旬4月上旬,北部在4月上旬到4月中旬。利用线性回归法建立鸠坑群体种茶树开采期预测方程:

$$y_j = 113.8 - 1.8908x_j + a_j \tag{7.5}$$

式中,y_j为开采期,x_j为各茶场历年12 ℃初日平均值所在旬的前一旬到后一旬共3个旬的平均气温;如该茶场与新昌县气象站历年12 ℃初日平均值在同一旬,a_j为0,如不在同一旬,a_j为该茶场与新昌县气象站历年12 ℃初日平均值所在旬的差乘以10。

7.5 茶树经济产出模型

7.5.1 茶树芽叶生长模型

根据《GB/T18650—2008 地理标志产品 龙井茶》标准,生产龙井茶的茶树芽叶质量根据芽叶长度和芽上叶片数分为特级、一级、二级、三级和四级五个等级,低于四级的以及劣变、受冻害芽叶不得用于加工龙井茶。

以龙井43茶树为例,在正常采摘情况下,特级茶、一级茶、二级茶、三级茶和四级茶五个采摘阶段≥5 ℃的所需有效积温分别为26.7 ℃·d、35.3 ℃·d、38.6 ℃·d、47.6 ℃·d和77.5 ℃·d。

对应春季茶叶采摘期间的五个采摘阶段,将春季茶叶采摘期间的芽叶生长划分为特级、一级、二级、三级、四级五个生长阶段,采用"积温法"模拟春季茶叶采摘期间的芽叶生长,以每个生长阶段≥5 ℃的有效积温作为模型生长参数建立茶树芽叶生长模型(Lou et al.,2015),茶

树芽叶生长速率表达式为

$$D_{j,t} = Te/TSUM_j \quad (j=1,2,3,4,5) \tag{7.6}$$

式中,$D_{j,t}$ 为 j 阶段 t 时刻的茶树芽叶生长速率(d^{-1}),Te 为$\geqslant 5\ ^\circ\!C$ 有效温度,$TSUM_j$ 为完成某一生长阶段所需的有效积温,$j=1,2,3,4,5$ 分别对应特级、一级、二级、三级、四级五个生长阶段。

7.5.2　鲜芽叶采摘量模型

根据各个茶场的茶叶生产资料和茶农调查资料,茶园正常生产需要采茶工在 45 人$/hm^2$,制作 1.0 kg 茶叶需要 4.3 kg 鲜芽叶。在晴好天气下,1 名采茶工在春季茶叶不同采摘阶段,每天鲜芽叶采摘量:

$$Q_q = 1.06 + 0.8928 \times d_p - 0.0536 \times d_p^2 \tag{7.7}$$

式中,Q_q 是晴好天气下 1 名采茶工的每天鲜芽叶采摘量$(kg/(人 \cdot d))$;d_p 为采摘时间,取值从 $0\sim5$,其中 0 表示开采期,1、2、3、4、5 分别表示特级茶、一级茶、二级茶、三级茶、四级茶采摘阶段最后一天的时间。

对式(7.7)积分,即

$$D_{j,d} = \int (Te/TSUM_j)\mathrm{d}Te \tag{7.8}$$

式中,$D_{j,d}$ 为 j 阶段第 d 天在 j 阶段的时间,$D_{j,t}=1$ 表示该天是 j 采摘阶段的最后一天。

j 阶段第 d 天在采摘期的时间

$$AD_{j,d} = j-1 + D_{j,d} \quad (j=1,2,3,4,5) \tag{7.9}$$

式中,$AD_{j,d}$ 为 j 阶段第 d 天在采摘期的时间。

把式(7.9)代入式(7.7),得到

$$Q_q = 1.06 + 0.8928 AD_{j,d} - 0.0536 AD_{j,d}^2 \tag{7.10}$$

降水对茶树鲜芽叶采摘量的影响是通过影响人工采摘来体现。夜间降水对茶树鲜芽叶采摘影响不大;白天降水量为小到中雨时,由于春茶价格高,茶农会冒雨采摘;出现中到大雨时,茶农停止采摘茶树鲜芽叶。

根据各茶场逐日鲜芽叶采摘量与降水量的关系,发现 08—20 时降水量在 5 mm 以上时,当日茶树鲜芽叶采摘量不超过前一日(无降水)的 1/2;当 08—20 时降水量在 10 mm 以上时,当日茶树鲜芽叶采摘量为 0。降水量对各茶树品种日鲜芽叶采摘量的影响可用下式来表示:

$$f(RR) = \begin{cases} 1 - RR/10 & RR < 10 \\ 0 & RR \geqslant 10 \end{cases} \tag{7.11}$$

式中,$f(RR)$ 为降水量对茶树鲜芽叶采摘量的影响系数,RR 为采摘当天 08—20 时降水量。

综合式(7.10)和式(7.11),得到一名采茶工每天的鲜芽叶采摘量模型

$$TAD_{j,d} = Q_q \times f(RR) \tag{7.12}$$

式中,$TAD_{j,d}$ 为一名采茶工在 j 阶段第 d 天的鲜芽叶采摘量$(kg/(人 \cdot d))$。

7.5.3　低温霜冻影响时期

茶树萌发生长的芽叶在遭受低温霜冻后不能用于生产龙井茶,茶树在遭受低温霜冻后没有达到制作龙井茶标准的茶芽的时期是低温霜冻对茶树的影响时期。根据茶叶生长观测和茶

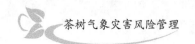

农调查资料,早生茶树在低温霜冻后到低温霜冻对茶树的影响时期结束需达到的≥5℃有效积温与最低气温之间有如下关系:

$$\sum T_{\geqslant 5℃} = \begin{cases} 2.6 - 28.1740T_n - 0.9043T_n^2 & T_n > -5.0℃ \\ 120.9 & T_n \leqslant -5.0℃ \end{cases} \quad (7.13)$$

式中,$\sum T_{\geqslant 5℃}$ 是茶树芽叶在低温霜冻后能生长到满足龙井茶制作要求需达到的≥5℃有效积温;T_n 是低温霜冻过程的最低气温。

如果低温霜冻发生在茶叶采摘期,根据式(7.13)得到的$\sum T_{\geqslant 5℃}$结合气温资料得到的时期内茶树没有达到制作龙井茶标准的茶芽;如果低温霜冻发生在茶树开采前,由于低温霜冻茶树在进入开采期后茶芽达到龙井茶采摘标准需达到积温:

$$\sum T = \begin{cases} 0 & \sum T_{\geqslant 5℃} < \sum T_k \\ \sum T_{\geqslant 5℃} - \sum T_k & \sum T_{\geqslant 5℃} \geqslant \sum T_k \end{cases} \quad (7.14)$$

式中,$\sum T$ 是由于低温霜冻茶树在进入开采期后茶芽达到龙井茶采摘标准需达到≥5℃有效积温;$\sum T_k$ 是低温霜冻发生日期到茶树开采期之间≥5℃有效积温。根据$\sum T$结合气温资料得到的时期内茶树没有达到制作龙井茶标准的茶芽。

7.5.4 茶叶经济产出模型

对于某一年份,春季一个茶树品种生产的茶叶经济产出变化除了受国内外市场影响外,主要还受两个因素影响:芽叶质量等级,后一个茶树品种进入开采期的迟早。芽叶质量等级高,茶叶价格高,经济产出高。对于嘉茗1号等早发茶树品种,当龙井43等中发茶树品种进入开采期时,一部分采茶工停止采摘嘉茗1号茶树转去采摘龙井43茶树,使嘉茗1号茶树产量降低,经济产出减小。对于中发茶树品种,当迟发茶树品种进入开采期时也存在同样的问题。2019年新昌县龙井43茶树炒制的茶叶价格与采摘时间的关系如下:

$$P = 1437.27 - 260.4179AD_{j,d} - 58.7569AD_{j,d}^2 + 11.2043AD_{j,d}^3 \quad (7.15)$$

式中,P 为龙井43茶树生产的茶叶价格。分析历年茶叶价格资料,虽然年际间茶叶价格存在差异,但茶叶价格随采摘时间变化可以用相似的方程拟合。

由式(7.12)到式(7.13)得到茶树在采摘期j阶段第d天的经济产出:

$$E_{j,d} = TAD_{j,d} \times P \times n/4.3 \quad (7.16)$$

式中,$E_{j,d}$ 为该茶树品种在采摘期j阶段第d天的经济产出(元/(hm²·d)),n 为每公顷茶园采茶工人数,一般n为60;如该天位于低温霜冻影响时期,该日经济产出为0。

对式(7.16)积分,可得到龙井43茶园在整个春季茶叶生产期间的经济产出。

$$E = \int_0^T [TAD_{j,d} \times P \times n/4.3] dt \quad (7.17)$$

式中,E 为茶园在整个春季茶叶生产期间的经济产出(元/hm²)。

7.6 春季茶树霜冻风险时空变化特征

风险是指人们对未来行为决策及客观条件变化的不确定性,由此可能引起的后果,此后果与预定目标发生多种负偏离的综合可见风险空间是由决策空间和状态空间结合而成的。决策空间可由人们自由选择,而状态空间包括两个方面:一是事件发生的概率,二是事件引发的后果。因此从风险的角度来看,农业生产面临的风险程度的高低与两大因素有关:第一是农业决策,包括耕作制度的确立、品种选择以及播种、施肥、收获等环节的技术规范;第二是环境条件的优劣,主要包括气象条件、土壤条件、市场条件等。因此,农业风险是在农业生产过程中,由于农业决策及环境条件变化的不确定性而可能引起的后果,此后果与预测目标发生多种负偏离的综合,这里负偏离的多样性是和农业生产目的的多样性相对应的。由于农业系统结构复杂,环境因素众多,所以确定农业风险有很大难度。为降低分析难度,可针对特定的农业生产方案,仅研究由于不利的气象条件而形成的风险,即农业气象灾害风险。农业气象灾害风险定义为:对于特定的农业生产方案,在当前市场状况下,由于不利的气象条件而引起的后果,与预定目标发生多种负偏离的综合称为农业气象灾害风险。由于是针对特定的农业生产方案和当前市场状况,农业决策和市场状况相对稳定,同时考虑到土壤条件在年际间变化不大,可认为农业气象灾害风险与以下两类因素有关:一是各种气象条件出现的概率;二是各种气象条件下作物的利润状况与农业气象灾害风险体系相对应可定义风险链和风险体系两个层次的风险度(杜鹏 等,1998)。

根据农业气象灾害风险定义,春季茶树霜冻灾害风险可分为两类:茶树霜冻发生风险和茶树霜冻经济损失风险(霜冻风险度)。

7.6.1 春季茶树霜冻发生风险时空变化特征

春季茶树霜冻是否发生与茶树开采期和霜冻终日有关,可用茶树开采期和霜冻终日之差来表示霜冻风险大小。本节以安吉、杭州、鄞州、新昌、衢州、丽水作为浙江省代表站,分析浙江省春季各茶树品种霜冻发生风险时空变化特征。

7.6.1.1 茶树开采期时空变化特征

以安吉、杭州、鄞州、新昌、衢州、丽水作为浙江省代表站,各站各茶树品种1972—2018年开采期变化见图7.3。

除了衢州的特早生茶树品种和丽水的特早生、早生、中生茶树品种开采期的Sen's倾向率不显著,其他各地各茶树品种开采期的Sen's倾向率都达0.05显著水平以上。各茶树品种开采期的Sen's倾向率存在空间差异,安吉、杭州、鄞州各茶树品种开采期的Sen's倾向率绝对值大于新昌,新昌大于衢州的丽水。

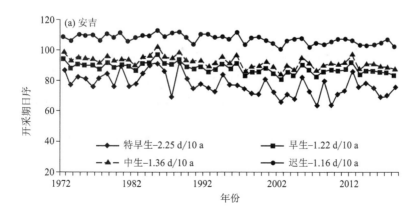

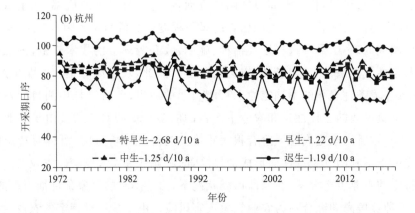

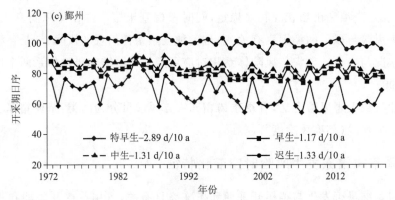

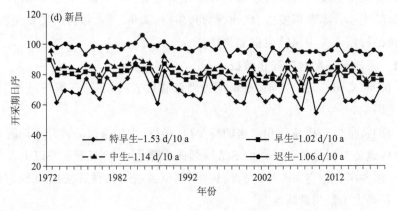

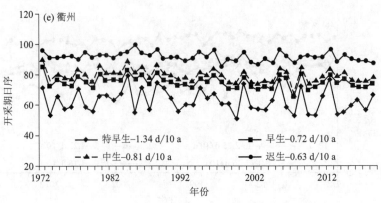

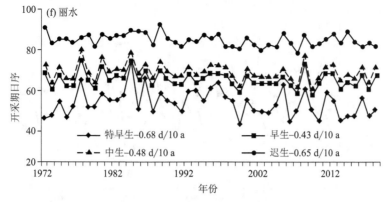

图 7.3 各代表站开采期变化

(注:以特早生−0.68 d/10 a 为例,它表示该符号代表特早生茶树品种,该品种开采期的
Sen's 倾向轨是−0.68 d/10 a;纵坐标为 n 表示这天为该年的第 n 天,下同)

全省各茶树品种开采期的 Sen's 倾向率与经纬度相关分析表明(表 7.5),各茶树品种开采期的 Sen's 倾向率与纬度呈极显著负相关,说明各茶树品种开采期随纬度升高提早越明显;特早生和迟生茶树品种开采期的 Sen's 倾向率与经度呈极显著或显著负相关,说明这两个茶树品种开采期随经度增加提早越明显;早生和中生茶树品种开采期随经度变化不明显。

表 7.5 各茶树品种开采期 Sen's 倾向率与经纬度相关关系

	特早生	早生	中生	迟生
经度	−0.4061**	−0.1630	−0.1630	−0.3114*
纬度	−0.7976**	−0.7784**	−0.7784**	−0.8143**

注:* 表示达 0.05 显著水平,** 表示达 0.01 显著水平。

7.6.1.2 霜冻终日时空变化特征

6 个代表站霜冻终日随时间变化见图 7.4。各站霜冻终日均呈提前倾向,其中安吉、杭州、鄞州霜冻终日 Sen's 倾向率达 0.05 显著水平,新昌、衢州、丽水霜冻终日 Sen's 倾向率未达 0.05 显著水平。

7.6.1.3 各茶树品种霜冻风险时空变化特征

茶树开采期和霜冻终日之差越大,发生霜冻的可能性越小,霜冻风险越低;茶树开采期和霜冻终日之差越小,发生霜冻的可能性越大,霜冻风险越高;茶树开采期和霜冻终日之差小于 0,表示该地当年该茶树品种遭受霜冻。因此,茶树开采期和霜冻终日之差反映了一地该茶树品种发生霜冻的风险大小。浙江省气象站 1972—2018 年各茶树品种茶树开采期和霜冻终日之差 Sen's 倾向率均未达 0.05 显著水平,说明各茶树品种霜冻风险没有显著变化。

7.6.1.4 各茶树品种霜冻风险图

图 7.5 是浙江省各茶树品种霜冻风险空间分布。各茶树品种霜冻风险分布有明显的区域特征。浙江省中西部和西南部地区霜冻风险较高,北部和沿海地区霜冻风险较低。迟生茶树品种遭受霜冻的风险较低。

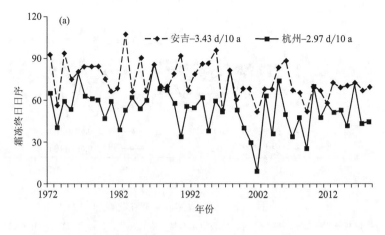

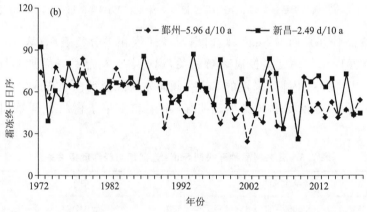

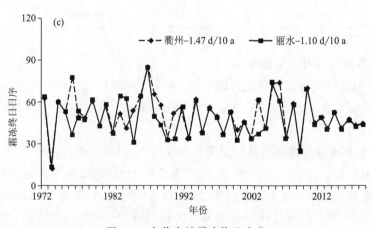

图 7.4 各代表站霜冻终日变化

7.6.2 春季茶树霜冻经济损失率时空变化特征

7.6.2.1 春季茶树霜冻风险度

春季名优茶价格在其生产期间变化大,如新昌县利用嘉茗 1 号茶树生产的"大佛龙井"在上市初期可超过 2000 元/kg,随着茶叶采摘进行,价格迅速下降,到距开采期 25 d 时,价格下降到 200 元/kg 左右。因此,茶树不同采摘时期遭遇霜冻造成的茶叶经济损失是不同的。分

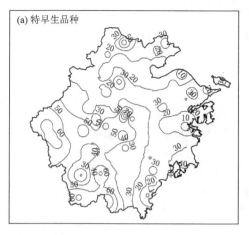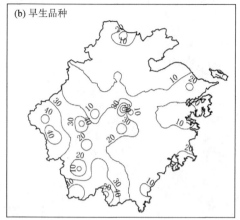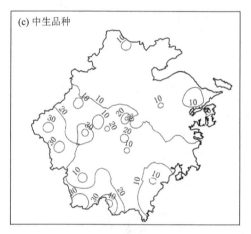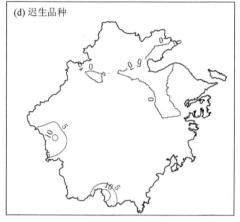

图 7.5　浙江省茶树霜冻风险空间分布(单位:%)

析霜冻对茶叶生产的影响不能用霜冻造成茶叶产量的减少来反映,要用霜冻造成茶叶生产经济产出减少来表示。本节定义茶树霜冻风险度为:在低温霜冻作用下,春季茶叶生产遭受的经济损失程度。即

$$R = \int (P \times F) \tag{7.18}$$

式中,R 为茶树霜冻风险度,取值为 0~1 或 0~100%;F 为霜冻造成的茶叶经济损失率,取值为 0~1 或者 0~100%;P 为各级茶树霜冻经济损失率出现概率,取值为 0~1 或 0~100%。

本节首先利用茶叶经济产出模型结合气象站历史资料,计算了浙江省各县(市区)气象站所在地 1972—2018 年四个茶树品种历年霜冻灾害造成的经济损失率,利用信息扩散理论计算各县各茶树品种各级霜冻经济损失率出现概率。

7.6.2.2　春季茶树霜冻风险度空间分布

根据式(7.18),各级茶树霜冻经济损失率及其对应的出现概率得到四个茶树品种的霜冻风险度(R)。

浙江省除嘉兴市、舟山市及海岛县市区以外的县市区根据茶树霜冻风险度大小的区划结果见图 7.6。

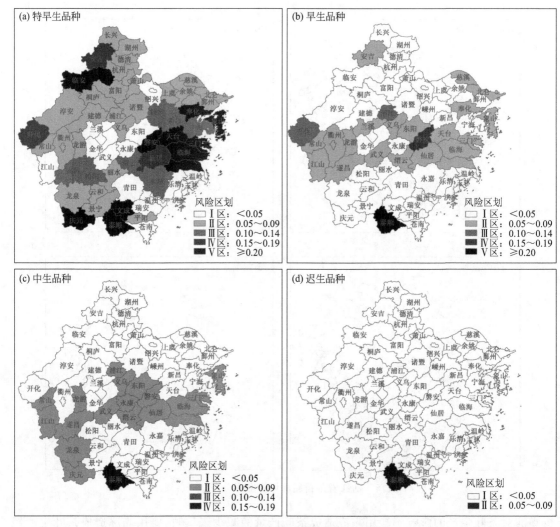

图 7.6 浙江省茶树霜冻风险区划

霜冻风险与茶树采摘期和霜冻出现日期有关。浙江省南部的泰顺县因气象站所在地海拔高(海拔为 539 m),茶树开采期早、0 ℃终日相对周边县(市区)出现迟,各茶树品种的霜冻风险度在全省各县(市区)中最高,分别为 0.53、0.24、0.19、0.06。其他县(市区)中大多位于低海拔的县(市区)政府所在地,气温偏高,0 ℃终日出现早,迟生茶树品种霜冻风险度均<0.05。中生茶树品种除了江山到三门一线的县(市区)中以及龙泉和庆元的霜冻风险度在 0.05~0.09,其他县(市区)中中生茶树品种霜冻风险度均<0.05。早生茶树品种霜冻风险度在 0.05~0.09 的区域比中生品种往北有所扩大,安吉和宁波大部的早生茶树品种霜冻风险度也在0.05~0.09,磐安的早生茶树品种霜冻风险度达到 0.18,开化和浦江在 0.10~0.14。除了南部沿海和金华等地的特早生茶树品种霜冻风险度<0.05,浙江省大部分地区特早生茶树品种霜冻风险度≥0.05,其中,除泰顺外,临安、奉化、象山、天台、三门、临海、庆元、文成、磐安等地的霜冻风险度均≥0.20。

省级区划采用县气象站资料作为一县风险区划依据,茶叶种植于丘陵山地,小气候差异大,因此我们利用区域气象站资料制作了浙江省各地区 100 m×100 m 分辨率的细网格茶树霜冻风险度空间分布图(Lou et al.,2019)。

7.6.2.3 春季茶树霜冻经济损失率时间变化特征

以安吉、杭州、鄞州、新昌、衢州、丽水作为浙江省代表站,各站1971—2018年茶树霜冻风险度变化见图7.7。

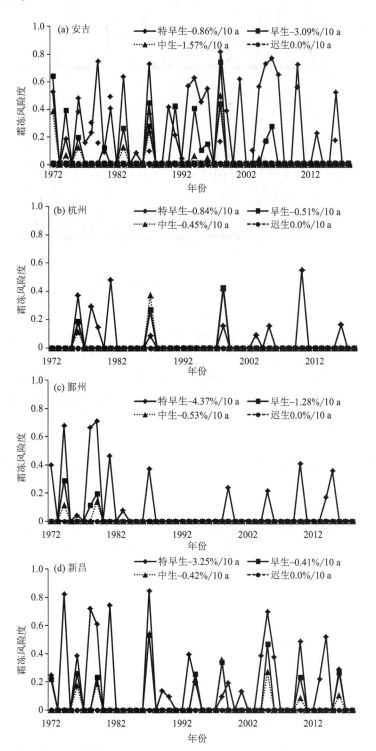

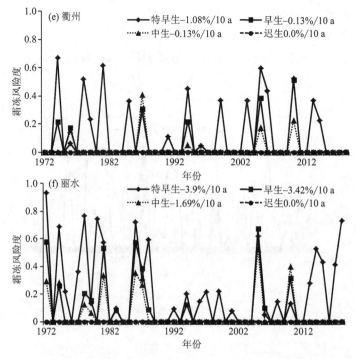

图 7.7 代表县(市区)茶树霜冻经济损失率的时间变化

从图 7.7 可以看出,由于采用国家级气象站资料,迟生茶树品种历年霜冻经济损失率接近于 0,早生和中生茶树品种历年霜冻经济损失率较低。地处浙江省北部地区的安吉历年特早生茶树品种霜冻经济损失率较高且随时间变化不明显;中南部特早生茶树品种霜冻经济损失率随时间变化存在阶段性,1972—1988 年霜冻出现频率高且经济损失率高,1989—2004 年霜冻出现频率较低且经济损失率较低,2005—2018 年霜冻出现频率和经济损失率虽然低于 1972—1988 年,但明显高于 1989—2004 年。

7.7 春季茶树霜冻风险度与地理因子的关系

茶树种植于山区,空间小气候变化复杂,准确、定量地评价地理因子对茶树霜冻风险度的影响,可对各地因地制宜选择合适的茶树品种提供科学的指导意见。本节以支持向量机与 GIS 技术为基础,分析浙江省茶树霜冻风险度随地理因素的空间变化特征,为茶叶生产管理提供基础数据。

7.7.1 数据

利用 2007—2017 年浙江省 738 个区域气象站观测资料计算特早生茶树品种霜冻风险度,利用 DEM 数据和 ArcGIS 读取各区域站的经度、纬度、海拔高度、距海岸线距离、坡度、坡向、距太湖湖岸线距离、距千岛湖湖岸线距离。

7.7.2 非线性分析

支持向量机(Support Vector Machine,SVM)是由 Vapnik 和他领导的贝尔实验室研究小组在 1995 年开发的一种基于统计学习理论的新的机器学习技术。SVM 是从线性可分的最优分类面发展起来的,它特别在小样本、非线性及高维模式识别问题中有许多特有的优势(Vapnik,1995)。SVM 方法的几个主要优点为:

(1)是专门针对有限样本的,其目标是得到现有信息下的最优解;

(2)算法最终转化成为二次型寻优问题,从理论上说,得到的将是全局最优点,而不是局部极值;

(3)算法通过非线性变换将实际问题转换到高维空间,通过在高维空间构造线性逼近函数来实现原空间中的非线性逼近函数,从而保证学习机有较好的推广能力,同时,它巧妙地处理了维数问题,使维数与算法复杂度无关。

本节利用支持向量机来拟合茶树霜冻风险度与地理因子的关系,以径向基函数(RBF)为核函数,以各区域站所在地的地理因子作为输入变量,茶树霜冻风险度为输出变量,将数据分成训练样本和测试样本,采用试错法确定最优惩罚参数 C 和 ε-不敏感损失函数的适当值。

选定最优模型后,利用敏感性比值评价每个地理因子对茶树霜冻风险度影响的重要程度即进行敏感性分析。敏感性比值是评估因子不存在时向量机回归产生的误差与所有因子存在时产生的误差的比值,若敏感性比值大于 1,表明该因子对茶树霜冻风险度影响重要,数值越大影响越关键。在进行敏感性分析之后,分析各地理因子对茶树霜冻风险度影响的敏感区间和影响趋势。分析方法为对于某一因子,其他因子设置为平均值,利用向量机模型计算茶树霜冻风险度随该因子的变化(Lou et al. , 2020)。

7.7.3 地理因子的敏感性分析

选取了经度、纬度、海拔高度、距海岸线距离、坡度、坡向作为影响茶树霜冻风险度的地理因子,特早生、早生、中生和迟生茶树品种霜冻风险度与这些因子拟合结果的平均绝对误差分别是 0.1027、0.0392、0.0285、0.0078。各因子的敏感性分析结果见表 7.6,除经度、距海岸线距离影响不敏感外,迟生茶树品种霜冻风险度对坡度的影响也不敏感,其他因素的影响敏感。

表 7.6 地理因子敏感性分析结果

地理因子		纬度	经度	海拔高度	距海岸线距离	坡度	坡向
敏感性比值	特早生	1.1	1.0	1.2	1.0	1.1	1.1
	早生	1.1	1.0	1.3	1.0	1.1	1.1
	中生	1.1	1.0	1.3	1.0	1.1	1.1
	迟生	1.2	1.0	1.1	1.0	1.0	1.1

7.7.4 茶树霜冻风险度与纬度的关系

茶树霜冻风险度随纬度的变化见图 7.8。在浙江省靠近福建省的南部山区,因海拔高,霜冻风险度较高。茶树霜冻灾害与茶树物候期、低温霜冻过程出现时间有关。浙江省影响茶树春季茶叶生产的霜冻过程主要出现在 3 月上旬到中旬前期。特早生茶树品种霜冻风险度高值区出现在浙江省中北部,该地特早生茶树品种开采期在 3 月上旬到中旬前期;早生和中生茶树品种霜冻风险度高值区出现在浙江省中部,该地早生和中生茶树品种开采期在 3 月上旬到中旬前期;迟生

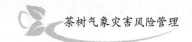

茶树品种霜冻风险度高值区出现在浙江省南部,该地迟茶树品种开采期在3月中旬。

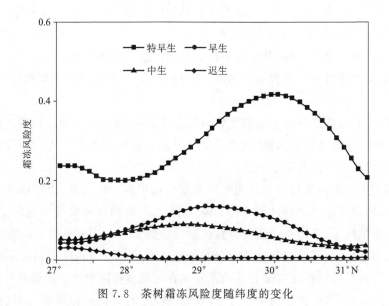

图7.8　茶树霜冻风险度随纬度的变化

7.7.5　茶树霜冻风险与海拔高度的关系

海拔高度是影响茶树霜冻风险的最重要地理因子。茶树霜冻风险度随海拔高度升高而增大(图7.9)。在海拔300 m以上区域,特早生茶树品种霜冻风险度>0.4;在海拔450 m以上区域,特早生茶树品种霜冻风险度>0.5。在海拔420 m以上区域,早生茶树品种霜冻风险度>0.2;在海拔670 m以上区域,早生茶树品种霜冻风险度>0.3。在海拔620 m以上区域,中生茶树品种霜冻风险度>0.2;在海拔900 m以上区域,中生茶树品种霜冻风险度>0.3。迟生茶树品种霜冻风险度较低,霜冻主要发生在海拔高度400 m以上区域。

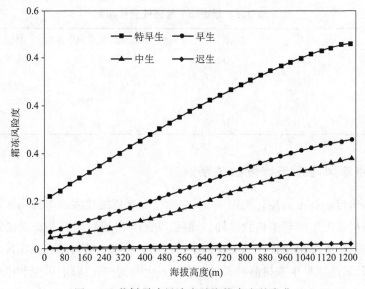

图7.9　茶树霜冻风险度随海拔高度的变化

7.7.6 茶树霜冻风险与坡度的关系

春季茶树霜冻影响主要出现在冷空气影响期,地面受冷高压控制,晴朗无风的夜晚。由于逆温效应,冷空气下沉,因此总体上,茶树霜冻风险度随坡度增大而降低。凹地由于冷空气堆积,茶树容易遭受霜冻。因此,从图 7.10 中可看出,茶树霜冻风险度高值区出现在坡度 5°~15°处。

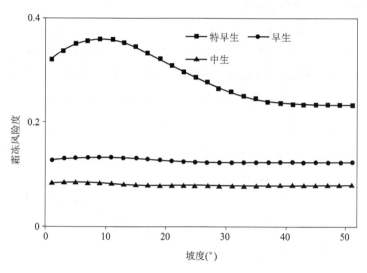

图 7.10 茶树霜冻风险度随坡度的变化

7.7.7 茶树霜冻风险与坡向的关系

春季南坡比北坡阳光照射时间长,温度高,各茶树品种霜冻风险度北坡大于南坡。东北坡比西北坡更早被阳光照到,升温快,各茶树品种霜冻风险度西北坡大于东北坡(图 7.11)。

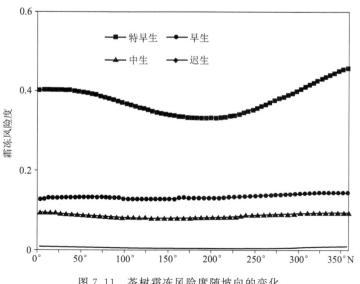

图 7.11 茶树霜冻风险度随坡向的变化

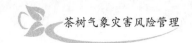

7.7.8 茶树霜冻风险与距海岸线距离的关系

虽然从全省角度看,距海岸线距离对霜冻风险度影响不明显。但我们分析了距海岸线距离在 50 km 范围内,距海岸线距离对霜冻风险度的影响,得出特早生、早生、中生和迟生茶树品种霜冻风险度对距海岸线距离的敏感性比值分别是 1.2、1.1、1.1、1.1,这表明各茶树品种霜冻风险度对距海岸线距离的影响敏感。

从图 7.12 可知,在距海岸线距离 45 km 范围内,特早生茶树品种霜冻风险度随距海岸线距离的增大而增大;在距海岸线距离 35 km 范围内,早生茶树品种霜冻风险度随距海岸线距离的增大而增大;在距海岸线距离 30 km 范围内,中生茶树品种霜冻风险度随距海岸线距离的增大而增大。迟生茶树品种霜冻风险度随距海岸线距离的增大而增大。

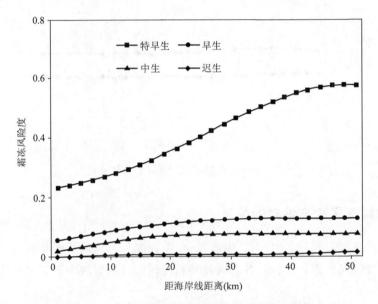

图 7.12　茶树霜冻风险度随距海岸线距离的变化

第8章 茶树越冬期冻害风险因子识别和变化规律

茶树作为一种亚热带植物,不耐严寒。受北方强冷空气影响,在晚秋或初冬易出现强降温天气、冬季易出现强低温或雨雪冰冻,使茶树冻伤或冻死,茶树遭受冻害后不仅会造成次年茶叶减产甚至绝收,严重的还会影响到以后数年的产出。因此,茶树越冬期冻害是限制茶树栽培区域的主要气象因子。

8.1 茶树越冬期冻害分类和症状

茶树越冬期冻害(简称冻害)发生程度与气象因子、茶树品种、管理水平等因素有关。

8.1.1 茶树冻害类型

根据冻害成因,茶树越冬期冻害可分为霜冻、温度骤降型冻害、严寒型冻害、低温雨雪冰冻型冻害、风冻、干冻、雪冻等。

(1)霜冻

秋季或初冬气温偏高,茶树生长旺盛,秋梢处于生长状态。遇北方冷空气南下,日最低气温降到 0 ℃以下,叶面上结霜,或虽无结霜而造成茶树秋梢嫩叶和顶部枝梢受害或死亡,称之为霜冻。霜冻分有明显白色小冰晶的"白霜"和无明显小冰晶的"黑霜"两种类型。在江南茶区,秋季或初冬茶树经常遭受霜冻,因对茶树产量或经济产出影响较小而被人们忽视。

(2)温度骤降型冻害

晚秋或初冬气温较高,由于气温骤降使茶树芽叶、枝条受到损害甚至死亡的一种农业气象灾害。温度骤降型冻害是由于前期气温偏高,茶树未经过抗寒性锻炼,抗冻能力较差,遇上突然而至的低温而造成冻害。

(3)严寒型冻害

越冬期茶树处于休眠状态,虽然抗寒能力强,但冬季气温下降到茶树所能适应范围外使茶树遭受冻害。

(4)低温雨雪冰冻型冻害

冬季出现雨淞后,出现一定时期的持续低温雨雪冰冻天气使茶树遭受冻害。

(5)风冻

在强寒潮的侵袭下,温度急剧下降,伴之刮干冷西北风,茶树树冠枝叶受冻失水,叶片多呈"青枯状"卷缩,尔后脱落,枝条干枯。

(6)干冻

茶树在越冬期,遭遇雪后连日阴雨结冰天气,中小叶种茶树遇到气温低于−5 ℃或大叶种

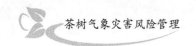

茶树遇到气温低于 0 ℃,成叶细胞开始结冰,若再加上空气干燥和土壤结冰,土壤中的水分移动和上升受阻,叶片由于蒸腾失水过多而出现寒害,受寒叶呈赤枯状。茶苗则由于土壤结冰,将苗抬起,根部松动,细根拉断而干枯死亡。

(7)雪冻

下雪后,在融雪时吸收了茶树和土壤中的热量,再遇低温时,地表和叶面都可结成冻壳,出现覆盖→融化→结冰→解冻→再结冰的现象,这种骤冷骤热,一冻一化,使茶树部分细胞遭到破坏,造成冻害。受冻多出现在上部树冠,向阳面往往受害较重。

8.1.2　茶树冻害的症状

茶树不同器官的抗寒能力是不同的,各器官抗寒能力从叶、茎到根依次递增。茶树受冻过程一般从生理活动较强部位开始,首先是叶片、越冬芽、枝梢,最后是根部。茶树叶片对低温反应敏感,幼叶受冻首先从叶尖开始继而叶缘再蔓延至中部。成熟叶片变得没有光泽,叶片卷缩,出现焦枯现象,轻轻一碰就掉,手捏就碎。随着冻害加重,茶树冠层上部枝梢干枯,部分枝条出现外裂开。当冻害严重时还会导致全部叶片枯萎脱落,枝条大部或者整株茶树冻死。茶树主干冻害主要表现为干基冻害、主干破裂和枝杈受冻。干基冻害是幼龄茶树常常发生的一种冻害,主要主干在地表以上 8~10 cm 发生冻害,轻则只有向阳面的皮层和形成层纵向开裂、变褐死亡,重则背阴面也死亡,形成一个死环,包围树干一周,使全株死亡。一般说来多年生的枝干不易受冻害。就整株茶树而言,愈近树冠面的枝干愈易受冻,愈近地面的枝干较不易受冻。只有在极度严寒的情况下,根部才会受害死亡。茶树根系发生冻害后,外部皮层变为褐色,皮层与木质部分离,甚至脱落。

段建真(1978)研究指出,茶树叶片受冻害程度不一,其外观表现也不一样。当叶片在逐渐降温的情况下,一般达到 0 ℃ 以下,就可以观察到许多成叶的叶面的叶肉部分变成紫红色,使叶片发暗,失去光泽,特别是叶片的尖端部位和叶缘更明显,但近主脉部分仍呈绿色。叶背面仍然是绿色或叶缘部分有少量呈黄褐色。随着低温时间的延长、深入,在紫红色的部位,逐渐变成枯黄色、略带褐斑,并逐渐加深,以至呈褐黄色,叶缘开始焦枯,紫红色部分向主脉附近扩展,但近主脉及叶背面仍呈绿色,仅出现少量浸渍状褐斑,以后褐斑继续扩大,使整个叶片呈褐色、焦拈状,仅叶柄及叶背面近主脉部位略呈绿色。但是,当茶树突然遭到强寒流的侵袭,气温突然下降到 −10 ℃ 以下时,处在风口地带的茶树叶片受冻后并无上述表现,而是呈干枯的绿色,恰似采下的鲜叶,放在强烈的日光下曝晒后变干的状态。这种冻害,多半伴随着树冠面上枝条的干枯,干枯的枝条直径可达 8 mm 以上,而且枝条内的色泽也和叶片一样不变,只是失去水分而已,如属逐渐冻害致死的枝条,则呈枯褐色,木质部也如此。

在严重冻害地区,往往可以看到一行茶树,甚至一丛茶树,上述两种冻害情况并存,即在迎风口一面茶树枝叶,由于受到强烈的风冻,失水呈灰绿色,而另一面,由于茶树密集的枝条自身的挡风作用,冻害较轻,叶片呈紫红色或紫褐色。由于冻害或冻害加水分供应不足,初春经风吹后往往是大部或全部落叶。落叶多数从茶树下部叶片开始,逐渐向上。掉落的叶片不仅是已大部焦枯的,有的叶片只有 50% 左右的叶面积呈褐色时,风吹也可以掉落。

8.1.3 茶树冻害机理

茶树冻害的实质是低温引起细胞结冰,外因和条件是低温,内因和根据是细胞的结冰。当温度下降到一定程度时,茶树汁液开始结冰,随着温度继续下降,细胞间隙自由水随着温度继续下降而结冰导致细胞收缩,渗透到间隙中的细胞内水分形成的冰块逐渐增大,冰晶出现于细胞外并不断夺取细胞内的水分,造成原生质浓度剧增,产生严重的脱水现象。蛋白质因脱水过度而变质,原生质也由于同样原因不可逆地凝胶化。细胞因冰晶的膨大产生的机械压力而变形,虽然细胞壁在温度回升冰晶融化后尚具有一定的复原性,但原生质因吸水膨胀缓慢而被撕裂损伤。质膜、细胞衬质因胞内冰晶的形成、融化而被破坏,原生质因此受到致命的损伤。

8.1.4 茶树冻害等级划分

结合《气象灾害预警信号发布与传播办法》规定,将茶树越冬期冻害等级分为五个等级:五级、四级、三级、二级、一级,分别代表轻度冻害、中度冻害、较重冻害、重度冻害和特重冻害。

不同等级茶树越冬期冻害症状见表8.1(娄伟平 等,2020)。

表 8.1 茶树冻害等级划分标准

冻害程度	冻害等级	表现症状
轻度冻害	五级	树冠表层叶片尖端、边缘受冻后变为黄褐色或紫红色,略有损伤,叶片受害率<20%
中度冻害	四级	树冠表层叶片受冻失去光泽变为赭色,成叶受冻失去光泽变为赭色,顶芽和上部腋芽转暗褐色,叶片受害率在20%~50%
较重冻害	三级	生产枝受冻变色,出现干枯现象,老叶呈水渍状、枯绿无光,枝梢逐渐向下枯死,叶片受害率在50%~75%
重度冻害	二级	骨干枝及树皮冻裂受伤,皮层、韧皮部因失水而收缩与木质部分离,枝梢失水干枯,叶片受害率在75%~95%
特重冻害	一级	主干基部自下而上出现纵裂,树液流出,叶片全部枯萎、凋落,植株枯死,根系变黑,茎干裂皮腐烂

8.2 茶树冻害影响因子

影响茶树冻害的因子有茶树品种、树龄、管理水平、地理因子、气象条件等。

8.2.1 茶树冻害发生与气象条件

茶树冻害常发生于秋季到春季强寒潮南下影响后或冬季强冷高压控制下的天气条件下。

11—12月,中国南方茶区常出现日平均气温在8~10 ℃以上的暖和天气,茶树还处于生长和抽晚秋梢时期,此时若有强冷空气南下,气温骤降,出现0 ℃以下最低气温,茶树就会遭受霜冻。一些年份,茶树虽然停止生长,但由于前期气温比常年高1~2 ℃,还没有出现低温天气,茶树尚未经受低温锻炼,抗寒能力弱。如果强寒潮比常年提前,气温骤然大幅度下降,即使低温未超出茶树所能适应的范围,茶树也会遭受冻害;如果低温超出茶树所能适应的范围,茶树遭受冻害等级比相同气象指标下茶树严寒型冻害的冻害等级要高。如 1991 年 12 月上中旬中国大部分茶区气温偏高,12 月下旬后期受强冷空气南下影响,出现强降温和冰冻天气,使中国各地茶树遭受不同程度冻害。1991 年 12 月 26 日前浙江省宁波市鄞州区气象站日平均气温一直在 8 ℃ 以上,26 日始受强冷空气影响,气温骤降,28 日、29 日平均气温均达 −3.9 ℃,29 日、30 日日最低气温分别达 −6.3 ℃、−6.5 ℃,王开荣等(1995)调查发现,全市有 9.52 万亩茶园遭受冻害,其中冻害程度为轻度冻害和中度冻害的茶园有 6.5 万亩,冻害程度为较重冻害到特重冻害的茶园有 3 万亩。周理飞(1996)调查表明,1991 年 12 月底的冻害过程是福建省建瓯市近 50 年来出现冻害最严重的一次,全市有 5000 亩茶园遭受冻害,其中严重冻害的有1500 亩,当年茶叶减产 50% 以上。

干旱、长时间低温阴雨、大风等会加重冻害。李传友(1984)指出,湖北省北部茶区和高山、二高山茶区,茶树每年出现程度不同的冻害。1983 年冬季到 1984 年春季的茶树受冻最为严重。据不完全统计,茶园受冻面积达 30 余万亩,其中鄂西自治州 11 万亩,宜昌地区 8.2 万亩,郧阳地区 5 万亩,黄冈地区 2 万亩,襄樊、孝感等地区也有部分茶园受冻。受冻重的部分茶园基本无收,受冻轻的茶园推迟了采摘期,缩短了采摘时间,直接影响了 1984 年春茶生产。1984年湖北省春茶因受冻害减产一成以上。造成茶树受冻的主要原因:一是冬季干旱,春季阴雨低温时间长。据鹤峰县走马、五里两个气象站记载,1984 年 11 月 12 日至 12 月 15 日连续 33 d无雨,1984 年 1 月 15 日至 2 月 11 日,连续 28 d 气温都在 0 ℃ 以下,最低气温 −13~−16 ℃,积雪 31 d,长时间的连续干旱、低温和冷风,是造成茶树冻害的外界重要因素。因此,凡是种植在500 m 以上的茶树和北坡、东北和西北坡迎风地带的茶树冻害都较为严重。二是管理落后,采摘不合理。在同样条件下,凡是土层浅薄、管理落后、采摘不合理,实质上越冬前已造成茶树营养生长不良的茶园,冻害都明显加重。邱忠莲等(2018)指出,自 2017 年 10 月中旬至 2018 年 2月 28 日,山东省日照市平均降水量只有 7.8 mm,较常年少 89.3%;2018 年 1 月 23 日至 2 月8 日,气温持续偏低,沿海地区最低达 −11.2 ℃,内陆地区最低达 −12.8 ℃,长时间干旱、低温,导致没有采取越冬防护措施的茶树地上部和根部遭受严重冻害。

马承恩等(1993)调查分析 1991 年 12 月底江西省茶树的冻害原因和影响发现,1992 年受1991 年 12 月底茶树冻害影响,赣北、赣西北和赣东北茶叶减产 20%~40%,赣东北部分极端最低气温低于 −10 ℃ 的县市茶叶减产 20% 左右。江西省红壤研究所(极端最低气温 −12.1 ℃)700 亩茶园,1992 年全部成龄茶园片叶不采,所有茶树离地 20 cm 左右才更新。极端最低气温−7 ℃ 等温线以南地区茶树未受冻害或遭受轻度冻害。分析结果表明,此次冻害是风寒、雾凇与辐射降温三大作用的结果:①1991 年 12 月下旬前期与中旬的平均气温分别比常年高1.1 ℃、2.1 ℃,茶树休眠不深,28—30 日强冷空气影响后,气温下降幅度达 16~21 ℃,气温骤然大幅度下降而造成严重冻害;②万载、樟树、南丰以北极端最低气温均在 −10 ℃ 以下,冻害面积广;③冻前 11 月和 12 月冬旱,土壤和空气干燥,下垫面辐射散热剧烈;④冻后午晴,1992年 1 月上旬连续霜冻,茶树冻后生理失调,恢复条件恶化。进贤县(气象站极端最低气温为−12.1 ℃,雪面 0 cm 极端最低气温为 −14.4 ℃)调查表明,不同茶园冻害程度差异显著。中丘下坡、低丘与北坡洼地茶树冻害严重。北坡风寒效应显著,有 5 级以上大风,相当于气温降低2 ℃。北面和西面有林障的茶园,距林带 20 m、30 m 和 50 m 处,其风速由林外 8~11 m/s 分别下降至 3~5 m/s、4~6 m/s、5~8 m/s,冻害指数比无林障茶园低 4.1%。桐茶混作茶园 0~

60 cm 土层土壤水分含量比纯茶园高 0.7%～3.8%,0～20 cm 土层昼夜温差变幅比纯茶园小 1.7～3.0 ℃,空气相对湿度比纯茶园高 2%。冬季风速测定,桐茶混作园内 20 m 与 50 m,风速由园外 8～11 m/s 下降到 5～7 m/s、3～6 m/s,冻害指数比纯茶园低 35%。中丘上坡茶园因逆温效应,冻害指数比下坡茶园低 33.7%。密植茶园由于叶层覆盖严密,行间无裸露,枯枝落叶层在 3 cm 左右,水热状态稳定,冬季 13 时茶棚下气温比棚外气温高 0.9 ℃,冻害指数比一般高丘下坡茶园低 34%。

当冬季出现长时间的低温、雨雪和冰冻天气,虽然在茶树冻害临界温度以上,但由于冰冻时间长,茶树也会遭受严重冻害。2008 年 1 月 12 日至 2 月 16 日,浙江省出现了长时间的持续低温雨雪冰冻天气,全省 240 万亩茶园中有 116.7 万亩受灾,其中 17.3 万亩严重冻害,直接经济损失为 9.88 亿元左右。2008 年 1 月 15 日开始,丽水市海拔 800 m 以上的高山地区开始出现冻雨(雨淞)天气;17 日,北部地区海拔 500 m 以上的山区出现冻雨天气;23 日,冻雨天气降到海拔 300 m,此后,低温冰冻灾害一直持续且不断加重,并向低海拔地区扩展。海拔 800 m 以上的高山地区低温冰冻天气(日平均气温 1 ℃ 以下,日最低气温 0 ℃ 以下)一直持续到 2 月 16 日,海拔 500 m 左右的高山地区低温冰冻天气一直持续到 2 月 10 日,海拔 300 m 左右的高山地区低温冰冻天气一直持续到 2 月 4 日。受长时期低温雨雪冰冻影响,海拔 300 m 以上的茶树全部受冻,全市受灾茶园面积达 21.56 万亩,其中高山茶园覆盖一层 6～8 cm 冰层,茶树受到严重冻害。

2008 年 1 月中旬至 2 月上旬,湖南省冰冻过程持续时间为 28 d,17 d 的冰冻范围占全省总面积的 50% 以上,冰冻期间全省平均气温 −1.2 ℃,其中 2008 年 1 月 10 日至 2 月 5 日全省平均气温为 0.5 ℃,比历年同期低 4.5 ℃,全省平均降水量为 87.6 mm,比历年同期多近 6 成。傅海平等(2008)调查表明,2008 年湖南省现有茶园 9.33 万 hm²,冰冻期间茶树叶片普遍结冰 1～2 cm,95% 以上的茶园遭到不同程度的冻害,70% 以上的茶园受害程度达 3～4 级,春茶开采期推迟 2～3 周(相对 2007 年),减产 30%～50%。全省茶叶直接经济损失超过 3 亿元。其中长沙县茶园 0.54 万 hm² 全部受冻,70%～85% 的茶园受害程度达 3～4 级,春茶产量减少 30%～50%;石门县 0.61 万 hm² 茶园均受到不同程度的冻害,受灾面积 0.36 万 hm²;古丈县 0.33 万 hm² 茶园均受到不同程度的冻害,在海拔 500 m 以上山区冰冻持续 30 d 以上,茶树叶面萎缩干枯,春茶基本无收,新种植的 203.33 hm² 良种茶园不同程度受灾。在梳头溪示范建设的 1.33 hm² 良种苗圃在冰冻期间棚架全部坍塌,土壤膨胀,冰冻后扦插苗根系普遍外露,成苗率大为降低,补救将损失一半以上;平江县 0.31 万 hm² 茶园全部受冻,平地受灾较重茶园占 50% 左右,高山受灾较重茶园占 80% 以上;益阳 1.31 万 hm² 茶园均受冻,其中冻害严重的达 80% 以上,春茶开采期推迟 2 个星期左右,减产 40%,0.2 万 hm² 幼龄茶园全部受冻严重;沅陵县 0.13 万 hm² 茶园全部受冻,2007 年冬新种植的茶园受害面积 33.33 hm²,茶苗冻害率在 50% 以上。

茶树的冻害除与低温的绝对值有关外,还与低温持续时间、冻结时间、风速等密切相关。根据浙江省气象局业务科农业气象组(1961)调查,越冬期,当最低气温在 −6 ℃ 左右、持续冻结 6 d、风速为 6～8 m/s 时,嵊州市茶区茶树嫩梢即不同程度受冻,最低气温降至 −8 ℃,连续冻结 12 d 以上时即可发生严重冻害。这些研究表明,茶树冻害因茶树品种、所处的生产季节不同而存在较大差异,可能导致冻害的指标温度因茶树生理状态、生理期不同而有所差异,

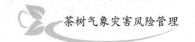

因此冻害指标温度是一个变量。

下雪后，在融雪时吸收了茶树和土壤中的热量，再遇低温时，地表和叶面都可结成冻壳，出现覆盖→融化→结冰→解冻→再结冰的现象，这种骤冷骤热，一冻一化，使茶树部分细胞遭到破坏，造成冻害。受冻多出现在上部树冠，向阳面往往受害较重。辛崇恒(2009)指出，山东省日照市1986—1987年冬季降水量虽然充沛，达到79.6 mm，但仍然发生冻害。主要原因是1986年12月27日至1987年1月16日连续21 d出现积雪，其中1987年1月2日最大积雪厚度达23 cm，出现较厚积雪后，白天融雪吸收茶树和土壤中的热量，夜晚气温急剧下降，地表和叶面都可结成冰壳，形成覆雪→融化→结冰→解冻→再结冰，骤冷骤热，一冻一化(日化夜冻)的情况使茶树部分细胞遭到破坏，致使茶树上部树冠和向阳的东坡、东南坡及土壤干燥疏松的茶园受冻较重。

8.2.2　不同茶树品种的抗寒能力

骆耀平(2015)总结中国学者研究成果指出：中国北部茶区的茶树品种，叶小，叶色深，叶肉厚，保护组织发达，抗冻能力强，不易受冻；而南部茶区的茶树品种，叶大，叶色浅，叶肉薄，保护组织不发达，抗冻能力弱，易受低温危害。例如，云南大叶种茶树，通常在出现−5 ℃低温时，即会受严重冻害；一般中小叶种茶树的抗寒力要比大叶种茶树强，虽然部分抗寒能力差的品种在−5 ℃左右也要受冻，但不少茶树品种能忍耐−10 ℃的低温。

茶树的抗寒性是茶树在长期适应低温胁迫过程中逐步发展和形成的一种获得性能力，需要通过低温驯化才能表现出来。如政和大白茶在福建能忍耐−7 ℃低温，而生长在皖南茶区却能忍受−8～−10 ℃的低温。一般北方当地的茶树品种要比从南方引进的品种抗寒性强。实生种茶树又比无性系茶树抗寒力强。如1991年12月下旬的严重冻害过程，武汉最低气温达−10.5 ℃，李传忠等(1992)调查发现，当时茶树叶片受冻程度，以当地群体种和大叶乌龙受冻最轻，毛蟹次之，而后顺次为福鼎大白茶、福鼎大毫茶，福云6号受冻最重。2016年1月25日浙江省新昌县大市聚镇出现−11.3 ℃的低温，俞辉等(2017)对位于该镇的大明有机茶场有16年树龄的茶树冻害调查表明，不同茶树品种间的冻害程度为：安徽仙寓早＜龙井长叶＜龙井43＜眉峰＜浙农117＜浙江中茶102＜浙农113＜浙农121＜浙江紫仁早＜浙江劲峰＜浙江碧云＜浙江黄叶特早＜菊花春＜平阳特早＜福建元宵红。2016年1月25日浙江省奉化国家级气象站(市区)测得最低气温为−8.3 ℃，奉化市局部山区最低气温为−13.4 ℃。王礼中等(2016)调查表明，这一冰冻天气给奉化市无性系良种茶园造成了不同程度的灾害损失，受灾轻的茶园出现顶芽冻焦、顶部枝梢成叶边缘冻成紫褐色，受灾严重的茶园秋梢芽叶全部枯萎脱落甚至整株叶片脱落殆尽，成一片火烧状。在同一海拔高度、相邻地块，对于从福建省及宁波以南地区引进的特早生、早生品种抗寒性较弱，如元宵绿、平阳特早等，秋梢上部芽叶被冻枯乃至脱落，而浙北地区繁育的浙农113、迎霜、黄金芽等品种影响较小。

抗寒性强的品种有祁门种、黄山种、茗洲种、柿大茶、安徽1号、安徽3号、安徽7号、皖农95、乐昌白毛茶、恩施大叶茶、鹤峰苔子茶、高芽齐、白毫早、宜兴种、茴香茶、宁州2号、紫阳种、顾渚紫笋、藤茶、水古茶、龙井43、龙井长叶、碧云、苔香紫、青峰、浙农113等。抗寒性较强的品种有杨树林783、黄荆茶、波毫、福安大白茶、政和大白茶、福建水仙、本山、大叶乌龙、福云6号、福云10号、碧波茶、铺埔白叶、五岭红、临桂大叶茶、都匀毛尖、黔循601、信阳种、信阳10、宜昌大叶茶、云台山种、蓝山苦茶、江华苦茶、君山种、储叶齐 12、锡茶 5、锡茶 11、赣茶 1 号、青山大有、台茶 13 号、苹云、眉峰等。云南勐海大叶茶、云南革质杨柳茶、云南大叶绿芽茶、云南大叶红芽茶、云南大黄叶茶、云南大卵圆叶茶、云南大团叶茶、云南大叶种茶、云南红叶茶、云南弓形茶、云南杨柳茶、云南细团叶茶、云南细叶茶、云南早生黑叶、云南细黄叶早茶、云南紫娟茶、云南长叶白毫、云南云抗、云南云选、云南佛香等云南大叶种茶抗寒性弱。中小叶种、大叶种的各个茶树品种之间抗寒性存在差异。如云南云抗 10 号是大叶种中抗寒性较强的茶树品种，能在冬季气温为 $-4.5 \sim -5\ ℃$ 时安全越冬。

房用等(2004)和邱丽玲等(2012)总结中国学者研究成果指出，茶树品种的形态特征与抗寒能力密切相关。秋冬茶树成熟叶片含水量随温度降低而降低，凡叶片中总含水量及自由水含量较少而束缚水含量较多的茶树品种，其抗寒性相应较高。茶树叶片的解剖结构与抗寒性有密切关系，其中叶片内部结构的栅栏组织厚度、下表皮组织厚度、海绵组织厚度与抗寒性成正相关。细胞液浓度与抗冻性的关系密切，主要表现在以下两方面：一是细胞液浓度反映细胞内含物和水分比例的关系，细胞液浓度高，可溶性糖和蛋白质的含量高，细胞内的束缚水含量就高，自由水含量则相对减少，抗冻性就强。因此，茶树品种间抗冻性的强弱与细胞液浓度的高低是一致的。茶树在不同温度下细胞液浓度的变幅也与抗冻能力相关，变化幅度越大，意味着细胞自身调节水分状况和调节预防低温保护性物质的能力较强，抗寒的能力也越强。二是细胞内可溶性糖含量多时，可使细胞渗透压增大，保水能力增强。此外，糖还具有保护蛋白质避免低温所引起的凝固作用。茶树保护性酶类与抗冻性有着密切的关系。抗冻性强的品系 SOD、CAT 的活性在低温时能够维持较高的水平；SOD、POX 同工酶总活性及谱带数目明显强于和多于抗性弱的品系。低温时光合强度和呼吸强度较弱的茶树品种对不良环境的抵抗力远远高于代谢较强、生长活跃的品种，降低光合作用有利于茶树抗冻，这也是茶树适应低温的积极表现。

束际林(1995)对 100 多个茶树叶片解剖结构鉴定结果表明，叶片特征与茶树抗寒性有着密切关系，并提出以下叶片解剖特征，可作为茶树叶片抗寒结构的具体指标：栅栏组织细胞层 2 层以上；上表皮细胞厚度与海绵组织细胞厚度之比值在 0.18 以上；栅栏组织与海绵组织厚度之比值在 0.60 以上；上表皮厚度在 20 μm 以上；剖面上 400 μm 范围内第一层栅栏组织细胞数目在 52 个以上等均为抗寒性强的品种。

8.2.3 不同树龄茶树的抗寒能力

茶树幼苗抗寒性较弱，随着树龄的增加，茶树抗寒能力不断增强，成龄茶园的壮年茶树比幼龄茶园的幼龄茶苗抗寒性强。但是后期老茶园随着茶树不断衰老，其抗寒能力也不断下降。幼龄茶园的幼龄茶苗因根系浅，易受土壤结冰危害。幼龄茶树受冻后恢复较快，马承恩等(1993)在 1991 年 12 月底江西省茶树严重冻害后调查发现，3 龄茶树受冻后第二年生长量(株高、幅宽)均已达到或超过前一年的水平。成龄茶树受冻后恢复较慢，一般在主干 5~25 cm 处萌发隐芽，一年不能达到原树势水平。

8.2.4 茶树种植密度和管理水平与冻害

一般种植密度大的比种植密度小的受害程度轻，丛生型茶园比平面型茶园易受冻害。种植管理水平高、长势旺盛、叶层厚的茶园往往抗寒能力强,不易受冻,反之不中耕除草、不施肥尤其花期不施有机肥的茶园,采摘过度、树势衰老的茶树,经不起冻害,抗寒能力弱,容易受冻害。晚秋修剪会加重茶树低温冻害。李传忠(1992)于 1991 年 10 月中旬在武昌县金水闸省农科院果茶所茶园开展修剪试验,1991 年 12 月下旬湖北武昌金水地区连续低温,最低气温达 —10 ℃,茶树普遍出现不同程度冻害,修剪试验结果表明:茶树晚秋修剪,剪去了树冠上大部分叶片,形成大量伤口,遇低温伤口易受冻。由于剪后枝叶少,降低茶棚中的温度,加上修剪后的茶树本身抵抗力弱,导致茶树受冻严重。冬季受冻后翌年早春又得进行一次补充修剪,剪去冻死部分,又降低了茶树发芽部位,茶树叶片很少,几乎形成光杆,延缓树势恢复,导致减产减收。而不修剪茶园枝叶多,冬季犹如盖了一床棉被,寒风不易穿透,茶棚温度高,因而茶树受冻轻,早春再剪去冻死部分,还可留下大部未冻叶片进行光合作用,获得较好收成。俞辉等(2017)对 2016 年 1 月 25 日浙江省新昌县大市聚大明有机茶场茶树冻害调查表明:在同一水平面、仅有一路相隔的两片浙农 113 茶树,平面树冠冻害指数为 22.5,立体树冠是前者的 3 倍。平面树冠高出棚面的叶片易红枯,表层也有少量叶片发红但未枯,棚面内部叶片几乎无影响;而立体栽培,出现大量枯叶、落叶,部分茎秆枯萎。

8.2.5　地形、地势与冻害

寒流侵袭时一般会伴有大风,此时茶园迎风面(通常是北坡茶园)受冻更严重。地势低洼、地形闭塞的小盆地、洼地等,冷空气容易沉积,茶树受冻最严重。山顶由于直接受到寒风吹袭,往往茶树受冻严重,而山坡地中部空气流动通畅,茶树受冻较轻。另外,中国地处北半球,北坡接受太阳辐射少,又直接受西北风影响,因此与南坡茶园相比,北坡茶园更容易受冻,而且受冻程度也更严重。俞辉等(2017)对 2016 年 1 月 25 日浙江省新昌县大市聚大明有机茶场茶树冻害调查表明:半坡三面遮挡茶园平均冻害指数为 24.5,半坡无遮挡茶园平均冻害指数为 55.0,坡地、凹地无遮挡茶园平均冻害指数为 55.5;有遮挡茶园冻害程度远低于无遮挡茶园,仅有少部分叶片呈红褐色;半坡与坡底凹地茶园冻害差异不显著,远看呈整片红褐色,当年头茶未能采收。

8.2.6　纬度、海拔与冻害

随纬度或海拔增高,茶树越冬期最低气温、负积温、低温持续时间增加,因此在高纬度、高海拔的立地条件下的茶树容易受冻。王礼中等(2016)对 2016 年 1 月奉化市茶园冻害调查表明:山区茶园冻害相对严重,尤其是海拔 400 m 以上高山茶园,不仅气温低,而且处在西北风风口处,受冻茶树相继出现了顶芽和上部枝梢腋芽冻焦、成叶脱落甚至整株成叶全部凋零状,对树势造成很大影响。而在海拔 200 m 以下低山缓坡及平原茶树秋梢成叶虽受到一定程度的冻害,但是芽头完好,影响不大。对于抗冻性较弱的茶树品种而言,不同海拔高度下受灾症状不同,如浙农 139 在海拔 100 m 茶园冻害等级为轻度冻害,在海拔 500 m 茶园冻害程度为较重冻害;福鼎大白茶在海拔 100 m 茶园冻害等级为轻度冻害,在海拔 300 m 茶园冻害程度为中度冻害;白叶 1 号在海拔 50 m 茶园冻害等级为轻度冻害,在海拔 550 m 茶园冻害程度为中度冻害。

冻雨发生需一定的气象条件,康丽莉等(2017)研究发现,浙江省强冻雨发生时具备冷暖冷的层结结构,且中间暖层气温>0 ℃,但相比湖南和江西,浙江省的暖层中心气温稍低,下层冷层厚度略厚,暖层中的液态水落到冷层后容易冻结,落到低海拔地面为冰粒,或者低海拔地面层气温高于0 ℃,冻雨落到地面为降雨,所以冻雨期间浙江省绝大多数气象站(海拔在200 m以下)多观测到冰粒或降雨,雨凇现象比较少见。然而在海拔较高的山区,冷层厚度变薄,而且山区地面气温多低于0 ℃,有利于冻雨落在山区地面形成雨凇,因此浙江省冻雨多出现在浙中海拔400 m以上和浙南海拔600 m以上的山区。在中国南方海拔400 m、500 m以上山区冬季,易出现长期0 ℃以下低温,过冷却水碰到茶树形成冻雨,使茶树遭受低温雨雪冰冻灾害。2008年1月13日开始,受北方冷空气和西南暖湿气流共同影响,绍兴市出现连续雨雪天气过程。其中1月25—28日在海拔100 m以上地区普降冻雨,南部在海拔300 m以上地区冻雨直径在2 cm以上,茶叶被一层冻雨覆盖,在海拔600 m以上的茶园,茶树上冰凌直径在5 cm以上。2月1—2日,绍兴市又降暴雪,各地积雪深度分别为:绍兴26 cm、上虞27 cm、诸暨21 cm、嵊州14 cm、新昌13 cm。从1月22日到2月15日出现持续低温冰冻天气,海拔200 m以上地区最低气温在−5.0 ℃以下,海拔400 m以上地区最低气温在−6.0 ℃以下,到2月15日茶叶上还覆盖着一层厚厚的冰雪。受较长时期低温雨雪冰冻天气影响,绍兴市茶叶遭受不同程度的冻害。调查发现,不同地形、不同茶叶品种的冻害程度不同。一般冻害程度随海拔高度而变化,海拔高度200 m以下茶园基本没有受冻,海拔200～270 m的茶园出现轻度冻害,海拔270 m以上的茶园出现较重冻害,海拔500 m以上的茶园遭受严重冻害。

8.2.7　茶树冻害分布规律

随海拔高度增高,茶树冻害风险增大;随纬度增高,茶树冻害风险也增大。同一纬度,离海岸线近,茶树冻害风险降低。蒋跃林等(2000)研究表明,灌木中小型茶树在射阳、蚌埠、信阳、商县、武都、庐定、德钦、林芝到错那一线(另包括山东半岛东南部沿海地区)以北严寒型重度冻害风险较高,温州、龙岩、韶关、榕江、广南、昆明、六库一线以北(还包括四川盆地部分茶区)乔木大叶型茶树严寒型重度冻害风险较高。在上海、苏州、杭州、屯溪、景德镇、九江、岳阳、宜昌、兴山、安康、汉中、武都一线以北灌木中小型茶树出现严寒型轻度以上冻害的风险较高。中国高山茶区茶树栽培垂直高度界限为海拔440～2130 m,随茶树生态型和茶区的不同而有变化,其中东部茶区(112°E以东)灌木中小叶型茶树栽培垂直高度界限值与茶区所处纬度密切相关,纬度每低1°则茶树栽培垂直高度约提高110 m。南方高山茶区出现低温雨雪冰冻型冻害的风险较高。茶树冻害风险并不简单随等高线或纬度而变化,由于土壤、植被、地形、坡向、坡度等因素的变化与影响,可形成不同的局地小气候;同时,随着气候变暖,茶树冻害风险也在发生变化。因而茶树冻害风险有一个变化范围,实际应用中应考虑当地的小气候条件和气候变化特征。

8.3　茶树越冬期冻害指标

不同茶树品种抗寒性不同,同一茶树品种在一地种植较长时间后,会适应当地气候条件,抗寒性能会有所增强。因此,茶树越冬期冻害指标具有地域性。

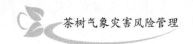

8.3.1 茶树冻害等级划分

为了和气象灾害预警信号等级一致,结合茶树越冬期冻害等级传统划分级别,将茶树越冬期冻害等级划分为五个:五级、四级、三级、二级、一级,分别代表轻度冻害、中度冻害、较重冻害、重度冻害、特重冻害。

8.3.2 大叶种茶树冻害指标

房用等(2004)和舒婷等(2016)研究表明,大叶种茶在0℃就会受到轻度冻害,在−5℃时遭受严重冻害,甚至植枝死亡。王栋(2010)认为,云南大叶种的冻害临界温度是−3℃,广西大、中叶种的冻害临界温度是−6℃。本节根据相关研究和茶树遭受冻害、雨雪冰冻报道,提出大叶种茶树越冬期冻害指标。

8.3.2.1 严寒型冻害等级

大叶种茶树严寒型冻害等级如表8.2所示。

表8.2　大叶种茶树严寒型冻害等级判定标准　　　　　单位:℃

冻害程度	冻害等级	强抗寒性品种	弱抗寒性品种
轻度冻害	五级	$-1.5<T_n\leqslant0$	$-1<T_n\leqslant0$
中度冻害	四级	$-3<T_n\leqslant-1.5$	$-2<T_n\leqslant-1$
较重冻害	三级	$-4.5<T_n\leqslant-3$	$-3.5<T_n\leqslant-2$
重度冻害	二级	$-6<T_n\leqslant-4.5$	$-5<T_n\leqslant-3.5$
特重冻害	一级	$T_n\leqslant-6$	$T_n\leqslant-5$

注:T_n为日最低气温

8.3.2.2 低温雨雪冰冻型冻害等级

大叶种茶树低温雨雪冰冻型冻害等级如表8.3所示。

表8.3　大叶种茶树低温雨雪冰冻型冻害等级判定标准

冻害程度	冻害等级	强抗寒性品种	弱抗寒性品种
轻度冻害	五级	从出现雨凇开始,$T\leqslant1$ ℃和$T_n\leqslant0$ ℃持续日数在1~7 d	从出现雨凇开始,$T\leqslant1$ ℃和$T_n\leqslant0$ ℃持续日数在1~5 d
中度冻害	四级	从出现雨凇开始,$T\leqslant1$ ℃和$T_n\leqslant0$ ℃持续日数在8~14 d	从出现雨凇开始,$T\leqslant1$ ℃和$T_n\leqslant0$ ℃持续日数在6~10 d
较重冻害	三级	从出现雨凇开始,$T\leqslant1$ ℃和$T_n\leqslant0$ ℃持续日数在15~22 d	从出现雨凇开始,$T\leqslant1$ ℃和$T_n\leqslant0$ ℃持续日数在11~15 d
重度冻害	二级	从出现雨凇开始,$T\leqslant1$ ℃和$T_n\leqslant0$ ℃持续日数在23~30 d	从出现雨凇开始,$T\leqslant1$ ℃和$T_n\leqslant0$ ℃持续日数在16~20 d
特重冻害	一级	从出现雨凇开始,$T\leqslant1$ ℃和$T_n\leqslant0$ ℃持续日数在30 d以上	从出现雨凇开始,$T\leqslant1$ ℃和$T_n\leqslant0$ ℃持续日数在20 d以上

注:T和T_n分别为日平均气温、日最低气温,单位为摄氏度(℃)

8.3.2.3 越冬期冻害等级判定

当判定越冬期冻害等级出现不一致时,按照等级高的确定。

8.3.3　中小叶种茶树冻害指标

高玳珍(1995)总结了茶树冻害与防冻技术的研究进展后指出:灌木型的中小叶种茶树在 $-5\ ℃$ 时会出现冻害。娄伟平等(2020)根据相关研究和茶树遭受冻害、雨雪冰冻报道,提出中小叶种茶树越冬期冻害指标。

8.3.3.1　严寒型冻害等级

中小叶种茶树严寒型冻害等级如表 8.4 所示。

表 8.4　中小叶种茶树严寒型冻害等级判定标准

冻害程度	冻害等级	强抗寒性品种	中抗寒性品种	弱抗寒性品种
轻度冻害	五级	$-10<T_n\leqslant-8$	$-9<T_n\leqslant-7$	$-7<T_n\leqslant-5$
中度冻害	四级	$-12<T_n\leqslant-10$	$-11<T_n\leqslant-9$	$-9<T_n\leqslant-7$
较重冻害	三级	$-14<T_n\leqslant-12$	$-12<T_n\leqslant-11$	$-10<T_n\leqslant-9$
重度冻害	二级	$-15<T_n\leqslant-14$	$-13<T_n\leqslant-12$	$-11<T_n\leqslant-10$
特重冻害	一级	$T_n\leqslant-15$	$T_n\leqslant-13$	$T_n\leqslant-11$

注: T_n 为日最低气温,单位为摄氏度(℃)

8.3.3.2　低温雨雪冰冻型冻害等级判定

中小叶种茶树低温雨雪冰冻型冻害等级如表 8.5 所示。

表 8.5　中小叶种茶树低温雨雪冰冻型冻害等级判定标准

冻害程度	冻害等级	强抗寒性品种	中抗寒性品种	弱抗寒性品种
轻度冻害	五级	从出现雨凇开始, $T\leqslant1\ ℃$ 和 $T_n\leqslant0\ ℃$ 持续日数在 12～20 d	从出现雨凇开始, $T\leqslant1\ ℃$ 和 $T_n\leqslant0\ ℃$ 持续日数在 10～16 d	从出现雨凇开始, $T\leqslant1\ ℃$ 和 $T_n\leqslant0\ ℃$ 持续日数在 10～15 d
中度冻害	四级	从出现雨凇开始, $T\leqslant1\ ℃$ 和 $T_n\leqslant0\ ℃$ 持续日数在 21～28 d	从出现雨凇开始, $T\leqslant1\ ℃$ 和 $T_n\leqslant0\ ℃$ 持续日数在 17～23 d	从出现雨凇开始, $T\leqslant1\ ℃$ 和 $T_n\leqslant0\ ℃$ 持续日数在 16～20 d
较重冻害	三级	从出现雨凇开始, $T\leqslant1\ ℃$ 和 $T_n\leqslant0\ ℃$ 持续日数在 29～36 d	从出现雨凇开始, $T\leqslant1\ ℃$ 和 $T_n\leqslant0\ ℃$ 持续日数在 24～30 d	从出现雨凇开始, $T\leqslant1\ ℃$ 和 $T_n\leqslant0\ ℃$ 持续日数在 21～25 d
重度冻害	二级	从出现雨凇开始, $T\leqslant1\ ℃$ 和 $T_n\leqslant0\ ℃$ 持续日数在 37～44 d	从出现雨凇开始, $T\leqslant1\ ℃$ 和 $T_n\leqslant0\ ℃$ 持续日数在 31～36 d	从出现雨凇开始, $T\leqslant1\ ℃$ 和 $T_n\leqslant0\ ℃$ 持续日数在 26～30 d
特重冻害	一级	从出现雨凇开始, $T\leqslant1\ ℃$ 和 $T_n\leqslant0\ ℃$ 持续日数在 44 d 以上	从出现雨凇开始, $T\leqslant1\ ℃$ 和 $T_n\leqslant0\ ℃$ 持续日数在 36 d 以上	从出现雨凇开始, $T\leqslant1\ ℃$ 和 $T_n\leqslant0\ ℃$ 持续日数在 30 d 以上

注: T 和 T_n 分别为日平均气温、日最低气温,单位为摄氏度(℃)

8.3.3.3　越冬期冻害等级判定

当判定越冬期冻害等级出现不一致时,按照等级高的确定。

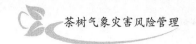

8.3.3.4 越冬期冻害等级指标的适用性

不同品种茶树的抗寒能力固然不同,但同一品种在不同生态条件下表现也不一样,如政和大白茶在福建能忍耐−7 ℃低温,而在皖南茶区却能忍受−8～−10 ℃的低温。

8.4 茶树越冬期冻害风险的时空变化特征

本节以浙江省为例,分析茶树越冬期严寒型冻害风险的时空变化特征。

8.4.1 浙江省1971年以来代表站冬季极端最低气温的时间变化特征

以安吉、杭州、鄞州、新昌、衢州、丽水作为浙江省代表站,各站1971年冬季到2017年冬季的极端最低气温(注:某年冬季极端最低气温是指当年11月到次年2月的极端最低气温)变化见图8.1。

冬季极端最低气温值虽然呈上升倾向,但Mann-kendall检验分析表明未达显著水平,表明各站冬季极端最低气温随时间变化不明显。但各阶段冬季极端最低气温低于一定温度值的出现概率不同。从图8.1中可看出,1992年以来,以2015年冬季极端最低气温最低,但1992年以前,出现低于或接近2015年冬季极端最低气温的年份较多。如安吉气象站2015年冬季极端最低气温−11.7 ℃,1971—1991年有4年冬季极端最低气温低于−11.7 ℃,1976年达−17.4 ℃;杭州气象站2015年冬季极端最低气温−8.2 ℃,1971—1991年有2年冬季极端最低气温低于−8.2 ℃,1976年达−8.6 ℃;鄞州气象站2015年冬季极端最低气温−6.7 ℃,

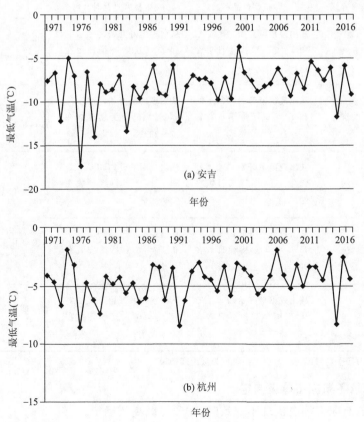

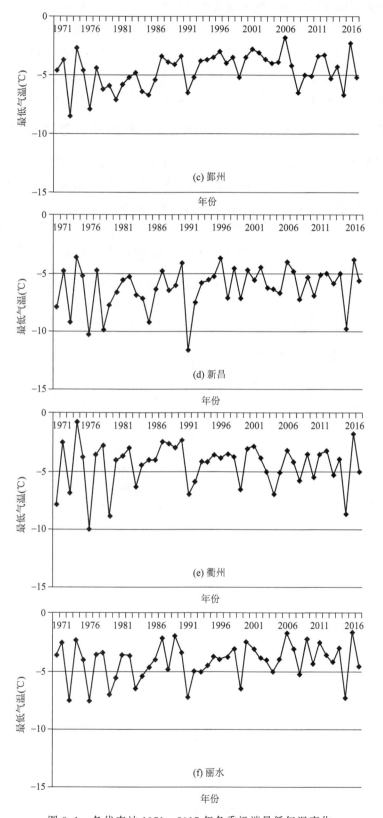

图 8.1　各代表站 1971—2017 年冬季极端最低气温变化

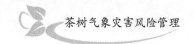

1971—1991 年有 3 年冬季极端最低气温低于 −6.7 ℃,1973 年达 −8.5 ℃;新昌气象站 2015 年冬季极端最低气温 −9.7 ℃,1971—1991 年有 3 年冬季极端最低气温低于 −9.7 ℃,1991 年达 −11.6 ℃;衢州气象站 2015 年冬季极端最低气温达 −8.7 ℃,1971—1991 年有 2 年冬季极端最低气温低于 −8.7 ℃,1976 年达 −10.0 ℃;丽水气象站 2015 年冬季极端最低气温达 −7.3 ℃,1971—1991 年有 2 年冬季极端最低气温低于 −7.3 ℃,1973 年和 1976 年达 −7.5 ℃。

8.4.2　浙江省 1971 年以来代表站茶树越冬期严寒型冻害等级的时间变化特征

无冻害、五级冻害、四级冻害、三级冻害、二级冻害、一级冻害分别取值为 0、0.2、0.4、0.6、0.8、1,各站 1971—2017 年茶树越冬期严寒型冻害等级见图 8.2。Mann-kendall 检验分析表明,安吉弱抗寒性品种、中抗寒性品种、强抗寒性品种冻害等级的线性倾向率达 0.05 显著水平,线性倾向率分别为 −0.043/10 a、−0.057/10 a、−0.047/10 a。其他各站各抗性茶树品种冻害等级的线性倾向率未达 0.05 显著水平,表明各站各抗性茶树品种冻害等级随时间变化不明显。

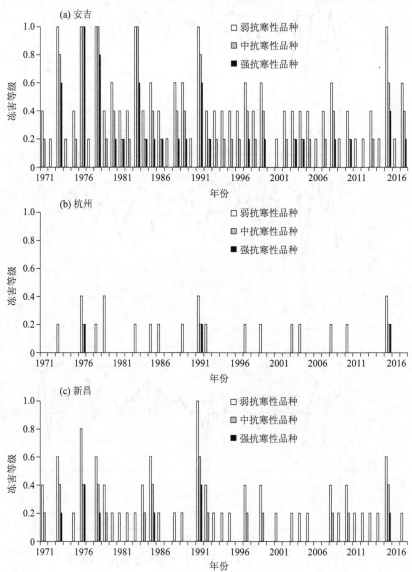

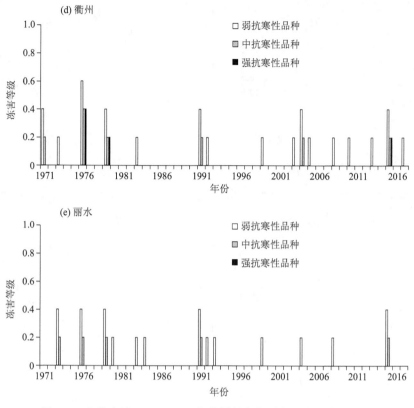

图 8.2 各代表站 1971—2017 年茶树越冬期严寒型冻害等级变化

8.4.3 浙江省 1972 年以来冬季极端最低气温的空间变化特征

—5.0 ℃、—7.0 ℃、—8.0 ℃、—9.0 ℃、—10.0 ℃、—11.0 ℃、—12.0 ℃、—13.0 ℃、—14.0 ℃、—15.0 ℃和弱抗寒性茶树品种、中抗寒性茶树品种、强抗寒性茶树品种的各级冻害等级相对应,利用信息扩散理论计算了各级最低气温的出现概率,分别制作了浙江省各级最低气温的出现概率分布图(图 8.3)。

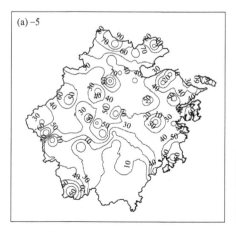
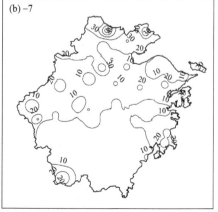

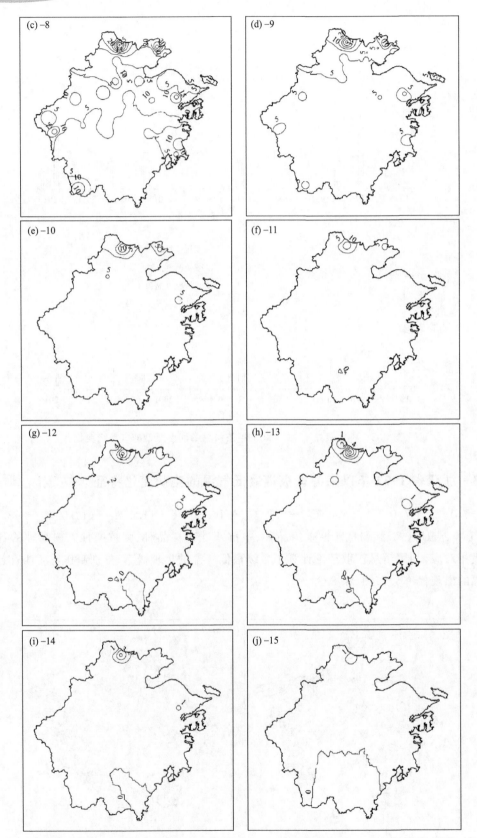

图 8.3　浙江省各级最低气温出现概率分布(图中标—5 表示该图为≪—5.0 ℃的概率;单位:%)

从图中可以看出,浙江省除了南部低海拔地区出现$\leqslant -5.0\ ℃$的概率较低,其他地区均较高。在中北部、西部和西南部凤阳山区均有出现$\leqslant -9.0\ ℃$低温的可能。由于图8.3是采用国家气象站观测资料,海拔较低,计算的各级低温概率偏低。

8.4.4　浙江省茶树越冬期严寒型冻害区划

灾害强度风险指数是指某种灾害的不同强度(等级)G及其相应出现概率P的函数,其表达式为:

$$I = F(G,P) = \sum_{i=1}^{n} G_i P_i \tag{8.1}$$

式中,I为灾害强度风险指数,i为灾害的等级数。

灾害强度风险指数描述了灾害本身发生强度等级及其发生概率(李世奎 等,2004)。

浙江省除嘉兴市、舟山市及海岛县市区以外的县市区茶树越冬期严寒型冻害风险区划结果见图8.4。

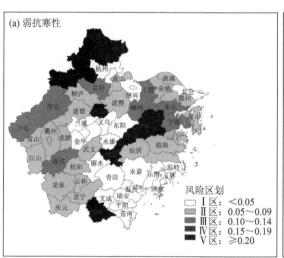

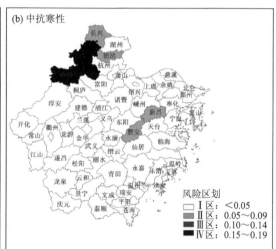

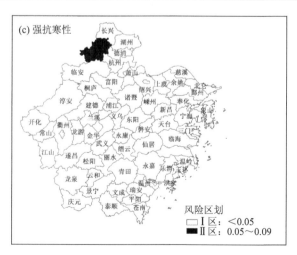

图8.4　浙江省茶树越冬期严寒型风险区划

浙江省安吉县茶树越冬期冻害强度风险最高,强抗寒性、中抗寒性、弱抗寒性茶树品种越冬期冻害强度风险指数分别为 0.08、0.17、0.38,强抗寒性茶树品种越冬期冻害强度风险指数除安吉外的其他县(市区)均<0.05;中抗寒性茶树品种越冬期冻害强度风险指数除临安为 0.12,长兴、德清、新昌、磐安在 0.05~0.09,其他县(市区)均<0.05;弱抗寒性茶树品种越冬期冻害强度风险指数可分为 5 个区:温州(除高海拔的山区县泰顺外)、丽水、青田、金华大部、台州南部、绍兴、杭州、北仑<0.05,丽水大部、衢州大部、武义、台州大部、宁波大部、诸暨、萧山、桐庐、建德在 0.05~0.09,富阳、淳安、奉化、宁海、上虞、嵊州、开化、遂昌在 0.10~0.14,天台、浦江、缙云、泰顺在 0.15~0.19,湖州各县(市区)、临安、新昌、磐安≥0.20。

第9章 茶树夏季高温热害风险因子识别和变化规律

夏季,中国易出现高温天气,当气温上升到茶树所能忍耐的临界温度以上时,会使茶树遭受热害,茶树遭受热害后不能正常生长发育,茶叶产量和品质急剧下降甚至茶树死亡,不仅会造成当年茶叶减产甚至绝收,严重的还会影响到次年春茶的产出。因此,茶树高温热害是茶叶生产中的主要气象灾害之一。

9.1 茶树夏季高温热害分类和症状

茶树高温热害发生程度与气象因子、茶树品种、管理水平等因素有关。

9.1.1 茶树热害类型

根据热害成因,茶树高温热害可分为:干热型热害、酷热型热害。

(1)干热型热害

夏季气温较高,如遇上持续晴天,空气干燥、湿度小,植株蒸腾作用强,茶树冠层失水过快,此时即使土壤水分充足,根系吸水仍有可能满足不了冠层蒸腾需求,导致冠层温度显著升高,从而使茶树遭受热害。

(2)酷热型热害

夏季持续出现茶树所能忍耐临界温度以上的高温酷热天气,使茶树植株因高温而遭受热害。

9.1.2 茶树热害的症状

茶树受高温危害后症状为热害开始初期,树冠顶部嫩叶首先受害,但没有明显的萎蔫过程,之后叶片主脉两侧的叶肉因叶绿体遭破坏产生红变,接着有界线分明、部位不一的焦斑形成,然后叶片蛋白质凝固,由红转褐甚至焦黑色,直至脱落。受害顺序为先嫩叶、芽梢后成叶和老叶,先棚面表层叶片后中下部叶片。叶片枯萎脱落、枝叶由上而下逐渐枯死,甚至整枝枯死(韩文炎 等,2013)。

在高温烈日下,茶树棚面枝叶会因烈日暴晒出现严重的灼伤。其症状表现为树冠表面成叶出现脱水、失去光泽、泛红然后枯焦、脱落。灼伤症状可发生在叶片的任何部位,受害部位与尚未受害常常是为害状正在发展的部位分界线不明。受害顺序为先表面后中下部叶片,先叶片后枝条。危害严重时上午采摘或修剪下午可见灼伤症状;采摘或修剪越深危害越明显(韩文炎 等,2013)。但土层较薄的茶园也会出现老叶比嫩叶先受害的现象(谢继金,2003)。

李治鑫等(2015)剪取龙井 43 茶树枝条,放入纯水内培养,在智能人工气候培养箱中进行

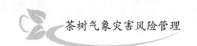

43 ℃高温处理。处理前茶树的芽和叶片呈翠绿色,外形完整且生长正常。高温处理 3 h 后,芽和叶上开始出现浅褐色斑点。随着高温处理时间的延长,褐色斑点的颜色不断加深,数量不断增多。处理 12 h 后,茶树嫩芽下的枝条开始明显变褐,24 h 后,褐色斑点不断聚集形成大型褐色斑块,叶片的边缘呈烧焦状并向内卷曲。48 h 后,茶树幼嫩的芽和叶全部被烧焦,成熟叶片也多数呈烧焦状,整株茶树枯萎死亡。

9.1.3　茶树热害机理

(1)高温胁迫影响植物光合作用

茶树遭受高温胁迫后,一方面高温会降低叶片的气孔导度,使得叶片的气孔关闭,从而影响 CO_2 的供应,降低光合速率;另一方面高温会破坏光合机构的内部活性,抑制电子传递,从而影响了植物的光合作用。李治鑫(2016)利用叶绿素荧光动力学方法进行研究,发现高温使茶树叶片二磷酸核酮糖氧合酶/羧化酶(rubisco)羧化能力和核酮糖二磷酸羧化酶(RUBP)再生能力下降,严重影响光合碳同化过程的进行;高温下,光系统Ⅱ光化学最大效率(Fv/Fm)明显下降,出现了严重的光抑制现象,光合系统对光的实际利用与转化能力也明显降低,导致相关酶的活性下降,从而影响光合速率。这两个因素(特别是后一因素)会造成植株的光合作用受到抑制。同时,叶绿体类囊体在高温胁迫下严重受损,叶绿素 a 和叶绿素总量随温度的升高均呈下降趋势,高温加剧了叶绿素的水解并阻止叶绿素合成,同时对叶绿体膜系统的破坏也导致叶绿素减少(杨菲 等,2017)。

(2)高温胁迫影响植物细胞膜系统

高温胁迫会直接损伤植物的细胞膜系统,特别是质膜和内囊体膜,细胞膜系统的热稳定性在一定程度上体现了植物耐热性的强弱(Collins et al.,1995)。高温胁迫对细胞膜系统的伤害主要体现在两个方面:一方面,高温会破坏膜脂的组成,将膜蛋白结构破坏,从而破坏植物细胞膜的完整性。同时,细胞膜上载体的功能也会受到影响,从而导致细胞膜丧失了其选择吸收性。细胞膜的通透性被破坏后,细胞内的电解质就会向外渗漏,使得电导率上升。另一方面,高温会破坏细胞内活性氧的平衡,导致活性氧(如过氧化物自由基、超氧自由基和羟基自由基)积累,膜脂过氧化加剧,膜脂过氧化会产生大量的丙二醛(MDA),丙二醛具有极强的氧化能力,能与酶蛋白结合,使其失去生物活性,从而对植物体造成损伤。高温胁迫下,细胞中的丙二醛会大量积累(屠小菊 等,2013)。

(3)高温胁迫影响细胞代谢、细胞原生质和植物渗透调节物质含量

高温胁迫下,茶树幼苗叶片的总呼吸速率降低,抗氰呼吸速率升高,同时三磷腺苷(ATP)生成量也明显降低(国颖 等,2008)。在高温胁迫下,叶片呼吸作用加剧,氧化作用无法贮备净光合物质,致使能量供应减少,同时合成与酶有关的物质如维生素在高温下也有所减少,最终导致茶树机体合成代谢大大减弱,使茶树生长受阻。超过茶树忍耐限度的高温会使叶片细胞原生质因其蛋白质结构遭分解破坏而失去其原有生物学特性;因其拟脂结构遭溶化破坏,膜结构出现孔隙而失去其选择性(陆健 等,1992)。

高温胁迫会促使植物进行渗透调节从而缓解高温胁迫对植物的损伤,其中,脯氨酸和可溶性糖是植物体内最主要的两种渗透调节物质,它们在植物耐热性中发挥着重要的作用。一方面,高温胁迫会诱导植物体内淀粉水解,使得可溶性糖得以积累,从而降低了细胞的渗透势和

冰点,以充分地适应外界条件的变化(Soliman et al.,2011);另一方面,高温胁迫会使得蛋白质的水解作用大于合成作用,蛋白质被降解,游离氨基酸增加,尤其是脯氨酸会大量积累。自然条件下,植物体内脯氨酸处于一种动态的平衡状态;当植物遭遇高温胁迫时,脯氨酸合成酶类活动得到解放,导致游离脯氨酸被大量合成并积累,且积累指数反映了植物在特定胁迫下的渗透调节能力(屠小菊 等,2013)。一般而言,耐热性强的植物体内的脯氨酸含量比同类的耐热性弱的植物多,遭遇高温胁迫后其脯氨酸含量的上升也更为迅速。

(4)高温胁迫影响植物抗氧化系统

植物遭受高温胁迫后,其细胞会通过多种途径生成活性氧,应激反应主要分为酶促反应和非酶促反应。植物通过一定的酶学机制保护自身免受活性氧的伤害,而抗坏血酸过氧化物酶(APX)、过氧化物酶(CAT)、超氧化物歧化酶(SOD)和过氧化物酶(POD)则是该酶学机制中最重要的四种关键酶。它们可以减轻膜脂过氧化程度,降低高温胁迫对植物造成的伤害。研究表明(张哲 等,2010),高温胁迫后,超氧化物歧化酶和过氧化物酶活性一般表现为先提高后下降。超氧化物歧化酶可以清除 O^{-2},减轻膜脂过氧化对细胞的损伤,但它的修复能力是有限的,当胁迫程度超过植物所能承受的极限时,酶的活性中心就会被破坏,同时,酶的结构改变,其表达也会受到抑制,酶活性的降低,最终导致活性氧代性的失调。过氧化物酶和过氧化物酶是分解 H_2O_2 的关键酶,它们在温度和时间范围上存在着的一定的分工合作关系。遭受高温胁迫后植物体内的各种抗氧化物质会呈现出不同的变化趋势。高温胁迫能提高植物抗氧化系统如超氧化物歧化酶(SOD)、过氧化氢酶(CAT)的活性,植物的抗氧化能力与品种、胁迫程度以及胁迫处理时间有关(屠小菊 等,2013)。

(5)高温胁迫影响茶树叶片氨基酸及碳水化合物含量

茶树叶片中氨基酸含量随温度(35~40 ℃)升高略有增加,而增加量是由蛋白质和多肽在酶的催化下水解所得,之后随温度的升高,氨基酸分解加快,积累量减少,同时高温影响根系对养分的吸收,从而影响氨基酸的合成,使得氨基酸含量急剧下降。高温胁迫使细胞的游离氨基酸含量增加,引起脯氨酸积累,蛋白质发生降解。另外,高温下呼吸作用增强,可溶性碳水化合物被大量消耗,因降解量大于合成量,导致碳水化合物含量呈下降趋势(杨菲 等,2017)。

9.1.4　高温对茶树品质的影响机理

高温天气常造成茶树的生理功能下降明显,田永辉等(2003)认为,高温下与茶树品质产量有关的生理指标如茶树的百芽重、根系活力、光合作用能力、叶绿素含量等均下降,导致茶树生长发育减退,进而影响到茶叶的生化成分,其中决定茶叶味道和香气的氨基酸因高温下的加速分解积累量减少,同时高温对根系吸收的影响作用阻碍了氨基酸的合成,从而造成其含量大量降低,而有苦涩味刺激的茶多酚、粗纤维呈上升趋势,另有咖啡因含量升高,从而导致茶叶品质下降。

高温使芽梢发芽旺盛期及采收期延迟,茶树的新芽发芽数量明显减少,叶片寿命缩短,叶片的干物质同化和积累减少,幼芽嫩叶饱满度差,叶片变得卷曲色黄,芽尖焦脆,幼叶极易从枝上脱落。高温环境中,茶树叶片光合速率降低,呼吸消耗增加,使得干物质的积累减少。同时,持续的高温使叶片蒸腾作用加剧,但根系吸收不足弥补水分的消耗,无法维持细胞膨压,所以细胞膜系统结构受损,细胞代谢失调,从而导致茶树枯萎落叶影响茶叶产量(杨菲 等,2017)。

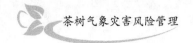

9.1.5 茶树热害等级划分

茶树热害按受害症状的轻重可分为 4 级(娄伟平 等,2019),见表 9.1。

表 9.1 茶树热害等级划分标准

热害程度	热害等级	表现症状
轻度热害	四级	受害茶树上部成叶出现变色、枯焦,茶芽仍呈现绿色,芽叶受害率<20%
中度热害	三级	受害茶树上部成叶出现变色、枯焦或脱落,茶芽萎蔫、枯焦,芽叶受害率在 20%~50%
重度热害	二级	受害茶树叶片变色、枯焦或脱落,且棚面嫩枝已出现干枯,芽叶受害率在 50%~80%
特重热害	一级	受害茶树叶片变色、枯焦或脱落,且有成熟枝条出现干枯甚至整株死亡,芽叶受害率>80%

9.2 茶树夏季高温热害影响因子

影响茶树热害的因子有茶树品种、树龄、管理水平、地理因子、气象条件等。

9.2.1 影响茶树热害程度的气象因子

2016 年,浙江省新昌县明福茶场开展嘉茗 1 号茶树茶丛顶部叶温与气象要素的对比观测结果见图 9.1。

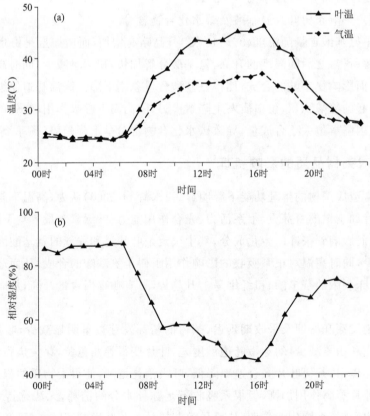

图 9.1 2016 年 7 月 15 日茶树叶温和气温(a)、相对湿度(b)变化

嘉茗1号茶树是丛生型,顶部叶片少,和空气接触面大。在晴朗天气下,夜间(00—06时、22—24时)没有太阳辐射,叶片和空气热量交流充分,两者温度接近。白天在太阳直接照射下,叶片吸收太阳辐射升温比空气快,茶树叶温和气温差值随时间增大,在13时到16时达到8～9℃,18时后叶温降低速度大于气温,到22时两者接近。叶温和气温差值变化与空气相对湿度变化呈现相反的变化趋势,相对湿度大时,叶温和气温差值小,反之叶温和气温差值大(图9.1)。叶温和气温差值与相对湿度有如下关系:

$$\Delta T = 28.2 - 0.32U \qquad (9.1)$$

式中,ΔT 为叶温与气温之差(℃);U 为日平均相对湿度(%)。

持续晴天,水分蒸发大,土壤干旱会造成叶温和气温差变大。进一步分析表明,叶温和气温差与晴天连续日数呈正相关,相关系数为0.8496,达0.05显著水平。夏季在副热带高压控制下,随着晴热天气持续,一方面白天气温升高,相对湿度变小,茶树叶温与空气温度差增大,使茶树热害加重;另一方面夜间气温逐日升高,湿度变小,茶树冠层处于较高温度中,白天受到的伤害不容易恢复。因此,高温晴热天气持续时间越长,茶树热害越严重。

李治鑫(2016)以龙井43茶树为试验材料,利用智能人工气候培养箱进行43℃的高温连续。结果表明:处理前茶树的芽和叶片呈翠绿色,外形完整且生长正常。高温处理3h后,芽和叶上开始出现浅褐色斑点。随着高温处理时间的延长,褐色斑点的颜色不断加深,数量不断增多。处理12h后,茶树嫩芽下的枝条开始明显变褐。24h后,褐色斑点不断聚集形成大型褐色斑块,叶片的边缘呈烧焦状并向内卷曲。48h后,茶树幼嫩的芽和叶全部被烧焦,成熟叶片也多数呈烧焦状,整株茶树枯萎死亡。因此,茶树长期热害症状与高温持续时间有关。通过测定高温胁迫下茶树叶片的光合气体交换,发现随着高温的进行,茶树叶片的光合速率持续下降,在处理24h和48h后分别下降为处理前的42.1%和22.2%。高温处理后茶树叶片的最大光化学量子产量(Fv/Fm)呈现明显的下降趋势,高温处理48h后,下降幅度达到了26.31%,这说明茶树叶片光系统Ⅱ出现了严重的光抑制。但在处理中期(3～12 h),Fv/Fm表现出短暂的小幅回升,之后又迅速降低,这说明在处理中期茶树对高温胁迫产生了一定的抗性响应,但随着处理时间的延长,这种抵抗能力逐渐减弱。茶树受43℃高温胁迫后,受害等级分为:0～12 h,茶树仅部分叶片出现变色、枯焦,芽叶整体仍呈绿色,为轻度受害;12～24 h,茶树叶片多数变色,枯焦或脱落,枝条变色,但尚未完全枯死,为中度受害;24h后,茶树叶片枝条干枯,整株近于死亡,为重度受害。

相关调查也表明,高温、低湿天气及持续时间是影响热害等级的主要因子。如2009年7月14—21日杭州连续8 d日平均气温≥30℃、日最高气温≥35℃、日平均相对湿度≤60%,造成龙井43茶叶被烤焦,达中度热害等级。2013年8月3—17日新昌县大市聚镇五平区域站连续15 d日最高气温≥38℃,该地嘉茗1号遭受二级热害、龙井43遭受一级高温热害。2013年8月5—14日开化县林山乡区域站连续10 d日最高气温≥40℃,该地龙井43遭受二级高温热害。2013年7月24日到8月15日湖南省长沙县出现连续23 d日最高气温≥38℃,该地储叶齐、碧香早、白毫早、桃源大叶、浙农139、安徽1号等茶树品种遭受一级高温热害。2015年7月28日至8月6日,杭州连续10 d日平均气温≥30℃、日最高气温≥35℃、日平均相对湿度≤65%,造成龙井43茶叶被烤焦,达中度热害标准。2016年7月20日到8月2日杭州出现连续14 d日平均气温≥30℃、日最高气温≥35℃、日平均相对湿度≤65%的高温天气,龙井 43 茶树叶片枯焦或脱落、棚面嫩枝出现干枯、芽叶受害率在 50%～80%,达到重度热害等级。2016 年 7 月 20—26 日嵊州市北彰镇出现连续 6 d 日最高气温≥40 ℃的高温天气,26 日上午调查时发现嘉茗 1 号茶树上部成叶出现变色、枯焦,茶芽仍呈现绿色,芽叶受害率<20%,达轻度热害等级。

2016 年 7 月 23—26 日新昌县明福茶场出现连续 6 d 日最高气温≥38 ℃的高温天气,26 日下午调查时发现龙井 43 茶树上部成叶出现变色、枯焦,茶芽仍呈现绿色,芽叶受害率<20%,达到四级高温热害(轻度热害)等级。2017 年 7 月 15—29 日杭州出现连续 15 d 日平均气温≥30 ℃、日最高气温≥35 ℃、日平均相对湿度≤65%的高温天气,其中 7 月 21—25 日日最高气温≥40 ℃,龙井 43 茶树叶片枯焦或脱落、棚面嫩枝出现干枯、芽叶受害率>80%,达到特重热害等级。2017 年 7 月 17—29 日松阳县古市镇出现连续 13 d 日最高气温≥38 ℃的高温天气,其中 7 月 20—27 日日最高气温≥40 ℃,嘉茗 1 号、龙井 43 茶树达到二级高温热害等级,鸠坑群体种茶树达到三级高温热害等级。

9.2.2　茶树热害程度与茶树品种

韩冬等(2016)利用人工气候箱对龙井 43、嘉茗 1 号、福鼎大白茶进行高温处理(35 ℃和 40 ℃)。结果表明:高温处理对茶树光合参数、荧光参数、酶活性参数、细胞伤害率四个参数产生显著影响,导致最大净光合速率降低、最大光化学量子产量(Fv/Fm)下降;在高温胁迫初期,茶树品种叶片中超氧化物歧化酶(SOD)活性显著增加,随着胁迫时间的延长,SOD 活性下降;叶片丙二醛(MDA)含量增加;各品种叶片细胞伤害率均显著增加。其中龙井 43 最大净光合速率和最大光化学量子产量(Fv/Fm)下降幅度最大,其他 3 个品种的差异不显著;35 ℃处理的龙井 43 在处理 6 h 后 SOD 活性达到峰值,而福鼎大白茶和嘉茗 1 号在处理 12 h 后才达到峰值,说明在高温胁迫条件下福鼎大白茶和嘉茗 1 号有较强的抗膜脂氧化能力;叶片丙二醛(MDA)含量增幅:龙井 43>嘉茗 1 号>福鼎大白茶;细胞伤害率:龙井 43>嘉茗 1 号>福鼎大白茶。

高温处理结束后将样品置入人工温室中进行恢复,各品种最大净光合速率均有缓慢上升,35 ℃处理恢复 9 d 后,福鼎大白茶叶片最大净光合速率达到未经高温处理茶树的 73.15%,嘉茗 1 号为未经高温处理茶树的 43.53%和 28.67%,而龙井 43 虽有恢复但仍然为负值;40 ℃处理恢复 9 d 后,除福鼎大白茶最大净光合速率为正值外,其他品种均为负值。在恢复期间,3 种茶树 Fv/Fm 均有不同程度的回升,其中 40 ℃处理的龙井 43 其 Fv/Fm 在恢复期间基本无变化,福鼎大白茶高于嘉茗 1 号。随着恢复时间的延长,福鼎大白茶 MDA 含量<嘉茗 1 号 MDA 含量<龙井 43 MDA 含量,福鼎大白茶细胞伤害率<嘉茗 1 号细胞伤害率<龙井 43 细胞伤害率。由此可见,3 个茶树品种对高温的敏感性不同,龙井 43 最敏感,嘉茗 1 号次之,福鼎大白茶最不敏感。

陆健等(1992)用人工气候器模拟大气高温对云南大叶种茶树和黄旦品种茶树的离体新梢、茶苗进行热害机理的探讨试验,进行持续 3 h 的试验结果表明:茶树受热害始于 35 ℃,40 ℃时部分受害,45 ℃时严重受害;在 45 ℃处理下云南大叶种受害率为 93.75%,中叶种黄旦受害率为 87.13%。云南大叶种抗热性比中叶种黄旦差,主要是叶片内部结构不同。抗热性能强的黄旦种角质层较厚(达 3～4 μm),栅栏组织与海绵组织比例为 1/1～1.5,栅栏组织 2～3 层。因而其细胞间隙小,减少了细胞和壁的水分散失而表现良好的抗热性能。云南大叶种角质层薄(2～3 μm),栅栏组织1层,栅栏组织与海绵组织比例为1/2～3,细胞间隙大,受热易散失水分而表现出抗热性能较差。

在同样高温下,与主根明显的有性系品种相比,使用扦插苗种植的无性系品种由于无明显主根,根系较浅受害相对较重。在浙江,龙井群体种和鸠坑群体种耐热能力明显优于无性系良种。树势健壮、根系深广、叶片结构紧凑、叶面光滑、叶质硬、叶脉密、角质层厚、新梢持嫩性强的品种往往耐热性较强。

罗列万(2013)对2013年浙江省夏季茶园高温干旱受灾情况调查表明,在受害茶树品种方面,以白叶一号(安吉白茶)为代表的白化型品种受害最为严重,龙井等抗旱性稍弱的品种次之,嘉茗1号、中茶302、中茶108等相对较好,鸠坑群体种、龙井等群体种受害最轻。

赵思东等(2003)试验表明:在相同栽培条件、遭受同样的高温天气条件下,白毫早、福大61号抗热性强,热害轻;福鼎大白茶、楮叶齐次之;尖波黄13号、福云6号抗热性差,热害重。

因此,茶树品种按耐热性分为强耐热性茶树品种、中耐热性茶树品种、弱耐热性茶树品种。

9.2.3 茶树热害程度与茶树树龄

茶树幼苗耐热性较弱,随着树龄的增加,茶树耐热能力不断增强,成龄茶园的壮年茶树比幼龄茶园的幼龄茶苗耐热性强。一方面茶树幼苗根系较浅,夏季高温往往伴随少雨天气,在高温干旱天气下,浅层土壤蒸发量大含水量低,根系吸水满足不了冠层蒸腾需求,导致冠层气温显著升高,从而使茶树遭受热害。另一方面,叶片年龄不同,叶片结构不同,其耐性不同,成长叶的耐热性大于嫩叶。这是因为叶位不同,含水量不同,茶树生理学认为含水量越多,越不抗热。上海商品检验局曾测过茶树嫩梢各部位叶片的水分含量,茶树嫩梢上各部位的含水量大小:芽>第一叶>第二叶>第三叶>第四叶>茎梗。在高温下茶树嫩梢上各部位的含水量大小和受害程度一致(陆健 等,1992)。同时幼龄茶园茶树行间裸露面积大,在阳光直射下,幼龄茶园地表温度可达50 ℃以上,由于气温高,土壤失水快。

受2013年夏季高温热害影响,新昌县大明有机茶场龙井43成年茶树生长滞缓,老叶变黄、变红、脱落,新梢发黄干枯,叶片整片脱落,甚至连片焦头呈火烧状;幼龄茶树热害严重,部分枝干干枯,严重的茶苗整棵枯死。

9.2.4 茶树种植管理水平与热害

田间管理措施茶园管理不当,特别是高温干旱期间采摘、修剪的茶园容易遭受热害。这是因为:一是茶树棚面的新梢有较强的蒸腾拉力,能促进茶树从土壤中吸收水分;二是表层新梢或叶片对高温干旱已有一定的忍耐力。高温干旱期间的采摘,特别是机采和修剪,将树冠表层枝叶剪去后,留下的叶片直接暴露在烈日下难以适应而容易遭受热害。

过分密植的茶园,地下根系生长易受影响,同时茶丛蒸腾面积大水分易亏缺,且通风透光性差,辐射热不易散发,容易遭受热害。

一些地方在春茶生产结束后对茶树进行修剪,修剪时期越接近高温发生期,更新枝就愈幼嫩。一般幼嫩的枝条,其生长势旺盛,需水量大,细胞内的自由水合量高,角质层薄,保水力差,经不起高温袭击,致使蛋白质大量破坏,叶片枯焦、脱落,茶树越容易遭受热害。

在高温期间的傍晚进行灌溉的茶园,能降低高温对茶树的影响。

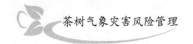

9.2.5 土壤、地形与热害

低丘陵茶园热害重于山地茶园,南坡热害重于北坡。另外,如果茶园东北方向为山坡,西北面和东南面为山坡包围,热量容易积累,从而造成茶树热害。如浙江省嵊州市北漳镇夏季容易出现高温。

危害严重的成龄茶园几乎都存在土壤问题,突出表现为土层浅薄,或土质砂性。

9.2.6 树热害程度与经纬度、海拔

中国茶叶生产区夏季茶树高温热害主要发生于长江中下游地区,因此茶树热害风险表现为随纬度升高而增大。同一纬度,以30°N为中心茶树热害风险表现为随纬度升高而降低。山区气温随海拔高度升高而降低,茶树热害风险随海拔高度升高而降低。不同山区由于地形条件不同,气温随海拔高度的直减率也存在差异。娄伟平等(2017)利用区域气象站资料,在计算了浙江省不同山脉在夏季持续晴热天气期间,各方位气温随海拔高度递减率后提出了浙江省不同地区茶园气温估算方法。

当茶园所在的区域没有小气候观测站时,其气温可以由式(9.2)估算:

$$T_0 = T - \frac{H_0 - H}{100} \times \gamma \tag{9.2}$$

式中,T_0为茶园气温,单位为℃;T为茶园所在地气象台站观测的空气温度,单位为℃;H_0为茶园的海拔高度,单位为m;H为茶园所在地气象台站的海拔高度,单位为m;γ为茶园所在地气温直减率,单位为℃/100 m。

不同山区不同坡向的气温直减率见图9.2。

大的水体对温度有调节作用,因此在沿海,茶树热害风险随离海距离增加而增大。另外,如太湖、鄱阳湖等大的水体附近,茶树热害风险随离湖岸距离减少而降低。

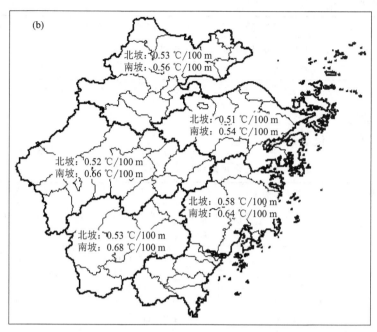

图 9.2　不同坡向日最高气温(a)和日平均气温(b)直减率空间分布

（说明：气温直减率为夏季高温时期海拔 150 m 以上山区的直减率，其他时期有差异）

9.3　茶树夏季高温热害指标

9.3.1　茶树热害等级划分

为了和气象灾害预警信号等级一致，结合茶树热害等级传统划分级别，将茶树热害等级划分为 4 个等级：四级、三级、二级、一级，分别代表轻度热害、中度热害、重度热害、特重热害。

9.3.2　茶树热害指标

根据浙江省地方标准《茶树高温热害等级》（娄伟平 等，2017），两类茶树热害指标如下。

9.3.2.1　干热型热害等级

茶树干热型热害等级如表 9.2 所示。

表 9.2　茶树干热型热害等级判定标准

热害程度	热害等级	强耐热性品种	中耐热性品种	弱耐热性品种
轻度热害	四级	$T \geqslant 30$ 且 $U \leqslant 65$ 且 $T_h \geqslant 35$ 且 $d \geqslant 8$	$T \geqslant 30$ 且 $U \leqslant 65$ 且 $T_h \geqslant 35$ 且 $d \geqslant 6$	$T \geqslant 30$ 且 $U \leqslant 65$ 且 $T_h \geqslant 35$ 且 $d \geqslant 4$
中度热害	三级	$T \geqslant 30$ 且 $U \leqslant 65$ 且 $T_h \geqslant 35$ 且 $d \geqslant 12$	$T \geqslant 30$ 且 $U \leqslant 65$ 且 $T_h \geqslant 35$ 且 $d \geqslant 10$	$T \geqslant 30$ 且 $U \leqslant 65$ 且 $T_h \geqslant 35$ 且 $d \geqslant 8$
重度热害	二级	$T \geqslant 30$ 且 $U \leqslant 65$ 且 $T_h \geqslant 35$ 且 $d \geqslant 15$	$T \geqslant 30$ 且 $U \leqslant 65$ 且 $T_h \geqslant 35$ 且 $d \geqslant 13$	$T \geqslant 30$ 且 $U \leqslant 65$ 且 $T_h \geqslant 35$ 且 $d \geqslant 12$

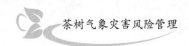

热害程度	热害等级	强耐热性品种	中耐热性品种	弱耐热性品种
特重热害	一级	$T \geqslant 30$ 且 $U \leqslant 65$ 且 $T_h \geqslant 35$ 且 $d \geqslant 17$	$T \geqslant 30$ 且 $U \leqslant 65$ 且 $T_h \geqslant 35$ 且 $d \geqslant 16$	$T \geqslant 30$ 且 $U \leqslant 65$ 且 $T_h \geqslant 35$ 且 $d \geqslant 15$

注：T 和 T_h 分别为日平均气温、日最高气温，单位为℃；U 为日平均相对湿度，单位为％；d 为持续日数，单位为 d，下同

9.3.2.2 酷热型害等级判定

茶树酷热型热害等级如表 9.3 所示。

表 9.3 茶树酷热型热害等级判定标准

热害程度	热害等级	强耐热性品种	中耐热性品种	弱耐热性品种
轻度热害	四级	$T_h \geqslant 38$ 且 $d \geqslant 8$ 或 $T_h \geqslant 40$ 且 $d \geqslant 5$	$T_h \geqslant 38$ 且 $d \geqslant 6$ 或 $T_h \geqslant 40$ 且 $d \geqslant 3$	$T_h \geqslant 38$ 且 $d \geqslant 4$ 或 $T_h \geqslant 40$ 且 $d \geqslant 1$
中度热害	三级	$T_h \geqslant 38$ 且 $d \geqslant 12$ 或 $T_h \geqslant 40$ 且 $d \geqslant 9$	$T_h \geqslant 38$ 且 $d \geqslant 10$ 或 $T_h \geqslant 40$ 且 $d \geqslant 5$	$T_h \geqslant 38$ 且 $d \geqslant 8$ 或 $T_h \geqslant 40$ 且 $d \geqslant 7$
重度热害	二级	$T_h \geqslant 38$ 且 $d \geqslant 15$ 或 $T_h \geqslant 40$ 且 $d \geqslant 13$	$T_h \geqslant 38$ 且 $d \geqslant 13$ 或 $T_h \geqslant 40$ 且 $d \geqslant 11$	$T_h \geqslant 38$ 且 $d \geqslant 12$ 或 $T_h \geqslant 40$ 且 $d \geqslant 9$
特重热害	一级	$T_h \geqslant 38$ 且 $d \geqslant 17$ 或 $T_h \geqslant 40$ 且 $d \geqslant 16$	$T_h \geqslant 38$ 且 $d \geqslant 16$ 或 $T_h \geqslant 40$ 且 $d \geqslant 14$	$T_h \geqslant 38$ 且 $d \geqslant 15$ 或 $T_h \geqslant 40$ 且 $d \geqslant 12$

9.3.2.3 茶树热害等级判定

当判定夏季热害等级出现不一致时，按照等级高的确定。

9.4 浙江省夏季高温热浪的时空变化特征

茶树热害本质上是高温热浪对茶树造成的危害，分析高温热浪变化有助于进一步了解茶树热害变化。Lou 等(2019)以浙江省为例，分析了高温热浪的时空变化特征。

9.4.1 简介

热浪（HW）事件是一种给人类健康、能源供应、水文、林业和农业等带来巨大不利影响的自然灾害。目前，热浪还没有一个通用的定义。但热浪定义也遵循一定指标。通常，热浪定义由温度指标（例如每日平均、最高或最低气温）、温度阈值（即相对阈值或绝对阈值）及其持续时间组成。在过去的几年中，已经有几个气候指数用于量化基于夜间温度最低值或白天温度最高值的热浪持续时间和严重程度。然而，所有这些指标在用于比较跨地区或跨时间尺度的热浪严重性时都具有稳健性不足的问题。大多数热浪指数定义倾向于和一定的影响群体或区域（例如人类健康、野生动物、农业、森林火灾/野火、管理、运输和能源供应等）有关，并且由于它们的复杂性，它们可能不能用于在不同区域之间、时间尺度之间进行比较或应用（Perkins，2015；Russo et al.，2015）。例如，根据气候变化和人类健康适应战略以及改善公共卫生对极端天气/热浪的响应，世界气象组织将连续 5 d 或以上出现每天最高气温超过平均最高气温 5 ℃以上的时期定义为热浪（WMO et al.，2015）。在荷兰，考虑到热浪对死亡率的影响，荷兰皇家气象学会将连续 5 d 或以上每天最高气温值至少为 25 ℃,其中 3 d 或以上最高气温至少为 30 ℃ 的时期定义为热浪(Huynen et al.,2001)。为了评估短期极端热浪事件期间芝加哥地表大气水汽水平方向的时间分布,Changnon 等(2003)将热浪定义为至少连续 3 d,最高(最低)气温水平高于 35 ℃(24 ℃)。在中国,当连续 3 d 的最高气温超过 35 ℃ 时,气象站需要向公众发出高温警告。

浙江省是中国热浪发生频率较高的区域。热浪活动具有区域性特征。在高度城市化区域,城市化的一个不利结果是城市热岛效应,在各种因素的综合作用下,城市区域内的温度高于农村和植被较茂盛的周边地区。城市化改变了下垫面类型,有利于将入射太阳辐射转换为热量并储存下来。受这种复杂表面的影响,加之工业、交通和商业等人类活动产生的热量,城市气温要比其周围的环境气温高。不同的城市化进程和热岛发展对浙江省不同地区的热浪发展具有不同的影响。

随着气温升高,热浪不仅会变得更加频繁,而且持续时间和强度也会增加。根据 IPCC 第五次评估报告,中国从 20 世纪 70 年代以来,年平均气温以 0.23 ℃/10 a 的速率上升。在浙江,20 世纪 70 年代以来,年平均气温以 0.30~0.34 ℃/10 a 的速率上升(Lou et al.,2018)。2003 年以来高温热浪已成为浙江省的严重自然灾害之一(Wang et al.,2016)。

因此,在缺少对浙江省热浪进行系统分析的情况下,进一步研究浙江省热浪活动变化是十分必要和有意义的。在这一背景下,当前研究应以研究热浪预防为基础,以减轻热浪对人类健康、农业生产和生态系统的已知影响。热浪持续时间(日数)和强度是热浪的重要特征。与热有关的损害(例如代谢、循环和呼吸系统疾病、作物歉收、停电和野火)不仅与高温强度有关,而且与较长时间内累积的热应激有关。在本节中,我们使用适当的指标来检测和量化夏季延长期(即 6—9 月)内浙江省境内热浪事件的持续时间和强度变化。为了为今后减轻严重热浪事件的影响提供科学依据,对 2003 年和 2013 年夏季发生的热浪事件的概率值进行了计算和分析。

9.4.2　材料和方法

9.4.2.1　数据

收集浙江省 67 个气象站从 1973 年 1 月 1 日到 2017 年 12 月 31 日逐时的气温、日最高气温数据,这些气象站大多位于城镇。根据气象站所在区域非农业人口(NAP)数量,将它们分为四类:非农业人口在 1 万~10 万的为小型城市;非农业人口在 10 万~50 万的为中型城市;非农业人口在 50 万~100 万的为大型城市;(4)非农业人口在 100 万以上的为特大型城市。67 个城市中有 31 个中型城市(MCS)和 32 个小型城市(SCS)。温州和绍兴属于大型城市(LCS),杭州和宁波属于特大型城市(MES)。另外还计算了位于大陆上的每个气象站的距海岸线距离(DCS)。

利用中北亚热带分界线,将浙江省划分为南北两个区域。以 120°E 经线为界将其划分为东部和西部地区(Lou et al.,2019)。

杭州站位于浙北杭嘉湖平原。杭州是浙江省省会城市,是长三角城市群的中心城市之一。宁波站位于浙东北丘陵地带,舟山群岛位于东海和宁波之间,距海岸线有 25.76 km。温州站位于浙江省东南部文瑞平原,距海岸线有 16.95 km。丽水站位于浙江省南部,面积约

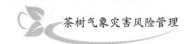

36 km²、群山环抱的丽水盆地。衢州站位于浙西金衢盆地。本节用宁波、丽水、衢州、杭州、温州五个地名分别指浙江的东北、南部、西部、北部和东南部。

9.4.2.2 方法

(1)热浪定义

热浪通常是指一定持续时期内天气保持过度炎热的现象。根据这一定义,在科学文献中已经有不少关于热浪的定义和描述热浪的变量(WMO et al.,2015;Perkins,2015)。本节参考了几种使用绝对阈值法将热浪定义为一个以温度值高于恒定阈值为特征的一定持续时期。当我们分析某一特定区域或对象的热浪影响时,或当温度值超过绝对规定阈值时,证明极端热应力条件对自然人类环境的影响时,应采用这种方法。特别是对浙江省而言,研究表明超过35 ℃的高温会对农业、林业、畜牧业和渔业产生强烈影响。当温度高于35 ℃时,种植的主要作物(如水稻、玉米、茶叶和柑橘)的生长和产量会受到强烈影响(娄伟平 等,2018)。中国人力资源和社会保障部规定,当日最高温度高于35 ℃时,企业应向户外工作的工人提供高温津贴。中国气象局将高温定义为日最高气温达到35 ℃以上的天气,将连续3 d以上最高气温达到35 ℃及以上的天气过程称为高温热浪。本节使用了CMA对热浪的定义。

热浪对环境和社会的影响主要来自于有害高温的累积效应(即温度阈值以上部分温度的累积值)(Lee et al.,2016)。本节将累积有害高温(AHHT)定义为热浪事件中高于临界值的部分温度的累积值。AHHT作为评估热浪强度指标,计算如下

$$\text{AHHT} = \int_1^n \int_0^{24} (T_{j,t} - 35) \mathrm{d}t\, \mathrm{d}j = \sum_{j=1}^{n} \sum_{t=1}^{24} (T_{j,t} - 35) \tag{9.3}$$

式中,n 是热浪持续日数(d),$T_{j,t}$ 是热浪第 j 天 t 时的温度(℃);当 $T_{j,t} < 35$ ℃时,$T_{j,t} - 35 = 0$。

两个指数用于计算和分析每年热浪的持续时期和强度:年累积有害高温(YAHHT),一年夏季(6—9月)中所有热浪期间累积有害高温的总和;年热浪长度(HWD),一年夏季(6—9月)中所有热浪长度的累积值。

累积有害高温指数,定义为温度阈值以上部分温度的累积值,取决于两个方面:①热浪过程中诱导热应力条件及其与热浪平均值的偏差;②热浪待续日数。通过用年热浪长度对年累积有害高温进行标准化(YAHHT/HWD),得到了一个变量,该变量的值仅取决于 n 次热浪事件引起的年热应力条件,而不取决于热浪事件的年总日数。因此,YAHHT/HWD参数量化了一年中所有热浪参与热浪期间35 ℃以上部分小时温度的平均值。

极端气候事件意味着在一个相对较大的区域和一个相对较长的时期内发生严重的气象事件。但最长的事件可能发生在较小区域,而影响大区域的事件可能强度较弱。每年夏季炎热程度可以根据夏季所有热浪事件的持续时间、范围和强度进行评估。夏季所有热浪事件发生站的平均HWD被作为持续时间参数,被夏季所有热浪事件影响的最大站数作为范围参数,并且夏季所有热浪事件影响的所有站的平均YHHTH/HWD作为强度参数,构造夏季炎热综合指数如下

$$C_i = a_1 \times F_1 + a_2 \times F_2 + a_3 \times F_3 \tag{9.4}$$

式中,C_i 是夏季炎热综合指数,F_1、F_2 和 F_3 分别代表所有热浪事件发生站的平均HWD,夏季所有热浪事件影响的最大站数和夏季所有热浪事件影响的所有站的平均YHHTH/HWD,a_1、a_2 和 a_3 是相应的系数(Ding et al.,2015)。利用Ren等(2012)的方法计算持续指数、范围

指数和强度指数的权重系数,分别为 0.3248、0.3040 和 0.3712。

(2)倾向分析

本节利用 Sen 斜率估计法计算倾向率,Mann-Kendall 倾向分析法分析倾向显著性,显著水平为 95%。

利用滑动 t 检验检测 C_i 序列的突变点,学生 t 检验用于比较不同时期数据变化。

(3)热浪风险计算

利用信息扩散模型计算热浪事件的发生概率。

9.4.3　结果

(1)倾向分析结果

YAHHT、HWD 和 YAHHT/HWD 指数在 1973—2017 年的倾向分析表明:东部沿海地区和海岛变化不显著。对于这一区域来说,由于海洋效应使得最高气温≥35 ℃的较少,不存在明显的热浪事件。除这些台站外,周围群山环抱、森林覆盖率高的淳安、开化、泰顺等台站的变化趋势也不显著。其他站的 YAHHT、HWD 和 YAHHT/HWD 指数有显著的增加倾向($p \leqslant 0.05$)。有 23 个站的 YAHHT 倾向率≥30.1 ℃/10 a,有 34 个站的 HWD 倾向率≥4.1 d/10 a,有 26 个站的 YAHHT/HWD 倾向率≥1.1 ℃/(d·10 a)。

YAHHT 倾向率在 30.0 ℃/10 a 以上的站点大多位于杭州、宁波、丽水和衢州之间,其中丽水站的 YAHHT 倾向率最大达 70.0 ℃/10 a。在这一区域,绝大多数站的 HWD 倾向率和 YAHHT/HWD 倾向率分别≥4.1 d/10 a、≥1.1 ℃(d·10 a)。因此,可以推断:这一区域在热浪影响下,YAHHT 的增加既有热应力条件的增强,也有热浪持续日数的增加。在宁波和温州之间的大多数站 HWD 倾向率≥4.1 d/10 a,YAHHT/HWD 倾向率≤1.0 ℃/(d·10 a)。因此,我们可以推断:这一区域在热浪影响下,YAHHT 的增加主要是热浪持续日数的增加所至。在杭州北部地区,大多数站点的 YAHHT/HWD 倾向率≥1.0 ℃/(d·10 a),这表明整个分析期间的平均诱发热应力条件(热浪强度)有所增加。

(2)热浪长期变化的阶段性

$C_i < -0.5\sigma$(σ 代表标准差)和 $C_i > 0.5\sigma$ 的年份分别划为弱、强炎热夏季年份,C_i 介于 -0.5σ 和 $+0.5\sigma$ 之间的年份划为中等炎热夏季年份(Ding et al.,2015)。在本节中,划分夏季炎热程度的 C_i 值是 $+0.4696$、-0.4696。夏季炎热程度随时间变化见图 9.3。有 13 个强炎热夏季,10 个出现在 2003—2017 年。C_i 最大值出现在 2013 年,次大值出现在 2003 年,说明这两年分别是最炎热和次炎热夏季年份。第三、第四炎热夏季分别出现在 2017 年、2007 年。有 3 个强炎热夏季出现在 1988—2002 年。中等和弱炎热夏季主要出现在 1973—2002 年。其中,8 个弱炎热夏季、7 个中等炎热夏季出现在 1973—1987 年。最弱炎热夏季出现在 1982 年,次弱和第三弱炎热夏季出现在 1997 年和 1999 年。

利用 8 年滑动平均方法分析 C_i 时间序列,发现 C_i 时间序列存在阶段性变化;滑动 t 检验显示 C_i 时间序列在 1987 年和 2002 年存在突变(图 9.4)。8 年滑动平均表明,C_i 时间序列在 1987 年和 2002 年后存在增加的倾向。为了比较不同阶段的热浪变化特征,将 YAHHT 序列和 HWD 序列分为三个阶段:1973—1987 年、1988—2002 年和 2003—2017 年。滑动 t 检验结果表明:2003—2017 年的 YAHHT 和 HWD 平均值显著大于 1973—1987 年和 1988—2002 年

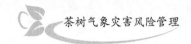

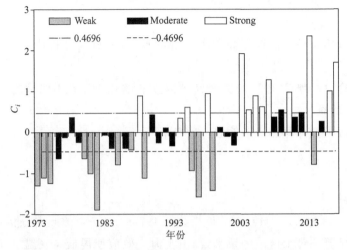

图 9.3　1973—2013 年 C_i 随时间的变化

的平均值,1988—2002 年的平均值显著大于 1973—1987 年的平均值;2003—2017 年的
YAHHT 平均值分别是 1973—1987 年和 1988—2002 年平均值的 4.6 倍、2.3 倍;2003—2017
年的 HWD 平均值分别是 1973—1987 年和 1988—2002 年平均值的 2.3 倍、1.6 倍。

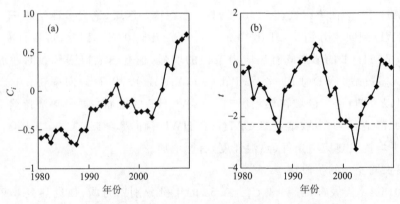

图 9.4　C_i 时间序列的 8 年滑动平均(a)和滑动 t 检验(b)

　　1973—1987 年,只有 4 个站的 YAHHT 平均值大于 100 ℃,2 个站的 HWD 平均值大于
30.0 d;1988—2002 年,有 19 个站的 YAHHT 平均值大于 100 ℃,4 个站的 HWD 平均值大
于 30.0 d;2003—2017 年,分别有 47 个站、25 个站、6 个站的 YAHHT 平均值大于 100 ℃、
200 ℃、300 ℃,丽水站最大达 407.7 ℃,31 个站、7 个站的 HWD 平均值分别大于 30.0 d、40.0 d,
丽水站最大,达 49.1 d。

　　(3)2003 年和 2013 年热夏出现概率

　　以宁波、丽水、衢州、杭州和温州分别代表浙江省东北部、南部、西部、北部和东南部地区。
1973—2017 年,2013 年 7 月 1 日到 8 月 18 日是最炎热的夏季,67 个站的平均 YAHHT 和
HWD 分别为 487.6 ℃和 39.7 d。2013 年有 62 个站观测到热浪,35 个站出现建站以来的极
端最高气温。8 月 11 日,新昌气象站出现极端最高气温 44.1 ℃,这一温度值也是浙江省所有

国家级气象站建站以来的极大值。以杭州站和丽水站为例,杭州站在 7 月 24—30 日(连续 7 d)和 8 月 5—12 日(连续 8 d)日最高气温在 40 ℃以上,8 月 9 日出现杭州站建站以来的极端最高气温 41.6 ℃。丽水站在 7 月 1 日到 8 月 18 日出现热浪,在 8 月 8 日出现极端最高气温 41.8 ℃。其后,8 月 23 日到 29 日、9 月 9—13 日丽水站再次出现热浪。

2003 年 7—9 月是浙江省第二个最炎热的夏季。67 个站的平均 YAHHT 和 HWD 分别为 397.9 ℃和 39.3 d。2003 年有 62 个站观测到热浪,7 月 31 日丽水站观测全省到最高气温 43.2 ℃。热浪事件可分为三个阶段:7 月到 8 月上旬、8 月下旬、9 月上旬。杭州站有三次热浪过程:7 月 12 日到 8 月 8 日、8 月 22—30 日、9 月 3—7 日。8 月 1 日出现最高气温 40.3 ℃。丽水站的热浪过程分别为 6 月 29 日到 8 月 11 日、8 月 22—31 日、9 月 5—9 日。有 14 d 日最高气温达到或超过 40 ℃。

表 9.4 列出了 5 个代表站 2003 年和 2013 年 YAHHT 值在 1979—1987 年、1988—2002 年、2003—2017 年三个阶段的出现概率。1979—1987 年和 1988—2002 年,没有一个站出现 2003 年和 2013 年那样的 YAHHT 值。实际上,这两个阶段的 YAHHT 最大值出现在 1988 年,其中杭州是 197.9 ℃,宁波是 174.8 ℃,衢州是 233.1 ℃,丽水是 487.5 ℃,温州是 66.1 ℃。但是,2003—2017 年的所有台站中,与 2003 年和 2017 年记录的极端 YAHHT 值相近的 YAHHT 值再出现了数年。2003 年的 YAHHT 值在杭州、宁波、衢州、丽水和温州的出现概率分别为 18.7%、16.4%、9.1%、3.3%和 7.2%。2013 年的 YAHHT 值在杭州、宁波、衢州、丽水和温州的出现概率分别为 3.4%、3.5%、4.4%、10.2%和 9.5%。

表 9.4　5 个代表站 2003 年和 2013 年 YAHHT 值在 1979—1987 年、1988—2002 年、2003—2017 年三个阶段的出现概率(YAHHT:℃;概率:%)

站	年份	YAHHT	1973—1987 年	1988—2002 年	2003—2017 年
杭州	2003	371.5	0.0	0.0	18.7
	2013	754.4	0.0	0.0	3.4
宁波	2003	391.5	0.0	0.0	16.4
	2013	596.3	0.0	0.0	3.5
衢州	2003	454.8	0.0	0.0	9.1
	2013	510.6	0.0	0.0	4.4
丽水	2003	886.7	0.0	0.0	3.3
	2013	735.9	0.0	0.0	10.2
温州	2003	173.8	0.0	0.0	7.2
	2013	167.7	0.0	0.0	9.5

9.4.4　讨论与结果

2003 年以来,热浪已成为浙江省最严重的自然灾害之一。本节基于中国气象局对热浪的定义,将 35 ℃作为定义热浪事件的温度阈值,这与中国公众对高温和热浪事件的理解是一致的。AHHT 是热浪的综合灾害指数,有利于根据诱发热应力条件的持续时间和强度来量化热浪强弱。

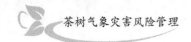

热浪存在明显的年代际变化特征。2003—2017 年的 YAHHT 和 HWD 平均值显著高于 1973—1987 年和 1988—2002 年。从天气学角度看，热浪强度和持续时间与西太平洋副热带高压密切相关(WPSH)。2013 年 7 月 2 日到 8 月 19 日，中国东部在稳定、强大的西太平洋副热带高压控制下，从而导致该区域持续高温(Peng,2014)。与 2013 年酷热的夏季相反，1999 年夏季的特点是发生了一次极端拉尼娜事件，该事件促进了与西太平洋副热带高压有关的反气旋系统东移和持续减弱。这一中尺度大气系统向西太平洋移动，导致浙江省上空受孟加拉湾和热带印度洋的西南气流影响，出现明显的降雨天气和相对寒冷的天气。

20 世纪 80 年代以来，浙江经济发展迅速，国内生产总值(GDP)和非农业人口(NAP)不断增加。1998 年住房制度改革后，许多农业人口进城购房，从事非农业工作，促进了 2000 年后 GDP 和 NAP 的快速增长。工业化、房地产开发和人口增长促进了城市化进展，增强了城市热岛效应。2000 年以来，城市热岛效应随城市规模不断扩大而增强。C_i 和 GDP、NAP 的相关系数分别为 0.5131、0.6005，均达 0.01 显著水平。过去 45 年，在浙江省经济快速发展地区，热浪强度和持续时间有了很大的增加。8 年滑动平均值对比表明：C_i 值、GDP 和 NAP 变化趋势一致，在 1987 年、2002 年分别有一个快速增长过程(图 9.5)。

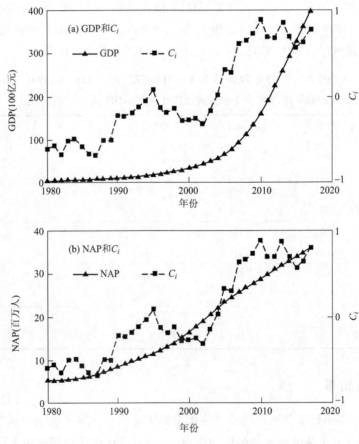

图 9.5　C_i 和 GDP(a)、C_i 和 NAP(b)8 年滑动平均序列

对于个别站点,地理条件对热浪强度有显著影响。浙中地区地处内陆,处于盆地内,热量容易聚集,是一个强度较高、持续时间较长的高热浪影响地区(如丽水位于丽水盆地、新昌位于新嵊盆地、金华和兰溪位于金衢盆地)。Lehner等(2012,2014)研究表明:在宽度5～10 km、深度150～300 m的盆地,空气流动非常弱,热环流很弱甚至不存在,导致热量在盆地中间积累,因此小盆地地形容易成为高温中心。位于海岛和森林覆盖率高的山区的气象站,由于海水、植被对温度的调节,最高气温高于35 ℃日数少,热浪事件不明显。

利用信息扩散模型估计了2013年和2003年浙江省宁波、丽水、衢州、杭州和温州等地最严重和次严重炎热夏季的复发概率。结果表明,在2002年以前的气候条件下,这种严重炎热夏季的出现率较低,2003年以来的气候条件下,这种严重炎热夏季的出现概率较高,达10～20年一遇。

9.5 茶树夏季高温热害风险的时空变化特征

本节利用浙江省66个气象站1973—2017年每年6—9月逐日平均气温、日最高气温和日平均相对湿度资料,利用松阳、景宁、磐安、苍南、岱山5个气象站2003—2017年6—9月气象资料,分析浙江省茶树高温热害风险的时空变化特征。

9.5.1 方法

9.5.1.1 茶树高温热害等级指标划分

参照浙江省地方标准《茶树高温热害等级》(娄伟平 等,2017),进行茶树高温热害等级指标划分。

9.5.1.2 气象数据处理

茶树品种根据耐热性强弱可分为强耐热性品种、中耐热性品种、弱耐热性品种(娄伟平等,2017)。从1973—2017年历年数据中筛选出6—9月逐日平均气温、日最高气温和日平均相对湿度,分别统计各站历年日平均气温≥30 ℃且日最高气温≥35 ℃且相对湿度≤65%、日最高气温≥38 ℃、日最高气温≥40 ℃的最大持续日数,按照茶树高温热害等级标准分别统计各代表站历年强耐热性品种、中耐热性品种、弱耐热性品种高温热害等级。采用线性倾向率分析各指标的时序变化特征,利用Mann-kendall法进行突变点检测。

9.5.1.3 茶树高温热害风险分析

无热害、四级热害、三级热害、二级热害、一级热害分别取值为0、0.25、0.5、0.75、1,采用信息扩散理论计算各代表站各级热害的出现概率,得到各代表站茶树高温热害风险

$$Q = \sum_{i=0}^{4} (P_i \times V_i) \qquad (9.5)$$

式中,Q为茶树高温热害风险;P为各级茶树高温热害值出现概率;V为茶树高温热害值。

将浙江省45年各茶树品种高温热害值分为1973—1987年、1988—2002年、2003—2017年3个时段,分析浙江省各时段各茶树品种高温热害风险变化特征。利用成对数据t检验分析各阶段间茶树遭受高温热害的概率是否存在显著性差异。

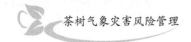

9.5.2　茶树高温热害发生的时间变化特征

依据茶树高温热害等级标准,分析得到浙江省 66 个气象站不同耐热性茶树品种历年不同等级茶树高温热害气象站数变化(图 9.6)。从 1973—2017 年,浙江省不同耐热性茶树品种无茶树高温热害气象站数随时间呈线性减少,各级茶树高温热害气象站数随时间呈线性增加。其中,弱耐热性品种无热害、四级热害、三级热害、二级热害和一级热害发生站数的线性倾向率分别为−8.1/10 a、3.8/10 a、1.9/10 a、1.4/10 a、0.9/10 a,中耐热性品种无热害、四级热害、三级热害、二级热害和一级热害发生站数的线性倾向率分别为−6.1/10 a、3.0/10 a、1.2/10 a、1.3/10 a、0.5/10 a,强耐热性品种无热害、四级热害、三级热害、二级热害和一级热害发生站数的线性倾向率分别为−4.2/10 a、1.9/10 a、1.4/10 a、0.6/10 a、0.3/10 a。

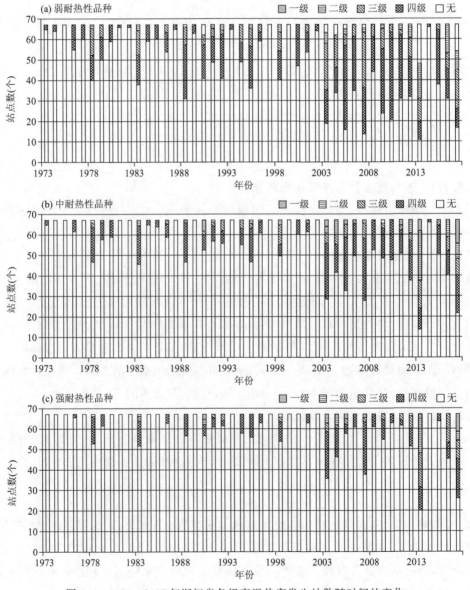

图 9.6　1973—2017 年浙江省各级高温热害发生站数随时间的变化

Mann-kendall 法检测到浙江省各气象站不同耐热性茶树高温热害等级在 2003 年出现突变点。东部沿海地区如鄞州(图 9.7a)在 1973—2002 年茶树没有出现高温热害,2003—2017 年茶树高温热害出现概率高且等级高;南部、西部和北部地区如丽水、衢州、杭州(图 9.7b~d),在 1973—2002 年茶树虽时有高温热害发生,但高温热害等级基本上在四级,2003—2017 年 15 年中有 12~13 年发生茶树高温热害且有 2~3 年出现一级茶树高温热害。

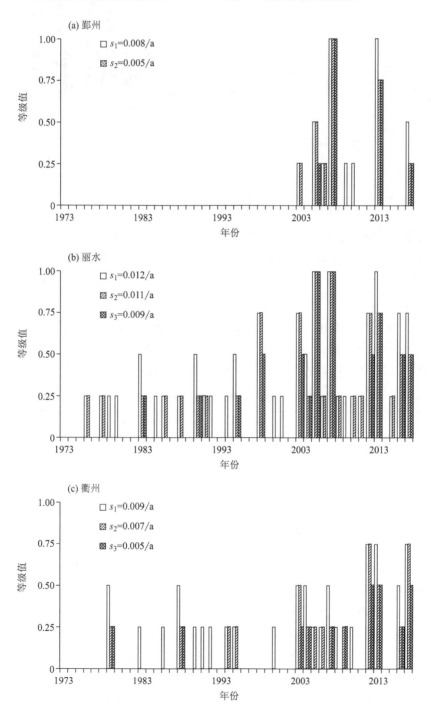

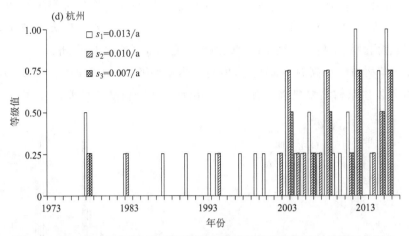

图 9.7　浙江省 4 个代表气象站不同耐热性茶树高温热害等级随时间的变化
（注：s_1、s_2、s_3 分别是弱耐热性、中耐热性、强耐热性茶树品种高温热害等级线性倾向率）

9.5.3　各阶段茶树遭受高温热害概率变化特征

采用信息扩散理论计算 1973—1987 年、1988—2002 年、2003—2017 年 3 个时段各级茶树高温热害的发生概率，浙江省 3 个时段茶树遭受高温热害的平均概率见表 9.5。t 检验结果表明：各茶树品种在 2003—2017 年遭受高温热害的概率与 1973—1987 年、1988—2002 年两个时段的概率差异显著性水平达 0.01；弱耐热性茶树品种 1988—2002 年遭受高温热害的概率与 1973—1987 年的概率差异显著性水平达 0.01，中耐热性茶树品种的概率差异显著性水平达 0.05，强耐热性茶树品种的概率差异不明显。各茶树品种在 2003—2017 年遭受高温热害的概率是 1988—2002 年概率的 2 倍以上、1973—1987 年概率的 3 倍以上。

表 9.5　各时段茶树高温热害发生概率全省平均值

时段	弱耐热性品种	中耐热性品种	强耐热性品种
1973—1987 年	0.1496	0.0987	0.0706
1988—2002 年	0.2369	0.1469	0.1038
2003—2017 年	0.5606	0.3947	0.2607

9.5.4　茶树高温热害风险区划

茶树高温热害风险存在阶段性特征，我们以茶树高温热害强度风险指数作为茶树高温热害风险区划指标，利用 2007—2018 年气象资料，开展茶树高温热害风险区划。浙江省除嘉兴市、舟山市及海岛县市区以外的县市区划结果见图 9.8。从图中可以看出，浙江省茶树高温热害根据各茶树品种的热害强度风险指数可分为下以下几个区。

低风险区（Ⅰ区）：包括浙江南部庆元和泰顺 2 个山区县，温州、台州和宁波的 10 个沿海县（市区）。这些县（市区）三类耐热性茶树品种热害强度风险指数均低于 0.05，茶树基本上不遭受高温热害。如玉环、乐清由于气象站离海距离近，根据气象站资料统计，茶树基本上不遭受高温热害；泰顺是个山区县，气象站海拔高度为 539 m，是浙江省国家气象站中海拔最高的站，

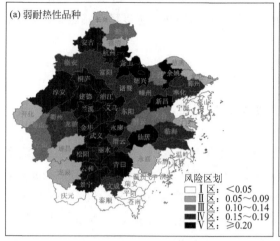

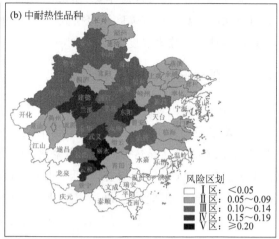

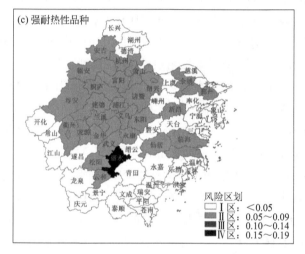

图 9.8　浙江省茶树高温热害风险区划

夏季高温少,茶树没有高温热害;温州气象站靠近瓯江入海口,弱耐热性品种只在 2003 年和 2013 年发生四级高温热害,中耐热性品种和强耐热性品种没有发生高温热害;庆元是个山区县,夏季高温弱,弱耐热性品种只在 2003 年、2013 年和 2017 年发生高温热害。

较低风险区(Ⅱ区):包括开化、天台、江山、遂昌、龙泉、文成 6 个山区县和北仑、永嘉 2 个临近海洋县。该区弱耐热性品种高温热害强度风险指数在 0.05～0.14,中耐热性品种高温热害强度风险指数<0.05。

中等风险区(Ⅲ区):包括长兴、常山、慈溪、德清、奉化、湖州、缙云、景宁、龙泉、磐安、青田、三门、上虞、嵊州,共 14 个县(市区)。弱耐热性品种高温热害强度风险指数在 0.10～0.19,中耐热性品种高温热害强度风险指数在 0.05～0.14,强耐热性品种高温热害强度风险指数<0.05。

较高风险区(Ⅳ区):包括安吉、临安、富阳、绍兴、杭州、萧山、余姚、桐庐、浦江、龙游、新昌、衢州、永康、仙居。中耐热性品种高温热害强度风险指数在 0.10～0.14,强耐热性品种高温热害强度风险指数在 0.05～0.09。

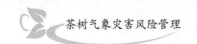

高风险区（Ⅴ区）：包括淳安、建德、兰溪、金华、诸暨、义乌、东阳、武义、松阳、丽水、云和。弱耐热性品种高温热害强度风险指数≥0.20,中耐热性品种高温热害强度风险指数＞0.13,强耐热性品种高温热害强度风险指数＞0.10。

9.5.5　结论与讨论

随着气候变暖,夏季高温热浪事件出现频率增高、强度变强、持续时间变长。浙江省是中国高温热浪最严重的地区之一,高温热浪使茶树遭受高温热害,严重影响茶树生长。1973年以来,浙江省茶树高温热害面积和高温热害等级呈线性增加趋势,茶树遭受高温热害的风险也在增大。Mann-kendall法检测结果表明,2003—2017年茶树高温热害等级和1973—2002年存在显著性差异,因此将茶树高温热害的影响按年度分为1973—1987年、1988—2002年和2003—2017年3个时段。每个时段只有15年,利用依赖大数据定理建立的概率方法计算各时段风险会极不可靠,本节采用比单纯采用概率法要科学得多的概率与模糊集相结合的方法(信息扩散理论)计算风险,使计算的各时段风险具有可靠性。

成对数据 t 检验验证现阶段(2003—2017年)茶树遭受高温热害的概率与前面2个时段存在显著性差异。2003年以来,浙江省弱耐热性、中耐热性、强耐热性茶树品种遭受高温热害概率分别达0.5606、0.3947、0.2607,高温热害已成为影响浙江省茶叶生产的主要灾害之一。利用2003—2017年气象资料和茶树高温热害指标计算茶树遭受高温热害风险,将浙江省茶树种植高温热害风险分为五个区,区划结果能够较真实地反映浙江省目前和将来一定时期茶树高温热害风险,对浙江省茶树科学种植具有指导作用。

茶树高温热害是高温热浪作用于茶树的结果,因此茶树高温热害发生程度与夏季西太平洋副热带高压、下垫面状况有关。本节研究结果表明,浙江省茶树高温热害高风险区为杭州东南部、绍兴、金华和丽水中北部,和浙江省高温空间分布特征一致,也和2013年浙江省茶树高温热害空间分布相符(罗列万,2013)。由于本研究以浙江省全省作为研究对象,采用建于县(市、区)政府所在地的国家级气象站气象资料,而浙江省地形复杂,气温随土壤、海拔高度、坡向、离海洋远近等地理因子变化较大,同时茶树多种植于山地,会导致区划结果在局部地区区划等级与实际情况存在差异的情况。

9.6　地理因子对茶树夏季高温热害风险的影响

本节以信息扩散技术、支持向量机与GIS技术为基础,分析浙江省茶树热害风险随地理因素的空间变化特征,为茶叶生产管理提供基础数据。

9.6.1　数据

用2007—2017年浙江省738个区域气象站观测资料计算弱耐热性茶树品种热害风险,利用DEM数据和ArcGIS读取各区域站的经度、纬度、海拔高度、距海岸线距离、坡度、坡向、距太湖湖岸线距离、距千岛湖湖岸线距离。

9.6.2 非线性分析

本节利用支持向量机来拟合茶树高温热害风险与地理因子的关系,以径向基函数(RBF)为核函数,以各区域站所在地的地理因子作为输入变量,茶树高温热害风险为输出变量,将数据分成训练样本和测试样本,采用试错法确定最优惩罚参数 C 和 ε-不敏感损失函数的适当值(Sujay et al.,2014)。

选定最优模型后,利用敏感性比值评价每个地理因子对茶树高温热害风险影响的重要程度即进行敏感性分析。敏感性比值是评估因子不存在时向量机回归产生的误差与所有因子存在时产生的误差的比值,若敏感性比值大于1,表明该因子对茶树高温热害风险影响重要,数值越大影响越关键。在进行敏感性分析之后,分析各地理因子对茶树高温热害风险影响的敏感区间和影响趋势。分析方法为对于某一因子,其他因子设置为平均值,利用向量机模型计算茶树高温热害风险随该因子的变化。

9.6.3 地理因子的敏感性分析

选取了经度、纬度、海拔高度、距海岸线距离、坡度、坡向作为影响茶树高温热害风险的地理因子,这些因子拟合结果的平均绝对误差是0.05。各因子的敏感性分析结果见表9.6。

表9.6 地理因子敏感性分析结果

地理因子	纬度	经度	海拔高度	距海岸线距离	坡度	坡向
敏感性比值	1.1	1.2	1.3	1.1	1.0	1.0

茶树热害是高温作用于茶树的结果,坡度和坡向对夏季山地地表温度变化影响不大(孙常峰 等,2014)。因此,坡度和坡向对茶树热害风险影响较小。

太湖和千岛湖作为大型水体影响周边温度分布。在距太湖湖岸 120 km、110 km、100 km 和 90 km 范围内,距太湖湖岸距离的敏感度分别为 1.0、1.1、1.1 和 1.1;在距千岛湖湖岸 70 km、60 km、50 km 和 40 km 范围内,距离千岛湖湖岸距离的敏感度分别为 1.0、1.1、1.1 和 1.3。因此,太湖和千岛湖周边区域,与太湖、千岛湖的距离影响茶树热害风险分布。

9.6.4 茶树热害风险与经纬度的关系

茶树热害风险随经纬度的变化见图 9.9。28.2°～30.5°N,茶树热害风险大于 0.2,并在 29.5°N 达到最大值。119.5°～122.5°E,茶树热害风险大于 0.2,并在 121.0°E 达到最大值。浙江省东部濒临东海,茶树热害风险较低,122.7°～123°E,茶树热害风险随经度变化不敏感。图 9.9 表明,茶树热害风险高值区位于浙江省中部,这一结果和浙江省高温天气分布一致。

9.6.5 茶树热害风险与海拔高度的关系

海拔高度是影响茶树热害风险的最重要地理因子。在海拔高度 530 m 以上区域,茶树热害风险等于 0;在海拔高度 530 m 以下区域,茶树热害风险随海拔高度增高而降低(图 9.10)。茶树热害风险随海拔高度的变化可用 Logisitic 模型来拟合:

$$Q = 0.464057/[1 + \exp(-1.425619 + 0.007963 \cdot H)] \quad (F = 10482.5463) \quad (9.6)$$

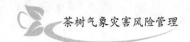

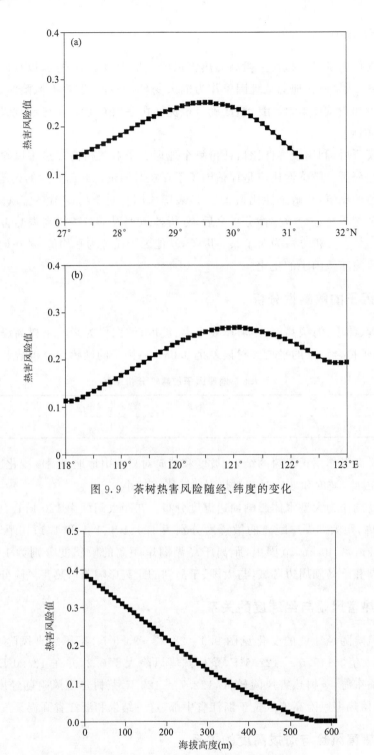

图 9.9 茶树热害风险随经、纬度的变化

图 9.10 茶树热害风险随海拔高度的变化

式中, Q 为茶树热害风险, H 为海拔高度。

海拔 200 m 以下地区, 茶树热害风险大于 0.2; 海拔 200~300 m 地区, 茶树热害风险在

$0.1\sim0.2$;海拔300 m以上区域,茶树热害风险小于0.1。

9.6.6 茶树热害风险与离海岸线距离的关系

根据浙江海岸带自然条件的组合特点,以自然地理作为划分的基础,即把地质、地形条件作为基本依据,然后综合水文、气象、生物、植被、土壤等环境因素进行比较和分析。根据这样的原则,把浙江海岸带划分为杭州湾区和浙东滨海区两个区,分界线为镇海口(李家芳,1994)。

杭州湾平面形态呈一典型的喇叭口,实际上是一个钱塘江流入东海的典型喇叭形浅河口。在杭州湾区域,如果只考虑离海岸线距离这一因子,发现当离海岸线距离大于35 km时,离海岸线距离对茶树热害风险的影响接近于0。在离海岸线距离小于35 km区域,茶树热害风险随离海岸线距离增加而增加(图9.11),二者关系可用Gompertz模型拟合:

$$Q = 0.358271 \cdot \exp[-1.886933 \cdot \exp(-0.116006 \cdot DC)] \quad (F = 147384.1332) \quad (9.7)$$

式中,Q为茶树热害风险,DC为离海岸线距离。

在离海岸线距离小于3.5 km区域,茶树热害风险小于0.1;在离海岸线距离大于10.5 km区域,茶树热害风险大于0.2。

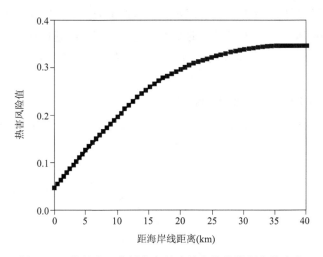

图9.11 杭州湾区茶树热害风险随离海岸线距离的变化

浙东滨海区直接面向东海,海洋对这一区域气候的影响大于海洋对杭州湾区气候的影响。在浙东滨海区域,如果只考虑离海岸线距离这一因子,发现当离海岸线距离大于50 km时,离海岸线距离对茶树热害风险的影响接近于0。在离海岸线距离小于50 km区域,茶树热害风险随离海岸线距离增加而增加(图9.12),二者关系可用Gompertz模型拟合:

$$Q = 0.685279 \cdot \exp[-2.640913 \cdot \exp(-0.039868 \cdot DC)] \quad (F = 34952.8953) \quad (9.8)$$

式中,Q为茶树热害风险,DC为离海岸线距离。

在离海岸线距离小于7.5 km区域,茶树热害风险小于0.1;在离海岸线距离大于19 km区域,茶树热害风险大于0.2。

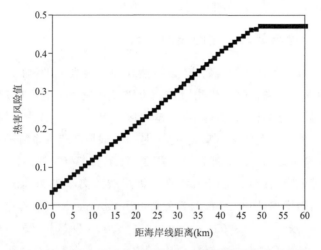

图 9.12　浙东滨海区茶树热害风险随离海岸线距离的变化

9.6.7　茶树热害风险与湖泊的关系

千岛湖位于浙江省西部,水域面积约 580 km^2,四周群山环抱,森林覆盖率高。在离湖岸线 5 km 以上区域,水体对茶树热害风险的影响接近于 0。在离湖岸线距离小于 5 km 区域,茶树热害风险随离湖岸线距离增加而增加(图 9.13),二者关系可用 Logisitic 模型拟合:

$$Q = 0.290497/[1 + \exp(1.648968 - 0.922759 \cdot DL)] \quad (F = 29530.7457) \quad (9.9)$$

式中,Q 为茶树热害风险,DL 为离湖岸线距离。

在离湖岸线距离小于 1.0 km 区域,茶树热害风险小于 0.1;在离湖岸线距离大于 2.5 km 区域,茶树热害风险大于 0.2。

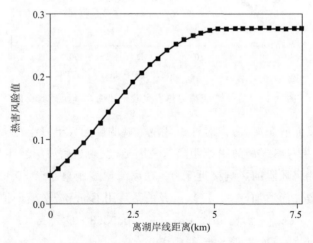

图 9.13　千岛湖四周区域茶树热害风险随离湖岸线距离的变化

杭嘉湖平原位于太湖南面,位于太湖以南的山脉与太湖湖岸之间的距离在 20 km 以上。在离湖岸线 25 km 以上区域,水体对茶树热害风险的影响接近于 0。在离湖岸线距离小于 25 km 区域,茶树热害风险随离湖岸线距离增加而增加(图 9.14),二者关系可用 Logisitic 模型拟合：

$$Q = 0.398604/[1 + \exp(1.573825 - 0.145314 \cdot DL)] \quad (F = 10252.7504) \quad (9.10)$$

式中，Q 为茶树热害风险，DL 为离湖岸线距离。

在离湖岸线距离小于 3.5 km 区域，茶树热害风险小于 0.1；在离湖岸线距离大于 11.0 km 区域，茶树热害风险大于 0.2。

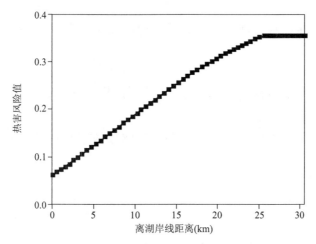

图 9.14　太湖四周区域茶树热害风险随离湖岸线距离的变化

9.6.8　浙江省茶树热害风险空间分布特征

利用影响茶树热害风险分布的主要地理因子和支持向量机技术，计算每个 100 m×100 m 网格点的茶树热害风险（娄伟平 等，2019）。在浙南、浙西北山区、浙东沿海地区，茶树热害风险值相对较低；浙中北部平原盆地、浙西金衢盆地、浙南丽水盆地和浙东台州地区的盆地，茶树热害风险值相对较高。

茶树热害风险随地理因素的变化特征研究结果有助于广大茶农、决策者和农业技术人员更好地了解不同地区的茶树种植管理。为减少 200 m 以下地区高温对茶树的危害，应在深厚肥沃的土壤中种植茶树，采用直播法形成较长的主根，选择耐热性强的品种。在盆地地形区域，周边山区阻碍了盆地与外界的空气循环，盆地内容易出现高温应特别注意防止茶树热害。

第10章 茶树旱害风险因子识别和变化规律

茶树生长需要一定的水分,在长期无雨或少雨的气候条件下,会造成茶树生长受阻、茶叶减产甚至植株死亡。

10.1 茶树旱害分类和症状

茶树旱害发生程度与气象因子、茶树品种、茶树生育期、地理因子等因素有关。

10.1.1 茶树旱害类型

根据成因,茶树旱害可分为土壤干旱、大气干旱两类。

(1)土壤干旱

长期无雨又无灌溉,土壤缺水使茶树受害。

(2)大气干旱(干热风)

干热风是一种高温低湿和较大风速相结合的气象灾害。其特点是土壤中虽然有一定的水分,但因空气非常干燥,使茶树根部从土壤中吸收的水分与植株支出的水分不适应,因而使茶树受害。

影响茶叶生产的干旱主要是土壤干旱。

根据发生的季节,茶树旱害可分为春季干旱、夏季干旱、秋季干旱和冬季干旱四类。其中夏季干旱往往伴随高温,使茶树旱害加重。夏季干旱对夏、秋茶生产影响较大,如果秋季降水充沛,茶树恢复生长,秋梢长势良好,对次年春茶生产影响较小。秋季干旱是指在立秋后发生的干旱。秋季干旱不仅影响秋茶生产,与夏季干旱相比,秋季干旱后,茶树进入冬季休眠期,生长较弱,如秋季干旱严重,会对次年春茶造成严重影响。冬季干旱会影响茶树代谢活动,尤其是可溶性糖的分解会受到影响,使茶树抗逆性显著降低,易受冻害。春季干旱正值春茶生产期,会对春茶生产造成严重影响,严重的春季干旱还会影响当年夏、秋茶生产。

10.1.2 茶树旱害的症状

当茶树水分长期处于不平衡状态时,就会引起植株体内水分亏缺,代谢活动受到影响,生长发育受到抑制。茶树首先表现为芽叶生长受阻,棚面表层成熟叶片先出现焦边、焦斑,然后向叶片内部和基部扩展,叶片受害区域与尚未受害的区域界限分明;受害顺序为先叶肉后叶脉,先成叶后老叶,先叶片后顶芽嫩茎,先地上部后地下部。

10.1.3 干旱对茶树生长、产量和品质的影响

茶树生长发育的适宜土壤相对含水量是 70%～90%,低于 50% 或高于 100% 时,根系发

育会受到严重抑制。幼龄茶树新梢生长最佳土壤相对含水量为80%～90%,根系生长最佳为65%～80%(许允文,1985)。当土壤含水量在田间持水量的45%以下时,茶苗不能成活;当土壤含水量在田间持水量的45%以上时,茶苗成活率随土壤含水量的增加而增加;当土壤含水量在田间持水量的75%以上时,茶苗均能正常成活(阮建云 等,1997)。茶树遭受旱害后,芽的萌发比正常情况大约推迟半个月,新梢的生育期大为缩短,其产量明显下降,胁迫时间指数与茶叶相对减产量呈线性相关(Handique et al.,1986;Stephens et al.,1989)。新梢旺长期间遭受旱害,叶水势下降,叶面积减小,新梢生长受抑,且干旱越长影响愈明显(王伟,1998)。在减少水分供应后,茶树高度增加速率明显减小,侧梢数显著减少;叶重和主梢、侧梢的茎重以及根系重量都减轻。水分亏缺的茶树比正常的茶树分化较早,而且程度较深,新梢发育不良。如叶片较小、较厚,角质层较厚,茎短而木质化多。研究(杨跃华,1985)表明,茶树遭受旱害后,一芽三叶芽梢长7.2 cm,为正常芽梢的68.6%;一芽三叶新梢重0.62 g,为正常的67.4%;在年生育周期里,采茶轮次由6轮减为4轮,并大量出现对夹叶。而当土壤水分含量充足时,新梢生长速度非常迅速,可比土壤含水率低的茶园高2.4～4.5倍。试验表明,76%±6%是茶树品种“农抗早”最适宜生长的土壤湿度,随着土壤含水量降低、水分胁迫强度的增大,茶树对应的最大相对生长量逐渐下降,最大生长速度降低,最大生长速度提前,旺盛生长期的长度缩短,旺盛生长期内生长量逐渐下降(孙有丰,2007)。当土壤含水量为80%～90%时,茶树新梢叶大质厚,生长迅速;当土壤含水量低于70%时,叶片瘦小,叶质薄,对夹叶形成多,芽叶有效内含物降低,成品茶品质下降(潘根生 等,1981;中国茶科所,1984)。干旱胁迫下,龙井长叶茶苗生长高度、叶面积比、比叶面积、叶片数、生物产量、生根率及比根长显著降低(曾建明 等,2005)。

段亮(1992)在1988年6—7月以楮叶齐盆栽茶苗为材料,以田间持水量为27.8%、萎蔫系数为11.4%的重壤土为栽培土,在盛夏以土壤含水量分别为(90±5)%、(70±5)%、(50±5)%三个处理。结果表明,从6月5日开始,处理10 d、20 d后,茶树叶片的相对含水量随水分胁迫程度的增加而逐渐下降,水分胁迫处理较正常供水处理分别降低4.24%～11.24%与15.68%～37.87%。说明在土壤水分胁迫下,茶树根系的吸水量已不能补偿枝叶的水分蒸腾量,从而造成了茶树叶片组织的脱水,水分胁迫越重,脱水程度就越大。随着土壤相对含水量的降低,茶树新梢的生长速度及生长进程均受到了明显的影响。90%处理新梢的生长速度最快,为8.0 mm/d,生长进程呈现出明显的S型生长规律;70%处理的新梢生长速度为6.5 mm/d,生长进程也呈现出S型生长规律;50%处理的新梢生长缓慢,为3～4 mm/d,其生长进程没有呈现出明显的S型规律。到第36 d,90%处理的新梢生长基本上处于休止状态,新梢长度为25.6 cm,此时70%和50%处理的新梢长度分别仅为90%处理的80.9%和42.2%。在水分胁迫的影响下,茶树枝梢顶端幼叶发端的速度减慢,新梢的展叶速度及展叶数明显降低或减少。当土壤相对含水量由90%下降到70%～50%时,幼叶的扩大生长受到抑制,叶茸、叶宽减少,新梢的平均单叶面积减少16.71%～52.14%(表10.1)。在水分胁迫的影响下,茶树越冬老叶的存留百分率降低,脱落过程加快,经15 d处理后,90%、70%、50%三个处理下老叶存留量分别为98.72%、95.95%、91.86%;经30 d处理后,三个处理下老叶存留量分别为94.87%、89.19%、80.23%;经50 d处理后,三个处理下老叶存留量分别为92.31%、83.78%、60.47%。经53 d处理后,茶树的生物产量(总干物质)70%和50%处理较90%处理分别减少9.18%和23.10%。地上部器官干物重无论茎还是叶,均以90%处理最高,70%处理次之,

50%处理最低。根系的干物重,以70%处理最高,90%处理次之,50%处理最低,特别是吸收根的生长以70%处理的生长最好,其干物重较90%处理的增加17.37%。在水分胁迫影响下,干物质向幼嫩茎叶的分配比例减少,处理53 d后,50%、70%处理的干物质向幼嫩茎叶的分配比例分配率分别为90%处理的52.99%、82.91%;而向地下部分分配的比例增大,50%、70%处理的地下部分重量与总干物重之比分别为90%处理的127.37%、123.68%。

表10.1　水分胁迫条件下茶树新梢展叶数的动态变化(枚/个新梢)

处理	6月9日	6月16日	6月23日	6月30日	7月7日
90%	0.22	1.33	3.00	3.78	4.89
70%	0.11	1.00	2.56	3.00	4.11
50%	0.00	0.33	1.56	2.00	3.11

引自(段亮,1992)

在茶树遭受旱害过程中,茶叶总蛋白、淀粉和双糖含量降低,可溶性糖、可溶性蛋白和纤维素含量增加;嫩叶中茶多酚、总儿茶素含量减少,儿茶素品质指数下降;茶叶总游离氨基酸、咖啡因和水浸出物等品质成分均减少(Upadhyaya et al.,2012)。氨基酸组成发生变化,谷氨酸、甘氨酸、丙氨酸等氨基酸组分含量降低,游离脯氨酸含量增加,组氨酸、蛋氨酸消失(杨华,2007)。但轻度干旱随后复水对茶树生长有补偿作用,能提高茶树的光合作用效率(柯玉琴等,2008)。曹潘荣等(2006)采用广东主栽乌龙茶品种之一岭头单枞品种为研究材料的水分胁迫试验表明:水分胁迫处理能明显增加芳香物质的种类,土壤含水量为10.56%的处理芳香物质种类最多,共有58种;土壤含水量为19.59%的处理芳香物质种类最少;随着水分胁迫加深,芳樟醇及其氧化物等17种物质的含量增加,而豆蔻酸等12种物质则随着水分胁迫程度的加深而减少;芳樟醇及其氧化物、α-萜品醇、十四烷、10-甲基十九烷、十二醛等芳香物质,在土壤含水量为10.56%的处理达到高峰;二十烷基环己烷、1-十六烯、1-脂肪醇只出现在土壤含水量为14.84%和10.56%的处理中;蓝桉醇、3,7,11-三甲基—1,6,10-十二碳三烯—3-醇、香叶醇物质只出现在土壤含水量为10.56%和5.73%处理中;土壤水分胁迫可抑制壬二酸单甲酯等7类物质的合成。适度的干旱会改变芳香物质组成和相对含量,可能使香气物质成分更为协调,更适合于香气的表现。秋、冬茶香气高浓,低湿度胁迫是其形成的重要因子之一。

贵州省湄潭县2001年7月9—31日,一直持续干旱少雨,干旱日数达23 d,日平均气温26.8 ℃,比历年同期高1.3 ℃;总降雨量为13.5 mm,比历年同期少8成;日照时数为128.7 h,比历年同期多39.4 h;蒸发量为98.9 mm,比历年同期多26.3%。2001年9月21日至10月31日,干旱日数达40 d。田永辉等(2003)测定了茶树的相关指标发现,干旱使茶园土壤含水量较正常季节低16.55%,而总孔隙度较正常季节高,茶园土壤固相、液相、气相三者比例失调,从而影响到茶树根系的生长发育及其根部氨基酸、咖啡因等化学成分的合成。在干旱情况下茶树的百芽重、单位体积土壤内根重、根系活力、光合作用能力、叶绿素含量分别较正常季节下降了126.9%、107.0%、80.8%、70.4%、105.2%。干旱使氨基酸总量较正常年下降0.30%,茶多酚却较正常年上升3.46%,咖啡因下降0.60%,粗纤维提高了1.31%。

在干旱季节,适宜的灌溉条件下可提高茶叶产量,明显改善茶叶品质,其灌水量与茶叶增产量呈正相关。研究表明,旱季喷灌与不喷灌相比,茶树正常芽叶增加28.9%,新梢长度增加

2.28 cm,百芽重增加 11.4 g,芽数增加 23%,品质明显提高(萧力争 等,2004)。潘根生等(1981)在 1979 年夏季以福鼎白毫品种为试验品种进行喷灌试验,结果表明,盛夏干旱季节喷灌茶树较对照茶树新梢生长量大而速,展叶数也多。喷灌后 13 d,喷灌处理新梢实际增长 20.4 mm,对照区实际增长仅 10.0 mm;喷灌处理平均展叶 3 片,对照区为 2.29 片;喷灌区正常新梢 52.8 个,对照区为 17.1 个;喷灌区驻梢 47.2 个,对照区为 82.9 个;喷灌区正常芽叶单芽重 0.243 g,对照区为 0.238 g;喷灌区比对照增产 11.2%。喷灌区氨基氮含量 152.09 mg/g,对照区为 132.18 mg/g;喷灌区茶多酚含量 20.00%,对照区为 20.98%;喷灌区纤维素含量 9.39%,对照区为 9.78%;喷灌区水分 76.4%,对照区为 71.9%。纤维素和水分含量是衡量茶叶嫩度的重要指标,直观评定鲜叶嫩度,一般喷灌比对照提高一个等级。制成红碎茶和绿毛茶感官审评的结果,喷灌处理制成的红碎茶色泽乌润,颗粒细紧显毫,滋味尚鲜醇。对照处理的颗粒较粗松泛红,滋味尚浓,鲜爽度比喷灌处理差。喷灌处理制成的绿毛茶条索细紧,色泽深绿尚润,滋味鲜醇,叶底尚嫩、绿、明亮,对照处理条索稍松,色泽绿翠,滋味尚浓欠醇,叶底稍粗大,黄绿欠明亮,香气、汤色的差别则不大。Cheruiyot 等(2007)对福建省安溪茶园 4 年生铁观音乌龙茶茶树进行了 6 种不同的灌水处理(即 5 d、10 d、15 d、20 d 和 25 d 灌水间隔,每次灌水量为 3.5 kg,T1 至 T5,加上不灌水对照)。灌溉 50 d 后,处理 T1、T2、T3、T4、T5 和对照叶片水势分别为 1.70 mPa、2.34 mPa、2.48 mPa、2.89 mPa、3.55 mPa 和 4.92 mPa。与对照相比,T1、T2 和 T3 的叶片生物量产量分别增加了 32.8%、21.9%和 21.3%。净光合速率(Pn)、气孔导度(gs)和出汗量(E)随灌水间隔的增加而降低。茶多酚(TP)和游离氨基酸(AA)含量随灌水次数的增加而降低,而咖啡因(CA)含量随灌水次数的增加而明显增加。

10.1.4 茶树旱害生理响应机制

(1)干旱胁迫影响茶树生长和形态。耐旱茶树品种具有角质层厚、栅栏组织厚且发达、叶层厚、叶具革质、叶被茸毛多、叶色深绿、单位叶面积叶片气孔多而小、根深和根系发达等形态特征(覃秀菊 等,2009)。富含蜡质的角质层可降低水分散失、延缓萎蔫、反射太阳光、降低叶温;厚且发达的栅栏组织富含叶绿体,可增强光合作用、减少水分散失;叶肉和叶脉中富含晶细胞,起机械支撑作用,维持细胞渗透势;叶被多茸毛可避免叶面温度剧变、减少水分蒸腾。王家顺等(2011)研究了干旱胁迫对 1 年生都匀毛尖茶树苗的影响。在干旱胁迫第 20 天时,茶树根长为 132.74 cm,比对照显著增加达 18.6%;茶树根直径比对照减小 0.3 mm;一级侧根数为 33 条,较对照增加 18%,二级侧根数也同样显著增加,比对照增加了 31 条;茶树根表面积随干旱处理的延长表现出前期(前 15 d)略低而后期略高于对照的趋势。说明在干旱条件下,由于土表层干燥,下层湿润,促使茶树根系下扎,有利于茶树一级侧根和二级侧根的生长,从而增加根毛密度,增强对水分的吸收能力以提高茶树抵抗干旱的能力。与对照相比,干旱处理的茶树地上部和根的鲜质量明显下降,地上部鲜质量下降幅度大于根鲜质量的下降幅度。茶树根的上表皮细胞在干旱条件下破裂剥落,皮层细胞受到不同程度的损伤,根直径变小。

杨华(2007)研究了干旱胁迫对 1 年生名山白毫的影响。结果表明,茶树遭受干旱胁迫时,上部叶片首先受害,随着旱情的延续,症状发展到中下部叶片。茶树的旱害症状主要表现为植株上部叶片首先受害,叶片主脉两侧的叶肉泛红,并逐渐形成焦斑。随着部分叶肉红变与支脉枯焦,继而逐渐由内向外围扩展,由叶尖向叶柄延伸,主脉受害,整叶枯焦,叶片内卷直至自行脱落。与此同时,枝条下部成熟较早的叶片出现焦斑焦叶,顶芽、嫩梢亦相继受害,顶梢萎蔫,幼芽嫩叶短小轻薄,卷缩弯曲,色枯黄,芽焦脆,幼叶易脱落。随着旱情的延续,植株受害程度不断加深、扩大,直至干枯死亡。在轻度干旱胁迫下(田间持水量65%),1~40 d,没有表现出明显的旱害症状;到50 d时,开始出现轻度旱害症状(叶尖、叶缘或叶脉变黄),轻度旱害率为2.5%;到60 d,轻度旱害率达10.5%。在中度干旱胁迫下(田间持水量50%),叶片从处理后20 d开始,出现轻度旱害症状,旱害率为10.8%,30 d出现中度、重度旱害症状(中度旱害:叶尖、叶缘焦枯;重度旱害:叶尖、叶缘焦枯或落叶),中度、重度旱害率分别为12.5%、2.5%;以后旱害症状进一步发展,到60 d时,重度旱害率达到20.6%。在重度干旱胁迫下(田间持水量35%),叶片在10 d时出现轻度旱害症状,轻度旱害率达到11.8%;20 d时出现中度旱害症状,中度旱害率达5.2%;30 d时出现重度旱害症状,重度旱害率为8.75%;到60 d时,重度旱害率达到70.1%。大部分茶苗叶片脱落,甚至整株枯死。干旱胁迫影响茶树株高和基径的增长,随着胁迫程度的加重和胁迫时间的延长,株高和基径比对照的下降幅度增加。在处理10 d后,轻度胁迫和中度胁迫的株高与对照间的差异即达到显著水平,重度胁迫下达到极显著水平,随着处理时间的延长,这种差异继续增大。基径则只有中度胁迫和重度胁迫才与对照间的差异达到显著水平,而轻度胁迫对基径的影响不显著。干旱胁迫显著降低单株生物量生产,单株生物量生产在处理前期(10 d)就已随胁迫程度加重明显降低,干旱程度和胁迫时间对单株生物量生产均有显著的负面影响。第60天,根、茎、叶干重以及总生物量都随着胁迫程度的加剧显著降低,随着胁迫程度的加剧,根生物量比重逐渐增大,茎和叶的比重逐渐降低,根冠比随之增大。茎降低的幅度比叶小得多,说明干旱胁迫下,茶苗主要通过降低蒸腾作用的主要器官——叶片的生物量比重来减少水分的散失。单株总叶面积在不同程度的干旱胁迫下差异极显著,但其对时间的增长响应差异不明显(除对照间的有显著差异外)。正常和轻度胁迫下,单株新生叶片数和单株总叶面积都遵循相同生长模型(对数模型)。重度胁迫下,单株新生叶片数和单株总叶面积生长趋势则遵循另外一种生长模型(多项式模型)。在重度干旱胁迫下,随着处理时间的延长,茶苗无新叶长出,老叶从第45天起开始脱落,每株平均落叶4片。与对照相比,受干旱胁迫幼苗的栅栏组织、表皮细胞壁、角质层和叶全厚都有不同程度的增厚,且随着干旱胁迫的加重而加厚。

段学艺等(2010)观测了自然干旱旱胁迫对不同茶树品种的物候期影响。2010年3月上、中旬降水量分别只有2009年同期的55%、14.7%,但3月中旬气温达13.6 ℃。福鼎大白茶、黔湄419、黔湄502、黔湄601、黔湄701、黔湄809号等6个茶树品种中,2010年春季福鼎大白茶的萌动期较常年提前3~5 d,黔湄809较正常年份推迟4~5 d,其余4个品种的萌动期则较其常规萌动期略有提前(表10.2)。黔湄809(中偏早生种)在干旱环境下茶芽萌动期推迟为中偏晚生,且其鱼叶展与一芽一叶展间隔日数为17 d,明显长于其余5个品种的间隔均值(7 d),可见黔湄809品种在干旱环境下萌芽晚、生长缓慢,其抗旱性较其他5个品种差。黔湄601、黔湄502两个品种的一芽一叶展与一芽二叶展间隔期为12 d,明显长于其余4个品种。福鼎大白茶在干旱环境下,虽萌芽早,但其一芽二叶展与一芽三叶展间隔日数与黔湄419同为10 d,均明显长于其余4个品种;一芽三叶展与一芽四叶展的间隔日数与黔湄701等同为9 d,均长于其他4个品种。可见,福鼎大白茶在早春干旱环境下,虽萌芽早,但其新梢一芽二叶展期后的后续生长势较其他5个品种弱。说明春季温度是影响茶芽萌发的主要因子,但干旱影响茶芽生长,延长物候期间隔。

表 10.2 2010 年物候期(月.日)

物候期	品种					
	福鼎大白茶	黔湄 419	黔湄 502	黔湄 601	黔湄 701	黔湄 809
鳞片展	3.9	3.17	3.13	3.13	3.13	3.18
鱼叶展	3.14	3.22	3.17	3.2	3.19	3.24
一芽一叶展	3.19	3.28	3.25	3.28	3.28	4.1
一芽二叶展	3.26	4.6	4.6	4.9	4.6	4.18
一芽三叶展	4.5	4.16	4.14	4.14	4.12	4.24
一芽四叶展	4.14	4.23	4.18	4.22	4.21	4.3

(2)干旱胁迫影响茶树内源激素。潘根生(2001)研究表明,茶树细根中的吲哚-3-乙酸(IAA)和脱落酸(ABA)在茶树休眠期均处于高峰,进入生长期后其含量明显下降,IAA/ABA的比值愈小,细根的生长强度愈大;新梢生育过程中,IAA 和 ABA 的含量以茶芽萌动期达到最高值,并随新梢生育而降低,新梢生长强度随 IAA/ABA 的比值增大而增大。潘根生等(1996,2000a,2000b)以早生的福鼎白毫、中生偏早的浙农 12、中生的毛蟹和晚生的政和白毫作为试验材料,发现内源激素含量 IAA:侧芽>顶芽;ABA:顶芽>侧芽;玉米素(Zeatin):早、中生种,顶芽>侧芽;晚生种,侧芽>顶芽。早生种和枝梢顶芽 IAA 含量低,Zeatin 量高,ABA/IAA 与 Zeatin/IAA 比值高,Zeatin/ABA 比值低;ABA/IAA:顶芽>侧芽,早生种>中生种>晚生种;Zeatin/IAA 趋势与 ABA/IAA 一致,也是顶芽>侧芽,早生种>中生种>晚生种;Zeatin/ABA:顶芽<侧芽,早生种<中生种<晚生种。茶树新梢生育过程中,赤霉素(GA3)和 Zeatin 含量先升后降,IAA 含量春、夏、秋三季生育初期较高,随后下降,生长加速,但夏梢逼近成熟形成对夹时含量回升,ABA 含量春夏梢随展叶数增加而下降,秋梢反之,逐渐上升;低 ABA/GA3 和 ABA/zeatin 比值是茶树新梢生长的必要条件;新梢生长速率与内源zeatin 含量呈显著正相关。春梢生育过程中,IAA 和 ABA 含量随新梢展叶数增加而下降,ABA/IAA 比值呈"S"形曲线变化,Zeatin/ABA 比值随新梢展叶数增加而下降。这一变化与新梢生育过程中从芽膨大到鱼叶展开(潜育期)生长较缓慢,从鱼叶到各片真叶展开(活动期)生长较快,形成对夹后伸长生长又趋慢的"S"形生长曲线一致。内源激素水平差异及激素间的比值变化与新梢生长和休止密切相关,高含量 IAA 及高 IAA/zeatin 与 IAA/GA3 比值,是导致夏季生长休止的主要原因;高含量 ABA 及高 ABA/GA3 与 ABA/zeatin 比值 ,是诱发冬季休眠的主要原因。休眠芽的 IAA 和 ABA 含量大幅度高于觉醒萌发芽。当休眠芽觉醒,芽体膨大伸长鳞片开展时,ABA 含量锐减,IAA 含量也有下降,但降幅较小,ABA 含量锐减,GA3 和 Zeatin 含量增加是冬芽觉醒萌发的必要条件。休眠芽觉醒后,IAA 含量大幅度下降,能有效促进新芽生长展叶。

茶树冬季休眠是低温短日共同作用的结果。如在冬季给予休眠茶树生长所需的适当温度和光照时间,即可解除冬芽休眠,使冬芽萌发,鳞片、鱼叶相继展开。在浙江地区,晚秋气温仍较高,适于新梢生长,但日照较短,由于短日照的影响,导致茶树体内 ABA 大量积累,因此短日照对茶树休眠早期的影响超过了温度的影响,起主导作用。茶树休眠后期则反之,早春白昼渐长,芽体内 ABA 含量锐减,GA3 和 Zeatin 开始小幅上升,早春温度回升,在休眠芽觉醒中居主导地位。

茶树内源激素对干旱十分敏感,在干旱胁迫中可能充当信使的作用。当植物受到干旱胁迫时,内源激素迅速做出反应,脱落酸(ABA)大量合成并运送到叶片,阻止气孔保卫细胞内 Ca^{2+} 流出,诱导外部 Ca^{2+} 流入,从而使叶片细胞内 Ca^{2+} 浓度升高,促使气孔关闭,减少水分散失,增加叶片细胞可溶性蛋白含量,诱导生物膜系统保护酶形成,降低膜脂过氧化物程度保护膜结构的完整性,增强植物干旱胁迫下的抗氧化能力,同时诱导一些抗性基因表达,提高植物抗性(刘彦 等,2018)。潘根生等(2001)以耐旱性不同的福鼎白毫和紫笋茶树品种为对象,研究了不同干旱胁迫强度对茶树叶片含水量与内源激素水平的影响。结果表明:福鼎白毫与紫笋的叶片失水率,干旱胁迫 3 d,分别为 19.68% 和 48.00%;干旱胁迫 9 d,失水率分别为 62.23% 和 85.61%。紫笋干旱胁迫初期叶片失水率就较大,持续失水使叶片含水量下降到较低值后,失水逐趋缓慢,表明调控失水系统一开始即被破坏,胁迫 3 d 部分叶片周缘及尖端就出现枯黄,胁迫 5 d 即出现全叶枯黄。而福鼎白毫在干旱胁迫中,能保持较高的叶片含水量,耐旱力较强,至胁迫 6 d,部分叶片周缘及尖端才出现枯黄,胁迫 8 d 后才出现全叶枯黄。胁迫过程中茶树叶片 IAA 和 ABA 含量不断升高,Zeatin 含量不断下降。IAA 含量:干旱胁迫 3 d,紫笋与福鼎白毫分别升高 163.19% 与 139.05%;干旱胁迫 9 d,分别升高 475.64% 和 406.61%。ABA 含量:干旱胁迫 3 d,紫笋与福鼎白毫分别升高 181.20% 和 395.00%;干旱胁迫 9 d,分别为灌水处理的 17.89 倍和 30.61 倍。ABA 含量变化与叶片含水量呈线性负相关,与叶片 IAA 含量呈线性正相关。IAA/ABA 比值随干旱胁迫的持续而下降,耐旱性较强的福鼎白毫下降幅度较紫笋大;ABA/Zeatin 比值在胁迫过程中不断上升,其比值福鼎白毫>紫笋,这与茶树品种的耐旱强弱相一致,ABA/Zeatin 比值的变化与叶片含水量呈线性负相关。林金科(1998)以 2 年生铁观音茶树品种为材料,发现土壤水势在 $-4 \sim -18$ kPa 时,茶树叶片 ABA 含量变化不明显,低于 -38 kPa 时,茶树叶片 ABA 迅速积累,土壤水势每下降 1 kPa,茶树叶片 ABA 含量上升 11.7 mg/g 左右。随着叶片 ABA 含量的增加,叶片气孔导度急剧下降。经统计分析表明,它们之间呈显著负相关(相关系数 -0.9063)。

(3)干旱胁迫对茶树光合作用的影响。干旱对光合作用的抑制是通过气孔限制和非气孔限制两个方面来实现的。气孔限制是指干旱胁迫引起叶片水势下降,使气孔导度下降,CO_2 进入叶片受阻,导致植物因 CO_2 不足而引起光合速率下降的现象;非气孔限制是指因叶绿素解体、叶绿体结构遭到破坏或叶片细胞膜透性增大、叶片基质片层空间增大以及基粒类囊体膨胀和扭曲以及梭化酶活性受到抑制等因素导致的光合速率的下降。

林金科(1998)把 2 年生铁观音植株上部外围当年生新梢的倒数第 2 片成熟真叶摘下,发现叶片离体后,由于叶片水分状况的恶化,净光合速率几乎是直线下降,到 5 min 后才开始缓慢下降,到 16 min 左右净光合速率转为负值。在最初 0~4 min 内,气孔导度与净光合速率大体上平行地迅速下降;5~10 min 内气孔导度的下降幅度比净光合速率大;10 min 后,净光合速率的下降幅度反过来比气孔导度大。Farquhar 等(1982)指出,植物净光合速率下降有两个主要方面的因素:一是气孔导度的下降,阻止了 CO_2 的供应;二是叶肉细胞光合能力的下降,使叶肉细胞利用 CO_2 的能力降低,从而使胞间 CO_2 含量升高。因此,检查气孔是否是净光合速率下降的原因,既要看气孔导度的大小,同时还要看胞间 CO_2 含量的变化。所以,当净光合速率下降时,如果胞间 CO_2 含量和气孔导度同时下降,说明净光合速率的降低主要是由于气孔导度的下降所至。如果气孔导度下降,而胞间 CO_2 含量却是在上升,表明此时净光合速率下降的主要原因是叶肉细胞光合能力的降低。从图 10.1 看出,在最初 0~4 min 内胞间 CO_2 含量下降,气孔导度下降,表明这时净光合速率的下降主要是由于气孔关闭引起的;4 min 后,胞间 CO_2 含量急剧上升,表明光合速率下降的主要因素已经不是由于气孔的关闭,而是因为叶肉细胞光合活性的下降。在发生水分胁迫的初期,气孔关闭是导致光合速率下降的主要因素;在水分胁迫严重时,胞间 CO_2 含量上升,表明光合作用遇到另外的障碍(即叶肉细胞光合能力下降)。气孔导度与蒸腾速率在整个过程中几乎是平行下降,说明气孔逐渐关闭,使其蒸腾速率逐渐下降。

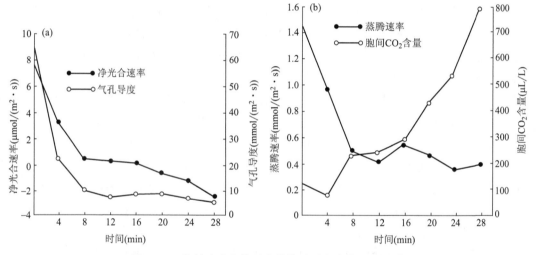

图 10.1　茶树叶片离体后水分胁迫对光合作用的影响

引自(林金科,1998)

郭春芳(2008)在 2006 年 8 月下旬到 9 月按照以下 4 个水平处理:①正常供水对照(CK):土壤含水量为田间最大持水量的 75%;②轻度水分胁迫(T1):土壤含水量为田间最大持水量的 55%;③中度水分胁迫(T2):土壤含水量为田间最大持水量的 35%;④重度水分胁迫(T3):土壤含水量为田间最大持水量的 20%。

研究水分胁迫对"铁观音"和"福鼎大白茶"两个茶树品种的影响。

(1)干旱胁迫下茶树叶片叶绿体色素的响应。在干旱胁迫处理下铁观音茶树叶片的叶绿素 a、叶绿素 b、叶绿素(a+b)含量比对照均显著降低,且降低幅度随干旱胁迫强度增大而增大;福鼎大白茶的三个叶绿素色素含量轻度干旱胁迫时比对照略高,中度干旱胁迫、重度干旱胁迫下含量分别比对照显著降低。

(2)干旱胁迫对光合速率及其日变化的影响。茶树叶片的光合速率日变化曲线均呈双峰型。随着土壤水分的减少铁观音、福鼎大白茶各时刻净光合速率均呈递减趋势。铁观音和福鼎大白茶各处理的净光合速率在 09 时前后达到第一峰值,之后出现一个"午休"低谷,然后逐渐升高,达到第二峰值。铁观音四个处理低谷出现在 11 时前后,对照处理和轻度干旱胁迫下,净光合速率的第二峰出现在 13 时前后,而中度干旱胁迫和重度干旱胁迫第二峰出现在 15 时前后;三个干旱胁迫的净光合速率最大值分别比对照最大值低 14.67%、54.39%、79.45%。福鼎大白茶对照处理低谷出现在 11 时前后,干旱胁迫下低谷出现在 13 时前后;对照处理和干旱胁迫下,净光合速率的第二峰出现在 15 时前后;三个干旱胁迫的净光合速率最大值分别比对照最大值低 42.66%、68.13%、77.40%。

(3)干旱胁迫对蒸腾速率及其日变化的影响。茶树叶片的蒸腾速率日变化均呈单峰曲线。铁观音各处理的蒸腾速率峰值出现在 11 时,福鼎大白茶各处理峰值出现在 13 时。铁观音干旱胁迫下的蒸腾速率日平均值比对照分别降低 10.10%、41.97%、68.66%;福鼎大白茶干旱胁迫下的蒸腾速率日平均值比对照分别降低 28.02%、59.35%、67.28%。

(4)干旱胁迫对气孔导度及其日变化的影响。铁观音对照、轻度干旱胁迫、中度干旱胁迫的气孔导度在 11 时和 15 时出现两个峰值,第一个峰值比第二个峰值大,严重干旱胁迫时气孔导度日变化曲线平缓,峰值不明显。铁观音干旱胁迫下的气孔导度分别比对照降低 27.29%、50.64%、82.41%。福鼎大白茶对照和轻度干旱胁迫的气孔导度峰值出现在 13 时,中度干旱胁迫和重度干旱胁迫的气孔导度日变化曲线平缓,峰值不明显。福鼎大白茶干旱胁迫下的气孔导度分别比对照降低 27.21%、56.62%、69.85%。

(5)干旱胁迫对水分利用效率及其日变化的影响。铁观音对照和轻度干旱胁迫水分利用效率及其日变化相差不大,在 09 时达到第一个峰值,11 时前后达到"低谷",13 时上升到新的水平后保持相对稳定;铁观音中度干旱和重度干旱胁迫在 09 时达到第一个峰值,11 时前后达到"低谷",在 15 时达到第二个高峰后,水分利用效率开始下降。铁观音干旱胁迫下的水分利用效率日平均值比对照分别降低 6.88%、28.11%、43.34%。不同水分条件下福鼎大白茶水分利用效率的日变化趋势与铁观音基本一致,干旱胁迫下的水分利用效率日平均值比对照分别降低 23.55%、37.00%、52.03%。

(6)干旱胁迫对茶树光合作用——光响应特征参数的影响。随着干旱胁迫程度增加,最大净光合速率 Pn_{max}、表观量子效率 AQY 呈现明显下降的趋势,暗呼吸速率逐渐增加,光饱和点呈现下降趋势且下降幅度随干旱胁迫增大而增大,光补偿点随着干旱胁迫程度的加大呈现上升趋势。

(7)干旱胁迫下茶树叶绿素荧光参数的响应。基础荧光 Fo 表示 PSⅡ反应中心全部开放即原初电子受体(Q_A)全部氧化时的荧光水平;最大荧光 Fm 是 PSⅡ反应中心完全关闭时的荧光产量,反映了通过 PSⅡ的电子传递情况,可变荧光 Fv 则反映 PSⅡ原初电子受体 Q_A 的还原情况,与 PSⅡ的原初反应过程有关,代表着 PSⅡ光化学活性的大小。在正常水分条件下,铁观音和福鼎大白茶叶片 Fo 几乎处在同一个水平。但在干旱胁迫下,铁观音和福鼎大白茶叶片都呈现增加趋势。重度干旱胁迫下,福鼎大白茶 Fo 增加幅度(24.87%)大于铁观音(10.10%)。干旱胁迫下两个品种茶树的 Fv 和 Fm 都下降,但轻度、中度干旱胁迫时叶片 Fv 和 Fm 与对照相比下降较少,重度胁迫时叶片 Fv 和 Fm 与对照相比下降幅度明显增加。Fv/Fm 和 Fv/Fo 比值分别代表 PSⅡ原初光能转化效率和 PSⅡ的潜在活性,非环境胁迫条件下叶片的荧光参数 Fv/Fm 极少变化,不受物种和生长条件的影响。随着干旱胁迫程度加大,铁观音和福鼎大白茶的 Fv/Fm 和 Fv/Fo 均明显下降,且呈现胁迫程度越大,下降的幅度越大的特点。

(8)干旱胁迫对茶树渗透调节物质的影响。刘玉英(2006)根据重庆伏旱天气,在 2005 年 6—8 月对 7 个茶树品种(南江 2 号、名山早、四川中小叶、蜀永二号、渝茶二号、蜀永 703 和云南大叶种)进行连续的自然干旱处理,并灌水对照。

① 干旱胁迫下茶树叶片含水量的变化。茶树干旱胁迫下,各供试品种茶树叶片含水量随处理时间延长逐渐减少,在干旱胁迫第 5 天与对照的差别达 $p = 0.01$ 极显著水平;在干旱胁迫第 9 天开始,茶树叶片含水量减少幅度加大。

② 干旱胁迫下茶树叶片可溶性蛋白质、可溶性糖含量的变化。茶树干旱胁迫下,各供试品种茶树叶片可溶性蛋白质、可溶性糖含量随处理时间延长逐渐增加,在干旱胁迫第 5 天与对照的差别达 $p = 0.01$ 极显著水平;在干旱胁迫第 9 天开始,茶树叶片可溶性蛋白质、可溶性糖含量增加幅度加大。

③ 干旱胁迫下茶树叶片游离脯氨酸含量的变化。茶树干旱胁迫下,各供试品种茶树叶片游离脯氨酸含量随处理时间延长逐渐增加,在干旱胁迫第 5 天与对照的差别达 $p = 0.01$ 极显著水平;在干旱胁迫第 7 天开始,茶树叶片游离脯氨酸含量增加幅度加大。

(9)干旱胁迫影响茶树活性氧清除系统。刘玉英(2006)研究表明,茶树干旱胁迫下,各供试品种茶树叶片 Vc 含量、相对电导率、丙二醛含量、羟自由基含量随处理时间延长逐渐增加;超氧化物歧化酶 SOD 活性、过氧化物酶 POD 活性和类胡萝卜素含量表现出"先升后降"的变化趋势,从干旱胁迫开始到干旱胁迫 10 d 左右 SOD 活性、POD 活性和类胡萝卜素含量持续增加并达到最大值,随后到干旱胁迫第14天前后 SOD 活性和 POD 活性下降,但 SOD 活性仍然高于初始值,但 POD 活性和类胡萝卜素含量接近初始值。

10.1.5 茶树旱害等级划分

茶树旱害按受害症状的轻重可分为 4 级(刘彦 等,2018),见表 10.3。

表 10.3 茶树旱害等级划分标准

旱害程度	旱害等级	表现症状
轻度旱害	四级	受害茶树上部嫩叶受影响较小,部分老叶逐渐失水缺绿,随后叶缘慢慢卷曲,叶尖变褐,叶片受害率<20%
中度旱害	三级	受害茶树嫩叶开始受到影响,新梢叶间距变小,新叶小且卷曲,老叶片萎蔫枯焦脱落,顶芽处于闭合状态,尚未干死,叶片受害率在 20%~50%
重度旱害	二级	茶树叶片枯焦脱落,出现大量的鸡爪枝,随着重度干旱时间的延长,大部分鸡爪枝枯死,主干尚有部分未干死,叶片受害率 50%~100%
特重旱害	一级	受害茶树地上部分叶片全部干死脱落,地下部分根毛干枯死亡,茶树整体随着干旱时间的延长而死亡,叶片受害率 100%

10.2 茶树旱害影响因子

影响茶树热害的影响因子有茶树品种、树龄、管理水平、地理因子、气象条件等。

10.2.1 影响茶树旱害程度的气象因子

气象因子是影响茶树旱害的主要因子。干旱对茶树生育、产量和品质的影响与干旱持续时间和干旱强度直接相关(刘声传,2015)。如 2009 年秋季到 2010 年春季云南出现有气象记录以来最严重的干旱,在 3 月 26 日,云南约 80%即 400 万亩茶园受灾,预计春茶减产 50%左右,经济损失约 10 亿元。其中普洱市 6 县、乡的 11 座古茶山中只有 3 座古茶山产出春茶,其他 8 座山上的古茶树由于天气干旱都没发芽(马蕊,2010)。2011 年冬季到 2012 年春季云南再次出现干旱,造成春茶采摘期推迟半个月,减产 3~4 成(郭涛,2012)。2011 年 1—5 月,江西省降雨量较常年同期少 5 成左右,夏茶减产幅度在 25%~30%。江西省九江地区出现严重干旱,修水县 10.2 万亩茶园中受灾茶园达 50080 亩,成灾 11200 亩,旱死 320 亩,80 亩茶苗基地有 30 万株茶苗全部干死。由于干旱,茶树芽叶没有生长,致使夏茶产量减少 620 t,经济损失 5300 万元。庐山区域有 1 万亩茶园,武宁县 3000 亩茶园受不同程度干旱影响,夏茶减产25%左右。河南省信阳市 2010 年 10 月到 2011 年 5 月降水量比常年少 4~7 成,老茶园因干旱缺水使茶树出现发枝少或不发芽,导致夏秋茶产量减产 30%;幼龄茶园中无性系扦插茶苗及新播茶种也因干旱缺水成活率低,全市新发展的 30 万亩茶园约有 40%需补种茶苗(中国茶叶流通协会,2011)。

气温偏高,造成茶树蒸腾作用加强,需水量增大,从而加重干旱危害。2009 年 12 月 1 日至 2010 年 2 月下旬,贵州省降雨量比常年平均减少了 44.9%,气温平均偏高 2~4 ℃,造成成龄茶树生长滞缓,部分老叶逐渐变成黄绿色或褐红色,严重者干焦脱落,越冬芽萎缩。由于干旱影响,茶树的发芽期推迟,发芽率降低,芽叶瘦弱、嫩度差、苦味重(贵州省茶叶研究所 等,2010)。夏季,干旱和高温相结合加重茶树受灾,如 2013 年夏季茶树遭受的严重危害是高温干旱共同作用的结果(韩文炎 等,2013)。

冬季,干旱和低温相结合,会对茶树造成严重危害。山东省青岛市 2009 年 12 月至 2010 年 2 月全市平均气温为 −0.7 ℃,平均降水量为 24.9 mm,全市平均日照总时数为 557 h。这种气温偏低、降水偏少、日照偏多和秋冬春连旱的气候条件,严重影响了茶树的安全越冬和春季萌发,茶树遭受严重冻害,露天茶园尤其是缺水少肥的茶园受害严重,2010 年的春茶比 2009年减产 50.82%。2010 年 10 月 9 日至 2011 年 2 月 21 日全市平均降水量仅为 1.5 mm,遭受2010 年冬季长期干旱及低温的双重影响,露地茶园受害尤其严重,重者地上枝条全部枯死;轻者秋梢的叶片尖端、边缘受冻后卷曲,呈黄褐色或枯焦色。全市 5647 hm² 茶园中,未经越冬防护的茶园,春茶基本绝产的面积达 1867 hm²,占总面积的 26.8%;严重受冻的面积 3133 hm²,轻度受冻的面积 647 hm²。春茶减产 50%左右,采摘期延迟 15 d 左右(张云伟 等,2012)。

10.2.2　茶树旱害程度与茶树品种

潘根生等(1996)以耐旱性不同的浙农 113、福鼎白毫、云旗和紫笋 4 个茶树品种的 2 年生扦插苗为材料,研究了不同强度水分胁迫下茶树叶片含水量、内源激素和 Pro 含量的消长。在同样的水分胁迫下,茶树叶片含水量:浙农 113>福鼎白毫>云旗>紫笋;叶片 IAA(吲哚乙酸)含量:浙农 113<福鼎白毫<云旗<紫笋;叶片 ABA(脱落酸)含量累积:浙农 113<福鼎白毫<云旗<紫笋;ZT(玉米素)含量的下降幅度:浙农 113<福鼎白毫<云旗<紫笋;Pro(脯氨酸)含量:浙农 113<福鼎白毫<云旗<紫笋;气孔导度的变化:浙农 113>福鼎白毫>云旗>紫笋;叶片水分利用效率:浙农 113>福鼎白毫>云旗>紫笋;ABA/ZT 比值:浙农 113>福鼎白毫>云旗>紫笋。

水分胁迫过程中耐旱性强的茶树能保持较高的叶片含水量(Handique et al.，1990)，耐旱性强的茶树叶片水分调控能力较强，胁迫开始时失水较慢，但随后失水加快，严重缺水会使其水分调控能力逐渐丧失；耐旱性弱的茶树叶片水分调控系统在水分胁迫一开始即遭破坏。水分胁迫导致茶树叶片 IAA 含量上升，这是植物在水分胁迫下对激素的平衡调节，水分胁迫下茶树叶片 IAA 上升而实现自我保护，并维持较高 IAA 水平。水分胁迫下茶树叶片 ABA 含量上升并导致 Pro 积累，ABA 含量上升的主要生理效应是导致气孔关闭和增加根系水分透性而起到保水作用，Pro 积累则是理想的渗透调节物质并有稳定膜系统和保护酶蛋白等作用，从而提高植物抗旱性(Davies et al.，1994)。耐旱性强的茶树品种在胁迫前期 Pro 积累慢，急剧上升出现时间也相对较迟，并与 ABA 的积累相一致。干旱条件下植物叶片气孔的关闭和蒸腾的减弱是 ABA 增加和 ZT 下降共同作用的结果(Wang et al.，1994)，水分胁迫过程中茶树叶片 ZT 含量下降和 ABA/ZT 比值上升，叶片气孔导度下降，并与茶树耐旱性间表现出一定相关性。水分胁迫过程中由于根系首先受到胁迫，ZT 合成和向地上部运输受抑，同时 ABA 在叶片积累，避免了茶树叶片的迅速失水，因此茶树叶片含水量变化落后于土壤含水量，耐旱型茶树在水分胁迫过程中能保持较高的水分利用效率。

抗旱能力强的茶树品种具有角质层厚度大、栅栏组织厚度大、叶肉和叶脉中的晶细胞多等特性。因为角质层中的蜡质透水性弱，可降低植物体内水分的散失。厚的角质层除有保水作用外，还有机械支持的作用，使植物在供水不足时，不会立即萎蔫。发达的栅栏组织中含有丰富的叶绿体，可增加叶片的光合作用能力。栅栏组织细胞内叶绿体的分布常因光照强度而有适应性变化：强光下叶绿体移向内侧，以减少受光面积，避免灼烧；弱光下则分散于细胞质内，以充分利用散射光。叶肉和叶脉中的晶细胞一方面可加强叶的机械性能，避免在热带亚热带地区强光、高温、干旱环境中叶片因过多失水而萎缩变形，从而达到保护内部叶肉细胞免受伤害的作用；另一方面还可以改变细胞的渗透势，提高吸水和保水能力；同时它还是减小有害物质浓度的积极适应方式。另外含晶细胞可以聚集体内过多的盐分，还有加强叶的机械性能功能(覃秀菊 等，2009)。叶片小而直立型的品种比叶片大而水平着生的品种抗旱性强。大叶种角质层厚度为 2～4 m，中小叶种角质层厚度为 4～8 μm；大叶种栅栏组织为 1 层，中小叶种栅栏组织为 2～3 层。大叶种海绵组织比较多而松，叶背的气孔大，单位叶片面积的气孔数较少，气孔的保卫细胞较大，蒸腾速率快；小叶种海绵组织少而密，叶背气孔多而密。大叶种茶树抗旱性比中小叶种茶树抗旱性差。一般直立型的品种根系多是垂直分布，扎根较深，而披张型的品种根系多向水平方向扩展，扎根较浅(陈尧荣，2013)。无性系茶树根系是以侧根为主，少量侧根可入土较深代替主根的作用，但深度有限，一般在 1 m 以内。而群体种直播，主、侧根分明，主根入土深度可达 1 m 以上，侧根发达，因而其抗旱性远比无性系茶树强。Nagarajah 等(1981)研究表明，根系最大深度在 1 m 以内的无性系茶树抗旱性随根生的深度增加而增加，根系最大深度在 1 m 以上的无性系茶树抗旱性与根生的深度无关。刘海洋(2019)2019 年 7 月对镇江地区茶园旱情调查表明，无性系中大叶种＞中叶种＞小叶种，同叶种有性系＞无性系。

白化品种，比其他品种抗旱性较弱。沈思言等(2019)利用龙井 43、楮叶齐、宁州 2 号、白叶 1 号于 2018 年 4 月初，在杭州采用自然干旱法进行水分胁迫试验。干旱胁迫前，植株挺拔，叶片嫩绿饱满有光泽。干旱处理 25 d 后，4 个品种叶片叶色加深，叶片光泽度均有不同程度下降，楮叶齐叶片下垂明显，宁州 2 号叶片略有下垂，白叶 1 号幼叶变薄，叶片出现轻度卷曲。干旱处理

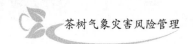

35 d后,龙井43叶片光泽度明显下降,叶色暗淡,槠叶齐叶片变薄,叶片下垂严重,部分叶片几乎与茎平行,宁州2号叶片下垂,叶色暗淡无光泽,白叶1号叶片下垂,叶片变轻变干且质脆。在25 d,白叶1号MDA含量增幅最大,达44.1%,表明其膜在该水分胁迫条件下受损伤程度较大。随着干旱处理时间延长,白叶1号相较其他3个品种维持较低的净光合速率和较高的蒸腾速率,复水后,其蒸腾速率不能恢复到与对照无显著差异的水平,耐旱性相对较弱。耐旱性隶属函数值法比较4个茶树品种耐旱性,强弱关系:龙井43>宁州2号>槠叶齐>白叶1号。

10.2.3 茶树旱害程度与茶树树龄

幼龄茶树根系主要分布在15~30 cm深土层,而成年茶树的根系主要分布在30~60 cm深的土层范围内,主根可达1 m以上。因此,幼龄茶树最易受旱,成年茶树抗旱能力较强,但进入衰老期后,抗旱能力又逐渐降低(陈尧荣,2013)。刘海洋(2019)对茶园旱情调查表明,幼龄茶园抗性最差,5~15年树龄茶园抗性最强,达到40年树龄茶园抗性较弱。

10.2.4 茶树种植管理水平与旱害

受茶树不同栽培技术的影响,茶树旱害受害率不一。据调查,条栽茶树的植株和叶片受害率,分别比丛栽茶树要增加20%和10%左右。多条栽的茶树又比单条栽或双条栽的受害严重。分批合理采摘是茶树高产优质、增强茶树长势的技术措施之一,而"一扫光"的强采茶园,不仅产量低、品质差,而且,由于树势受到摧残,在出现旱情时,受害率可比分批合理采摘的茶园高40%以上。长期不施肥或单一施用化肥的茶园,由于土壤理化性状差,亦易遭受旱害。此外,由于耕作时期不当,耕作技术不善,亦能加深旱害的程度(陈尧荣,2013)。在出现旱情时进行耕作,可引起土壤水分的急剧蒸发而加深旱害的发生。采用台刈或重修剪改造的茶树,当年抽发新枝后,如遇较强的干旱天气,茶树也易受害,这是由于当年抽发的新枝,其茎叶娇嫩之故,抗旱能力不如成年期强。在出现干旱时采取相应的措施可降低旱情,不同的措施抗旱效果不同。刘海洋(2019)通过对江苏省镇江市茶园环境及设施对抗旱性强弱调查表明,抗旱效果:茶园遮阴网>茶园喷灌>茶园间种苗木>茶园四周林网>茶园滴灌>茶园行间覆草。

10.2.5 土壤、地形与旱害

土壤质地不同,持水保水能力也不同,黏土和壤土保水能力强,砂土保水能力弱。大量使用化肥、经营管理粗放的土壤有机质与矿质营养元素减少,茶园出现酸化板结和质地黏重,易受旱害影响。不同土壤其孔隙大小不同,渗漏系数不一样,地下水移动损失的速率也不一样,土壤过粘或过砂的茶园,比质地疏松、结构良好的受害重。生态条件优越的茶园,茶树受旱危害的程度轻。高坡茶树抗旱差于低洼处茶树,背风、背阳茶树优于顶风向阳茶树。

10.3 茶树旱害指标

10.3.1 茶树旱害等级划分

为了和气象灾害预警信号等级一致,结合茶树旱害等级传统划分级别,将茶树旱害等级划分为四个等级:四级、三级、二级、一级,分别代表轻度旱害、中度旱害、重度旱害、特重旱害。

10.3.2 茶树旱害指标

由于影响干旱的因素很多,各地气候、地理条件差异很大,造成干旱的原因各不相同,目前难以采用统一的气象指标来作为茶树旱害指标。

陈家金等(2018)以夏秋季(7—10月)日降水量≤0.2 mm的持续日数(D_d)作为福建省茶树夏秋旱害等级气象判定标准(表10.4)

表10.4 福建省茶树夏秋旱害等级气象判定标准

旱害程度	轻度旱害	中度旱害	重度旱害	特重旱害
D_d	16~20 d	21~25 d	26~30 d	>30 d

浙江省影响茶树生长的干旱主要出现在夏秋季。黄寿波(1982c)提出,影响茶树生长的干旱日数是指该地梅雨结束后,当连续10 d逐日降水量小于1.0 mm,则在第11天开始统计旱期;如果干旱开始后遇到2 d总降水量达到25 mm,则茶树旱情解除。

浙江省夏季干旱常伴随高温,同时易出现局部雷阵雨天气。根据茶树旱灾成因和浙江省气候特点,提出茶树夏季干旱日数指标:该地梅雨结束后,当连续10 d的降水量和小于10.0 mm,则在第11天开始统计旱期;如果干旱开始后遇到2 d总降水量达到25 mm或3 d总降水量达到30 mm,则茶树旱情解除,并建立了浙江省茶树夏季旱害等级判定标准(表10.5)。

表10.5 浙江省茶树夏季旱害等级判定标准 单位:d

旱害程度	旱害等级	弱耐旱性品种	中耐旱性品种	强耐旱性品种
轻度旱害	四级	6~15	11~25	16~30
中度旱害	三级	16~30	26~40	31~49
重度旱害	二级	31~50	41~55	50~64
特重旱害	一级	≥51	≥56	≥65

立秋后,浙江省易出现秋季干旱,有些年份出现秋冬连旱。在8月中旬到10月下旬气温较高,如降水少,蒸发量大,会对茶树造成旱害。茶树出现旱害后,如降水持续偏少,会造成茶树旱害加剧。因冬季气温低,茶树处于休眠状态,茶树遭受旱害后树势得不到恢复,从而对次年春季茶叶生产造成影响。在多年试验和调查的基础上,根据茶树旱灾成因和浙江省气候特点,提出茶树秋季(秋冬)干旱日数指标:该地8月10日开始,如某一天降水量小于1.0 mm,且从该日开始连续10 d中,连续2 d的逐日降水量小于1.0 mm,且连续10 d的降水量之和小于8.0 mm,则在第11天开始统计旱期;如果干旱开始后遇到某日后连续2 d总降水量达到15 mm或3 d总降水量达到20 mm或5 d总降水量达到30 mm,则该日旱情结束。统计干旱期间干旱日数时,如某日位于该地5 d滑动平均日平均气温稳定通过10 ℃终日前按1 d统计,如某日位于该地日平均气温稳定通过10 ℃终日及以后按0.5 d统计。并建立了浙江省茶树秋季旱害等级判定标准(表10.6)。

表 10.6　浙江省茶树秋季旱害等级判定标准　　　　　　　　　单位:d

旱害程度	旱害等级	弱耐旱性品种	中耐旱性品种	强耐旱性品种
轻度旱害	四级	10～25	15～30	25～40
中度旱害	三级	26～40	31～45	41～55
重度旱害	二级	41～60	46～65	56～75
特重旱害	一级	≥61	≥66	≥76

10.4　浙江省夏季干旱变化特征

茶树旱害本质上是气象干旱对茶树造成的危害,分析干旱变化有助于进一步了解茶树旱害变化。本节以浙江省为例,分析夏季干旱的变化特征(Lou et al.,2017)。

10.4.1　简介

准确评估与监测干旱的发生、发展是防旱减灾的关键,但目前对干旱的发生、发展和结束监测还存在一定困难(Nunes et al.,2015)。干旱指数是监测和评估干旱事件的有效工具,但由于干旱自身的复杂性和对社会影响的广泛性,很难建立一个独特的和通用的干旱指数(Heim,2002)。

目前最常用的干旱指数有帕尔默干旱指数(PDSI)和标准化降水指数(SPI)。PDSI 基于土壤水分平衡方程,能综合反映降水和蒸发的作用。该指数随着时代的发展得到了不断修正和改进,并被广泛用于研究现代和过去的气候干旱变化,但其存在一定的缺陷,例如评估的干旱尺度是 9～12 个月,自回归特征使指数本身仍然受前 4 年指数的影响。SPI 能够有效地反映各个区域和各个时段的旱涝状况,但 SPI 没有考虑温度、蒸发等因素对干旱的影响(Vicente-Serrano et al.,2010)。在气候变暖背景下,温度升高已成为干旱加剧的重要因子之一。Dubrovsky 等(2009)研究表明,全球气候模型预测的气候变暖对干旱影响可以在 PDSI 反映出,而 SPI 反映不出干旱的预期变化。

考虑温度对干旱的影响,Vicente-Serrano 等(2010)提出了一种新的气候干旱指数——标准化降水蒸发指数(SPEI)。SPEI 基于降水和蒸散,结合了 PDSI 对温度的灵敏性和 SPI 多时空的特性,目前已成为研究分析干旱演变趋势新的理想指标。但目前的研究中,SPEI 计算基于月平均气温和月降水量,在长江中下游地区,年降水量在 1000 mm 以上,没有明显的旱季和雨季之分,但在 7—8 月,由于高温,当出现 20 d 以上没有明显降水时就会出现严重干旱。同时,一些年份会出现旱涝急转。因此,以月资料计算的 SPEI 不能监测到干旱发生、发展。本节目的是建立一种利用以旬资料计算的 SPEI 为基础而得到的干旱指数,用于评估浙江省夏季干旱发生、发展和时空变化特征。

10.4.2　材料和方法

10.4.2.1　数据

本节收集了浙江省 67 个站 1973—2013 年日平均气温和降水量资料。

10.4.2.2　方法

(1)SPEI 指数构建方法

SPEI 计算步骤如下：

第一步,计算潜在蒸散量。Mavromatis(2007)研究表明,采用简单或复杂的方法得到的潜在蒸散量当用于干旱指数时效果是一样的。因此本节采用 Thornthwaite 方法：

$$PET = 16\left(\frac{N}{12}\right)\left(\frac{M}{D_m}\right)\left(\frac{10T}{I}\right)^m \tag{10.1}$$

当时间尺度是旬时,N 是旬的平均可照时数(h);M 是旬的日数(d);D_m 是 10;T 是旬平均气温(℃)。当时间尺度是月时,N 是月的平均可照时数(h);M 是月的日数(d);D_m 是 30;T 是月平均气温(℃)。I 为年总加热指数,由 12 个月的月平均加热指数 i 累加得到

$$i = \left(\frac{T_m}{5}\right)^{1.514} \tag{10.2}$$

式中,m 是一个由 I 决定的系数,$m = 6.75\times10^{-7} I^3 - 7.71\times10^{-5} I^2 + 1.79\times10^{-2} I + 0.492$;$T_m$ 是月平均气温(℃)。

第二步,计算逐月降水量与蒸散量的差：

$$D_i = P_i - PET_i \tag{10.3}$$

式中,D_i 为计算的时间尺度内降水量与蒸散差,P_i 为计算时间尺度内降水量。

第三步,对 D_i 数据序列进行拟合。采用三参数的 Log-logistic 概率分布函数：

$$f(x) = \frac{\beta}{\alpha}\left(\frac{x-\gamma}{\alpha}\right)^{\beta-1}\left[1+\left(\frac{x-\gamma}{\alpha}\right)^{\beta}\right]^{-2} \tag{10.4}$$

式中,参数 α、β 和 γ 采用线性矩(L-moment)方法获得。

由此可以得到 D 序列的概率密度的累积概率密度函数：

$$F(x) = \left[1+\left(\frac{\alpha}{x-\gamma}\right)^{\beta}\right]^{-1} \tag{10.5}$$

第四步,对累积概率密度进行正态标准化,得到

$$SPEI = W - \frac{C_0 + C_1 W + C_2 W^2}{1 + d_1 W + d_2 W^2 + d_3 W^3} \tag{10.6}$$

式中,

$$W = \sqrt{-2\ln P} \quad P \leqslant 0.5 \tag{10.7}$$

式中,P 是超过某个 D 值的概率,$P = 1 - F(x)$。当 $P > 0.5$ 时,P 由 $1-P$ 代替,$SPEI$ 符号反转。$C_0 = 2.515517$,$C_1 = 0.802853$,$C_2 = 0.010328$,$d_1 = 1.432788$,$d_2 = 0.189269$,$d_3 = 0.001308$。

(2)干旱等级

干旱等级与干旱强度和干旱持续时间有关。为了比较不同年份间夏季干旱等级,定义夏季干旱指数(DI)为：如果 6 月下旬到 9 月上旬出现连续两旬 SPEI 值不大于 -0.5,该时期的干旱指数(DI_i)

$$DI_i = \sum_{j=1}^{n} a_j SPEI_j \tag{10.8}$$

式中,$a_j = b + cSPEI_j$。如 $DI_i > -0.5$,则令

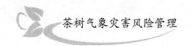

$$DI = \sum_{i=1}^{n} DI_i \qquad (10.9)$$

根据旱情等级标准(SL424—2008),将收集到的各县历年夏季旱情划分为无旱、轻旱、中旱、重旱和极端干旱,并分别用0、1、2、3和4表示,与 DI 进行线性回归得到

$$a_j = -0.15 - 0.3SPEI_j \qquad (10.10)$$

根据表10.7中的标准进行干旱等级划分。

表 10.7 基于干旱指数的干旱等级划分标准

干旱等级	无旱	轻旱	中旱	重旱	极端干旱
DI 值	$(-0.5, 0]$	$(-1.0, -0.5]$	$(-1.5, -1.0]$	$(-2.0, -1.5]$	$(-\infty, -2.0]$

(3)区域干旱指数

区域干旱强度(RDI)指全省的干旱平均强度,采用加权平均方法得到

$$RDI = \frac{\sum_{j=1}^{n} s_j DI_j}{S} \qquad (10.11)$$

式中,S 为浙江省陆域面积,n 为县市区数量,s_j 为第 j 个县市区面积。

区域干旱面积(RDA)是某一干旱等级面积占全省总面积的百分比:

$$RDA = \frac{\sum_{i=1}^{n} s_i}{S} \qquad (10.12)$$

式中,s_i 为出现某一干旱等级的县市区面积。

(4)Mann-Kendall 趋势检验法

干旱强度变化趋势及显著性水平检验采用气象和水文学中常用的 Mann-Kendall 趋势分析法(简称 M-K 检验),M-K 检验是一种用于检验时间序列变化趋势的非参数检验方法,优点在于它允许缺测值的存在,且无须证明数据资料服从一定的分布。M-K 统计量 U 的取值范围为 $-\infty \sim +\infty$。$U>0$,表示时间序列为上升趋势;$U<0$,表示时间序列为下降趋势。当 $|U|>1.645$,通过 0.05 显著性水平检验;$|U|>1.96$,通过 0.01 显著性水平检验。

10.4.3 结果

(1)RDA 和 RDI 变化特征

1973—2013 年,浙江省干旱面积显著增加。不小于轻旱、不小于中旱和不小于重旱面积的线性倾向率分别为 10.35%/10 a、9.60%/10 a 和 7.24%/10 a,均达 0.05 显著水平。其中轻旱和重旱的面积变化较小,中旱和极端干旱面积的线性倾向率分别为 2.37%/10 a 和 5.93%/10 a。因此干旱面积增加主要是中旱和极端干旱面积增加。从 1973 年到 2002 年,只有 8 年有一个或多个县出现极端干旱,而且除了 1978 年和 1995 年,其他 6 年的极端干旱面积占全省总面积的比例不大于 0.1。2003—2013 年,除了 2008 年和 2012 年,每年都出现了极端干旱,其中 2003 年、2005 年、2009 年和 2013 年极端干旱面积占全省总面积的比例分别为 65.2%、31.3%、41.7%和 71.9%。

1973—2013 年,浙江省平均干旱指数的线性倾向率为 -0.24/10 a,达 0.05 显著水平。1973 年以来,有 3 年出现全省性重旱或极端干旱,分别是 2003 年、2009 年和 2013 年,平均干旱指数分别为 -2.8%、-1.7% 和 -2.8%。其中 2013 年的极端干旱面积大于 2003 年的极端干旱面积,因此 2013 年是这时期夏季干旱最严重的一年。

　　7—8 月是浙江省夏季干旱的主要发生时期。1973—2013 年,7 月和 8 月两个月降水量变化不明显,温度呈显著升高趋势,线性倾向率达到 0.37 ℃/10 a。温度升高会增加蒸散量从而加重干旱程度。相关分析表明,干旱指数、干旱面积与降水量的相关系数绝对值小于干旱指数、干旱面积与气温的相关系数绝对值(表 10.8)。1978 年、1986 年、2003 年和 2013 年 7、8 月降水量分别是 96.4 mm、98.7 mm、101.2 mm 和 107.4 mm,平均气温分别为 28.9 ℃、28.0 ℃、30.1 ℃和 30.4 ℃,1978 年和 1986 年的平均干旱指数是 -1.31 和 -0.11,干旱面积百分率是 83.6% 和 20.7%,极端干旱面积百分率是 23.9% 和 0%,都远小于 2003 年和 2013 年,因此气温是影响夏季干旱强度和干旱面积的主要因子。

表 10.8　7—8 月降水量和气温与干旱指数和干旱面积的相关性

7—8 月气象要素	平均干旱指数	占全省面积的百分率(%)			
		大于等于轻旱	大于等于中旱	大于等于重旱	极端干旱
降水量(mm)	0.4135**	-0.4631**	-0.3788*	-0.3518*	-0.3180*
温度(℃)	-0.7265**	0.7324**	0.7056**	0.6347**	0.6289**

注:** 代表 $P<0.01$,* 代表 $P<0.05$

　　7—8 月平均气温线性倾向率和干旱指数线性倾向率的相关系数为 -0.9357,达 0.01 显著水平。东北部 7—8 月平均气温线性倾向率大于西南部,东北部干旱指数线性倾向率绝对值大于西南部,两者变化一致。

　　(2)不同时期干旱频率和强度的变化特征

　　1973—2013 年,7—8 月降水量变化较小,气温在 2003 年出现突变后显著升高。和气温变化一样,大于等于轻旱、大于等于中旱面积在 2003 年出现突变显著增加,大于等于重旱面积和极端干旱面积在 2003 年后出现明显增加,平均干旱指数在 2003 年出现突变显著减小。

表 10.9　各时期的干旱指数和干旱面积

时期	平均干旱指数	占全省面积的百分率(%)			
		大于等于轻旱	大于等于中旱	大于等于重旱	极端干旱
1973—1982 年	-0.29	25.47	10.91	6.87	3.11
1983—1992 年	-0.31	36.80	10.19	3.71	0.82
1993—2002 年	-0.32	29.18	13.45	6.70	4.22
2003—2013 年	-1.19	68.15	46.42	32.98	23.56

　　将 1973—2013 年划分为:1973—1982 年、1983—1992 年、1993—2002 年和 2003—2013 年四个时期。1973—1982 年、1983—1992 年、1993—2002 年三个时期的干旱面积和干旱指数比较接近,没有显著性差别($P>0.05$,t 检验)。1973—1982 年、1983—1992 年、1993—2002 年三个时期的干旱面积和干旱指数与 2003—2013 年这一时期的干旱面积和干旱指数差别大

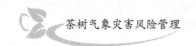

且差异显著($P \leqslant 0.05$，t 检验）（表 10.9）。在所有县中，1973—2002 年的平均干旱指数和干旱频率均小于 2003—2013 年的平均干旱指数和干旱频率。因此，2003 年以来，随着 7—8 月气温升高，夏季干旱强度显著增加。

（3）干旱过程

2013 年夏季干旱是 1973—2013 年最严重的一次。6 月下旬，除了南部 5 个县外，其他县受梅雨带控制降水量较大，SPEI＞－0.5。6 月 29 日出梅后，7 月上旬有 54 个县旬平均气温在 30 ℃以上，除了北部 4 个县其他县旬降水量小于 15 mm 外，各县的 SPEI 均小于－0.5，干旱过程开始。7 月中旬，由于台风 SOUILK（1307）影响，东南部几个县旬平均气温小于 28.5 ℃，旬降水量大于 30 mm，SPEI 大于－0.5，这几个县干旱没有发展。西北部继续高温少雨，SPEI 均小于－0.5，干旱发展。在 7 月下旬、8 月上旬和中旬，除了少数几个县出现局部性雷阵雨，绝大多数县高温少雨，干旱发展。其中 8 月上旬和中旬大多数县的 SPEI 小于－2.0。8 月 19 日开始，受北方冷空气影响，气温开始下降，降水量增多，在 8 月 20 日各县干旱过程结束。因此可推出，2013 年浙江省西北部夏季干旱开始于 7 月上旬，东南部开始于 7 月下旬，在 8 月下旬结束，8 月上旬和中旬干旱强度发展到最强。2013 年夏季只有南部两个县干旱指数大于－0.5，同时西北部干旱指数大于东南部，因此 2013 年西北部干旱强度强于东南部。7 月、8 月 SPEI 的空间分布和干旱指数的空间分布一致，但 8 月有近一半县的 SPEI 大于－0.5，没有反映出 8 月的干旱情况。因此，以月资料为基础的 SPEI 不能反映夏季干旱发生、发展、结束和强度变化特征。

10.4.4 结论

计算了以旬资料为基础的 SPEI 指数，建立了夏季干旱指数，分析了浙江省 1973—2013 年夏季干旱时空变化特征。

（1）7 月和 8 月降水变化不显著，气温、干旱强度、干旱和极端干旱面积明显增大，并且东北部的线性倾向率绝对值大于西南部。气温是影响夏季干旱强度和干旱面积的主要因素。

（2）干旱指数、干旱面积在 2003 年出现突变。2003—2013 年的干旱指数、大于等于轻旱面积、大于等于中旱面积、大于等于重旱面积和极端干旱面积平均值分别是 1973—2002 平均值的 4.0 倍、2.2 倍、4.0 倍、5.7 倍和 8.6 倍。2003—2013 年期间出现大于等于轻旱频率、大于等于中旱频率、大于等于重旱频率和极端干旱频率分别是 1973—2002 年频率的 2.7 倍、4.0 倍、6.0 倍和 9.6 倍。

（3）干旱指数能反映出旱情等级，可用于分析夏季干旱的时空变化特征。基于旬资料的 SPEI 可用于定量监测、分析夏季干旱发生、发展、结束和强度变化特征。

10.5 茶树旱害风险的时空变化特征

本节以浙江省为例，分析茶树旱害风险的时空变化特征。无旱害、四级旱害、三级旱害、二级旱害、一级旱害分别取值为 0、0.25、0.5、0.75、1，采用信息扩散理论计算各代表站各级旱害的出现概率，得到各代表站茶树旱害风险。

$$Q = \sum_{i=0}^{4} (P_i \times V_i) \qquad (10.13)$$

式中,Q 为茶树旱害风险,P 为各级茶树旱害值出现概率,V 为茶树旱害值。

10.5.1 浙江省 1971 年以来代表站夏季干旱日数的时间变化特征

以安吉、杭州、鄞州、新昌、衢州、丽水作为浙江省代表站,各站 1971—2018 年夏季干旱日数变化见图 10.2。夏季干旱日数存在区域性差异,地处浙江省西部地区的衢州夏季平均干旱日数最多达 15.3 d,其次是位于浙江中部的新昌、杭州,位于北部安吉、东部沿海的鄞州、南部丽水在 9 d 左右。北部安吉夏季干旱日数变化存在阶段性,1971—1978 年、1979—1985 年、1986—2000 年、2001—2018 年四个阶段,其中 2001—2018 年的干旱平均日数少于 1971—2000 年的平均值,但 2001—2018 年的干旱平均日数随时间呈显著增加倾向。丽水、杭州、鄞州、安吉总体上有不显著的减少倾向,和 8 月降水量增加倾向相一致(Lou et al.,2018)。

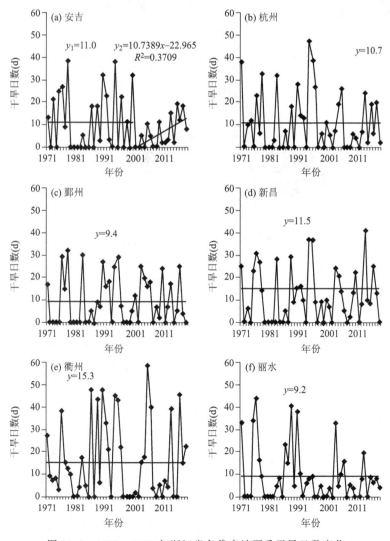

图 10.2　1971—2019 年浙江省各代表站夏季干旱日数变化

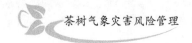

10.5.2 浙江省茶树夏季旱害风险区划

浙江省除嘉兴市、舟山市及海岛县市区以外的县市区茶树夏季旱害风险区划结果见图 10.3。

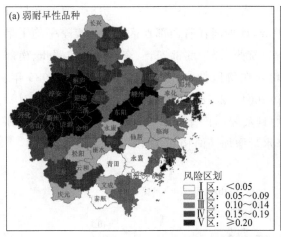

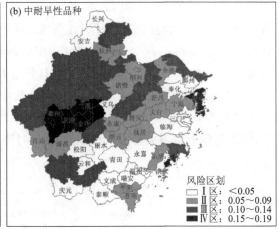

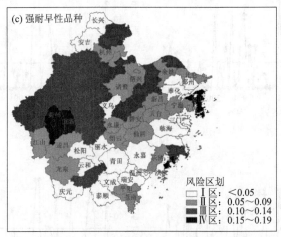

图 10.3 浙江省茶树夏季旱害风险区划

衢州、龙游、兰溪、金华、象山、玉环四地茶树夏季旱害强度风险指数最高,强耐旱性、中耐旱性、弱耐旱性茶树品种夏季旱害强度风险指数分别≥0.14、>0.15、>0.20;其次是开化、桐庐、淳安、建德、嵊州、东阳、常山,强耐旱性、中耐旱性、弱耐旱性茶树品种夏季旱害强度风险指数分别>0.10、>0.10、>0.20;临安、富阳、湖州、德清、萧山、慈溪、浦江、上虞、武义、景宁、温岭等地,强耐旱性、中耐旱性、弱耐旱性茶树品种夏季旱害强度风险指数分别在 0.10~0.14、0.10~0.14、0.10~0.20;绍兴、杭州、余姚、诸暨、新昌、天台、磐安、北仑、宁海、江山、遂昌、龙泉、缙云、乐清、洪家、平阳、苍南等地,强耐旱性、中耐旱性、弱耐旱性茶树品种夏季旱害强度风险指数分别在 0.05~0.09、0.05~0.10、0.10~0.17;长兴、安吉、义乌、鄞州、奉化、三门、松阳、丽水、青田、永嘉、温州、临海、云和、泰顺、文成、瑞安等地,强耐旱性、中耐旱性茶树品种夏季旱害强度风险指数均小于 0.05。

10.5.3 浙江省1971年以来代表站秋季干旱日数的时间变化特征

以安吉、杭州、鄞州、新昌、衢州、丽水作为浙江省代表站,各站 1971—2019 年秋季干旱日数变化见图 10.4。秋季干旱日数各地总体上变化趋势一致,随时间呈波动性变化,但变化趋势不明显。

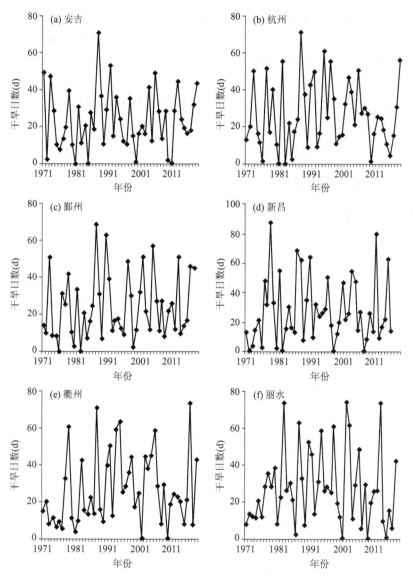

图 10.4　1971—2019 年浙江省各代表站秋季干旱日数变化

第 11 章　温度对茶叶生产的影响

茶树生长需要一定的温度范围,除春季霜冻、越冬期冻害和高温热害外,温度过高或过低均会影响茶树生产,从而影响茶叶经济产出。本章探讨温度在茶树冻害和热害温度指标外时,春季温度过高或过低对茶叶生产的影响。

11.1　温度对春季茶叶生产影响分类和机理

温度对茶叶生产的影响与茶叶生产季节、茶树品种、地理因子等因素有关。

11.1.1　温度对春季茶叶生产影响类型

温度对春季茶叶生产的影响可分为低温灾害和高温灾害两种。

(1)低温灾害

低温是指气温偏低,使茶芽生长缓慢甚至停止生长从而影响春茶产出的一种农业气象灾害(娄伟平 等,2016)。春季低温分为两种情况:第一种是低温冷害,在茶芽萌动到采摘期间,因温度降到茶芽生长发育所需温度以下,造成茶树芽叶生理障碍,导致生育期推迟的农业气象灾害;第二种是早春气温偏低,使特早发、早发茶树开采期推迟,采摘时间缩短,从而影响茶叶经济产出。

(2)高温灾害

茶树高温是指茶叶采摘期间气温比常年偏高,造成茶树芽叶生长加快,导致来不及采摘,严重影响春茶质量和价格。

11.1.2　茶树低温影响机理

环境胁迫会导致活性氧(Reactive oxygen species,ROS)在细胞内大量积累,引起氧化胁迫,危害植物个体的生长和发育,甚至导致植株死亡(Cervilla et al. ,2007)。抗坏血酸(L-ascorbic acid,AsA),即维生素C(Vc),是一种广泛存在于植物体内的高丰度抗氧化物质,直接参与清除逆境胁迫下植物体内产生的过量活性氧(Garchery et al. ,2013)。在逆境胁迫下,植物通过启动自身的抗氧化系统包括增加抗氧化酶活性和非酶抗氧化剂含量(如 AsA)来清除体内多余的 ROS,从而保护自身不受逆境损伤(陈莉 等,2010)。林士佳等(2019)研究表明,在低温(4 ℃)胁迫下,龙井 43 和迎霜茶树中含有多个与光、激素以及植物抗逆有关的顺式作用元件的茶树单脱氢抗坏血酸还原酶基因的表达均受抑制。Hao 等(2018a,2018b)利用人工气候室模拟茶树冷驯化、脱驯化和"倒春寒"冷胁迫的发生条件,对龙井 43 不同发育时期的新梢进行比较转录组分析和代谢组分析,提出 4 ℃是茶园"倒春寒"发生的温度阈值。王学林(2015)研究表明,龙井 43 茶树春季遭受连续 5 d 日最低气温 4 ℃的低温影响后,叶片叶绿素 a 含量、叶片的最大净光合速率、叶片中保护酶活性开始下降,气孔限制值开始上升;龙井43茶树春季遭受连续5d日最低气温0℃的低温影响后,叶片叶绿素a含量下降50%以上,叶片的最大净光合速率下降45%以上,气孔限制值在0.7以上,叶片中保护酶活性显著下降,叶片组织自身防御体系受损,茶树叶片细胞膜有不同程度的损伤。

植物遭受低温胁迫时,通过一系列信号传导将外界低温信号传入细胞核,从而诱导相关基因启动防御机制。王君雅等(2019)以龙井43和中茶126茶树新梢为研究材料,结果表明它们在受到低温胁迫后产生的信号传导模式不同。

李庆会等(2015)利用黄金芽和迎霜两个茶树品种为研究材料,研究了4℃低温胁迫1d、2d、4d和6d对茶树叶片叶绿素荧光特性的影响。结果表明,低温胁迫可直接损伤茶树叶片的PSⅡ反应中心,致使过剩的激发能大量积累于PSⅡ反应中心,最终导致茶树光合作用能力减弱。与各自的对照相比,低温胁迫条件下迎霜茶树叶片的各项叶绿素荧光参数的变幅总体上低于黄金芽茶树,因此判定迎霜茶树的耐寒性优于黄金芽茶树。

茶树从休眠状态开始萌动需要满足一定的生态条件。在春季雨水充足地区,温度是主导因子。从休眠到茶树萌芽初期、萌芽盛期需要六日滑动平均法确定的界限温度初日后≥5℃有效积温达到一定值。不同茶树品种需要六日滑动平均法确定的界限温度值和≥5℃有效积温值是不同的,同时茶树品种达到开采期需要一定的热害条件。因此春季气温偏低,造成茶树开采期推迟。在浙江春茶产区,茶叶上市越早价格越高,茶叶开采后,茶叶价格随茶叶等级下降而下降较快;春茶生产完成采用人工采摘方式,但采茶工人数有限;为了保证一定的茶叶生产效益,同一茶场往往是特早生、早生、中生、迟生茶树品种搭配,在早生茶树品种进入开采期后,茶场会停止采摘特早生茶树品种上的芽叶,转而采摘早生茶树品种上的芽叶,因此如果前期低温造成特早生茶树品种开采期推迟,而早生茶树品种的开采期和特早生茶树品种开采期相接近的话,会造成特早生茶树品种采摘时期缩短,产量降低,经济产出减小。如2012年1月中旬至3月上旬,绍兴出现了历史少见的低温连阴雨天气,平均气温比常年偏低1℃左右、日照只有常年的60%左右,低丘平原地区嘉茗1号等特早生茶树品种在3月21日前后才进入开采期,比常年迟半个月;3月27日龙井43等早生茶树品种开采,嘉茗1号等特早生茶树品种在3月29日前后停止采摘;4月5日鸠坑群体种等迟生茶树品种进入采摘期,龙井43等早生茶树品种在4月7日前后停止采摘;造成特早生品种、早生茶树品种、中生茶树品种采摘期比常年缩短7～10d。

在采茶工充足时,茶树鲜芽叶采摘量主要由温度决定(参见7.5节),气温偏低,茶树芽叶生长偏慢,达到采摘标准的芽叶少从而影响茶叶产量。如2016年3月下旬浙江省中北部地区春茶进入采摘期后,日平均气温持续在8～13℃,造成春茶上市产量少,影响市场供应。

11.1.3 茶树低温冷害和霜冻灾害区别

11.1.3.1 表现

茶树遭受低温冷害后,茶芽生长停止,芽叶表面未见到受害现象。在低温冷害结束后,满足一定的热量条件茶芽恢复生长。从茶芽停止生长到恢复生长的时间与低温冷害强度、影响时间及低温冷害结束后温度条件有关。低温冷害强度越强、影响时间越长,茶芽恢复生长所需时间越长,如低温冷害结束后迅速回暖,茶芽恢复生长也越快。如浙江省2月下旬到4月上旬经常出现夜间最低气温在 0.1～4 ℃、白天最高气温在 10～20 ℃的天气,茶芽在夜间遭遇低温冷害停止生长,白天气温上升后恢复生长。2020 年 3 月下旬浙江省新昌县罗坑山茶场出现了一次严重的茶树低温冷害过程。3 月 26 日到 4 月 1 日为连阴雨天气过程,27 日 21 时到 29 日 22 时 50 h 气温低于 4 ℃,27 日 23 时到 29 日 21 时 47 h 气温低于 3 ℃,3 月 28 日 15 时到 29 日 07 时 17 h 气温低于 1 ℃,其中 3 月 28 日 22 时到 29 日 07 时 10 h 最低气温在 0～－0.2 ℃,茶树顶部叶片最低温度达到－1.1 ℃,茶树遭受严重的低温冷害。观测表明,该茶场种植的鸠坑群体种(树冠未修剪)在 3 月 20 日达到一芽一叶初展,3 月 27 日达到一芽二叶初展,27 日到 29 日观测表明,茶树芽叶未出现冻害症状,但 28 日茶树芽叶停止生长,由于 3 月 31 日到 4 月 6 日日平均气温维持在 6.3～7.7 ℃,4 月 7 日开始日平均气温上升到 10 ℃以上,4 月 9 日茶树芽叶恢复生长,在 4 月 13 日达到一芽二叶,从 3 月 20 日到 4 月 13 日期间 5 ℃以上有效积温达 120 ℃·d;而 2019 年同一茶园在 3 月 28 日达到一芽一叶初展,在 4 月 9日达到一芽二叶,期间 5 ℃以上有效积温 90 ℃·d,其中 3 月 31 日、4 月 1 日天气晴好,早晨最低气温分别为 3.1 ℃、2.3 ℃,但白天最高气温分别上升到 8.8 ℃、14.7 ℃,低温冷害对茶芽生长影响小。

茶树遭受霜冻害后,细胞内水分冻结,原生质遭到机械破坏,使茶汁外溢而红变,出现"麻点"和芽叶焦灼现象。有的茶树芽梢生长点及腋芽的基部,受霜冻危害后,则停止萌发,形成褐变,称之为"瞎眼"。这种死芽将严重影响到当年春茶的产量和质量。重者造成叶枯、叶落、枝梢萎枯,呈烧焦状;特别严重的造成骨干枝树皮冻裂、液汁外溢,叶片全部枯死脱落,根系变黑腐烂,整株茶树死亡(田生华,2005)。

胡家敏等(2019)利用人工气候箱模拟贵州倒春寒过程对福鼎大白茶的影响,结果表明在最低气温为 0 ℃时,茶树的叶片形态没有明显变化;当进行入低气温为－1 ℃时,仅 1 d 后茶叶的叶片形态便出现明显的焦黑,随着处理时间的延长焦黑现象越来越严重,经过 2 d 的处理,50%左右的叶片出现明显冻害特征,持续 3 d 后大部分叶片出现焦黑现象;当进入最低气温为－2 ℃的处理时,仅 1 d 后大部分茶叶叶片形态便出现明显的焦黑,处理 2 d 后 80%左右的茶叶出现焦黑现象。

11.1.3.2　机理

茶树霜冻害的实质是低温引起细胞结冰(黄晓琴,2009)。春季温度上升到茶芽萌动起始温度以上后,茶芽萌动,新生长的嫩叶和芽代谢活动强,含水量和自由水含量高,可溶性糖含量低。当温度下降到一定程度时,茶树嫩芽叶细胞汁液开始结冰,随着温度继续下降,细胞间隙自由水随着温度继续下降而结冰导致细胞收缩,渗透到间隙中的细胞内水分形成的冰块逐渐增大,冰晶出现于细胞外并不断夺取细胞内的水分,造成原生质浓度剧增,产生严重的脱水现象。蛋白质因脱水过度而变质,原生质也由于同样原因不可逆地凝胶化。细胞因冰晶的膨大产生的机械压力而变形,虽然细胞壁在温度回升冰晶融化后尚具有一定的复原性,但原生质因吸水膨胀缓慢而被撕裂损伤。质膜、细胞衬质因胞内冰晶的形成、融化而被破坏,作为高度精密结构的原生质因此受到致命的损伤,茶汁外溢与空气相遇,氧化红变、焦枯,形成茶树芽叶外观上的叶层水渍、水烫等症状。茶树遭受霜冻害除了与低温和茶树本身抗霜冻的能力有关,与茶树茎叶上附生的冰核细菌也密切相关。冰核细菌具有很高的冰核活性,能在－2～－5 ℃条件下催化诱发植物体内水分产生冰核而引起霜冻。冰核一且形成,就快速蔓延,使茶树遭受霜冻。相反,如茶树上无冰核细菌存在,能耐受—7～—8 ℃的低温而不发生霜冻。

Hao 等(2018a,2018b)利用人工气候室模拟茶树冷驯化、脱驯化和"倒春寒"冷胁迫的发生条件,对龙井43不同发育时期的新梢进行比较转录组分析和代谢组分析,提出 4 ℃是茶园"倒春寒"发生的温度阈值。相关研究表明(王学林,2015),茶树遭受低温冷害后(最低温度0～4 ℃),茶树叶片叶绿素含量下降率一般不到 50%,茶树遭受霜冻后(最低温度在 0 ℃以下),茶树叶片叶绿素含量下降率一般在 50%以上;茶树遭受低温冷害后,茶树叶片气孔限制值随最低温度降低而增加,而遭受霜冻后气孔限制值增加较为平缓;茶树遭受低温冷害后,茶树叶片过氧化氢酶(CAT)、过氧化物酶(POD)、超氧化物歧化酶(SOD)活性均呈现大幅度的增强趋势,茶树遭受霜冻后,三种保护酶活性表现为不同幅度的突然下降趋势,且随着冻害强度的加大及冻害持续时间的延长而进一步下降,后期下降幅度逐渐趋于平缓;茶树遭受低温冷害后,茶树芽叶的膜系统未受到破坏,茶树遭受霜冻后,茶树芽叶的膜系统受到不可逆转的破坏。

11.1.3.3 经济价值影响

茶树遭受低温冷害后,芽叶停止生长,在温度回升后,恢复正常生长。由于芽叶没有受损,能用于制作绿茶,不影响芽叶的经济价值。目前春季茶叶的采摘还是依靠人工采摘,在茶叶旺采期间,低温冷害延缓了茶叶生长,延长了高档茶采摘时间,在一定程度上有利于提高茶叶经济产出。茶树遭受霜冻后,芽叶受损,在温度回升后,受损芽叶不能恢复正常生长,不能用于制作绿茶,失去经济价值。

11.1.3.4 茶树低温冷害和霜冻灾害的温度判别指标

娄伟平等(2014b)研究表明,春季晴朗无风的早晨,茶树冠层上部叶片比离地 1.5 m 处的气温低 2.0 ℃以上;阴雨天气茶树冠层上部叶片比离地 1.5 m 处的气温低 0.5～1.0 ℃。中国茶树春季霜冻灾害主要由辐射型霜冻造成,常出现于地面冷高压过境,晴朗无风的早晨,由于辐射降温使茶树冠层温度降到—2.0 ℃以下而引发茶树霜冻灾害。统计表明,日最低气温为 0 ℃时,最低气温持续时数可超过 5 h;出现平流型霜冻时,日最低气温也在 0 ℃以下。也就是表明了在茶树霜冻灾害发生时,茶园百叶箱气温(离地 1.5 m 处)须≤0 ℃。

低温冷害发生时,往往伴随阴雨天气,日最低气温在 0 ℃以上,茶树冠层温度在—1.0 ℃以上,不会造成茶树芽叶细胞结冰。因此以最低气温 0 ℃作为茶树低温冷害和霜冻灾害的温度判别临界指标,即≤0 ℃作为茶树霜冻指标,0～4 ℃作为茶树低温冷害指标。

目前,气象部门发布的最低气温预报是指国家气象观测站所在地的最低气温。茶树多种植于山区,茶园和国家气象观测站所在地的最低气温差可达 3～5 ℃,甚至更大。各地在开展茶树春季"倒春寒"防御工作时,要根据天气预报结合茶园地形、天空状况,订正得到茶园的最低气温,判别茶园是否遭受低温冷害或霜冻灾害。

11.1.4 茶树高温影响机理

茶叶采摘期间气温偏高,根据茶树芽叶生长模型和茶叶价格变化模型,气温偏高,茶树芽叶生长加快,等级下降,造成茶叶价格下降,从而影响茶叶经济产出。如 2006 年 4 月 2 日、3 日新昌日平均气温分别为 20.6 ℃、20.9 ℃,4 日日平均气温、日最高气温分别达到 25.6 ℃、

33.3 ℃,新昌大明茶场利用迎霜茶树生产的茶叶价格从 2 日的 600 元/kg 降到 4 日的 400 元/kg。温度升降快慢与茶叶品质有关。在浙江黄岩地区,20 世纪 90 年代以前,一般 4 月中旬开始采春茶,4 月下旬旺采。如果这时温度突然升高,则茶芽伸长加快,促进茶叶纤维化,持嫩性差,品质下降,即使产量增加了,但产值反而降低。4 月中旬平均气温与黄岩县生产一级茶的百分率呈显著反相关。如 1980 年 4 月中旬黄岩平均气温为 14.8 ℃,全县一级茶占收购总量的 8.68%,而 1981 年 4 月中旬黄岩平均气温为 15.7 ℃,全县一级茶仅占收购总量的 2.0%(黄寿波,1985)。

李倬(1988)研究了柿大茶茶树春季茶芽生长速度与气象条件的关系。在茶芽萌发后,当日平均气温低于 12 ℃时,不论空气相对湿度情况如何,茶芽的日增长速度不超过 2 mm。在 12~22 ℃的温度范围内,茶芽增长速度与空气相对湿度关系密切。此时,若日平均相对湿度 $U \leqslant 140.035 - 4.42T$($T$ 为当天的日平均气温),则茶芽日增长速度一般也都不超过 2 mm;反之,茶芽日增长速度随温度升高而加快。在日平均气温为 22~23 ℃、平均相对湿度为 86%~88%的情况下,柿大茶茶树春芽伸长速度最快,其日增长速度可达 12 mm 左右。经在新昌大明茶场多年观测表明,春季茶树进入开采期后气温偏低,如果当天夜间出现雷阵雨,次日天气转晴,日平均气温升高到 15 ℃以上,会造成茶芽大量萌发生长,同时生长速度加快,等级下降,一方面造成茶农来不及采摘,另一方面因价格下降而影响经济效益。如 2019 年 3 月 20 日,新昌县出现日平均气温为 17 ℃、日最高气温为 25 ℃的高温天气,造成当天刚进入开采期的龙井 43 茶树采制的茶叶等级下降,价格比 2018 年第一批采制的茶叶明显下降。

11.1.5　温度对茶叶生化成分的影响

茶叶中的化学物质包括茶多酚、蛋白质、氨基酸、咖啡因、还原糖等。茶多酚按化学结构可分为四类:花黄素类(黄酮醇)、儿茶素类(黄烷醇)、花青素类、酚酸类。儿茶素类是形成茶类色、香、味的主要物质,复杂的儿茶素苦涩味较重,简单儿茶素味醇、不苦涩。氨基酸是一种与茶叶鲜爽度有关的重要物质。咖啡因是茶叶的特征物质,是一种兴奋剂,有迅速消除疲劳,改善血液循环等生理功能。糖类物质中的游离型单糖和双糖能溶于水具有甜味,是构成茶汤浓度和滋味的重要物质。娄伟平等(2014a)分析了浙江省新昌县龙井 43 茶树春季茶叶生化成分与温度的关系。结果表明:茶多酚含量对采摘前 1~7 d 光温系数的敏感性区间为[35 ℃·h,120 ℃·h],在此区间内,茶多酚含量与光温系数呈正比关系,茶多酚含量随光温系数增加而增加 0.06%/(℃·h);氨基酸含量对采摘前 2~5 d 平均气温的敏感性区间为[9 ℃,17 ℃],在此区间内,氨基酸含量与平均气温呈反比关系,氨基酸含量随平均气温升高而降低 0.13%/℃;氨基酸含量对采摘前 3~10 d 平均气温日较差的敏感性区间为[8.5 ℃,18.5 ℃],在此区间内,氨基酸含量与平均气温日较差呈反比关系,氨基酸含量随平均气温日较差增大而降低 0.08%/℃;咖啡因含量对采摘前 2~14 d 气温日较差的敏感性区间为[11.5 ℃,17.0 ℃],在此区间内,咖啡因含量随气温日较差增大而增加 0.07%/℃;咖啡因含量对采摘前 1~7 d 光温系数的敏感性区间为[20 ℃·h,120 ℃·h],在此区间内,咖啡因含量随光温系数增加而增加 0.03%/(℃·h);总儿茶素含量对采摘前 1~2 d 光温系数的敏感性区间为[55 ℃·h,155 ℃·h],在此区间内,总儿茶素含量与光温系数呈正比关系,总儿茶素含量随光温系数增加而增加 0.05%/(℃·h);酚氨比对采摘前 3~5 d 平均气温的敏感性区间为

[9.5 ℃,14.5 ℃],在此区间内,酚氨比随平均气温升高而增加 0.24/℃;酚氨比对采摘前 3～7 d 气温日较差的敏感性区间为[9.5 ℃,17.0 ℃],在此区间内,酚氨比随气温日较差增大而增加 0.16/℃;酚氨比对采摘前 1～7 d 光温系数的敏感性区间为[30 ℃•h,115 ℃•h],在此区间内,酚氨比随光温系数增加而增加 0.02/(℃•h)。

11.1.6 温度对茶树叶片净光合速率的影响

茶树光合作用适宜温度因季节而异。福鼎大白茶光合适温在夏、秋、冬和春(头年秋梢叶)分别为 30 ℃、25 ℃、15 ℃ 和 15～20 ℃。冬季气温从 5 ℃ 升至 10 ℃、15 ℃ 时,中、小叶种茶树叶片净光合速率可提高 2 倍和 2.5 倍(陶汉之 等,1995)。

林金科等(2000)以 3 年生的铁观音盆栽扦插苗为材料,分析茶树叶片净光合速率(Pn)对叶温($T1$)的响应。结果表明,Pn-$T1$ 响应曲线类似抛物线形,不同季节,光合作用的最适温度不同。在夏季 7 月环境温度为 28 ℃ 时,光合最适叶片温度为 30±2 ℃,叶温($T1$)小于 8 ℃ 或大于 42 ℃ 时,Pn 为负值。在秋季 9 月,环境温度为 24 ℃ 时,光合最适叶温为 27±2 ℃,叶温($T1$)小于 6 ℃ 或大于 40 ℃ 时,Pn 为负值。夏季 8～17 ℃ 和秋季 6～16 ℃ 随着叶温上升光合缓慢上升,而后它们在达到最高点之前(夏季为 17～30 ℃,秋季为 16～27 ℃)随着 $T1$ 上升,Pn 迅速上升。在最高点之后,都迅速下降。Pn 出现负值后,随着 $T1$ 提高(大于 40 ℃ 或 42 ℃)或者 $T1$ 下降(小于 6 ℃ 或 8 ℃ 时),Pn 都剧烈下降。这表明高温或者低温对茶树光合机制伤害是异常剧烈的。在夏季,茶树已适应于高温,在较高 $T1$ 条件下,Pn 仍然较高,同时 Pn 转为负值时下降急剧程度小于秋季,这表明茶树可忍受较高的叶温,但是更不易忍受较低的叶温,因为在 6 ℃ 以下,下降急剧程度高于秋季。同样地秋季茶树已开始适应于低温。这说明茶树在环境温度较高时,适应高温,更不耐低温,而在环境温度较低时,适应低温,但更不耐高温。因此倒春寒对茶树伤害是其生理依据。叶龄不同,Pn-$T1$ 响应曲线不同(环境温度为 24 ℃),去年越冬老叶在秋季时,已经对温度的响应不太敏感。随着 $T1$ 升高或下降,其 Pn 变化都较缓慢。60 d 叶龄与 30 d 叶龄对比,前者在 25～35 ℃ 变化都不大,维持在较高的 Pn 水平,同时比后者较耐高温与低温,Pn 负值分别在 4 ℃ 和 42.5 ℃ 左右。同时在 Pn>0 时,其对 $T1$ 的变化、升高和降低都比较缓慢,说明比较适应环境温度的变化。由此可知随着叶龄提高(在叶片衰老之前),茶树叶片抗寒能力、抗热能力逐渐提高。

11.1.7 春季茶树高温灾害指标

在总结分析春季高温对茶叶产出影响的基础上,提出春季茶树高温灾害指标,见表 11.1。

表 11.1 春季茶树高温灾害指标

气象要素	特早生品种	早生品种	中生品种	迟生品种
日平均气温	≥15 ℃	≥17 ℃	≥20 ℃	≥23 ℃
日最高气温	≥22 ℃	≥25 ℃	≥28 ℃	≥30 ℃

在茶树特级、一级茶生产期间,出现高温灾害,会造成茶芽等级下降一个等级。

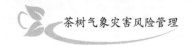

11.2　茶树春季低温灾害时空变化特征

春季低温对茶叶生产影响最大的是气温偏低造成开采期推迟。本节以开采期的时空变化来反映茶树春季低温灾害的时空变化特征。

11.2.1　春季茶树低温灾害指标

设某地茶树历年最早开采期为 a，由于春季气温偏低，该年实际开采期为 b，则由于低温影响造成开采期推迟 $(b-a)$ d，$(b-a)$ d 反映了该年该茶树品种春季低温灾害影响程度，故以此作为该茶树品种春季低温灾害指标。

11.2.2　浙江省各茶树品种春季低温灾害时空变化特征

以安吉作为浙江省北部代表站，丽水作为浙江省南部代表站。各站 1972—2018 年特早生茶树品种春季低温灾害变化见图 11.1。浙江省从南到北开采期推迟天数变化趋势一致，随时间呈减少倾向。从图中可以看出，北部开采期推迟天数变化幅度比南部大，同时随时间变化的线性倾向率绝对值大于南部。

开采期平均推迟天数与所在地开采期有关。在日序第 77 天以前，开采期平均推迟天数随开采期推迟而增加；在日序第 77 天到第 85 天之间，开采期平均推迟天数随开采期推迟而减小增加；在日序第 86 天以后，开采期平均推迟天数随开采期推迟变化较小(图 11.2)。

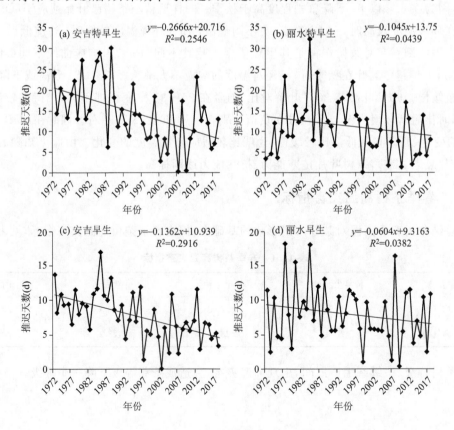

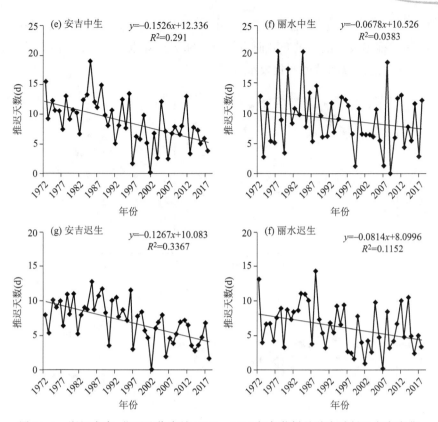

图 11.1　浙江省南、北两地代表站 1972—2018 年各茶树品种春季低温灾害变化

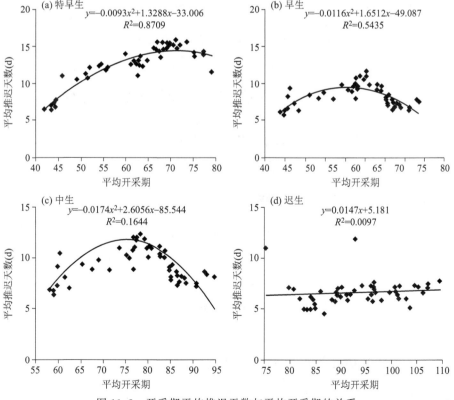

图 11.2　开采期平均推迟天数与平均开采期的关系

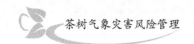

开采期平均推迟天数与所在地纬度有关(图 11.3)。特早生、早生、中生茶树品种在 29.2°N 以南,开采期平均推迟天数随纬度升高而增加;在 29.2°N 以北,随纬度升高而减小;迟生茶树品种开采期平均推迟天数随纬度变化较小。

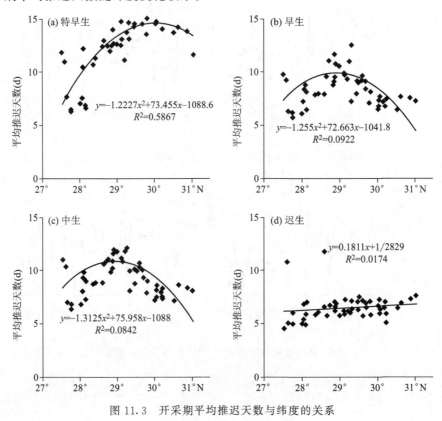

图 11.3　开采期平均推迟天数与纬度的关系

11.3　茶树春季高温灾害时空变化特征

春季高温造成高档茶采摘期缩短,茶叶质量下降,最终造成经济产出降低。本节以春季高温造成的经济损失率的时空变化来反映茶树春季高温灾害的时空变化特征。

11.3.1　春季茶树高温灾害定量指标

以 2018 年茶叶价格变化特征为基础,设某地某茶树品种历年最大经济产出为 V_{max},由于春季气温偏高,该年实际经济产出为 V,则由于高温影响造成的经济损失率为

$$P_v = (V_{max} - V)/V_{max} \tag{11.1}$$

式中,经济损失率 P_v 为春季茶树高温灾害的定量指标,反映了春季高温对茶树春季经济产出的定量影响。

11.3.2　浙江省各茶树品种春季高温灾害时间变化特征

1972—2018 年浙江省各茶树品种全省受高温影响春茶平均经济损失率:特早生茶树品种

为 41.77%、早生茶树品种为 33.07%、中生茶树品种为 28.90%、迟生茶树品种为 19.44%。图 11.4 是 1972—2018 年浙江省各茶树品种全省受高温影响春茶平均经济损失率变化。从图中可以看出,随时间变化,各茶树品种受高温影响全省平均经济损失率呈增大倾向,特早生茶树品种的线性倾向率为 0.025/10 a,早生茶树品种的线性倾向率为 0.029/10 a,中生茶树品种的线性倾向率为 0.022/10 a,迟生茶树品种的线性倾向率为 0.014/10。各品种的线性倾向率经 Mann-kendall 检验,均达 0.05 显著水平。

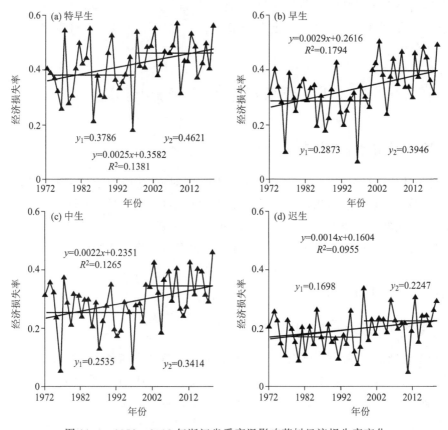

图 11.4　1972—2018 年浙江省受高温影响茶树经济损失率变化

特早生、早生、中生和迟生茶树品种受高温影响春茶平均经济损失率随时间变化曲线分别在 1996 年、1999 年、1999 年、1997 年存在突变点,经 Mann-kendall 检验达 0.05 显著水平。特早生茶树品种 1972—1996 年受高温影响春茶经济损失率在 37.86% 上下波动;1998—2018 年受高温影响春茶经济损失率在 46.21% 上下波动。早生茶树品种 1972—1999 年受高温影响春茶经济损失率在 28.73% 上下波动;2000—2018 年受高温影响春茶经济损失率在 39.46% 上下波动。中生茶树品种 1972—1999 年受高温影响春茶经济损失率在 25.35% 上下波动;2000—2018 年受高温影响春茶经济损失率在 34.14% 上下波动。1972—1997 年受高温影响春茶经济损失率在 16.98% 上下波动;1998—2018 年受高温影响春茶经济损失率在 22.47% 上下波动。

第 12 章　降水对茶叶生产的影响

茶树性喜湿润,要成功栽培茶树,需要年降水量为 1000~1400 mm。但降水量过多且排水不畅,会造成茶树涝害;降水量不足会造成旱害。本节探讨除旱害外降水对茶叶生产的影响。

12.1　降水对茶叶生产影响分类

12.1.1　降水对茶叶生产影响类型

降水对茶叶生产影响可分为连阴雨、降水偏少、强对流、暴雨和冰雹 5 种类型。

连阴雨:茶树生长周期内出现持续降水过程,日照不足,影响茶树生长、生产和茶叶质量。

降水偏少:茶叶生产季节降水偏少,造成茶叶产量下降。

强对流:强对流天气过程伴随的大风雷暴会造成野外采茶人员伤亡。

暴雨:暴雨影响茶叶采摘,连续暴雨引发洪涝灾害,损坏茶园。

冰雹:茶叶生产季节,冰雹造成茶芽损伤。

12.1.2　降水对茶叶生产的影响分析

在热量条件满足茶树生长的情况下,降水量是影响茶叶产量的主要因子。中国云南孟海茶区各月茶叶采摘量和月降水量分布一致,降水量最多的 7 月,茶叶采摘量也最多。相关研究表明(黄寿波,1985):长江中下游茶区,夏秋季降水量多少直接影响夏秋茶产量。夏茶采摘期 6—7 月的降水量(x)和夏茶产量(y)的关系为:$y=-5.3062+0.0154x$,$r=0.8181$。其中 7 月的降水量和夏茶产量的关系最密切:$y=-3.99+0.0245x$,$r=0.87596$。秋茶产量与 8—9 月降水量呈正相关,在 8—9 月降水量少于 220 mm 的年份,如果无防旱措施,会使茶叶产量降低。

许允文(1981)研究表明,在浙江省杭州茶区,4—10 月茶树需水量达 850 mm 左右,但茶树的生育与阶段需水量受地区性的气候影响较大,在各个阶段中的需水量有很大的变化。冬季气温低,光照弱,蒸发小,茶树进入休眠状态,一般成龄采摘茶园日平均耗水量为 1.3 mm 左右;在春茶生产期间,随着气温的上升,光照增强,茶树生理代谢逐渐活跃,日平均耗水量达到 3 mm 左右;夏茶生产阶段(7—8 月),由于光照强,蒸发量大,并常有旱情出现,一般采摘茶园日平均耗水量可达到 5.8~7.0 mm;9 月以后随着气温下降,生育缓慢,茶树的需水量迅速下降。茶树是多年生的深根作物。在正常的生育过程中,茶树由幼龄阶段到成龄阶段,地下部的根系不断深扎并向四周扩展,地上部分的树冠枝叶也相应地增加、扩大,光合作用与蒸腾强度不断增强,茶园的阶段日平均耗水量随树冠覆盖度的增大和茶叶产量的提高而增加(表

12.1)。

表 12.1　不同类型茶园的阶段耗水量

茶园类型	测定日期	土层深度(cm)	树冠覆盖度(%)	产量(干茶:斤[①]/亩)	平均每日耗水量(mm)
二年生幼龄茶园	7月20—25日	0～70	15		3.82
一般采摘茶园	7月20—29日	0～80	85	350	5.56
五年生密植茶园	7月22—28日	0～80	100	500	5.95
丰产试验茶园	7月20—27日	0～80	95	700	7.17

注:7月20—29日天气晴。许允文于1979年在杭州茶科所试验茶园测定

　　但持续降雨过程不仅影响茶叶采摘,同时茶叶上带的雨水还影响茶叶加工制作。因此,连阴雨天气会影响茶叶产量。1972—1988年的17年中,广东省春茶(第一轮茶)有6年因阴雨天气而减产,减幅最大达38.7%(韦泽初 等,1990)。

12.1.3　降水和日照对茶叶生化成分的影响

　　娄伟平等(2014a)分析了浙江省新昌县龙井43茶树春季茶叶生化成分与降水、日照的关系。结果表明:茶多酚含量对采摘前1～19 d平均降水量的敏感性区间为[1.0 mm,6.5 mm],在此区间内,茶多酚含量随降水量增加而降低1.62%/mm。茶多酚含量对采摘前3～6 d平均相对湿度的敏感性区间为[45%,70%],在此区间内,茶多酚含量随相对湿度升高而降低0.07%/%。茶多酚含量对采摘前1～5 d平均日照时数的敏感性区间为[2.5 h,9.5 h],在此区间内,茶多酚含量随日照时数增加而增加0.71%/h。氨基酸含量对采摘前3～11 d平均相对湿度的敏感性区间为[50%,70%],在此区间内,氨基酸含量随平均相对湿度升高而增加0.01%/%。氨基酸含量对采摘前3～14 d平均日照时数的敏感性区间为[3 h,8 h],其中在区间[3 h,5 h],氨基酸含量随日照时数增加而增加0.06%/h;在区间[5 h,8 h],氨基酸含量随日照时数增加而降低0.13%/h。咖啡因含量对采摘前3～7 d平均相对湿度的敏感性区间为[50%,75%],在此区间内,咖啡因含量随平均相对湿度升高而降低0.02%/%。咖啡因含量对采摘前2～10 d平均日照时数的敏感性区间为[3 h,6 h],在此区间内,咖啡因含量随日照时数增加而增加0.03%/h。总儿茶素含量对采摘前1～15 d平均降水量的敏感性区间为[1 mm,7 mm],在此区间内,总儿茶素含量随平均降水量增加而降低1.35%/mm。总儿茶素含量对采摘前3～6 d平均相对湿度的敏感性区间为[40%,65%],在此区间内,总儿茶素含量随平均相对湿度升高而降低0.17%/%。优质绿茶要求酚氨比低,龙井43春茶酚氨比对采摘前1～19 d平均降水量的敏感性区间为[2.0 mm,6.5 mm],在此区间内,酚氨比随降水量增加而降低0.45/mm。酚氨比对采摘前3～14 d平均相对湿度的敏感性区间为[55%,75%],在此区间内,酚氨比随相对湿度升高而降低0.05/%。酚氨比对采摘前1～8 d平均日照时数的敏感性区间为[3.0 h,8.5 h],在此区间内,酚氨比随日照时数增加而增加0.31/h。

　　赵和涛(1992b)研究表明,海拔高度高,雨量充沛,森林覆盖度大,茶园四周均是森林密布,终年云雾弥漫,4—9月平均相对湿度大,气温偏低,茶园土壤肥沃,有机质含量高的茶园,

---

① 1斤=500 g,余同

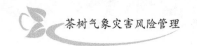

所产茶树芽叶中醇类芳香物多、香油精含量较高、杂环类芳香物较少。

12.1.4　海拔高度和生态环境茶叶品质的影响

黄寿波(1984)分析了皖浙闽三省主要名茶的气候生态环境,分析主要名茶的茶园位置,大致可以分为两类:一类是位于湖滨或海岛上,例如西湖龙井、普陀佛茶,这两个名茶的茶园位于西湖边群山和普陀山上;另一类是位于名胜风景区,茶园离海平面有一定高度,这就是"高山云雾茶"。三省的名茶茶园大多种植在海拔500～1000 m,茶园离主峰的高度少的在100～200 m,多的达1000 m以上,茶园离平地的高度(即相对高度)在200～800 m。茶园大多位于南向(包括南、东南或西南向)坡地,多数在避风的山坞或谷地。南坡比北坡暖和,在山坞或谷地,风速小,利于辐射雾形成,而且土壤一般比较深厚肥沃。在4—9月采茶季节具有以下气候特点。

(1)云雾多,日照百分率小,散射辐射多

在皖浙闽山地,在一定高度以下,云量随海拔高度升高,尤以夏季比较明显。据南京大学研究,武夷山区夏季在2000 m以下,冬季在1500 m以下,云量均随高度升高而增加,但夏季比冬季增加明显。在山地上,由于气流经过时被迫上升冷却,容易形成绝热雾,有时低云和锋面云也可转变成雾,所以在山地迎风坡或山谷,出现雾日均比平地大。例如,天目山山顶比平地雾日多两倍,而括仓山比仙居站多20多倍。在一定高度以下,由于云量多,雾日多,日照百分率较小,因而照射到茶园的太阳辐射能中散射辐射较多,直接辐射较少。位于500～1000 m的高山茶园,能满足茶树对光的要求,这是高山出名茶的重要原因。

(2)雨量充沛,相对湿度大,空气湿润

研究证明,降水量在某一高度以下随着海拔高度升高而增加,在此高度以上,随高度升高而减少,该高度称为最大降水量高度。皖浙闽山地最大降水量高度一般在1000 m以上。主要名茶的茶园高度大多在1000 m以下,因此名茶产区的各月降水量和年雨量都比平地充沛。另外,夏季,由于山区地形起伏,地面受热不均匀,空气不稳定,往往多"热雷雨"。在夏季7—8月干旱季节,山区午后多出现雷阵雨,而平地上没有雨,在浙江东白山一带,夜间还经常有"夜雨"发生,这种雷雨对解除伏旱起着很大作用。

皖浙闽山地,一般在1000 m以下,热量基本上都能满足茶树生长需要,因此水分条件对提高茶叶品质有着极大的关系。在高山的名茶产区,由于雨量充沛,空气湿度大,夏季多雷阵雨,晚上还可能有"夜雨",没有旱害和湿害,这种时晴时雨,白天晴夜间雨的气候生态,对茶树新梢生长十分有利,使芽叶能保持柔嫩,不易粗老。

(3)温度升降慢,变化小,适温保持时间长

20～25 ℃为最适宜茶树新梢生长温度。在适温范围内,如早春升温速率缓慢,能保持茶叶持嫩性,品质优;反之,茶叶持嫩性差。在浙江龙泉山区,海拔1100 m处日平均气温稳定通过10 ℃初日比海拔200 m处迟1个月。10 ℃初日到22 ℃初日,海拔200 m处仅81 d,海拔1100 m处为86 d。22 ℃终日到10 ℃终日,海拔200 m处仅61 d,海拔1100 m处为108 d。因此,在一定高度的山区,温度变化小,保持茶树新梢生长的适温时间较长,有利于叶片光合作用,不致芽梢突变为粗纤维,芽梢能长期保持幼嫩,使蛋白质、氨基酸、维生素、咖啡因、多酚类和芳香油等得以充分蕴蓄。

(4)风速小,多在避风的山坞

风会直接或间接影响茶树生育和品质。大风可以造成茶叶的机械擦伤,吹失茶园表土,暴露茶树根系,枝叶擦伤后还可能使病原菌从伤口侵入导致病害。随着海拔高度升高,风速明显增大。产名茶的茶园大多位于山地的南坡(背风坡),而且多在避风的山坞,茶园周围大多有自然植被(森林)保护,因此茶园内风速较小。

12.2 茶叶降雨灾害时空变化特征

降雨影响茶叶采摘,从而造成经济产出(产量)降低。本节以降雨造成的茶叶经济损失率(产量损失率)的时空变化来反映茶叶降雨灾害的时空变化特征。

12.3.1 茶叶降雨灾害定量指标

以 2018 年茶叶价格变化特征为基础,设某地某茶树品种该年不考虑降雨的经济产出为 V_{max},由于春季降雨,该年实际经济产出为 V,则由于降雨影响造成的经济损失率为

$$P_v = (V_{max} - V)/V_{max} \qquad (12.1)$$

式中,经济损失率 P_v 为春季茶叶降雨灾害的定量指标,反映了春季降雨对茶树春季经济产出的定量影响。

设某年不考虑降雨天气的夏秋茶产量为 Y_{max},考虑降雨天气的夏秋茶产量为 Y,则由于降雨天气影响造成的夏秋茶产量损失率

$$P_y = (Y_{max} - Y)/Y_{max} \qquad (12.2)$$

式中,产量损失率 P_y 为夏秋茶降雨灾害的定量指标,反映了夏秋季降雨对茶树夏秋季产出的定量影响。

12.3.2 浙江省各茶树品种春季降雨灾害时间变化特征

1972—2018 年浙江省各茶树品种全省受降水影响春茶平均经济损失率:特早生茶树品种为 14.3%、早生茶树品种为 15.2%、中生茶树品种为 15.5%、迟生茶树品种为 15.7%。图 12.1 是 1972—2018 年浙江省各茶树品种全省受降水影响春茶平均经济损失率变化。从图中可以看出,特早生茶树品种受降水影响春茶平均经济损失率随时间变化曲线在 1998 年存在突变点,经 Mann-kendall 检验达 0.05 显著水平。1972—1998 年受降水影响春茶经济损失率呈上升趋势,倾向率为 0.19/10 a,Mann-kendall 检验达 0.05 显著水平;1999—2018 年受降水影响春茶经济损失率在 12.59% 上下波动。早生、中生和迟生茶树品种受降水影响春茶平均经济损失率随时间变化曲线在 1999 年存在突变点,经 Mann-kendall 检验达 0.05 显著水平。1972—1999 年受降水影响早生茶树品种春茶经济损失率呈上升趋势,倾向率为 0.25/10 a,Mann-kendall 检验达 0.05 显著水平;2000—2018 年受降水影响春茶经济损失率在 11.98% 上下波动。1972—1999 年受降水影响中生茶树品种春茶经济损失率呈上升趋势,倾向率为 0.15/10 a,Mann-kendall 检验达 0.05 显著水平;2000—2018 年受降水影响春茶经济损失率在 11.91% 上下波动。1972—1999 年受降水影响迟生茶树品种春茶经济损失率在 17.74% 上下波动;2000—2018 年受降水影响春茶经济损失率在 12.74% 上下波动。总体上,特早生茶树品种受降水影响 1999—2018 年的春茶平均经济损失率低于 1972—1998 年的春茶平均经济损

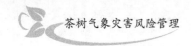

失率;早生、中生和迟生茶树品种受降水影响 1972—1999 年春茶平均经济损失率低于 2000—2018 年的春茶平均经济损失率。

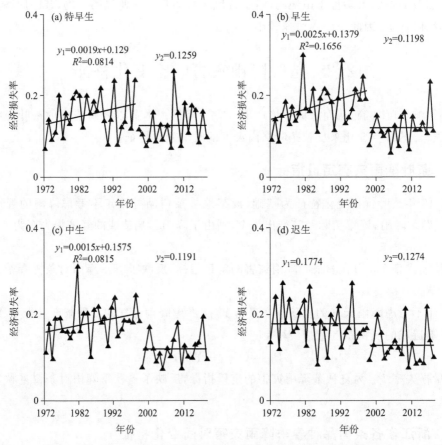

图 12.1　1972—2018 年浙江省受降水影响春季茶叶经济损失率变化

第13章　茶树气象灾害风险防控

13.1　茶树气象灾害风险精细化区划

茶树气象灾害是影响茶叶生长发育、产量和经济产出的主要因子。茶树多种植于丘陵山地，地形起伏大，小气候差异大，同时不同茶树品种抗灾性不同。因此，同一次气象灾害影响过程，同一茶园不同茶树品种受气象灾害影响程度不同，同一品种在同一地区的不同地形下受气象灾害影响程度不同。开展茶树气象灾害风险精细化区划，有利于茶农因地制宜利用当地小气候条件发展茶叶生产。气象部门从2004年开始布设空间间距为5～7 km的区域气象站，利用区域气象站资料计算区域气象站所在地的各茶树品种逐年霜冻经济损失率，利用信息扩散理论计算各级霜冻经济损失率出现概率，得到区域气象站所在地的各茶树品种霜冻风险度。利用GIS技术和DEM数据，考虑坡度、坡向、地形起伏、海拔高度、离海岸线距离、离大型水体湖岸距离等地理因子，制作精细化到100 m×100 m或30 m×30 m的茶树(分特早生、早生、中生、迟生茶树品种)霜冻经济损失率风险精细化区划图、茶树(分弱抗寒性、中抗寒性、强抗寒性)越冬期冻害强度风险精细化区划图、茶树(分弱耐热性、中耐热性、强耐热性)夏季高温热害强度风险精细化区划图、茶树旱害强度风险精细化区划图、茶树(分特早生、早生、中生、迟生茶树品种)春季高温灾害经济损失率风险精细化区划图、茶树(分特早生、早生、中生、迟生茶树品种)春季降雨灾害经济损失率风险精细化区划图(娄伟平 等,2019)，为当地茶树种植品种选择、种植管理提供依据。

13.2　茶树气象灾害监测预警

气象部门利用中长期气候预测结合茶树气象灾害指标开展茶树气象灾害中长期预报，为茶农、茶叶生产管理部门做好茶树种植管理、生产规划提供科学依据。提前7～10 d利用天气预报产品结合茶树气象灾害指标开展茶树气象灾害预警工作，在预测到未来7～10 d本地将有茶叶气象灾害影响时，气象部门应根据当地各茶树品种分布特点和当地灾害性天气影响过程温度、降水、湿度等气象因子随当地地理因子的空间分布关系、当地各茶场地理位置和主要茶树种植品种及时制作各茶树品种气象灾害分布图，向各茶场、茶叶种植户发布精准化预警信息、提出茶树气象灾害防御建议，用于指导各地开展茶树气象灾害防御。

茶树气象灾害发生后，利用区域自动气象站实测资料结合基础地理信息数据制作各茶树品种气象灾害损失评估空间分布图，为茶树气象灾害后管理、政府救灾提供科学依据。

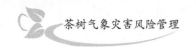

13.3 茶叶天气指数保险

13.3.1 天气指数保险产品设计原则

中国政策性农业保险是党中央、国务院出台的一项涉农惠农政策,旨在通过政策性保险的形式,减少农民灾害损失,增强农民灾后自救能力,防止农业因灾减收、农民因灾致贫,从而保护农业生产,降低农业生产风险,提高农民生产积极性。

天气指数保险产品设计包括天气指数设计、费率厘定、理赔依据气象观测站确定等三个方面。天气指数保险产品设计原则为:以气象灾害造成的农作物产量损失或经济损失为依据,设计合理的天气指数,对应的农作物损失能反映农作物实际损失。在费率厘定上能反映农户的农产品在合理的种植适应性前提下,在当前气候背景下的实际风险厘定的费率要以能接近农作物所在地的风险为基本依据,一般以农作物所在地最近气象观测站的观测资料为理赔依据,尽可能真实地反映农作物实际损失和气象灾害实际风险。

13.3.2 茶叶霜冻(低温)指数保险

根据各茶树品种萌芽对应的 6 d 滑动平均法确定的界限温度初日和≥5 ℃有效积温,确定该品种茶树萌芽期。从茶树萌芽到春茶采摘结束为该茶树品种可能遭受霜冻的影响时期。

13.3.2.1 茶树春季霜冻灾害经济损失定量评估

不同采摘时期单位面积茶园鲜叶产量不同,不同采摘时期采摘的鲜叶制成的干茶价格不同。因此,同样的最低气温造成的霜冻发生在不同采摘时期造成的经济损失是不同的。假定茶叶采摘期间没有发生霜冻,根据茶树经济产出模型和气象资料得到茶园的可能经济产出 E,根据茶树经济产出模型得到霜冻影响期间不考虑霜冻时茶叶正常采摘情况下的经济产出 E_{loss},由 E 和 E_{loss} 得到茶树霜冻灾害经济损失率

$$P_{loss} = E_{loss}/E \qquad (13.1)$$

式中,P_{loss} 为茶树霜冻灾害经济损失率(%)。

13.3.2.2 茶树春季霜冻指数设计

茶树霜冻经济损失率较高,特别是采摘前期的一次严重霜冻过程可造成茶树经济损失率超过 80%。设计茶叶霜冻指数时,首先根据茶树经济产出模型,利用 738 个不同地区、不同海拔高度国家气象站和区域气象站 2007—2018 年气象观测资料,计算了春季茶树茶芽萌动到采摘结束期间不同时期出现不同等级霜冻造成的经济损失率,在此基础上,结合茶叶生产管理和科研部门相关专家、茶场、茶企和茶农调查及保险公司,设计符合天气指数保险产品设计原则的茶树春季霜冻指数,结果见表 13.1。

13.3.2.3 茶树春季霜冻指数保险纯费率厘定

1)茶树春季霜冻指数保险理赔周期

春季北方强冷空气南下造成的茶树霜冻过程在 1～4 d,对照表 13.1,以霜冻过程造成最大经济损失率的日期作为霜冻过程理赔日,理赔日起 10 d 为一个理赔周期;若理赔周期内再

表13.1 茶叶霜冻指数（霜冻造成的经济损失率：%）

茶树品种	最低气温(℃)	距开采期天数（d）														
		-15~-13	-12~-10	-9~-7	-6~-4	-3~-1	0~+2	+3~+5	+6~+8	+9~+11	+12~+14	+15~+17	+18~+20	+21~+23	+24~+26	+27~+29
特早生	>0	0.00	0.00	0.00	0.00	0.00	0.00	0.00	0.00	0.00	0.00	0.00	0.00	0.00	0.00	0.00
	[0~-1)	0.00	0.00	0.00	0.56	6.16	10.27	11.98	12.67	13.89	8.36	5.84	5.18	4.30	2.15	0.00
	[-1~-2)	0.11	0.42	3.45	12.15	19.77	20.99	22.11	25.29	22.86	15.65	11.73	9.28	6.23	3.26	0.00
	[-2~-3)	1.73	7.29	17.26	23.35	28.61	32.47	32.96	33.85	28.88	20.42	14.44	10.54	7.04	3.57	0.00
	[-3~-4)	9.60	19.41	26.72	32.86	40.99	46.93	41.83	37.76	31.02	21.86	15.29	11.00	7.29	3.63	0.00
	[-4~-5)	22.37	29.80	36.96	45.57	53.37	54.25	45.99	40.13	31.90	22.41	15.49	11.13	7.37	3.65	0.00
	≤-5	27.88	35.27	43.46	52.48	57.49	56.64	47.91	40.83	32.08	22.46	15.56	11.18	7.38	3.65	0.00
早生	>0	0.00	0.00	0.00	0.00	0.00	0.00	0.00	0.00	0.00	0.00	0.00	0.00	0.00	0.00	0.00
	[0~-1)	0.03	0.06	0.31	2.60	8.89	14.01	16.15	9.29	6.26	4.29	2.76	1.88	0.91	0.22	0.00
	[-1~-2)	1.18	3.91	10.08	18.39	27.21	30.85	23.66	16.34	11.59	7.71	5.15	3.20	1.33	0.27	0.00
	[-2~-3)	8.33	18.14	27.55	33.28	38.22	38.80	29.93	21.32	14.85	9.85	6.42	3.59	1.38	0.28	0.00
	[-3~-4)	18.97	29.90	36.78	41.13	44.86	44.27	34.59	24.70	16.93	11.16	6.98	3.66	1.38	0.28	0.00
	[-4~-5)	31.19	38.89	43.15	45.91	48.76	47.92	37.80	26.99	18.43	12.05	7.18	3.68	1.38	0.28	0.00
	≤-5	37.00	42.45	45.60	47.67	50.34	49.50	39.18	27.98	19.10	12.35	7.21	3.68	1.38	0.28	0.00

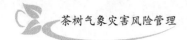

续表

茶树品种	最低气温(℃)	-15~-13	-12~-10	-9~-7	-6~-4	-3~-1	0~+2	+3~+5	+6~+8	+9~+11	+12~+14	+15~+17	+18~+20	+21~+23	+24~+26	+27~+29
中生	>0	0.00	0.00	0.00	0.00	0.00	0.00	0.00	0.00	0.00	0.00	0.00	0.00	0.00	0.00	0.00
	[0~-1)	0.00	0.00	0.03	0.98	3.98	9.39	9.84	8.21	7.15	5.25	3.39	2.38	1.62	0.57	0.00
	[-1~-2)	0.15	0.75	2.80	5.81	12.35	20.14	19.63	16.49	13.85	9.80	6.43	4.50	2.64	0.80	0.00
	[-2~-3)	2.98	5.00	7.91	12.66	21.45	29.28	26.85	22.69	18.25	12.76	8.56	5.79	2.96	0.84	0.00
	[-3~-4)	6.91	9.99	13.92	20.17	29.73	36.25	32.70	27.28	21.25	14.93	10.15	6.33	3.03	0.85	0.00
	[-4~-5)	11.81	14.97	19.29	26.71	36.54	42.03	37.62	30.57	23.36	16.49	10.87	6.43	3.04	0.85	0.00
	≤-5	14.28	17.23	21.88	30.14	39.75	44.93	39.88	31.99	24.31	17.10	11.00	6.44	3.04	0.85	0.00
晚生	>0	0.00	0.00	0.00	0.00	0.00	0.00	0.00	0.00	0.00	0.00	0.00	0.00	0.00	0.00	0.00
	[0~-1)	0.00	0.00	0.02	0.56	4.93	11.04	10.66	9.38	7.75	6.20	4.80	3.71	3.04	2.83	1.71
	[-1~-2)	0.01	0.13	1.35	7.60	17.95	24.26	22.16	18.72	15.08	11.85	9.24	7.43	6.54	5.44	2.49
	[-2~-3)	0.24	1.40	7.22	18.25	28.63	33.63	30.03	25.01	20.00	15.69	12.41	10.38	9.02	6.21	2.61
	[-3~-4)	1.14	5.08	15.42	26.71	35.88	39.84	35.01	28.96	23.09	18.22	14.72	12.60	9.92	6.35	2.66
	[-4~-5)	2.65	10.14	21.84	32.41	40.74	43.69	38.02	31.26	24.95	19.83	16.38	13.67	10.11	6.39	2.69
	≤-5	3.30	11.89	23.64	34.00	42.08	44.70	38.82	31.88	25.48	20.32	16.89	13.89	10.14	6.40	2.70

注:"－"和"＋"代表离开采采期天数(d),"－3"表示开采采期前第3天,"＋10"表示开采采期后第10天,"0"表示开采采期

次发生霜冻过程且造成的最大经济损失率大于霜冻过程理赔日对应的经济损失率,则该日为霜冻过程理赔日并重新计算理赔周期,同时前一理赔日和理赔周期取消;若理赔周期内发生多次最高赔偿金额相同时,按首次出现最高赔偿金额对应的日期作为理赔日并重新计算理赔周期,同时前一理赔日和理赔周期取消。理赔周期结束次日起按照上述方法重新确定另一个霜冻过程理赔日和理赔周期,一个理赔周期内按照理赔日对应的经济损失率作为赔付率。保险期内实行累计赔偿,单位面积茶园累计赔偿率以100%为限。

2)风险发生概率拟合模型选择

多年平均损失率因其稳定性好而成为制定农业保险费率的基础。纯费率 R 的计算公式为

$$R = E(S) = \sum(L \times P) \tag{13.2}$$

式中,$E(S)$ 为历年霜冻造成的经济损失率数学期望值;L 为霜冻经济损失率,取值 $0,0.1,0.2,\cdots\cdots,99.9,100$;$P$ 为 L 取值 $0,0.1,0.2,\cdots\cdots,99.9,100$ 时对应的概率。

从式(13.2)可看出,选择合理的概率分布模型是提高纯费率准确性的基础。正态分布在1958年首先被用于作物产量风险分析,但作物产量并不简单服从正态分布,非正态分布模型更接近作物产量变化特征实际。近年来,许多参数分布、半参数分布、非参数分布模型被用于作物产量风险分析,如 Beta 分布、Gamma 分布、Weibull 分布、Inverse hyperbolic sine 分布、Johnson family 分布、非参数核密度估计。近年来,中国也开展了非正态分布模型的作物产量风险分析,如利用非参数核密度法、信息扩散模型进行作物产量保险费率研究。但在模型选择标准上并没有一个统一的标准,不同的生产风险模型对作物生产风险进行拟合,估算出的作物风险程度是不同的,如何客观和准确地分析及估算农作物生产风险的大小及概率分布一直是国际农业学术界和各国政府管理者的一个重大课题。参数化方法需要规范的先验和参数分布,如果分布模型选取不正确,产量风险将会误导保费率,非参数化方法提供了一系列任意密度的估计,但真实密度的收敛速度相对缓慢,如果事先已知分布类型,参数化模型比非参数化模型更加有效。本节利用多种非正态分布模型,从中选出和实际相符的茶树霜冻经济损失率概率分布模型,确定茶叶霜冻指数保险费率。

本节以嵊州市为例说明分布模型的选择。根据嵊州市 1953—2019 年气象资料和茶树开采期模型确定嵊州市各茶树品种的平均开采期,结合茶树霜冻指数、保险理赔周期、嵊州市气象资料,得到嵊州市各茶树品种 1953—2019 年霜冻理赔率(图 13.1)。

因采用国家气象站资料,迟生茶树品种历年理赔率为 0,中生茶树品种历年理赔率较低,特早生和早生茶树品种历年理赔率较高。故以特早生茶树品种历年理赔率为例说明概率分布模型的选择。

对研究区域各乡镇、街道的最低气温资料序列采用 Beta、Exponential、Gumbel、Gamma、Generalized Extreme Value、Inverse Gaussian、Logistic、Log-Logistic、Lognormal、Lognormal2、Normal、Pareto、Pareto2、Pearson Type V、Pearson Type VI、Student、Weibull 等分布的概率密度函数拟合,分布模型中的参数估计采用极大似然法,从中选出 Anderson-Darling 检验值排序在前 5 位的 5 种分布。同时,基于信息扩散的非参数分布模型适用于小样本问题,且具有良好的抗差性。利用 P-P 图从信息扩散模型和选择的 5 种分布模型中,选择最优的理论概率分布模型进行序列的风险概率估算。

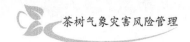

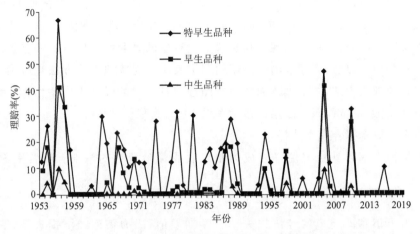

图 13.1　1953—2019 年嵊州茶树霜冻保险理赔率变化(单位:%)

利用 Anderson-Darling 检验值选择的前 5 种分布模型分别是:Johnson SB、Gumbel Max、Generalized Pareto、Normal 和 Logistic,它们和信息扩散模型拟合嵊州市茶树霜冻损失率出现概率的拟合结果——P-P 图(图 13.2)。从 P-P 图可以看出,以信息扩散模型拟合效果最优。

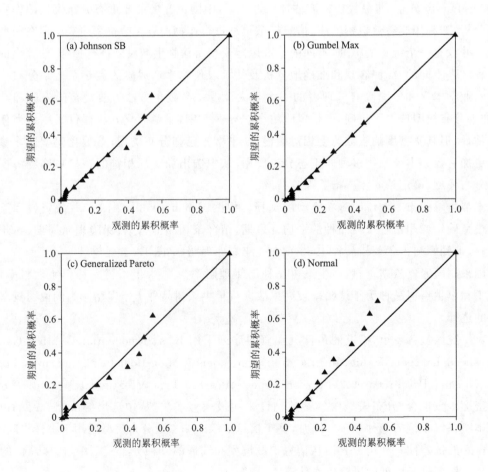

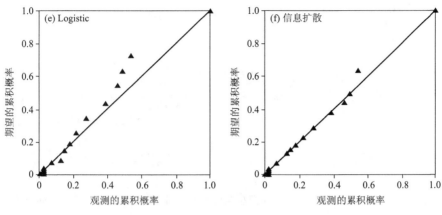

图 13.2　5 种分布模型和信息扩散模型的 P-P 图

3)损失率时间变化特征

从表 13.1 可知,农业保险茶树霜冻理赔值与采用的平均开采期、霜冻过程最低温度有关,而这两者与计算时期有关。因此,确定茶树霜冻保险费率需先确定费率计算时期。从 1953 年开始,以 10 年、20 年、30 年为时间单位,计算了嵊州市特早生茶树品种平均开采期、霜冻损失率随时间变化特征,结果见图 13.3、图 13.4。

1953—2019 年,嵊州市特早生茶树品种平均开采期为日序 70,随着气候变化,10 年、20年、30 年为计算周期的平均开采期随时间均呈提前倾向,其中计算周期越短,平均开采期随时间变化波动越大。1990—2019 年、2000—2019 年、2010—2019 年的平均开采期均为日序 67。

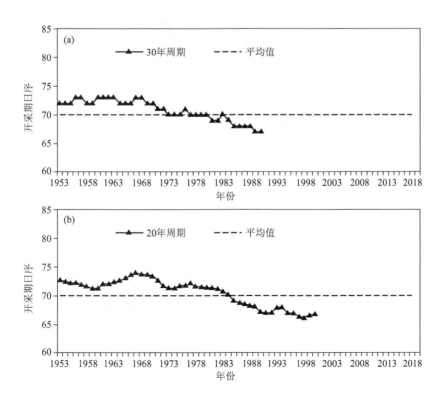

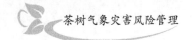

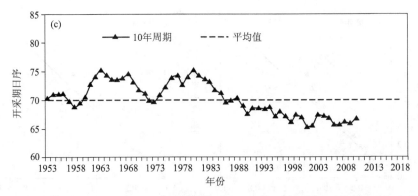

图 13.3　1953—2019 年嵊州市特早生茶树品种不同计算周期平均开采期时间变化

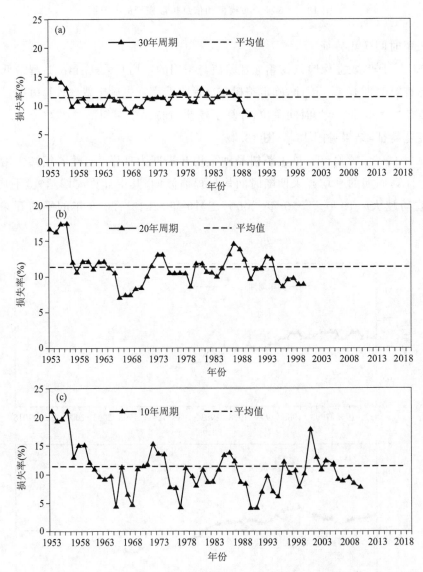

图 13.4　1953—2019 年嵊州市特早生茶树品种不同计算周期霜冻平均损失率时间变化

1953—2019 年,嵊州市特早生茶树品种霜冻平均损失率为 11.34%。从图 13.4 可看出,1953—1956 年以 10 年、20 年、30 年为计算周期的嵊州市特早生茶树品种霜冻损失率处于高值区,1957 年以后,10 年、20 年、30 年为计算周期的霜冻平均损失率时间围绕平均值波动性变化,其中计算周期越短,平均损失率随时间变化波动越大。从图 13.4 可看出,最近 20 年霜冻平均损失率呈明显下降趋势,1990—2019 年、2000—2019 年、2010—2019 年为计算周期的霜冻平均损失率分别为 8.16%、8.94、7.69%。目前,浙江省大部分区域气象站在 2007 年开始气象资料较完整,根据天气指数保险产品设计原则,结合霜冻损失率变化特征,可以用来设计茶叶低温霜冻指数保险产品。考虑到霜冻风险波动大,保险公司需要做好再保险工作。

4)开采期空间变化特征

各地由于茶树物候期存在差异、一次霜冻过程最低气温不同,茶树霜冻经济损失率存在较大差异。因此,茶树霜冻低温指数保险产品设计要以县或地级市为设计单位。本节以绍兴市为例分析茶树霜冻经济损失率随地理因素的变化特征。

经度、纬度、海拔高度、坡度、坡向等几个主要地理因子中,除经度与茶树霜冻经济损失率相关不明显外,其他 4 个因子均与茶树霜冻经济损失率达极显著相关关系,其中海拔高度的相关系数最大,说明海拔高度是影响绍兴市茶树霜冻经济损失率的最主要地理因子(表 13.2)。

表 13.2 茶树霜冻经济损失率与地理因子相关性

品种	经度		纬度		海拔高度		坡度		坡向	
	R	P	R	P	R	P	R	P	R	P
特早生	0.0208	0.87	−0.5998	0.00	0.6310	0.00	0.5553	0.00	0.4424	0.00
早生	0.0343	0.78	−0.5803	0.00	0.6404	0.00	0.5571	0.00	0.4735	0.00
中生	0.0635	0.61	−0.5386	0.00	0.7087	0.00	0.5689	0.00	0.4763	0.00
迟生	0.0635	0.61	−0.5386	0.00	0.7087	0.00	0.5689	0.00	0.4763	0.00

(1)茶树霜冻风险度与海拔高度的关系

茶树霜冻风险度随海拔高度增加而增加(图 13.5),二者之间有以下关系:

特早生品种: $R_F = 0.25 + 0.0007490 H$ $(r^2 = 0.3982)$ (13.3)

早生品种: $R_F = 0.04 + 0.0002367 H$ $(r^2 = 0.4101)$ (13.4)

中生品种: $R_F = 0.01 + 0.0001834 H$ $(r^2 = 0.5023)$ (13.5)

迟生品种: $R_F = 0.01 + 0.0000917 H$ $(r^2 = 0.5023)$ (13.6)

式中,R_F 为茶树霜冻风险度,H 为海拔高度(m),r 为相关系数。

由式(13.3)~(13.6)可得:海拔高度在 467 m 以上时,特早生茶树品种霜冻风险度 >0.6;海拔高度在 676 m 以上时,早生茶树品种霜冻风险度 >0.2;海拔高度在 1000 m 范围内,中生和迟生茶树品种霜冻风险度 <0.2。

(2)茶树霜冻风险度与纬度的关系

从图 13.6 可以看出,在绍兴市区域,茶树霜冻风险度随纬度增加而降低,考虑纬度与海拔高度的关系(图 13.7),结合冷空气影响过程一般最低气温随海拔高度升高而降低,因此茶树霜冻风险度随纬度升高而降低是由于绍兴市区域南部以山区为主,海拔高度高,北部为绍虞平原,海拔高度低造成的。

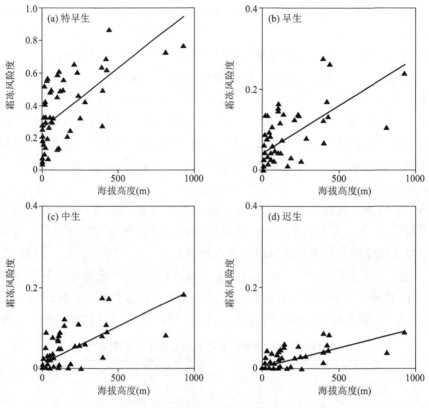

图 13.5　茶树霜冻风险度与海拔高度的关系

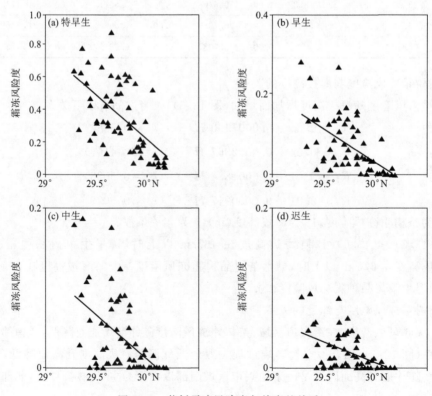

图 13.6　茶树霜冻风险度与纬度的关系

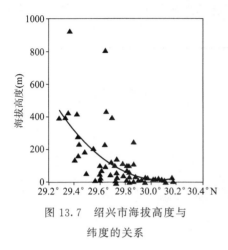

图 13.7　绍兴市海拔高度与
纬度的关系

（3）茶树霜冻风险度与坡度的关系

在山体的中上部，往往坡度较大。本节中，所用气象站建站位置的海拔高度与坡度呈极显著正相关，相关系数达 0.6258。因此，表 13.2 中茶树霜冻风险度与坡度呈正相关关系是由于气象站所在地的海拔高度与坡度呈极显著正相关导致的。

（4）茶树霜冻风险度与坡向的关系

南坡的茶树霜冻风险度小于北坡，但茶树霜冻风险度随坡度的变化没有随海拔高度变化大。茶树霜冻风险度高值区出现在西北坡。

从上述分析可以看出，海拔高度是影响绍兴市茶树霜冻经济损失率的最主要地理因子。结合绍兴茶叶生产实际，以海拔高度 500 m 作为特早生、早生茶树品种种植上界；在海拔高度 1000 m 范围内可种植中生和迟生茶树品种（图 13.8）。

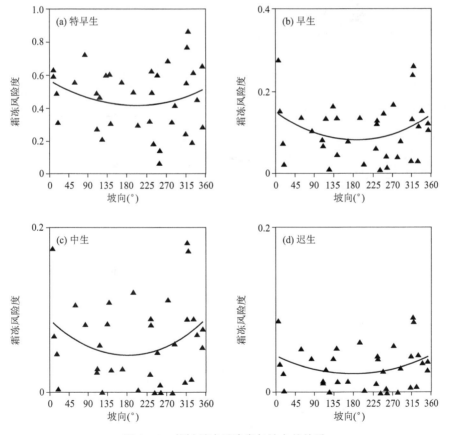

图 13.8　茶树霜冻风险度与坡向的关系

温度是影响茶树春季开采期的主导因子，对于某县或地级市来说，经纬度变化小，海拔高度是影响茶树春季开采期的主要地理因子。

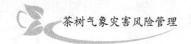

图 13.9 是绍兴市各茶树品种开采期随海拔高度变化的空间分布。从图中可看出,各茶树

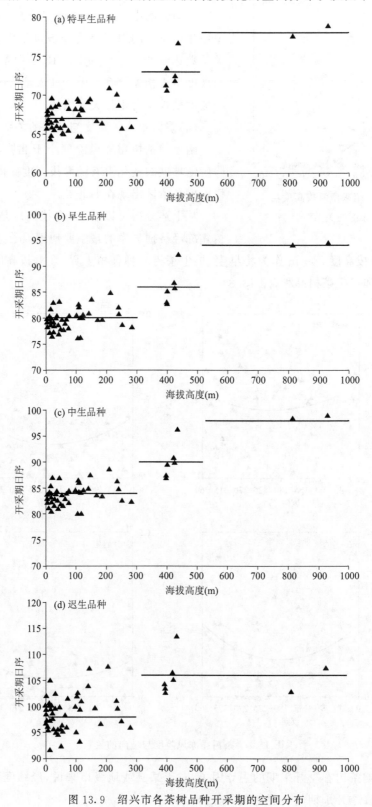

图 13.9　绍兴市各茶树品种开采期的空间分布

品种开采期随海拔高度增加而呈阶段性推迟。特早生茶树在 300 m 以下、300～500 m、500 m 以上区域,平均开采期分别围绕日序 67、73、78 上下波动;早生茶树在 300 m 以下、300～500 m、500 m 以上区域,平均开采期分别围绕日序 80、86、94 上下波动;中生茶树在 300 m 以下、300～500 m、500 m 以上区域,平均开采期分别围绕日序 84、90、98 上下波动;迟生茶树在 300 m 以下、300 m 以上区域,平均开采期分别围绕日序 98、106 上下波动。

5)保险费率测算

根据绍兴市各茶树品种平均开采期的空间分布,结合各茶树品种种植区间,绍兴市各茶树品种低温霜冻指数保险方案设计如下:按表 13.1 开展茶树低温霜冻指数保险理赔,并结合气象站进行费率测算;特早生茶树费率测算时,300 m 以下和 300～500 m 区域,平均开采期分别取日序 67、73;早生茶树费率测算时,300 m 以下和 300～500 m 区域,平均开采期分别取日序 80、86;中生茶树费率测算时,300 m 以下、300～500 m 和 500～1000 m 区域,平均开采期分别取日序 84、90、98;迟生茶树费率测算时,300 m 以下和 300～1000 m 区域,平均开采期分别取日序 98、106。

各茶树品种不同海拔高度的纯费率见表 13.3～13.5。

表 13.3　绍兴市海拔高度 300 m 以下区域茶树霜冻指数纯保险费率　　　　单位:%

区站号	特早生品种	早生品种	中生品种	迟生品种
58453	7.82	4.36	0.69	
58550	11.91	7.21	1.64	
58553	9.34	4.36	0.69	
58554	5.05	0.92	0.01	
58555	13.16	7.22	1.64	
58556	8.62	4.36	0.69	
k4001	5.04	0.92	0.01	
k4003	28.7	13.73	3.84	
k4004	32.09	16.94	6.03	0.11
k4005	7.23	0.92	0.01	
k4006	6.47	3.52	0.22	
k4009	9.81	4.37	0.69	
k4010	15.91	7.66	1.65	
k4014	11.49	5.05	0.73	
k4015	33.75	17.78	6.45	1.16
k4017	13.02	7.22	1.64	
k4201	32.26	17.37	6.86	2.4
k4202	16.46	8.92	1.79	
k4203	14.99	7.65	1.65	
k4204	14.27	9.77	2.83	
k4205	23.34	12.96	4.37	2.55
k4206	15.67	7.65	1.67	

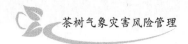

区站号	特早生品种	早生品种	中生品种	迟生品种
k4207	26.75	14.81	7.5	3.14
k4208	31.6	17.28	7.14	1.5
k4209	22.01	11.66	3.12	
k4210	16.02	7.72	1.65	
k4211	11.93	7.21	1.64	
k4212	8.48	4.36	0.69	
k4213	17.17	9.78	2.83	
k4214	16.68	9.77	2.83	
k4215	27.09	13.63	3.74	
k4216	23.56	10.43	3.56	1.16
k4217	28.7	16.09	5.31	1.16
k4301	11.84	7.21	1.64	
k4402	16.34	9.7	2.83	
k4403	19.25	8.13	1.65	
k4404	9.19	4.89	0.7	
k4405	30.96	17.28	5.6	2.64
k4406	21.65	12.25	3.48	0
k4407	13.06	7.21	1.64	
k4408	18.36	9.83	2.83	
k4409	14.15	7.64	1.65	
k4410	12.65	7.66	0.88	
k4411	8.5	4.36	0.69	
k4412	31.02	17.19	5.87	0.11
k4413	27.06	12.48	3.72	0
k4414	7.16	0.93	0.01	
k4603	14.3	7.65	1.65	
k4604	33.93	20.83	8.13	1.16
k4605	16.75	7.79	1.65	
k4606	29.74	16.38	5.88	2.64
k4607	25.69	10.33	2.01	
k4608	28.97	17.39	7.15	
k4609	17.69	7.88	1.65	
k4610	34.46	19.53	8.33	1.65
k4701	24.69	12.45	3.72	
k4803	16.44	8.77	1.87	
k4810	23.93	14.26	3.76	

表 13.4　绍兴市海拔高度 300～500 m 区域茶树霜冻指数纯保险费率　　　单位：％

| | 区站号 | | | | | |
	k4011	k4611	k4613	k4801	k4807	k4811
特早生	25.31	51.52	28.56	28.32	32.85	17.44
早生	8.82	31.09	12.24	14.63	18.05	4.96
中生	1.96	14.22	3.61	5.91	4.41	0
迟生	0	0.58	0	0.01	0	0

表 13.5　绍兴市海拔高度 500～1000 m 区域茶树霜冻指数纯保险费率　　　单位：％

| | 区站号 | |
	k4612	k4901
中生	2.82	5.92
迟生	1.16	4.35

13.3.3　茶树夏季高温热害指数保险方案设计

13.3.3.1　茶树夏季高温热害指数

茶树遭受热害后，需要一定时期恢复生长。从茶树开始遭受热害到生长恢复之间的时期为茶树高温热害影响时期。Lou 等(2020)提出茶树高温热害影响时期计算方法如下：

定义茶树热害指数如下：

弱耐热性茶叶品种：

$$IHI_1 = \begin{cases} 0 & day_{dayor38} < 2 \text{ d} \\ -0.52 + 0.27 \times day_{dayor38} & day_{dayor38} \geqslant 2 \text{ d} \end{cases} \tag{13.7}$$

$$IHI_2 = 0.25 + 0.27 \times day_{40} \tag{13.8}$$

中耐热性茶叶品种：

$$IHI_1 = \begin{cases} 0 & day_{dayor38} < 5 \text{ d} \\ -1.38 + 0.31 \times day_{dayor38} & day_{dayor38} \geqslant 5 \text{ d} \end{cases} \tag{13.9}$$

$$IHI_2 = \begin{cases} 0 & day_{40} < 2 \text{ d} \\ -0.34 + 0.28 \times day_{40} & day_{40} \geqslant 2 \text{ d} \end{cases} \tag{13.10}$$

强耐热性茶叶品种：

$$IHI_1 = \begin{cases} 0 & day_{dayor38} < 6 \text{ d} \\ -2.14 + 0.33 \times day_{dayor38} & day_{dayor38} \geqslant 6 \text{ d} \end{cases} \tag{13.11}$$

$$IHI_2 = \begin{cases} 0 & day_{40} < 4 \text{ d} \\ -0.79 + 0.28 \times day_{40} & day_{40} \geqslant 4 \text{ d} \end{cases} \tag{13.12}$$

$$IHI = \text{Max}\{IHI_1, IHI_2\} \tag{13.13}$$

式中，IHI 是茶树热害指数；$day_{dayor38}$ 是 $T \geqslant 30$ ℃且 $U \leqslant 65$％且 $T_h \geqslant 35$ ℃的持续天数(d)或最高气温 38 ℃以上的持续天数(d)；day_{40} 是最高气温 40 ℃以上的持续天数(d)。

$IHI \geqslant 0.5$ 时茶树停止生长或茶芽遭受热害，在茶树热害结束茶树开始恢复生长到茶芽

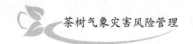

达到采摘标准的恢复期(TPCHI)计算方法如下:

$$TPCHI = 21.2866/[1 + \exp(3.3075 - 1.7908 IHI)]\qquad(13.14)$$

式中,如果 $IHI > 35$,$TPCHI$ 取 20 d。

茶树高温热害影响时期茶叶产量为 0。

无性系茶树良种(弱耐热性茶叶品种和中耐热性茶叶品种)一般春茶采摘在 4 月上、中旬结束,夏秋茶一般在 5 月 1 日开始至 10 月 15 日结束;有性系茶树品种(鸠坑群体种)一般春茶采摘在 4 月下旬结束,夏秋茶一般在 5 月 10 日开始至 10 月 15 日结束。

根据夏秋茶采摘时期和茶树高温热害影响时期计算方法,得到夏秋茶热害指数如表 13.6~13.8 所示。

表 13.6　弱耐热性茶叶品种夏秋茶热害指数

热害指标		持续天数(d)								
	$T \geqslant 30$ 且 $U \leqslant 65$ 且 $T_h \geqslant 35$	4~6	7~9	10~12	13~15	16~18	19~21	22~24	25~27	28~30
	$T_h \geqslant 38$	4~6	7~9	10~12	13~15	16~18	19~21	22~24	25~27	28~30
	$T_h \geqslant 40$	2~4	5~7	8~11	12~14	16~18	19~21	22~24	25~27	28~30
损失率(%)		6	10	16	20	22	24	26	28	30

表 13.7　中耐热性茶叶品种夏秋茶热害指数

热害指标		持续天数(d)								
	$T \geqslant 30$ 且 $U \leqslant 65$ 且 $T_h \geqslant 35$	6~8	9~11	12~14	15~17	18~20	21~23	24~26	27~29	30~32
	$T_h \geqslant 38$	6~8	9~11	12~14	15~17	18~20	21~23	24~26	27~29	30~32
	$T_h \geqslant 40$	4~6	7~9	10~13	14~17	18~20	21~23	24~26	27~29	30~32
损失率(%)		6	10	16	20	22	24	26	28	30

表 13.8　强耐热性茶叶品种夏秋茶热害指数

热害指标		持续天数(d)								
	$T \geqslant 30$ 且 $U \leqslant 65$ 且 $T_h \geqslant 35$	8~11	12~14	15~17	18~20	21~23	24~26	27~29	30~32	33~35
	$T_h \geqslant 38$	8~11	12~14	15~17	18~20	21~23	24~26	27~29	30~32	33~35
	$T_h \geqslant 40$	6~9	10~13	14~17	18~20	21~23	24~26	27~29	30~32	33~35
损失率(%)		6	14	20	22	24	26	28	30	32

注:T 为日平均气温(℃),T_h 为日最高气温(℃),U 为日平均相对湿度(%)

一次热害过程,按表 13.4 计算的最大损失率作为该次热害损失率。

以浙江省高温热害及影响时期最大可能出现时期 6 月 25 日到 9 月 30 日作为保险时期,则茶树夏秋茶一次热害过程的保险理赔方案见表 13.9~13.11。如果一年中出现多次热害,则年理赔率为各次热害理赔率累加值,最大为 100%。

表 13.9　弱耐热性茶叶品种夏秋茶热害保险理赔方案

热害指标		持续天数(d)									
$T\geq30$ 且 $U\leq65$ 且 $T_h\geq35$		4~6	7~9	10~12	13~15	16~18	19~21	22~24	25~27	28~30	≥31
$T_h\geq38$		4~6	7~9	10~12	13~15	16~18	19~21	22~24	25~27	28~30	≥31
$T_h\geq40$		2~4	5~7	8~11	12~14	15~18	19~21	22~24	25~27	28~30	≥31
理赔率(%)		10	17	28	35	38	42	45	48	52	55

表 13.10　中耐热性茶叶品种夏秋茶热害保险理赔方案

热害指标		持续天数(d)									
$T\geq30$ 且 $U\leq65$ 且 $T_h\geq35$		6~8	9~11	12~14	15~17	18~20	21~23	24~26	27~29	30~32	≥33
$T_h\geq38$		6~8	9~11	12~14	15~17	18~20	21~23	24~26	27~29	30~32	≥33
$T_h\geq40$		4~6	7~9	10~13	14~17	18~20	21~23	24~26	27~29	30~32	≥33
理赔率(%)		10	17	28	35	38	42	45	48	52	55

表 13.11　强耐热性茶叶品种夏秋茶热害保险理赔方案

热害指标		持续天数(d)								
$T\geq30$ 且 $U\leq65$ 且 $T_h\geq35$		8~11	12~14	15~17	18~20	21~23	24~26	27~29	30~32	≥33
$T_h\geq38$		8~11	12~14	15~17	18~20	21~23	24~26	27~29	30~32	≥33
$T_h\geq40$		6~9	10~13	14~17	18~20	21~23	24~26	27~29	30~32	≥33
理赔率(%)		10	23	33	36	39	42	46	49	52

注:T 为日平均气温(℃),T_h 为日最高气温(℃),U 为日平均相对湿度(%)

13.3.3.2　茶树夏季高温热害理赔率时间变化特征

统计嵊州市 1953—2019 年茶树夏季热害理赔率,结果见图 13.10。从图中可看出,茶树热害存在阶段性变化特征,2002 年以前,除 20 世纪 60 年代中期有一高发时期,其他时期热害较轻。从 2003 年开始,茶树热害发生频率增大,夏秋茶热害理赔率较高。

从 1953 年开始,以 10 年、20 年、30 年为时间单位,计算了嵊州市不同耐热性茶树品种平均夏季热害理赔率随时间变化特征,结果见图 13.11。从图中可以看出,以 10 年、20 年、30 年为计算周期的嵊州市各耐热性茶树品种夏季热害理赔率从 2004 年、1993 年、1988 年开始处于高值区。目前,浙江省大部分区域气象站从 2007 年开始气象资料较完整,根据天气指数保险产品设计原则,结合夏季热害理赔率变化特征,可以用来设计茶树夏季热害指数保险产品。考虑到夏季热害风险波动大,保险公司需要做好再保险工作。

13.3.3.3　应用实例

(1)应用区域

以浙江省杭州市余杭区径山茶产区为例,设计了茶树热害天气指数保险产品。在径山茶产区建有区域气象站:四岭水库(k1017)、百丈镇(k1193)、山沟沟村(k1194)、黄湖镇(k1195)、

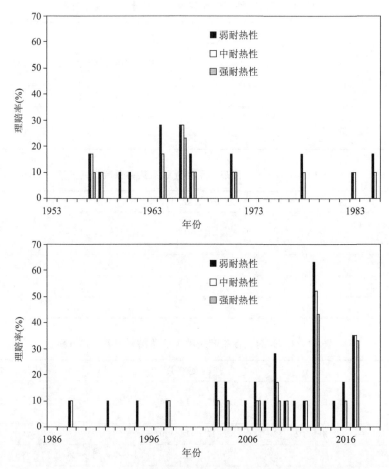

图 13.10 1953—2019 年嵊州市不同耐热性茶树品种夏季热害损失率

径山镇(k1196)、径山村(k1198)、乐村(k1401)、绿景村(k1403)、石竹园村(k1410)、溪口村(k1411)、仙岩村(k1412)、青山村(k1413)、赐璧村(k1414)、鸬鸟镇(k1415)、前溪村(k1423)、四岭名茶厂(k1424),将区域气象站资料延长到 2003 年。

(2)风险发生概率拟合模型选择

对应用区域各区域气象站所在地热害理赔率资料序列采用 Beta、Exponential、Gumbel、Gamma、Generalized Extreme Value、Inverse Gaussian、Logistic、Log-Logistic、Lognormal、Lognormal2、Pareto、Pareto2、Pearson Type V、Pearson Type VI、Student、Weibull 等分布的概率密度函数拟合,分布模型中的参数估计采用极大似然法,从中选出 Kolmogorov-Smirnov 检验值排序在前 5 位的 5 种分布。利用 P-P 图从信息扩散模型和选择的 5 种分布模型中,选择最优的理论概率分布模型进行序列的风险概率估算。

以四岭水库弱耐热性茶树品种夏季热害为例,利用 Kolmogorov-Smirnov 检验值选择的前 2 种分布模型分别是:Johnson SB、Gumbel Max,它们和信息扩散模型拟合四岭水库弱耐热性茶树品种夏季热害损失率出现概率的拟合结果 P-P 图见图 13.12。从 P-P 图可以看出,以 Johnson SB 分布拟合效果最优。

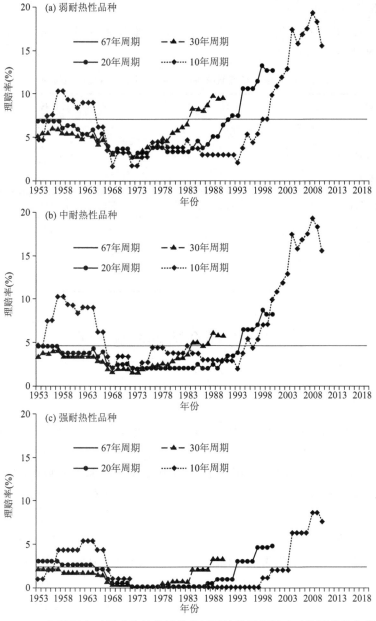

图 13.11 1953—2019 年嵊州市不同耐热性茶树品种不同计算周期滑动平均夏季热害损失率时间变化

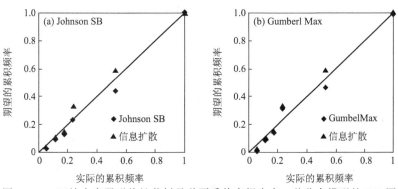

图 13.12 四岭水库弱耐热性茶树品种夏季热害损失率 2 种分布模型的 P-P 图

225

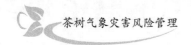

（3）纯费率

利用 Johnson SB 分布和各站 2003—2019 年热害损失率,得到各站点各耐热性茶树品种夏季热害保险纯费率（表 13.12）。

表 13.12 各站点各耐热性茶树品种夏季热害保险纯费率　　　　　　　单位:%

站点	四岭水库	百丈镇	山沟沟村	黄湖镇	径山镇	径山村	长乐村	绿景村
弱耐热性	11.61	9.67	6.66	17.22	18.75	8.32	15.99	9.87
中耐热性	7.04	5.27	4.23	10.47	11.42	5.38	9.23	5.4
强耐热性	4.34	2.44	2.44	6.73	6.86	3.5	6.11	3.5

站点	溪口村	仙岩村	青山村	赐璧村	鸬鸟镇	前溪村	四岭名茶厂	石竹园村
弱耐热性	12.1	3.66	9.88	14.11	14.11	8.83	12.17	7.79
中耐热性	5.4	1.85	5.8	7.38	7.38	4.71	5.89	4.32
强耐热性	2.9	1.24	4.09	5.59	5.59	3.5	2.91	2.9

13.4　选择合适的建园地点

13.4.1　茶园选址

选择坡度在 25°以下的丘陵和山地缓坡地带,以坡度在 3°～15°最为适宜;以土层深厚,通透性良好,pH 值在 4.0～6.5 的土壤为宜。

选择合适地形。茶园应设置在朝南、背风、向阳的山坡上,最好是孤山,或随近东、西、南三面无山,否则易出现回头风和窜沟风,对茶树越冬不利。山顶风大而干,山脚夜冷霜大,茶树应种植在山腰上。

对于经常发生霜冻的地区,建园时应尽量避开容易发生霜冻的地点。低洼谷地和山涧沟谷冷空气容易沉积,使茶树遭受霜冻;西北或东北方向茶园气温明显低于其他坡向茶园,处于风口或风道又没有屏障的茶园等,茶树抵抗力差,容易发生霜冻。地处山腰的茶园由于空气逆温层作用气温比山顶和山脚高,不易发生霜冻,茶树发芽也早;背风朝南或向阳的山坡也比偏北坡向的茶园获得更多的太阳辐射,温度较高;水库和河流等大面积水域附近的茶园,由于水的热容量高,有调节气温的作用,同时冬春季水面蒸发的大量水汽温度也较高,茶园"倒春寒"不容易发生。

13.4.2　茶园生态建设

在周边生态环境良好,林木茂盛的地方建园,低温冻害、高温热害、旱害也较轻。在茶园周围营造防护林和遮阴树,设置风障,阻挡寒风侵袭,减轻霜冻的发生。对于长江中下游容易发生霜冻的茶区,建议在茶园四周种植防护林或行道树,选择的品种以病虫害较少,又有较高经济和观赏价值的乔木型品种为宜,如香樟、桂花、樱花、无患子和杜英等,对于风口处的茶园,在茶园西北方向种植篱笆状的冬青树,提高防风能力。在茶园行间种植遮阴树,种植密度不应过大,每亩5~8株一般遮光率控制在30%左右;茶园四周空地,主要道路、沟、渠两边种植行道树和遮阴树;茶园空地或幼龄茶园中套种矮秆豆科作物。

13.4.3　茶园基础设施建设

在茶园周围雨水集中处建设中型或小型蓄水池,中顶部建设横向排水沟;在茶园内侧挖"竹节沟",四周挖排水沟或隔离沟;建设滴灌、喷灌、流灌等水利系统。

13.4.4　因地制宜,选择合理的种植方式

在新建茶园时,根据《茶树气象灾害风险精细化区划图》针对不同地形选择不同茶树品种是防御茶树气象灾害的重要措施。在高海拔或纬度较高地区,越冬期冻害发生较重,选择抗寒性强的茶树品种;在低海拔地区、小型盆地等茶树热害风险高的地区选择耐热性、抗旱性强的品种,在种植前深挖土壤到1 m以上土层,增施有机肥,采用直播法,使茶树形成深达1 m以上主根,增加抗热、抗旱性。根据不同茶树品种霜冻风险,选择特早生、早生、中生和迟生茶树品种搭配比例,降低春季霜冻灾害对茶树生产的影响,最大程度获得茶叶经济产出。

13.4.5　深垦施肥

种植前深垦土壤,施足基肥,提高土壤肥力,做到保肥、保水、保热,增强土壤通透性,有利于茶树生根,使茶树有一个良好的生长基础。

13.5　茶树霜冻风险防控

受春季冷空气影响,茶园最低气温一般出现在地面冷锋过境后,地面受冷高压控制,出现晴朗无风的后半夜及早晨,茶树冠层辐射降温出现春季冷空气影响过程的极端最低气温。因此,地面冷锋过境后,地面受冷高压控制为晴朗无风的后半夜到早晨,是茶树最易遭受霜冻或霜冻过程影响最严重的时期。

13.5.1　加强管理

加强茶园日常管理,提高茶树对低温冻害的抗性。调查显示,夏秋季留养枝条的立体树冠茶园受霜冻危害程度明显低于夏秋季采摘的平面树冠茶园;基肥施得好,茶树生长健壮,对冻害的抵抗力增强。在平时的茶园管理中,首先应施好基肥,以有机肥为主,适当添加复合肥,一般亩施商品有机肥为300~500 kg和高浓度复合肥为20~30 kg,江南茶区要求在9月底至10月中旬开沟深施。其次,对于只采春茶不采夏秋茶的手工采摘茶园,建议培养立体树冠;对于采摘夏秋茶的平面树冠茶园应适当提早封园,越冬棚面叶层的厚度应在20~30 cm,以保证茶树光合作用充分,积累较多的营养物质。另外,对于冬春季有干旱的茶区,入冬前需要灌水保湿,提高土壤热容量、改善茶园小气候,增强茶园防冻效果(韩文炎 等,2018)。

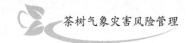

13.5.2 风扇防霜

13.5.2.1 早春茶园气温的垂直分布情况

在春季晴朗无风的夜晚,近地面出现逆温层:气温随高度升高而升高。在大明有机茶场分别测定了 1.5 m、3.5 m、6 m 处的空气温度,选取了相对具有代表性的 2012 年 3 月 11 日 16 时至 12 日 16 时(天气为晴朗微风),进行茶园气温垂直分布分析(图 13.13)。

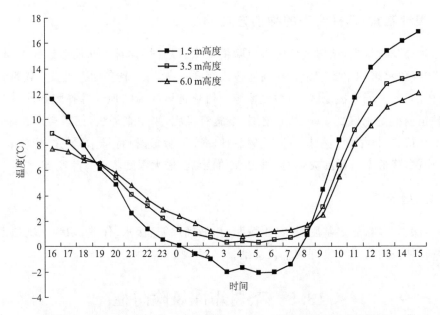

图 13.13　2012 年 3 月 11 日 16 时至 12 日 15 时茶园气温垂直分布

由图 13.13 可知,在该试验茶园白天(08—18 时)气温符合大气垂直分布规律,即 $T_{6.0 m}<T_{3.5 m}<T_{1.5 m}$,气温随着高度的升高而降低。日落(18 时前后)以后,由于大气长波辐射使近地面空气层冷却,气温发生逆转,离地面越近降温越快,离地面越远降温越慢,因而形成自地面开始的辐射冷却,出现逆温,茶园气温垂直分布表现为 $T_{6.0 m}>T_{3.5 m}>T_{1.5 m}$,$T_{6.0 m}$ 与 $T_{1.5 m}$ 的平均气温差在 -2.5 ℃ 左右,并在 06 时前后逆温最强,$T_{6.0 m}$ 与 $T_{1.5 m}$ 的温差达到了 3 ℃。另外,茶园各层气温的昼夜温差也呈现梯度分布,6.0 m 高度气温日较差为 11.3 ℃,3.5 m 高度为 13.3 ℃,1.5 m 高度为 19.0 ℃,即低层气温日较差远大于高层,近地层的日较差大,辐射降温效应明显,容易造成霜冻。

13.5.2.2 风扇增温效应

针对早春倒春寒条件下出现的逆温现象,利用高架风扇防霜系统将上方较高温度的空气吹至下方茶树冠层处,与其附近冷空气混合增温,提高茶树冠层温度,避免霜冻的形成;同时扰动茶园近地层空气,形成微域气流,吹散水汽,减少形成露水,阻止霜(冰晶)的形成。

浙江省新昌县大明茶场在 2010 年下半年安装了 10 台高架风扇防霜系统,相邻两台高架风扇的距离为 70 m,回转直径为 90 cm,安装高度为 6.5 m,俯角为 30°。风扇风速大于 0.6 m/s 时即可有效扰动空气起到防霜作用,所以将风速大于 0.6 m/s 的分布范围计入,单台风扇控制的有效作用范围在 1000 m² 左右。并设定当防霜风扇系统自带温度传感器探测到茶树冠层气温低于 3 ℃时,防霜风扇自动开启。试验茶树品种为 10 年生鸠坑,茶树棚面离地面 80 cm。2012 年 2 月 10 日 16 时到 3 月 31 日 10 时,在风扇影响区和未影响区的茶树棚面分别放置最低温度表,观测每天的最低冠层温度,风扇启动后的冠层温度观测结果见表 13.13。采用风扇扰动后,茶树冠层最低气温升高 2.5~4.5 ℃。

表 13.13　2012 年 3 月风扇扰动增温效果　　　　　　　　　　　　　单位:℃

日期(日)	10	11	12	14	21	25	26	27
最低气温	0.5	−2.3	−1	1	1.2	0.1	2.3	4.0
对照冠层最低气温	−2.1	−4.8	−3.6	−1.7	−1.2	−2.8	−0.5	1.3
风扇作用冠层最低气温	1.2	−0.3	0.2	1.3	1.8	0.5	2.4	4.3

13.5.2.3　经济效益分析

一台风扇安装成本在 1.0 万~1.5 万元,风扇有效控制面积依地势不同而异,一台功率为 3 kW 的风扇可保护 0.1 hm² 平地茶园。正常情况下茶园经济产值在 20000 元/亩,因此在规模茶场安装风扇防霜系统可以起到较好的效果。山区由于地形起伏大,不适宜采用。

13.5.3　熏烟法防霜

熏烟法是根据天气预报,在低温霜冻即将来临时,于茶园上风处利用杂草、枯枝、落叶、稻草等进行熏烟。在地面温度还未下降到 0 ℃前点火,让其慢慢燃烧,一方面利用燃烧产生的热量提高周围茶园空气温度,另一方面燃烧产生的烟幕降低茶树冠层辐射降温效应;同时烟幕中含有的吸湿性微粒,使近地面层空气里的水汽凝结释放潜热,提高空气温度。

熏烟防霜的方法:根据当地天气预报,第二天凌晨有霜时,在傍晚前把准备好的杂草、枯枝、落叶、稻草等运到茶园,选上风头的地边空地上每隔 10~15 m 将一堆熏烟材料摆开,材料过干的要适当喷水,以利于出烟。在 01 时点火熏烟(注意不要引燃,以冒浓烟为好),浓烟随风飘入茶园,可提高茶园气温 2~3 ℃,达到防霜冻的目的。06 时以后气温开始回升,可灭火停烟。

13.5.4　覆盖防霜

通过利用作物秸秆、杂草、无纺布、地膜或遮阳网等覆盖茶树棚面,减缓茶丛散热速率和阻隔冷空气侵入茶丛内部,从而防御霜冻。但直接覆盖时树冠表面芽梢仍会受冻,所以架棚覆盖的效果更好。试验表明,平面型茶棚覆盖后茶棚表面最低温度比对照提高 1.5~2.0 ℃,丛生型茶棚覆盖后茶棚表面最低温度比对照提高 0.6~1.4 ℃。覆盖遮阳网等材料时应轻拿轻放,从茶树行间盖向棚面,切勿将覆盖物在茶树棚面上拉拽,否则,其导致的新梢机械损伤可能比霜冻还严重。

13.5.5　喷灌防霜

水具有较高的热容量,当气温降到接近霜冻温度时,在茶树棚面上喷水,可阻止茶树冠层

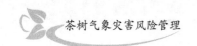

结霜,同时能提高土壤热容量和空气湿度,防止气温进一步大幅度降低;如果茶树冠层上已有霜,喷水时水提供热量使霜融化,不至于霜融化时从茶树芽叶上吸热。试验表明,当气温接近霜冻温度时,02—04时开启喷灌,连续喷洒,08时前后太阳升起后停止,新梢受冻率显著降低。如采用间歇性喷水,喷水的间隙时间应控制在2 min以内。冬季深水井中的水温可超过10 ℃,有条件地区可采用深水井中的水,以提高喷水效果。

13.5.6　大棚覆盖茶园

冬季,在茶园搭建塑料大棚,由于塑料薄膜能吸收地面长波热辐射,并能隔绝棚内与棚外空气对流的热交换,减少了蒸发耗热,能显著提高棚内温度,最低气温可比棚外高2~4 ℃,从而有效避免或减轻冬季冻害或春季霜冻危害。但长时间大棚覆盖会造成养分积累少,茶叶产量低、品质差。可采取搭建好大棚支架,在霜冻来临前盖膜,霜冻过程结束及时揭膜。如果茶园最低气温在−2 ℃以下,在大棚内再采取无纺布、地膜或遮阳网等覆盖茶树棚面,进一步增加茶园对低温的抵御能力。

13.5.7　霜冻后生产技术措施

霜冻后,如茶园仅叶片冻伤,可不采取任何措施;如茶园仅顶芽冻伤,以摘除受冻嫩芽为主。对于出现较大面积幼嫩芽叶枯萎或焦变的茶园,可对冻伤芽叶以下2~5 cm进行修剪,程度宜轻不宜重;对于上年成熟叶都焦变的,则应采取重修剪措施;修剪时间掌握在气温回升且基本稳定后尽快进行,不要剪得过早,以防修剪的枝条再次受冻。

冻害发生后,应及时开沟排水,中耕锄草,疏松土壤,提高土壤通气性,以利根系生长和养分吸收。同时,在气温回升后,及时使用速效肥,补充养分。

冻后茶树新生的新梢,如经济效益较高,可继续采摘,但如品质较差,则宜留养,特别是夏秋茶应多留少采,以尽快恢复树势。对于未修剪或修剪高度不达预期的茶树,春茶结束后可适当修剪,但修剪宜轻不宜重,剪后加强留养。

13.6　茶树高温、干旱风险防控

13.6.1　预防措施

适时、适量平衡施肥,宜以有机肥为主;及时进行病虫防治和中耕除草;习惯在春茶后修剪的茶区,应在"梅雨"前进行。

13.6.2　高温、干旱期间防控措施

(1)灌溉

在早晚或夜间进行浇灌、喷灌或滴灌,每隔2~3 d灌溉一次。每次灌水量应超过10 mm。各地茶园应结合当地实际,采用合适的灌溉方式。

陈瑞明(2013)对福建安溪县乌龙茶灌溉试验表明,从整体角度考虑,喷灌效果好,从节水角度考虑,滴灌效果最好。缪子梅等(2017)对江苏省镇江市白茶产区地下40 cm处土壤相

对含水量下限进行 65％、75％和 85％的控制灌溉。结果表明,喷灌处理能使叶色加深,增加茶树新梢的百芽重,提高叶片干重,明显增加产量。在云南冬春干旱情况下,微喷灌、滴灌等节水灌溉技术具有明显改进茶树生长发育、增加产量、改进品质、增加效益、节水明显等作用(杨净云 等,2012)。

(2)地表覆盖

在茶树行间或茶行两侧覆盖作物秸秆或杂草,厚度以 10 cm 左右为宜。调查表明,地面铺草处理可在茶园 0～20 cm 土层土壤含水量提高 8％以上。

(3)搭盖遮阳网

在茶树上方搭建架子,覆盖遮阳网,遮阳网与茶树棚面的距离宜在 50 cm 以上;切勿直接覆盖在棚面上,否则会加重危害。调查表明,7—8 月高温干旱期间采用遮阳网覆盖后,茶园气温、树冠温度、叶面温度、地面温度和 5 cm、10 cm、15 cm 和 20 cm 深处土壤温度均低于露地。其中遮阳网覆盖对茶园地面温度影响最大,日平均地面温度比露地对照茶园低 9.0 ℃以上,覆盖茶园地面极端高温比露地对照茶园低 20 ℃以上;遮阳网覆盖茶园各层土壤温度比露地对照茶园低 3.0 ℃以上;树冠温度、叶面温度和茶园气温日平均值分别比露地对照茶园低 3.0 ℃以上。遮阳网覆盖茶园近地面土层土壤含水量比露地对照茶园高 25％以上,空气湿度比露地对照茶园高 5％以上。茶树叶片(一芽二叶)含水量比露地对照茶园高 6％以上。

(4)叶面喷施激素

魏吉鹏等(2018)以龙井 43 为材料,叶面喷施水杨酸甲酯后进行 43 ℃高温下处理 12 h,结果表明:浓度为 1.0 mmol/L 的水杨酸甲酯能够最大程度缓解高温条件下茶树叶片净光合速率的抑制作用,预处理的茶树叶片净光合速率值比对照提高了 60.58％,效果显著;该处理能最大程度减少茶树在高温条件下核酮糖-1,5-二磷酸羧化酶/加氧酶(Rubisco)的最大羧化速率(Vc_{max})以及 Rubisco 的最大再生速率(J_{max})的下降,预处理的茶树叶片 Vc_{max} 和 J_{max} 分别比对照提高了 23.93％、38.93％;该处理能最大程度减少高温条件下茶树叶片电解质渗透率(EL)和丙二醛(MDA)含量,预处理的茶树叶片 EL 和 MDA 分别比对照低 33.69％、25.91％;该处理能最大程度提高高温条件下茶树叶片抗坏血酸过氧化物酶(APX)和过氧化氢酶(CAT)的活性,预处理的茶树叶片 APX 和 CAT 活性分别比对照高 28.98％、40.33％。

李治鑫(2016)以龙井 43 为材料,叶面喷施 0.1 μM 的 24-表油菜素内酯(EBR)后进行 43 ℃高温下处理 12 h,结果表明:外源 EBR 处理能显著缓解高温胁迫对茶树叶片光合作用的抑制;能显著缓解高温胁迫对茶树叶片 Rubisco 最大羧化效率的抑制,从而保证光合作用中羧化反应阶段的顺利进行;能缓解高温胁迫对茶树叶片 RuBP 最大再生速率的抑制,促进光合电子传递的进行;能显著缓解高温胁迫下茶树叶片光系统Ⅱ出现的光抑制;能降低高温下茶树叶片中过度积累的膜脂过氧化物 MDA 的含量;能显著提高高温胁迫下茶树叶片中抗氧化酶的活性,从而减轻活性氧对茶树的损伤。

(5)停止田间作业

在高温缓解前全面停止采摘、修剪、打顶、耕作、施肥和除草等农事作业。

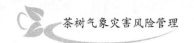

13.6.3　高温、干旱灾后措施

（1）以灾定剪

轻度或中度旱、热害茶园应留枝养棚，不要进行修剪。重度或特重旱、热害茶园在高温干旱缓解后，如根据气象预报还将有高温、干旱出现，不要进行修剪；如根据气象预报未来没有高温、干旱出现，可进行修剪，以将枝条的枯死部分剪去为宜。

（2）追施肥料

高温或干旱缓解、土壤湿润后，及时开沟深施 NPK 总量为 45% 的复合肥 15～20 kg/亩，幼龄茶园酌减。

（3）秋茶留养

受旱、热害的茶园无论是否修剪，秋茶均应留养，以复壮树冠。秋末茶树停止生长后，茶芽尚嫩绿的宜进行一次打顶或轻修剪。

13.7　茶树越冬期冻害风险防控

13.7.1　因地制宜选择适宜的茶树品种

新建茶园时，根据不同纬度和地形选择不同茶树品种是防御茶树冻害的重要措施。

（1）引种

江昌俊等（2009）总结了茶树易受冻害地区引种茶树品种的注意事项。在产量和品质能够满足生产需要的前提下，寒冷地区要注意引入抗寒性强的茶树品种。提高茶树自身抗御低温的能力，是防止茶树冻害的根本途径。在新建茶园时，对不同品种的抗寒力要进行详细了解，尤其是在高纬度、高海拔地区引种茶树，通过查阅品种的研究报告，以及品种在寒冷地区的实际表现选择引进的品种。引进茶树新品种时不要只追求一个"早"，还须考虑到是否适应本地气候特点，否则易遭受冻害。从南方引进良种一般应做到逐步引种，不能一步到位。中国省级以上的无性系茶树良种中有不少抗寒性较强的品种，大量引种前，要进行多点小规模引种试验，试验时应注意以下两点：一是一个品种的数量可少些，但引入品种个数，只要符合引种目标，应尽可能多些，以期经过试种，有利于优中选优；二是多点进行小规模试验，用空间争取时间，加速引种进程。证明可以引种直接利用时，再较大量地引种或就地建立母穗园，大面积推广种植。试验成功后，最好在本地建立母穗园扩大繁殖，这样既可节约开支，又有把握能适应当地气候条件。

如梅丽（2003）以从山东省茶叶主要产区（泰安市、青岛市、日照市）采集的共计 51 个茶树类型和品种的叶片为材料，对其内部结构与抗寒性的关系、内部结构与生产力指数的关系和束缚水含量进行了系统的研究，发现山东引种茶树由于样品间的差异以及所处地区的不同，抗寒能力与生产力指数均表现出明显的差异；在所用的样品中，抗寒能力以劲峰最强，生产力指数以福鼎大白毫最高，束缚水含量以云南小叶最低；相关性分析表明，对山东引种茶树进行抗寒性评价时除了依据栅栏组织/海绵组织之外，栅栏组织细胞数目也是一个重要的评价指标；束缚水的含量与基于叶片解剖结构计算的抗寒性指标之间未见明显的相关关系，而束缚水含量/

自由水含量与基于叶片解剖结构计算的抗寒性指标之间可见一定程度的正相关；进行生产力评价时除了依据栅栏组织厚度与栅栏组织细胞数目之外，叶肉组织厚度与叶全厚度也是比较可靠的评价指标，基于叶片解剖结构计算的抗寒性指标与生产力指数之间呈不显著的正相关。

(2)选育抗寒良种

选育抗冻能力突出的良种，改良茶树自身的遗传因素来提高抗寒性能以抵御低温胁迫是解决冻害防御问题的根本方法。

茶树抗寒育种，已有很多成功案例。如陈文怀(2020)于20世纪60年代，从杭州当地群体茶树中，单株选育出无性系"龙井43"品种，抗寒性强，特早生，品质较好，在长江南北推广面积较大。杭州市农业科学院茶叶研究所从福云杂交系中选育出劲峰、翠峰等品种，不仅发芽早，且抗寒性特强(黄海波 等，2013)。王朝霞等(2006)以经 N^+ 离子诱变后的槠叶齐茶种子为原始材料，经系统选种和无性繁殖选育的茶农1号抗寒性强，对倒春寒的抗性也强，鲜叶中各生化成分比例协调，适宜制作绿茶。

林伯年等(1994)指出，通过对砧木和接穗的选择进行植物嫁接，可达到提高植物的抗寒性，如将苹果嫁接到抗寒力强的山定子上，能减轻冻害。骆耀平等(2002)研究表明：一年生的嫁接茶树易受冻害。两年生的嫁接茶树，接口已完全愈合，树冠也有60%以上的覆盖率，此时的抗寒表现基本呈现为嫁接复合体的特性。在田间自然条件下，嫁接茶树抗寒性强弱与光合能力的大小有较强的相关，净光合速率高其抗寒性也较强。如龙井43接在鸠坑群体种群体种上后，嫁接茶树的光合速率低于龙井43和鸠坑群体种群体种，分别是龙井43的64.7%和鸠坑群体种群体种的92.9%；龙井43/鸠坑群体种群体种(接穗/砧木)的暗呼吸速率较龙井43低，仅为龙井43的28.2%，但明显高于砧木品种鸠坑群体种群体种，高出鸠坑群体种群体种约3.6倍。水仙接在鸠坑群体种群体种上后，其光合速率分别为水仙和鸠坑群体种群体种的112.5%和40.9%，略高于接穗品种，却不足砧木品种的一半；暗呼吸速率介于接穗和砧木品种之间，为水仙的45.1%，但比鸠坑群体种群体种高2.1倍。在1999年12月至2000年2月出现连续低温，最低气温达 $-5\sim-6$ ℃，调查表明，龙井43、鸠坑群体种抗寒性较强，未受冻；水仙冻害较重，树冠大部分成叶失去光泽而显赭色；龙井43/鸠坑群体种、水仙/鸠坑群体种的抗寒性相似，树冠枝梢或叶尖呈褐色或紫红色。龙井43/鸠坑群体种和水仙/鸠坑群体种的抗寒性较各自的接穗品种分别呈减弱和增强两种不同的变化趋势，其净光合速率与抗寒性等级的相关系数为 -0.8474，即净光合速率高，则茶树抗寒性强。因此利用嫁接选育抗冻能力强的茶树良种，要选择好适宜的砧木。

杂交育种能将两个或多个品种的优良性状通过交配集中在一起，再经过选择和培育，获得新品种。因此，采用人工杂交选育是选育抗寒良种的有效方法之一。如浙江大学茶叶研究所以"福鼎大白茶×浙农12"人工杂交后代为育种材料，经系统选种、无性繁殖，育成的优质、高产茶树新品种——"浙农176"，其抗寒性高于福鼎大白茶(梁月荣 等，2004)。安徽农业大学茶学系以云南凤庆大叶种为母本和广东英德群体种茶树为父本杂交而成的云南大叶群体种茶树为母本，皖南宣城群体茶树为父本杂交而成的特早生茶树品种"农抗早"，抗寒性和龙井43相当(杨维时 等，2000)。由湖南省农业科学院茶叶研究所于1978—1992年以福鼎大白茶为母本、云南大叶茶为父本，采用杂交育种法育成的碧香早早生种、发芽较早，抗旱抗寒性较强、适应性广，产量较高，内含物丰富，香气高，适制高档名优绿茶、红茶(董丽娟 等，1993)。

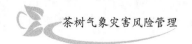

（3）充分利用地方良种

茶树的抗寒性是在茶树长期适应低温胁迫的过程中通过自然选择而逐步发展和形成的一种形态和生理特征。茶树等起源于亚热带地区的常绿阔叶树种在抗寒机理上与草本植物和落叶木本植物有所不同：与草本植物相比，其冷驯化能力大得多，冷驯化机制更为复杂；与落叶木本植物相比，尽管具有季节性生长调节的特性，但其越冬叶却没有落叶木本植物叶那种遇冷引发的衰老、脱落过程，也不存在类似芽的内生性休眠过渡（孙海伟 等，2013）。在当地自然条件和耕作制度下经过长期自然选择和人工选择得到的地方良种，往往是一个遗传类型多样性的群体品种，对当地生态环境等有较广泛的适应性。如何孝延（2004）对 30 份乌龙茶品种资源进行抗寒性鉴定，结果表明，整体而言，福建乌龙茶品种间的抗寒性无明显差异，均表现为较抗寒类型。

13.7.2　采取茶树栽培科学管理措施

（1）采用烟熏、屏障、覆盖等茶园防冻措施

采用烟熏法、屏障法、覆盖法防冻措施，其中烟熏法即借助大量烟幕产生"温室效应"，减少地面和茶树表面因夜间辐射而损失大量热能。屏障法，即通过防护林、防风墙等，防止冷空气侵入和土壤蒸发，提高土温。在茶园周围建立以松柏为主的防护林带，在冬季可以降低风速，增加湿度，提高温度 2～3 ℃，减轻冻害的发生。

杨书运等（2010）为解决冬季茶园风寒冻害问题，于 2008 年 1 月在安徽农业大学茶场建立塑料薄膜风障，测定风障对茶园的减风增温作用及其对茶树冠层叶片含水率的影响。风障的高度为 2.0 m，茶树冠层高度为 1.2 m。结果表明：2.8 m 高度，风障上方的风速比环境风速增加 30％左右，下风方向的减风作用随风速增大而减小，距离风障 7 m 区域是风速减弱最强的区域，环境风速为 2.6 m/s 时，中轴线风速减小 13.5％，环境风速为 1.0 m/s 时，则减小幅度达 40.0％，在 15 m 位置基本恢复环境风速。风障高度（2.0 m）最大减风距离出现的位置介于距离风障 7～10 m。由于薄膜风障不透风，在冠层高度（1.2 m）形成约 2 倍风障高度宽的准静风区。风障的有效减风作用区域大约相当于风障高度的 7.5 倍。风障的保温作用与日照条件关系密切，日照较强则可提高保护区的温度，夜间与阴天保温作用不明显。大风作用下，茶树叶片含水率呈一定程度下降，下降幅度与风速成正相关，风速大区域含水率下降幅度也大。在风障有效保护区域，大风结束后叶片含水率可迅速恢复，风障有效保护区域外的叶片含水率降幅较小，但恢复较慢。因此，综合减风、增温及叶片含水率恢复情况，薄膜风障对于减轻冬季大风降温的危害具有较好的作用。覆盖法，即在茶园铺草或棚面盖草，是茶园防冻的极其有效措施。铺草可以降低冻土深度，保护根系不受冻害；棚草可以防止叶片受冻以及防止干冷风侵袭造成过度蒸腾，保持土壤水分。杨书运（2012）利用稻草、薄膜覆盖的试验表明，地面覆盖可不同程度地提高茶园地表温度，具有保温和增温作用。采用两个稻草处理，铺设稻草厚度分别为 10～15 cm（厚草处理，平均厚度为 12 cm）和 5～10 cm（浅草处理，平均厚度为 7 cm），宽为 1.2 m，厚为 0.12 mm 的农用地膜覆盖，结果表明覆盖材料作用有较大差异，厚草、薄草两种稻草覆盖和地膜覆盖的地表最低温度对照分别提高 4.4 ℃、4.3 ℃和 1.8 ℃，温度变幅分别比未覆盖小 6.4 ℃、6.5 ℃和 1.7 ℃，稻草覆盖的保温效果优于地膜。稻草覆盖的适宜厚度与气候背景有关，合肥地区适宜的稻草覆盖厚度为 10～20 cm。天气状况是影响覆盖作用的主要因素，

晴天的增温作用显著强于阴雨天,其中薄膜覆盖的作用又强于稻草覆盖;阴雨天稻草覆盖的保温作用显著强于薄膜。2月底以后,稻草覆盖物应予以去除,否则将影响春季土壤温度转换,地膜覆盖则可继续保留。管理得当的地表覆盖可使茶园土壤上下层温度转换期提前,茶芽萌发期可提前1~3 d。

(2)采用化学防冻措施

在低温来临前,树冠喷洒抑蒸保温剂,可起到保温、减少茶树蒸腾的作用,减轻冻害程度。此外,还可用喷石蜡水乳化液和使用抗生素杀灭冰核细菌等化学方法预防茶树冻害。

(3)合理采摘

合理采摘可以增强树势,提高茶树抗寒能力。一般春茶留鱼叶采,夏茶留一叶采,秋茶适当采。随着采茶费用的提高,以及夏茶价格降低,多数农户都在采完春茶后,采用轻修剪方式,只采秋茶。采摘叶片数多,停采迟,树体养分消耗大,树势得不到及时恢复生长,导致抗冻性降低。及时分批合理采摘是提高茶树抗冻性的有效措施。

(4)平衡施肥

合理施肥不仅能提高茶叶内质,还能增强树势,提高抗冻能力。特别是使用牛羊粪、豆饼等腐熟的有机肥,可以极大地改良土壤结构,增加土壤的有机质和空隙度,提高土壤温度,减轻冻害发生。同时注意氮、磷、钾肥的配合施用,补充微量元素肥料,合理使用生物菌肥。

(5)及时防治病虫草害

茶树在生长过程中,受病虫草危害较大。一方面降低茶叶的产量和品质,另一方面茶树树势弱,抗冻能力差,易遭受冻害。生产上要根据各自的特点及时控制。

(6)适时灌溉

茶树冻害在受低温影响的同时,还与干旱程度有关。实践证明,茶树最怕干冻。灌足越冬水,能抗七分灾。茶园灌足越冬水,是山东茶区防冻的一条重要经验。秋季适当控水,有利于茶树芽叶的成熟度,增强茶树的抗冻性,立冬浇足越冬水对提高茶树抗寒能力十分重要。灌了越冬水,由于水的热容量大,土壤水分增加,既可稳定地温,又可防止干旱。越冬水一要灌足,宜渗透30 cm左右;二要适时,以"立冬"前后灌水为宜,如初冬干旱,宜早浇水,一般封冻后不宜浇水。越冬水应在"小雪"前一个星期完成,要用大水漫灌,浇足浇透。土壤封冻后不能再浇越冬水,否则会加重茶树冻害。

(7)幼龄茶园培土

北方幼龄茶园越冬培土在浇好越冬水、松土后分两次进行。第一次在"小雪"前后,培土至苗高的一半,注意不能使茶树歪斜或弯曲,"大雪"时再全部培至茶苗顶部,外留1~2片叶。所培的土要细、潮湿,严禁在茶树根际附近取土,避免因伤根而加重茶树冻害。培土时干土和沙土宜多培,湿土和黏土宜少培,只将树梢露出,以免枝叶郁闭霉烂,做到北边高、上边平、沟底顺。春季退土时分两次进行,"春分"前后退土至苗高的1/2,"清明"前将土退完。将退的土摊放在茶行间,使茶树根际处地面略低于行间。

(8)设施法

北方茶园可采用不同形式的拱棚与塑料薄膜进行棚面覆盖,不仅能使茶树安全越冬,而且还能使茶树提早发芽,达到增产增效的目的。目前设施法主要采用塑料小拱棚、大拱棚以及春暖式和冬暖式大棚。

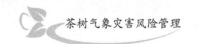

小拱棚:适宜 1～2 龄茶树,茶棚高度在 30 cm 左右。一般在封冻前用竹条、棉槐条等做成弓形插入茶行两侧,用细绳固定每个弓条后再覆上薄膜。薄膜与茶棚距离不能少于 5 cm,以防止灼烧枝叶,同时要用土压紧薄膜两边,以防风刮。

中拱棚和大拱棚:适宜 3～4 龄茶园,一般 2～4 行茶搭建一个拱棚,高度在 1.3 m 左右,人能在棚内弯腰作业。

春暖式大棚:适宜投产茶园,主要用竹竿、立柱、薄膜等材料。建棚方向根据地形而定,以跨度在 8～10 m 及长度为 50 m 左右为好。将竹竿折成弧形,间距为 1.5 m 左右,均匀地固定在两侧的立柱上。根据竹竿承受能力,适当竖立几根立柱,用以支撑整个大棚,薄膜上要用绳或竹竿等压紧。总之要以坚固、不被风吹坏为原则。

冬暖式大棚:一般采取东西走向,长度不低于 30 m,跨度在 9 m 左右。东、西、北三面建墙,厚度在 80 cm 以上,墙内填充碎草或炉渣。北墙高 1.8～2.0 m,东西墙南低北高。离北墙 1.5 m 左右设立柱,高度达到 2.8 m 左右。棚内立柱南北 4 排,柱间距在 1.5～2.0 m,顶部用竹竿或檩条连成纵横交错的支架,上盖无滴膜,薄膜上再用压膜绳或竹竿等物压住,并加盖草苫。

各种设施栽培的棚架结构建造时间应在 10 月下旬,盖膜时间在 11 月下旬,注意通风控温。

(9)冻后措施

现有防冻措施,要完全避免茶树受冻尚有困难。尤其出现 2008 年初那样极端天气更是难以避免。因此,灾后必须采取相应的补救措施,才能将损失降至最低限度。

一是及时修剪。茶树受冻后,部分枝叶失去活力,必须进行修剪,使之重发新枝,培养骨架和摘面。原则上将受冻部分剪去即可,修剪时期以早春气温稳定后为妥。受害轻的,剪去受冻干枯的叶层,严格掌握"宁浅勿深"的轻修剪。受冻重的则进行深修剪或重修剪,甚至台刈,植株死亡的则挖掉备植。

二是浅根施肥。解冻后,应及时进行浅根施肥,以提高土温培养地力。施肥以速效氮肥配合矿磷肥和钾肥为宜。对于根系受冻茶树,可在新发枝上叶片成熟后进行根外追肥,用 0.5% 的尿素喷施即可。有机茶园以农家肥或绿肥充分沤制熟化后的高效有机肥作追肥;非有机茶园结合追施速效氮肥,茶园可施尿素 450～600 kg/hm²,当气温稳定回升到 10 ℃ 以上时,可用 0.5% 尿素 + 0.1% 磷酸二氢钾喷施叶面,也可使用云大-120、叶面宝等植物生长激素进行根外喷施,恢复茶树生机。

三是培养树冠。茶树受冻后采用重修剪,同衰老茶树改造一样,重新培养树冠,生长出新的树梢和叶片,达到重建茶园目的。冻后经轻修剪的茶树采取以养为主、采养结合的方法,在保证肥、水、病虫害防治的前提下,头一年春茶留 1 真叶采,夏茶留 2 真叶采;秋茶 1 真叶采,翌年可按正常采摘;而经深修剪、重修剪或台刈的茶树,在当年春季要注意培养树冠,不采、迟采或轻采,夏季可打顶养棚并且留叶采摘,第二年仍以养棚为主,采养结合,直到树势恢复后再正常采摘。

四是补植缺丛。对幼年茶树和部分衰老茶树,可能出现地上、地下部同时死亡现象,要视具体情况,采取相应措施:如冻死率低于 20% 时,采取补缺补差;达到 20%～50% 时,采取移植归并,补植缺行;超过 60% 后,重新栽种。

参考文献

班昕,李圣奎,1997.山东建塑料大棚茶园经济效益明显[J].中国茶叶(5):20-21.

曹潘荣,2008.茶鸡共作技术试验初报[J].广东茶业(1):16-19.

曹潘荣,刘春燕,刘克斌,等,2006a.水分胁迫诱导岭头单枞茶香气的形成研究[J].华南农业大学学报,27(1):17-20.

曹藩荣,刘克斌,刘春燕,等,2006b.适度低温胁迫诱导岭头单枞香气形成的研究[J].茶叶科学,26(2):136-140.

陈家金,黄川容,孙朝锋,等.2018.福建省茶叶气象灾害致灾危险性区划与评估[J].自然灾害学报,27(1):198-207.

陈莉,辛海波,李晓艳,等,2010.百合MDHAR基因的克隆与表达分析[J].林业科学,46(9):178-181.

陈瑞明,2013.乌龙茶节水灌溉综合技术研究[J].广东茶业(3):28-29.

陈文怀,2020.早茶品种"龙井43"史话(上)[J].茶叶,46(2):65-70.

陈席卿,1989.覆盖遮阴对茶树生理生化和茶叶品质的影响[J].茶叶(3):1-3.

陈新建,陶建平,2008.基于风险区划的水稻区域产量保险费率研究[J].华中农业大学学报(社会科学版),76(4):14-17.

陈尧荣,2013.茶树旱害发生的原因及预防措施[J].福建茶叶(6):40-41.

谌介国,1964.春季气温条件下对茶树生育的影响[J].茶叶通讯(1):38-40.

程启坤,姚国坤,沈培和,等,1985.茶叶优质原理与技术[M].上海:上海科学技术出版社.

程启坤,朱全芬,王月根,等,1963.茶树新梢生化变化的研究[J].浙江农业科学(10):447-451.

储长树,朱军,1992.塑料大棚内空气温,湿度变化规律及通风效应[J].中国农业气象,13(3):32-35.

董丽娟,贺利雄,1993.早生抗寒优质绿茶品种——碧香早选育研究报告[J].茶叶通讯(1):6-10.

董尚胜,骆耀平,吴俊杰,等,2000.遮阴、有机肥对夏茶叶片内醇系香气生成的影响[J].茶叶科学(2):133-136.

杜鹏,李世奎,1998.农业气象灾害风险分析初探[J].地理学报,65(3):12-18.

段建真,1978.茶树叶片受冻害后的特征[J].茶叶科技简报(4):5-6.

段建真,1986.茶树春梢生育与生态环境的关系[J].生态学杂志(6):19-24.

段建真,郭素英,1991.丘陵地区茶树生态的研究[J].生态学杂志(6):19-23.

段亮,1992.茶树的抗旱生理研究(之一)——水分胁迫对茶树生育的影响[J].茶叶学报(1):12-15.

段学艺,王家伦,陈正武,等,2010.自然干旱胁迫对不同茶树品种的物候期影响[J].贵州茶叶(4):46-48.

房用,孟振农,李秀芬,等,2004.山东茶树叶片解剖结构分析[J].茶叶科学(3):190-196.

冯耀宗,1986.从胶茶群落的可喜成果看多层多种人工群落在热区开发中的意义[J].中国科学院院刊(3):60-63.

傅海平,谭正初,王沅江,等,2008.2008年湖南茶树冻害调查及抗灾减灾技术[J].茶叶通讯,35(3):14-15,20.

高玳珍,1995.茶树冻害与防冻技术的研究进展[J].湖南农学院报,21(2):129-132.

高市益行,米谷力,祁纯阳,1991.冬季幼茶园的温度分布和树体的冻结[J].气象科技(3):74-79.

巩艳芬,任伟宏,2004.设备更新的最优策略及马尔可夫决策[J].统计与决策(12):34-35.

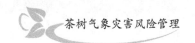

关谷直正,田中胜夫,山下正隆,1980.气温对茶树新梢生育的影响[J].茶叶(2):55.

贵州省茶叶研究所,国家茶叶产业技术体系,遵义综合试验站,2010.贵州当前的茶树旱害现状与对策[J].贵州茶叶(1):1-2.

郭春芳,2008.水分胁迫下茶树的生理响应及其分子基础[D].福州:福建农林大学.

郭素英,段建真,1996.茶果(林)复合园的光特征研究[J].应用生态学报(4):359-363.

郭涛,2012.云南干旱致春茶减产,今年普洱茶价又上涨[J].农村百事通(11):19.

郭湘,唐茜,许燕,等,2015.早春霜冻对不同茶树品种芽叶的生化成分及制茶品质的影响[J].云南大学学报(自然科学版),37(6):930-938.

国颖,杨洪强,2008.高温对平邑甜茶幼苗生物发光与能量代谢的影响[J].园艺学报,35(1):99-102.

韩冬,杨菲,杨再强,等,2016.高温对茶树叶片光合及抗逆特性的影响和恢复[J].中国农业气象,37(3):297-306.

韩文炎,李鑫,颜鹏,等,2018.茶园"倒春寒"防控技术[J].中国茶叶,40(2):9-12.

韩文炎,肖强,2013.2013年夏季茶园旱热害成因及防治建议[J].中国茶叶(9):18-19.

何孝延,2004.福建乌龙茶品种资源抗寒性鉴定与评价[J].中国种业,5:29-30.

胡家敏,侯双双,古书鸿,等,2019.贵州福鼎大白茶低温冻害指标研究[J].贵州农业科学(6):102-106.

胡江波,杨利霞,2013.汉中茶区农业气候特征分析[J].安徽农业科学,41(13):5864-5866.

胡振亮,1985.气象条件对鲜叶生化成分变化影响的初步研究[J].中国茶叶(2):23-26.

黄崇福,2012.自然灾害风险与管理[M].北京:科学出版社.

黄世忠,林秀云,1986.温度与幼龄茶树热旱害的关系初探[J].茶叶科学简报(4):25-28

黄寿波,1965.浙江茶区主要气候及农业气候特征分析[J].茶叶科学,2(1):54-60.

黄寿波,1982a.浙皖山地主要垂直气候特征及茶树栽培适宜高度的探讨[J].茶叶(4):12-16.

黄寿波,1982b.国外茶叶气象研究概况[J].气象科技(4):56-60.

黄寿波,1982c.浙江茶区茶树旱热害的气候分析[J].茶叶(2):8-11.

黄寿波,1983.茶园小气候特征的研究[J].中国农业气象,4(4):35-39.

黄寿波,1984.皖浙闽主要高山名茶的气候生态分析[J].茶业通报(2):11-16.

黄寿波,1985.我国茶树气象研究进展(综述)[J].浙江大学学报(农业与生命科学版),11(1):87-96.

黄寿波,许允文,俞忠伟,1997.塑料大棚茶园微气象特征与龙井茶生产[J].浙江农林大学学报,(1):58-66.

黄寿波,姚国坤,1989.从生态农业角度试论提高我国茶叶质量的途径[J].中国农业科学,22(6):52-60.

黄晓琴,2009.山东茶树冰核细菌的分离、鉴定及其与霜冻害关系研究[D].泰安:山东农业大学.

霍治国,李世奎,王素艳,2003.主要农业气象灾害风险评估技术及其应用研究[J].自然资源学报,18(6):693-695.

江昌俊,李叶云,韦朝领,2009.茶树冻害减灾避灾关键技术与应用[J].茶业通报,31(3):105-108.

蒋培兴,黄道培,1965.信阳大叶种生育特性研究初报[J].茶叶通讯(5):6-7.

蒋跃林,1990.中国茶树生态适应性研究[D].合肥:安徽农业大学.

蒋跃林,李倬,1996.气候与茶树生态型[C]//地磁、大气、空间研究及应用.北京:地震出版社.

蒋跃林,李倬,2000.我国茶树栽培界限的气候划分[J].中国生态农业学报,8(1):87-90.

康丽莉,邓芳萍,岳平,等,2017.一种浙江省冻雨落区的推算方法[J].气象,43(6):756-761.

柯玉琴,庄重光,何华勤,等,2008.不同灌溉处理对铁观音茶树光合作用的影响[J].应用生态学报,19(10):2132-2136.

克伐拉兹赫里亚,等,1957.茶作学[M].金义暄,译.北京:高等教育出版社.

李传友,1984.茶树的冻害及其预防[J].湖北农业科学(11):25-26.

李传忠,1992.晚秋修剪对茶树低温受冻的影响[J].茶业通报(3):20.

李传忠,袁汉明,1992.低温对茶树品种叶片受冻程度的调查[J].茶叶通讯(4):34-35.

李家芳,1994.浙江省海岸带自然环境基本特征及综合分区[J].地理学报,61(6):55-63.

李金昌,1987.旱热季节不同喷灌水量对秋茶产量和品质的影响[J].中国茶叶(5):3-5.

李娟,1991.茶树叶片特性与叶面光合有效辐射吸收的品种间差异[J].湖南农学院学报,17(增刊):561-566.

李庆会,徐辉,周琳,等,2015.低温胁迫对2个茶树品种叶片叶绿素荧光特性的影响[J].植物资源与环境学报(2):28-33.

李仁忠,金志凤,杨再强,等,2016.浙江省茶树春霜冻害气象指标的修订[J].生态学杂志,35:2659-2666.

李世奎,霍治国,王素艳,2004.农业气象灾害风险评估体系及模型研究[J].自然灾害学报(1):77-87.

李治鑫,2016.CO₂浓度升高和高温胁迫对茶树生长发育的影响[D].北京:中国农业科学院.

李治鑫,李鑫,范利超,等,2015.高温胁迫对茶树叶片光合系统的影响[J].茶叶科学(5):14-21.

李倬,1988.春茶生长速度与农业气象条件的关系[J].中国农业气象(2):4-6.

李倬,柯泳平,1997.茶树群体及单丛小气候特征[J].茶业通报,19(1):13-14.

李倬,姚永康,陈平,1990.茶园中太阳辐射能谱的研究[J].中国农业气象,11(3):38-41.

簗瀬好充,1981.气温对茶树新梢生长及绿茶品质的影响[J].茶叶(1):14-17.

簗瀬好充,田中静夫,青野英也,1971.茶園における蒸騰散量の日変化と季節変化[J].茶葉研究報告,36:1-11.

梁月荣,赵东,陆建良,等,2004.茶树杂交新品种"浙农176"选育报告[J].茶叶(1):27-29.

林伯年,堀内昭作(日),沈德绪,1994.园艺植物繁育学[M].上海:上海科学技术出版社.

林金科,1998.水分胁迫对茶树光合作用的影响[J].福建农林大学学报(自然科学版)(4):423-427.

林金科,1999.茶树光合作用的变化[J].福建农林大学学报(自然科学版)(1):38-42.

林金科,赖明志,詹梓金,2000.茶树叶片净光合速率对生态因子的响应[J].生态学报,20:404-408.

林士佳,李辉,刘昊,等,2019.茶树csmdhar基因的克隆与非生物胁迫响应分析[J].茶叶科学,39(5):495-505.

刘海洋,2019.2019年镇江地区茶园旱情调查分析报告[J].福建茶业(6):6.

刘隆祥,王怀龙,王本一,等,1981.春季茶芽萌动起点温度和积温统计方法的探讨[J].中国茶叶(4):23-25.

刘声传,2015.茶树对干旱胁迫和复水响应的生理、分子机理[D].北京:中国农业科学院.

刘彦,汪志威,张冬莲,等,2018.茶树抗旱研究进展[J].江西农业(14):62-63.

刘玉英,2006.茶树抗旱生理生化机制的研究[D].重庆:西南大学.

娄伟平,吉宗伟,邱新法,等,2011.茶叶霜冻气象指数保险设计[J].自然资源学报(12):54-64.

娄伟平,吉宗伟,温华伟,2014a.龙井43春季茶叶生化成分对气象因子的敏感性分析[J].生态学杂志,33(2):328-334.

娄伟平,孙科,2013.浙江茶叶气象[M].北京:气象出版社.

娄伟平,孙科,吉宗伟,2014b.春季茶树冠层温度与气象因子的关系及预测[J].中国农学通报,30(28):144-152.

娄伟平,吴利红,倪沪平,等,2009a.柑桔冻害保险气象理赔指数设计[J].中国农业科学,42(4):1339-1347.

娄伟平,吴利红,邱新法,等,2009b.柑桔农业气象灾害风险评估及农业保险产品设计[J].自然资源学报,24(6):1030-1040.

娄伟平,吴利红,肖强,等,2017.茶树高温热害等级[S].浙江省质量技术监督局.

娄伟平,吴利红,姚益平,2010.水稻暴雨灾害保险气象理赔指数设计[J].中国农业科学,43(3):632-639.

娄伟平,吴利红,姚益平,等,2019.浙江省茶叶气象灾害风险精细化区划[M].北京:气象出版社.

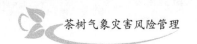

娄伟平,吴利红,姚益平,等,2020.茶树越冬期冻害等级划分指南[S].浙江省市场监督管理局.

娄伟平,肖强,2016.浙江省茶叶生产中的不利气象条件及对策建议[J].中国茶叶(10):26,28.

娄伟平,肖强,孙科,等,2018.浙江省茶树高温热害风险区划[J].茶叶科学,38(5):480-486.

陆健,刘国华,1992.茶叶热害机理探讨[J].广东茶业(3):33-36.

陆渝蓉,高国栋,1982.中国干湿指标和干湿状况的分析[J].农业气象(1):14-18.

罗列万,2013.2013年浙江省夏季茶园高温干旱受灾情况调查评估[J].中国茶叶,35(9):17.

骆耀平,2015.茶树栽培学(第五版)[M].北京:中国农业出版社.

骆耀平,吴姗,康孟利,2002.二年生嫁接茶树的冬季光合特性与抗寒性[J].浙江大学学报(农业与生命科学版),28(4):397-400.

马承恩,付明枚,1993.茶树冻害及防冻技术[J].中国茶叶(4):30-31.

马蕊,2010.云南普洱茶大幅减产干旱导致云南茶价上涨[J].中国茶叶(4):39.

梅丽,2003.山东引种茶树叶片结构与抗寒性评价研究[D].济南:山东大学.

缪子梅,褚琳琳,肖梦华,等,2017.喷灌条件下水分调控对白茶生长发育及产量的影响[J].节水灌溉(4):30-32.

潘根生,黄寿波,周静舒,等,1981.茶园喷灌的小气候效应及对茶叶产量品质的影响[J].浙江农业大学学报(1):49-61.

潘根生,钱利生,沈生荣,等,2000a.茶树新梢生育的内源激素水平及其调控机理(第一报)茶树新梢生育过程激素水平的季节变化[J].茶叶(3):139-143.

潘根生,钱利生,沈生荣,等,2000b.茶树新梢生育的内源激素水平及其调控机理(第二报)茶树休眠与内源激素的关系[J].茶叶(4):21-25.

潘根生,钱利生,沈生荣,等,2001.茶树新梢生育的内源激素水平及其调控机理(第三报)干旱胁迫对茶树内源激素的影响[J].茶叶(1):35-38.

潘根生,吴伯千,1996.水分胁迫过程中茶树新梢内源激素水平的消长及其与耐旱性的关系[J].中国农业科学(5):9-15.

庞振潮,1980.浙江茶区的生理辐射与茶叶高产优质关系的分析[J].农业气象(3):36-40.

青木智,黄建安,1989.光照与低温在降低茶树叶片光合作用中有相互作用[J].蚕桑茶叶通讯(2):37-38.

邱丽玲,孙威江,陈志丹,2012.茶树抗寒性研究进展[J].福建茶叶(2):2-5.

邱秀珍,1965.福鼎大白茶的经济价值及其区域适应性[J].茶叶科学(4):10-14.

邱忠莲,胡芳东,夏英三,2018.2017—2018年日照茶树严重冻害成因及对策[J].安徽农学通报,24(22):36-37.

阮建云,吴洵,1997.土壤水分和施钾对茶树生长及产量的影响[J].土壤通报,28(5):41-43.

单武雄,肖润林,王久荣,等,2010.遮光对丘陵茶园白露毛尖茶产量和品质的影响[J].农业现代化研究,31(3):368-372.

沈生荣,杨贤强,陈席卿,1990.遮阴对蒸青绿茶香气成分的影响[J].浙江农业大学学报(1):98-101.

沈思言,徐艳霞,马春雷,2019.干旱处理对不同品种茶树生理特性影响及抗旱性综合评价[J].茶叶科学,39(2):171-180.

史培军,1996.再论灾害研究的理论与实践[J].自然灾害学报(4):6-17.

史培军,2002.三论灾害研究的理论与实践[J].自然灾害学报(3):1-9.

史培军,2005.四论灾害系统研究的理论与实践[J].自然灾害学报,14(6):1-7.

史培军,刘婧,徐亚骏,2006.区域综合公共安全管理模式及中国综合公共安全管理对策[J].自然灾害学报,15(6):9-16.

舒婷,姚俊萌,王超,2016.宁德市茶树种植的气象指标和种植区划研究[J].浙江农业科学,57(4):495-499.

束际林,1995.茶树叶片解剖结构鉴定的原理与技术[J].中国茶叶(1):2-4.

孙常峰,孔繁花,尹海伟,等,2014.山区夏季地表温度的影响因素——以泰山为例[J].生态学报,34:3396-3404.

孙海伟,曹德航,尚涛,等,2013.茶树抗寒育种及转基因研究进展[J].山东农业科学,45(6):119-122.

孙继海,1964.水热条件与茶树嫩梢生长的研究(初报)[J].茶叶通报(5-6):63-67.

孙继海,吴子铭,1981.贵州茶园土壤有机质问题的探讨[J].茶叶(3):8-12.

孙蓉,杨立旺,1994.农业保险新论[M].成都:西南财经大学出版社.

孙有丰,2007.土壤湿度和气温对茶树生长影响的研究[D].合肥:安徽农业大学.

覃秀菊,李凤英,何建栋,等,2009.广西茶树新品种品系叶片解剖结构特征与特性关系的研究[J].中国农学通报,25(10):36-39.

陶汉之,1991.茶树光合生理的研究[J].茶叶科学,11(2):169-170.

陶汉之,王镇恒,1995.我国茶树光合作用研究进展及发展趋势[J].茶叶科学,15(1):1-8.

田生华,2005.晚霜冻对陇南茶树的危害及防御措施[J].甘肃科技,25(10):203-204

田永辉,梁远发,魏杰,等,2003.灾害性气候对茶树的影响[J].贵州农业科学,31(2):20-23.

田玉敏,2000.风险管理技术在火灾风险管理中的应用[J].消防科学与技术(1):17-18.

田月月,张丽霞,张正群,等,2017.主要气象因子对"黄金芽"茶树叶片日灼伤害的影响[J].山东农业科学,49(7):42-48.

童启庆,2000.茶树栽培学(第三版)[M].北京:中国农业出版社.

屠小菊,汪启明,饶力群,等,2013.高温胁迫对植物生理生化的影响[J].湖南农业科学(13):28-30.

庹国柱,丁少群,1994.农作物保险风险分区和费率分区问题的探讨[J].中国农村经济,10(8):43-47,61.

庹国柱,王国军,2002.中国农业保险与农村社会保障制度研究[M].北京:首都经济贸易大学出版社.

瓦维洛夫,1982.主要栽培植物的世界起源中心[M].董玉琛,译.北京:农业出版社.

宛晓春,2003.茶叶生物化学(第三版)[M].北京:中国农业出版社.

汪丽萍,2016.天气指数保险及创新产品的比较研究[J].保险研究(10):83-90.

汪莘野,1984.茶树生育动态与丰产栽培技术[J].茶叶通讯(3):9-13.

王朝霞,江昌俊,李娟,等,2006.早生抗寒优质茶树新品系"茶农1号"的选育[J].中国农学通报(4):324-327.

王栋,2010.茶树抗寒性研究进展[J].茶叶科学技术(1):5-8.

王国敏,2007.建立农业自然灾害风险管理综合防范体系的建议[J].经济研究参考(54):24-25.

王怀龙,王本一,鲍进兴,1981.春季茶芽萌动起点温度和积温统计方法的探讨[J].农业气象(2):65-70.

王家顺,李志友,2011.干旱胁迫对茶树根系形态特征的影响[J].河南农业科学(9):61-63.

王建江,云正明,1990.重力生态学与农田生态系统生产力[J].生态学杂志(5):42-45.

王君雅,陈玮,刘丁丁,等,2019.不同品种茶树新梢响应"倒春寒"的转录组分析[J].茶叶科学,39(2):71-82.

王开荣,魏国梁,1995.宁波茶区的灾害性气象及减灾途径[J].中国茶叶(6):40-41.

王克,2008.农作物单产分布对农业保险费率厘定的影响[D].北京:中国农业科学院.

王礼中,方乾勇,2016.奉化市茶园冻害灾情分析及防治措施[J].中国茶叶(4):23-24.

王丽红,杨汭华,田志宏,等,2007.非参数核密度法厘定玉米区域产量保险费率研究——以河北安国市为例[J].中国农业大学学报,12(1):90-94.

王利溥,1995.光照时间对茶叶生产的影响[J].云南热作科技,18(3):15-18.

王融初,1965.茶树枝梢生长的变化和温度的关系[J].茶叶科学(3):44-47.

王伟,1998.植物对水分亏缺的某些生化反应[J].植物生理学报(5):388-393.

王学林,2015.江南茶区春霜冻风险评价技术研究[D].南京:南京信息工程大学.

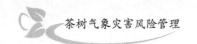

王玉花,秦志敏,肖润林,等,2011.遮光水平对丘陵茶园茶叶生长指标和品质的影响[J].经济林研究,29(2): 48-53.

威廉·乌克斯,2011.茶叶全书[M].北京:东方出版社.

韦泽初,田应时,刘纯业,1990.广东三、四月份的阴雨天气与春茶产量的相关分析及预报[J].广东茶业(1): 14-17.

魏吉鹏,李鑫,王朝阳,等,2018.外源水杨酸甲酯对高温胁迫下茶树光合作用和抗氧化酶的影响[J].茶叶科学,38(4):27-36.

翁友德,1988.茶园间作对茶树生长及生态的影响[J].中国茶叶(4):32-34.

吴觉农,1923.茶树原产地考[J].中华农学会报(37):74-90.

吴觉农,1981.略谈茶树原产地问题[J].茶叶(4):1-2.

吴英藩,1952.茶树与气候[J].中国茶讯,3(2):32.

夏春华,束际林,1979.茶树开花结实的控制途径[J].茶叶(3):30-32.

萧力争,符保军,2004.茶树水分生理与抗旱性研究进展[J].茶叶通讯(4):4-7.

谢继金,2003.茶树热害及其预防补救措施[J].茶苑(2):20-21.

谢庆梓,1993.福建山地气候生态特征及其宜茶气候带的划分[J].山地研究,11(1):43-49.

谢庆梓,1996.福建山地持续茶业的开发措施[J].中国农业气象(1):34-37.

辛崇恒,2009.山东茶树冻害与防护技术[J].中国茶叶(2):24-25.

邢鹏,2004.中国种植业生产风险与政策性农业保险研究[D].南京:南京农业大学.

邢鹏,于丹,刘丽娜,2007.农业保险产品的现状和创新[J].农业展望(6):28-30.

许映莲,李旭群,2012苏南茶区早春茶树冻害的分级和防御对策探讨[J].中国茶叶(1):8-10.

许允文,1980.土壤吸力与茶树增长[J].中国茶叶(4):9-11.

许允文,1981.茶树阶段需水特点[J].中国茶叶(4):28-30.

许允文,1985.土壤水分对茶籽萌发和幼龄茶树生育的影响[J].茶叶科学,5(2):1-8.

严学成,李绪延,游绍贤,等,1982.从野生茶与孑遗植物的关系浅谈茶树起源[J].茶叶(4):5-6.

杨菲,李蓓蓓,何辰宇,2017.高温干旱对茶树生长和品质影响机理的研究进展[J].江苏农业科学,45(3):10-13,40.

杨华,2007.名山白毫茶树品种对干旱胁迫的生理生态响应[D].雅安:四川农业大学.

杨净云,张兰芬,翟国亮,等,2012.不同灌溉方式对云南大叶茶树生长发育及产量的影响研究[J].节水灌溉(4):5-7.

杨梅英,1999.风险管理与保险原理[M].北京:北京航空航天大学出版社.

杨清平,毛清黎,2013.猕猴桃与茶间作对茶园生态环境及夏秋茶产量和品质的影响[J].湖北农业科学(11):2566-2568.

杨书运,2012.茶树冻害防控方法的研究[D].合肥:安徽农业大学.

杨书运,江昌俊,张庆国,2010.风障对茶园的减风增温效果及对茶树冠层叶片含水率影响[J].农业工程学报,26(11):275-282.

杨维时,程徽儿,胡绍德,2000.茶树新品种"农抗早"选育的理论与实践[J].茶业通报,22(4):20-22.

杨霞,李毅,2010.中国农业自然灾害风险管理研究—兼论农业保险的发展[J].中南财经政法大学学报,6:34-38.

杨跃华,1985.茶园水分状况对茶树生育及产量、品质的影响[J].茶叶(34):6-8,16.

一芯,欣欣,2007.追溯茶树起源[J].中外食品(2):12-14.

俞辉,周竹定,王士钢,等,2017.茶树越冬期极端低温冻害调查[J].中国茶叶(2):14-15.

原田重雄,加纳照崇,酒井慎介,1959.茶の炭素同化作用忆关寸石研究(第2报)—不同季节茶树同化作用0日变化.茶叶研究报告,第12号.

曾建明,谷保静,常杰,等,2005.茶树工厂化育苗适宜基质水分条件研究[J].茶叶科学,25:270-274.

张继权,李宁,2007.主要气象灾害风险评价与管理的数量化方法及其应用[M].北京:北京师范大学出版社.

张继权,刘兴明,严登华,2012.综合灾害风险管理导论[M].北京:北京大学出版社.

张继权,赵万智,多多纳裕一,2006.综合自然灾害风险管理——全面整合的模式与中国的战略选择[J].自然灾害学报,15(1):29-37.

张凌云,张燕忠,叶汉钟,2007.采摘时期对重发酵单丛茶香气及理化品质影响研究[J].茶叶科学,27(3):236-242.

张峭,王克,2007a.农业自然灾害风险管理工具创新研究[C]//中国灾害防御协会风险分析专业委员会第三届年会会议论文.北京:中国农业科学院农业信息研究所.

张峭,徐磊,2007b.中国农业风险管理体系:一个框架性设计[J].农业展望(7):5-7.

张文锦,梁月荣,张方舟,等,2004.覆盖遮阴对乌龙茶产量、品质的影响[J].茶叶科学,24(4):276-282.

张云伟,李晓东,徐希斌,2012.低温干旱对山东省青岛市茶生产的影响及对策[J].落叶果树(1):36-38.

张哲,闵红梅,夏关均,等,2010.高温胁迫对植物生理影响研究进展[J].安徽农业科学(16):68-69,72.

赵国锋,2012.农业保险的逆境[J].品牌与标准化,6(6):50-50.

赵和涛,1992a.不同生态环境对祁红茶香气的影响[J].茶业通报(2):22-24.

赵和涛,1992b.茶园生态环境对红茶芳香化学物质及品质影响[J].生态学杂志(5):59-61,65

赵思东,李建安,何旌国,等,2003.6种茶树品种(系)的抗逆性调查分析[J].中南林业科技大学学报,23(4):58-61.

赵学仁,1962.政和大白茶新梢伸育的初步观察[J].浙江农业科学(5):237-240.

浙江农业大学,1982.茶树栽培学[M].北京:农业出版社.

浙江省气象局业务科农业气象组,1961.茶树与气象条件的关系[J].浙江农业科学(12):582-584.

中国茶科所,1984.中国茶树栽培学[M].上海:上海科学技术出版社.

中国茶叶流通协会,2011.前期旱情严重影响我国部分茶区[J].茶世界(6):29-33.

中国农业科学院农业气象室农业气候组,中国农业科学院茶叶所区划组,1982.中国茶树气候区划[J].农业气象(1):1-5.

钟秀丽,2003.近20年来霜冻害的发生与防御研究进展[J].中国农业气象,24(1):4-6.

周汉忠,叶美凤,1965.茶树品种产量及品质比较鉴定初报[J].茶叶通讯(2):23-29.

周理飞,1996.乌龙茶区茶树冻害的防治[J].中国茶叶(5):10.

周玉淑,邓国,齐斌,等,2003.中国粮食产量保险费率的订定方法和保险费率区划[J].南京气象学院学报,26(6):806-814.

周玥,郭华,王燕,2011.茶籽在贮藏过程中主要成分的变化[J].食品科技(5):84-89.

庄晚芳,1956.茶作学[M].北京:农业出版社.

庄晚芳,刘祖生,陈文怀,1981.论茶树变种分类[J].浙江农业大学学报(1):43-50.

庄雪岚,1964.茶树光合作用的基本变化趋势[J].茶叶科学,1(1):33-37.

邹祐梅,佘宇平,1986.胶茶群落中蜘蛛治虫作用的初步探讨[J].云南茶叶(2-3):68-73.

Aono H,Takahashi T,1953. Studies on the prevention of the frost damage in the tea garden (Part 1)[J]. Chagyo Kenkyu Hokoku (2):69-85.

Ayers J M,Hug S,2009. The value of linking mitigation and adaptation:A case study of Bangladesh [J]. Environmental and Management,43(5):753-764.

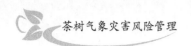

Barman T S,Baruah U,Saikia J K,2008. Irradiance influences tea leaf（Camellia sinensis L. ）photosynthesis and transpiration[J]. Photosynthetica,46(4):618-621.

Barua D N,1969. Seasonal dormancy in tea（camellia sinensisl.)[J]. Nature,224(5218):514.

Barua D N,1981. 光是茶树新陈代谢过程的一个因素//茶叶译丛（一）. 陈宗懋,译. 北京:农业出版社.

Bushin P M,1975. Effect of air temperature and humidity on the yield of the tea leaves in the subtropical zone of the krasnodar territory[J]. Meteorologiia I Gidrologiia(3):17-25.

Callander B A,Woodhead T,1981. Canopy conductance of estate tea in Kenya[J]. Agricultural Meteorology, 23:151-167.

Carr M K V,1970. The Physiology of Tree Crops[M]. London:Academic Press.

Carr M K V,1972. The Climatic Requirements of the Tea Plant:A Review[J]. Experimental Agriculture,8(1):1-14.

Cervilla L M,Blasco B,Rios J J,et al,2007. Oxidative stress and antioxidants in tomato(solanum lycopersicum) plants subjected to boron toxicity[J]. Annals of Botany,100(4):747-756.

Chang J,1968. Climate and Agriculture[M]. Chicago:Aldine Publishing Co.

Changnon D M,Sandstrom M,Schaffer C,2003. Relating changes in agricultural practices to increasing dew points in extreme chicago heat waves[J]. Clim Res 24:243-254.

Cheruiyot E K ,Mumera L M ,Ng'Etich W K ,et al,2007. Polyphenols as potential indicators for drought tolerance in tea(camellia sinensis l.). Bioscience Biotechnology and Biochemistry,71(9):2190-2197.

Collins G G,Nie X L,Saltveit M E,et al,1995. Heat-shock proteins and chilling sensitivity ofmung bean hypocotyls[J]. Journal of Experimental Botany,46(288):795-802.

Davies W J,Tardieu F,Trejo C L,1994. How do chemical signals work in plants that grow in drying soil[J] Plant Physiol,104:309-314.

Ding T,Ke Z,2015. Characteristics and changes of regional wet and dry heat wave events in China during 1960-2013[J] . Theor App Climatol,122:651-665.

Domrös M,1974. Agroclimate of Ceylon[M]. Wiesbaden:Franz Steiner Verlag.

Dubrovsky M,Svoboda M D,Trnka M J,et al,2009. Application of relative drought indices in assessing climate-change impacts on drought conditions in czechia[J]. Theoretical and Applied Climatology,96(1-2):155-171.

Duncan J M A,Saikia S D,Gupta N,et al,2016. Observing climate impacts on tea yield in Assam,India[J]. Applied Geography,77:64-71.

Eden T,1974. Tea[M]. London:Longman group limited.

Farquhar G D,Skarkey T D,1982. Stomatal conductance and photosynthesis[J]. Annual Review of Plant Physiology,33:317-345.

Fordham R,1984. 茶[M]. 中国热带作物学会,译. 北京:农业出版社.

Fu X,Chen Y,Mei X,et al,2015. Regulation of formation of volatile compounds of tea（camellia sinensis）leaves by single light wavelength[J]. Scientific Reports,5:1-11.

Garchery C,Gest N,Do P T,et al,2013. A diminution in ascorbate oxidase activity affects carbon allocation and improves yield in tomato under water deficit [J]. Plant Cell & Environment,36(1):159-175.

Hadfield W, 1968. Leaf temperature,leaf pose and productivity of the tea bush[J]. Nature,219(5151):282-284.

Handique A C,et al,1986. Shoot water potential in tea II:Screening Tocklai cultivars fordrought tolerance[J].

Two & a Bud,33:39-42.

Handique A C,Manivel L,1990. Selection criteria for drought tolerance in tea[J]. The Assam Review and Tea News,79(3):18-21.

Hao X Y,Tang H,Wang B,et al,2018a. Integrative transcriptional and metabolic analyses provide insights into cold spell response mechanisms in young shoots of the tea plant [J]. Tree Physiology,38(11):1655-1671.

Hao X Y,Wang B,Wang L,et al,2018b. Comprehensive transcriptome analysis reveals common and specific genes and pathways involved in cold acclimation and cold stress in tea plant leaves [J]. Scientia Horticulturae,240:354-368.

Harler C R,1966. Tea Growing[M]. London:Oxford University Press.

Heim R R,2002. A review of twentieth-century drought indices used in the United States[J]. Bulletin of the American Meteorological Society,83(8):1149-1165.

Huynen M,Marten P,Schrambijkerk D,et al,2001. The impacts of heat waves and cold spells on mortality rates in the Dutch population. Environmental Health Perspectives,109(5):463-470.

Jallow S S,1995. Identification of and response to drought by local communities in fulladu west district University Press the Gambia[J]. Singapore Journal of Tropical Geography,16(1):22-41.

Jayasinghe S L,Kumar L,2019. Modeling the climate suitability of tea [Camellia sinensis(L.)O. Kuntze] in Sri Lanka in response to current and future climate change scenarios[J]. Agricultural and Forest Meteorology,272-273:102-117.

Kairu E N,1995. Characteristic boundary layer conditions above a mature tea canopy[R]. Tea-Tea Board of Kenya (Kenya).

Kimura S,Anton J,2011. Risk management in agriculture in Aus tralia[M/OL]. Food,Agriculture and Fisheries Papers,No. 39.

Konomoto H,Mech F,1972. Sprinkler utilization for tea culture and the result of more yield and better quality of tea[J]. Bibliographic information(6):30-32.

Koppen W,1900. Versuch einer Klassifikation der Klimate,vorzugsweisenach ihren Beziehungen zur Pflanzenwelt[J]. Geographische Zeitschrift,6(11):593-611.

Lebedev G V,1961. The Tea Bush under Irrigation[M]. Izd. Akad. Nauk. SSSR Mosk. (In Russian).

Lee J S,Byun H R,Kim D W,2016. Development of accumulated heat stress index based on time-weighted function[J]. Theor App Climatol,124:541-554.

Lehner M,Whiteman C D,2012. The thermally driven cross-basin circulation in idealized basins under varying wind conditions[J]. J Appl Meteorol Clim,51(6):1026-1045.

Lehner M,Whiteman C D,2014. Physical mechanisms of the thermally driven cross-basin circulation[J]. Quart J Roy Meteor Soc,140(680):895-907.

Lengerke H J,1978. On the short-term predictability of frost and frost protection:A case study on Dunsandle Tea Estate in the Nilgiris(South India)[J]. Agricultural Meteorology,19(1):1-10.

Lou W,Sun K,Zhao Y,et al,2020. Impact of climate change on inter-annual variation in tea plant output in Zhejiang,China[J]. International Journal of Climatology. https://doi. org/10. 1002/ joc. 6700.

Lou W,Sun S,Sun K,et al,2017. Summer drought index using SPEI based on 10-day temperature and precipitation data and its application in Zhejiang Province(Southeast China)[J]. Stochastic Environmental Research & Risk Assessment ,31:2499-2512.

Lou W,Sun S,Wu L,et al,2015. Effects of climate change on the economic output of the Longjing-43 tea tree,

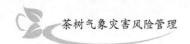

1972-2013[J]. International Journal of Biometeorology,59:593-603.

Lou W,Wu L,Mao Y,et al,2018. Precipitation and temperature trends and dryness/wetness pattern during 1971-2015 in Zhejiang Province,southeastern China[J]. Theoretical & Applied Climatology 133:47-57.

Lou W,Yao Y,Sun K,et al,2019. Variability of heat waves and recurrence probability of the severe 2003 and 2013 heat waves in Zhejiang Province,Southeast China[J]. Climate research,79(1):63-75.

Mavromatis T,2007. Drought index evaluation for assessing future wheat production in Greece[J]. International Journal of Climatology,27(7):911-924.

Nagarajah G B,Ratnasuriya,谢宁,1981. 无性系茶树根系的生长状况和抗旱性的差异[J]. 蚕桑茶叶通讯(4):35-36.

Nunes A D A,Pruski F F,2015. Improving the determination of reservoir capacities for drought control[J]. Stochastic Environmental Research and Risk Assessment,29(1):183-191.

Peng J ,2014. An investigation of the formation of the heat wave in southern China in summer 2013 and the relevant abnormal subtropical high activities[J]. Atmospheric Oceanic Sci Lett,7:286-290.

Perkins S E,2015. A review on the scientific understanding of heatwaves-their measurement,driving mechanisms,and changes at the global scale[J]. Atmospheric Research,164-165:242-267.

Prabhakar S V R K,Shaw R,2008. Climate change adaptation implications for drought risk mitigation for India [J]. Climatic Change,88(2):113-130.

Ren F,Cui D,Gong Z,et al,2012. An objective identification technique for regional extreme events[J]. J Climate,25:7015-7027.

Roy S,Barooah A K,Ahmed K Z,et al,2020. Impact of climate change on tea pest status in northeast India and effective plans for mitigation[J]. Acta Ecologica Sinica,40:432-442.

Russo S,Dosio A,Graversen RG,et al,2015. Magnitude of extreme heat waves in present climate and their projection in a warming world[J]. J Geophys Res Atmos,119(22):500-512.

Schoorel A F,1949. Archief voor de thee culture. 16,127. (In Dutch)

Smith B G,Burgess P J,Carr M K V,1994. Effects of clone and irrigation on the stomatal conductance and photosynthetic rate of tea (camellia sinensis)[J]. Experimental Agriculture,30(1):1-16.

Smith B G,Stephens W,Burgess P J,et al,1993. Effects of light,temperature,irrigation and fertilizer on photosynthetic rate in tea (camellia sinensis). Experimental Agriculture,29(3):291-306.

Soliman W S,Fujimori M,Tase K,et al,2011. Oxidative stress and physiological damage under prolonged heat stress in C-3 grass Lolium perenne[J]. Grassland Science,57(2):101-106.

Squire G R,1979. Weather,physiology and seasonality of tea(Camellia sinensis)yields in Malawi[J]. Experimental Agriculture,15(4):321-330.

Stephens W,Carr M K V,1989. A water stress index for tea(Camellia sinensis)[J]. Experimental Agriculture,25:545-558.

Sujay R N,Deka P C,2014. Support vector machine applications in the field of hydrology:A review[J]. Applied Soft Computing,19:372-386.

Sukasman,Johan E,1984. Effect of plastic cover on the growth of tea cuttings[J]. Teh Dan Kina.

Takahashi T,Aono H,Tanaka S,et al,1958. Studies on the frost damage on the tea plant (Part 3) [J]. Chagyo Kenkyu Hokoku(1):39-45.

Takahashi T,Yanase Y,1960. Studies on flower bud differentiation in the tea plant (Part 4):The influence of day length and light intensity[J]. Chagyo Kenkyu Hokoku(13):13-16.

Takahiro Makino,1983. Ice-nucleation activity of Bacteria isolated from gemmisphere of tea trees[J]. Ann Phytopath Soc Japan,49:32-37.

Thomas R J,2008. Opportunities to reduce the vulnerability of dryland farmers in central and west Asia and north Africa to climate change[J]. Agriculture,Ecosystems and Environment 126(1-2):36-45.

Upadhyaya H,Dutta B K,Sahoo L,et al,2012. Comparative effect of Ca,K,Mn and B on post-drought stress recovery in tea [Camellia sinensis(L.)O Kuntze][J]. American Journal of Plant Sciences,3(4):443-460.

Vapnik V N,1995. The nature of statistical learning theory[M]. New York:Springer.

Vicente-Serrano S M,Beguería S,López-Moreno J I,2010. A multiscalar drought index sensitive to global warming:The standardized precipitation evapotranspiration index[J]. Journal of Climate,23(7):1696-1718.

Wang W,Zhou W,Li X,et al,2016. Synoptic-scale characteristics and atmospheric controls of summer heat waves in china[J]. Climate Dynamics ,46(9-10):2923-2941.

Wang Y Y,Zhou R,Zhou X,1994. Endogenous levels of ABA and Cytokinins and their relation to stomatal behavior in day flower(Commelina communis L.)[J]. J Plant Physiol,144:45-48.

White D A,Stuart C,Kinal J,et al,2009. Managing productivity and drought risk in Eucalyptus globulus plantations in south-western Australia[J]. Forest Ecology and Management,259(1):33-44.

Widayat W,Rayati D J,2011. The effect of permanent shade tree at mature tea area on microclimate,the population of pest insects and natural enemies,and tea shoot production[J]. Journal Penelitian Teh dan Kina,14:12-17.

WMO,WHO,2015. Heat waves and health:guidance on warning-system development[R]. Report No. 1142, Geneva,Switzerland.

Yang Z,Kobayashi,Katsuno T,et al,2012. Characterisation of volatile and non-volatile metabolites in etiolated leaves of tea (Camellia sinensis) plants in the dark[J]. Food Chemistry,135(4):2268-2276.

Zamani G H,Gorgievski-Duijvesteijn M J,Zarafshani K,2006. Coping with drought,towards a multilevel understanding based on conservation of resources theory[J]. Human and Ecological Risk sessment,34(5):677-692.

Миладзе Г Г,1961. Зависимость Числа Съоров Чая от Сумм Температур и осалков. М И Г(3):33-35.

Миладзе Г Г, 1979. Агроклиматические Основывалия Суьтропиеских и Зфирномасличных культур [M]. ГИМИЗ Л.

附录 1

茶树高温热害等级(NY/T 3419—2019)

1 范围

本标准规定了茶树高温热害的术语和定义、高温热害等级、茶树高温热害的防御措施等技术要求。

本标准适用于茶树种植区夏秋茶采收期高温热害的监测、预警、防御和评估等。

2 规范性引用文件

下列文件对于本文件的应用是必不可少的。凡是注日期的引用文件,仅所注日期的版本适用于本文件。凡是不注日期的引用文件,其最新版本(包括所有的修改单)适用于本文件。

QX/T 50—2007 地面气象观测规范 第 6 部分:空气温度和湿度观测

3 术语和定义

下列术语和定义适用于本文件。

3.1 日平均气温 daily mean air temperature

前一日 20 时至当日 20 时之间 02 时、08 时、14 时和 20 时 4 次气温的平均值,单位为摄氏度(℃)。

[QX/T 50—2007,定义 3.1]

3.2 日最高气温 daily maximum air temperature

前一日 20 时至当日 20 时之间气温的最高值,单位为摄氏度(℃)。

3.3 相对湿度 relative humidity

空气中实际水汽压与当时气温下的饱和水汽压之比,单位为百分比(%)。

3.4 日平均相对湿度 daily mean relative humidity

前一日 20 时至当日 20 时之间 02 时、08 时、14 时和 20 时 4 次相对湿度的平均值,单位为百分比(%)。

3.5 气温直减率 lapse rate of air temperature

气温随垂直高度的增加而降低的变化率。

3.6 茶树高温热害 tea heat injury of tea plant

日平均气温上升到 30 ℃以上、日最高气温上升到 35 ℃以上。使茶树芽叶、枝条等受到损害的一种农业气象灾害。

3.7 芽叶受害率 percentage of heat injury on tea leaves and budsof tea plant

茶树遭受高温热害后,单位面积茶园上受到伤害的茶芽和叶片占全部茶芽和叶片的百分比。

3.8 耐热性 heat tolerance
茶树对高温的适应性。

4 高温热害等级

4.1 茶树高温热害等级指标
包括气象指标和受害情况,见表1。

气象指标包括 6 月下旬到 9 月上旬逐日的日平均气温、最高气温和日平均相对湿度。

4.2 等级划分
茶树高温热害划分为四级(轻度热害)、三级(中度热害)、二级(重度热害)和一级(特重热害)4 个等级。

4.3 等级判定
各单项指标的等级判定标准见表1。当判定热害等级出现不一致时,按照等级高的确定。

4.4 茶园气温
茶园气温宜按茶园内小气候观测站实测气温确定。当园内无小气候观测站时,茶园气温的估算如下:

$$T_0 = T - (H_0 - H) \times \gamma \quad \cdots\cdots\cdots\cdots\cdots\cdots\cdots\cdots\cdots \quad (1)$$

式中:

T_0——茶园气温,单位为摄氏度(℃);

T——茶园所在地气象台站(常规站或自动站)观测的空气温度,单位为摄氏度(℃);

H_0——茶园的海拔高度,单位为米(m);

H——茶园所在地气象台站的海拔高度,单位为米(m);

γ——茶园所在地气温直减率,单位为摄氏度每 100 米(℃/100 m)。

4.5 芽叶受害率估算方法
田间直接观测,在高温热害后,叶片只要出现变色、枯焦或脱落即为受害叶,茶芽出现萎蔫、枯焦即为受害芽,调查统计 10 株茶树上的芽叶总数(包括脱落叶片)和受害芽叶总数,芽叶受害率单位为百分比(%),按下式计算:

$$DR = \frac{DL}{TL} \times 100 \quad \cdots\cdots\cdots\cdots\cdots\cdots\cdots\cdots\cdots \quad (2)$$

式中:

DR——芽叶受害率;

DL——受害芽叶总数;

TL——芽叶总数。

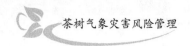

表 1　茶树高温热害等级判定标准

等级	气象指标			受害情况
	强耐热性品种	中耐热性品种	弱耐热性品种	
四级 (轻度热害)	$T\geq30$ 且 $U\leq65$ 且 $T_h\geq35$ 且 $D\geq8$ 或 $T_h\geq38$ 且 $D\geq8$ 或 $T_h\geq40$ 且 $D\geq5$	$T\geq30$ 且 $U\leq65$ 且 $T_h\geq35$ 且 $D\geq6$ 或 $T_h\geq38$ 且 $D\geq6$ 或 $T_h\geq40$ 且 $D\geq3$	$T\geq30$ 且 $U\leq65$ 且 $T_h\geq35$ 且 $D\geq4$ 或 $T_h\geq38$ 且 $D\geq4$ 或 $T_h\geq40$ 且 $D\geq1$	受害茶树上部成叶出现变色、枯焦,茶芽仍呈现绿色,芽叶受害率<20%
三级 (中度热害)	$T\geq30$ 且 $U\leq65$ 且 $T_h\geq35$ 且 $D\geq12$ 或 $T_h\geq38$ 且 $D\geq12$ 或 $T_h\geq40$ 且 $D\geq9$	$T\geq30$ 且 $U\leq65$ 且 $T_h\geq35$ 且 $D\geq10$ 或 $T_h\geq38$ 且 $D\geq10$ 或 $T_h\geq40$ 且 $D\geq7$	$T\geq30$ 且 $U\leq65$ 且 $T_h\geq35$ 且 $D\geq8$ 或 $T_h\geq38$ 且 $D\geq8$ 或 $T_h\geq40$ 且 $D\geq5$	受害茶树上部成叶出现变色、枯焦或脱落,茶芽萎蔫、枯焦,芽叶受害率在20%~50%
二级 (重度热害)	$T\geq30$ 且 $U\leq65$ 且 $T_h\geq35$ 且 $D\geq15$ 或 $T_h\geq38$ 且 $D\geq15$ 或 $T_h\geq40$ 且 $D\geq13$	$T\geq30$ 且 $U\leq65$ 且 $T_h\geq35$ 且 $D\geq13$ 或 $T_h\geq38$ 且 $D\geq13$ 或 $T_h\geq40$ 且 $D\geq11$	$T\geq30$ 且 $U\leq65$ 且 $T_h\geq35$ 且 $D\geq12$ 或 $T_h\geq38$ 且 $D\geq12$ 或 $T_h\geq40$ 且 $D\geq9$	受害茶树叶片变色、枯焦或脱落,且蓬面嫩枝已出现干枯,芽叶受害率在50%~80%
一级 (特重热害)	$T\geq30$ 且 $U\leq65$ 且 $T_h\geq35$ 且 $D\geq17$ 或 $T_h\geq38$ 且 $D\geq17$ 或 $T_h\geq40$ 且 $D\geq16$	$T\geq30$ 且 $U\leq65$ 且 $T_h\geq35$ 且 $D\geq16$ 或 $T_h\geq38$ 且 $D\geq16$ 或 $T_h\geq40$ 且 $D\geq14$	$T\geq30$ 且 $U\leq65$ 且 $T_h\geq35$ 且 $D\geq15$ 或 $T_h\geq38$ 且 $D\geq15$ 或 $T_h\geq40$ 且 $D\geq12$	受害茶树叶片变色、枯焦或脱落,且有成熟枝条出现干枯甚至整株死亡,芽叶受害率>80%

注:T 和 T_h 分别为日平均气温、日最高气温,单位摄氏度(℃);U 为日平均相对湿度,单位为百分比(%);D 为持续天数,单位为天(d)。强耐热性品种:鸠坑种、龙井种、福鼎大白茶、白毫早等;中耐热性品种:嘉茗1号、龙井长叶、槠叶齐等;弱耐热性品种:白叶1号、龙井43、尖波黄13号、福云6号等

5　茶树高温热害的防御措施

茶树高温热害的防御措施见附录 A。

附录 A
（资料性附录）
茶树高温热害的防御措施

A.1 高温预防措施

A.1.1 茶园选址：选择坡度在 25°以下的丘陵和山地缓坡地带，以坡度在 3°～15°最为适宜；以土层深厚，通透性良好，pH 值在 4.0～6.5 土壤为宜。

A.1.2 茶园生态建设：在茶园行间种植遮阴树，每 667 m² 5 株～8 株；茶园四周空地，主要道路、沟、渠两边种植行道树和遮阴树；茶园空地或幼龄茶园中套种矮秆豆科作物。

A.1.3 茶园基础设施建设：在茶园周围雨水集中处建设中型或小型蓄水池，中顶部建设横向排水沟；在茶园内侧挖"竹节沟"、四周挖排水沟或隔离沟；建设滴灌、喷灌、流灌等灌溉系统。

A.1.4 茶树高温热害预警：气象部门开展茶树高温热害精细化风险评估；加强茶树高温热害监测预警，把茶叶大户列为重点服务对象，通过电视、广播、网络、电话、短信等多种渠道提前及时发布定点定时的高温热害预警信息。

A.1.5 茶园管理：适时适量平衡施肥，宜以有机肥为主；及时进行病虫防治和中耕除草；习惯在春茶后修剪的茶区，应在"梅雨"前进行。

A.2 高温期间防控措施

A.2.1 灌溉：在早晚或夜间进行浇灌、喷灌和滴灌，隔 2～3 d 灌溉一次。每次灌水量宜为 10～20 mm 或每 6.67 m² 灌水 6.67～13.34 m³。

A.2.2 地表覆盖：在茶树行间或茶行两侧覆盖作物秸秆或杂草，厚度宜为 8～12 cm。

A.2.3 搭盖遮阳网：在茶树上方搭建架子，覆盖遮阳网，遮阳网与茶树蓬面的距离宜为 50～80 cm；不应直接覆盖在蓬面上，避免加重危害。

A.2.4 停止田间作业：在高温缓解前全面停止采摘、修剪、打顶、耕作、施肥和除草等农事作业。

A.3 灾后措施

A.3.1 以灾定剪：轻度或中度热害茶园应留枝养蓬，不修剪。重度或特重热害茶园在高温缓解后，根据气象预报，若还将有高温出现，不修剪；若没有高温出现，可修剪，将枝条的枯死部分剪除。

A.3.2 追施肥料：高温缓解、土壤湿润后，及时开沟深施氮(N)、磷(P_2O_5)、钾(K_2O)总量为 45% 的复合肥每 667 m² 15～20 kg，幼龄茶园酌减。

A.3.3 秋茶留养：受热害的茶园无论是否修剪，秋茶均应留养，以复壮树冠。秋末茶树停止生长后，茶芽尚嫩绿的宜进行一次打顶或轻修剪。

附录 2

茶树越冬期冻害等级划分指南
（DB33/T 2559—2020）

1 范围

本标准规定了茶树越冬期冻害的术语和定义、冻害等级等技术要求。

本标准适用于茶树种植区越冬期冻害的监测、预报、防御和评估。

2 术语和定义

下列术语和定义适用于本文件。

2.1 空气温度 air temperature

表示空气冷热程度的物理量,简称气温。

注:地面气象观测中测定的是离地面 1.5 m 高度处百叶箱内观测的气温,单位为摄氏度（℃）。

2.2 日平均气温 daily mean air temperature（以 T 表示）

前一日 20 时（北京时）至当日 20 时之间 02 时、08 时、14 时和 20 时 4 次气温的平均值。

2.3 日最低气温 daily minimum air temperature（以 T_n 表示）

前一日 20 时（北京时）至当日 20 时之间气温的最低值。

2.4 雨凇 glaze

过冷却液态降水碰到地面物体后直接冻结而成的坚硬冰层,呈透明或毛玻璃状,外表光滑或略有隆突（参见图 A.1）。

2.5 严寒型冻害 serious freezing injury to tea plant

冬季气温下降到茶树植株受害或致死的临界温度以下,使茶树芽叶、枝条受到损害或死亡的一种农业气象灾害。

2.6 低温雨雪冰冻型冻害 sleeting and freezing process with low-temperature freezing injury to tea plant

冬季出现雨凇后,出现一定时期的低温雨雪冰冻天气使茶树芽叶、枝条受到损害的一种农业气象灾害。

3 茶树越冬期冻害等级

3.1 等级划分

茶树越冬期冻害程度按从轻到重划分为轻度冻害、中度冻害、较重冻害、重度冻害和特重冻害,对应等级为五级、四级、三级、二级和一级。

3.2　严寒型冻害等级判定

严寒型冻害等级见表1。

表1　茶树严寒型冻害等级判定标准

冻害程度	冻害等级	强抗寒性品种	中抗寒性品种	弱抗寒性品种
轻度冻害	五级	$-10\ ℃<T_n\leqslant-8\ ℃$	$-9\ ℃<T_n\leqslant-7\ ℃$	$-7\ ℃<T_n\leqslant-5\ ℃$
中度冻害	四级	$-12\ ℃<T_n\leqslant-10\ ℃$	$-11\ ℃<T_n\leqslant-9\ ℃$	$-9\ ℃<T_n\leqslant-7\ ℃$
较重冻害	三级	$-14\ ℃<T_n\leqslant-12\ ℃$	$-12\ ℃<T_n\leqslant-11\ ℃$	$-10\ ℃<T_n\leqslant-9\ ℃$
重度冻害	二级	$-15\ ℃<T_n\leqslant-14\ ℃$	$-13\ ℃<T_n\leqslant-12\ ℃$	$-11\ ℃<T_n\leqslant-10\ ℃$
特重冻害	一级	$T_n\leqslant-15℃$	$T_n\leqslant-13\ ℃$	$T_n\leqslant-11\ ℃$

注:强抗寒性品种如鸠坑群体种、龙井43等;中抗寒性品种如迎霜等;弱抗寒性品种如白叶一号等。

3.3　低温雨雪冰冻型冻害等级判定

低温雨雪冰冻型冻害等级见表2。

表2　茶树低温雨雪冰冻型冻害等级判定标准

冻害程度	冻害等级	强抗寒性品种	中抗寒性品种	弱抗寒性品种
轻度冻害	五级	从出现雨凇开始,$T\leqslant1\ ℃$和$T_n\leqslant0\ ℃$持续日数在12～20 d	从出现雨凇开始,$T\leqslant1\ ℃$和$T_n\leqslant0\ ℃$持续日数在10～16 d	从出现雨凇开始,$T\leqslant1\ ℃$和$T_n\leqslant0\ ℃$持续日数在10～15 d
中度冻害	四级	从出现雨凇开始,$T\leqslant1\ ℃$和$T_n\leqslant0\ ℃$持续日数在21～28 d	从出现雨凇开始,$T\leqslant1\ ℃$和$T_n\leqslant0\ ℃$持续日数在17～23 d	从出现雨凇开始,$T\leqslant1\ ℃$和$T_n\leqslant0\ ℃$持续日数在16～20 d
较重冻害	三级	从出现雨凇开始,$T\leqslant1\ ℃$和$T_n\leqslant0\ ℃$持续日数在29～36 d	从出现雨凇开始,$T\leqslant1\ ℃$和$T_n\leqslant0\ ℃$持续日数在24～30 d	从出现雨凇开始,$T\leqslant1\ ℃$和$T_n\leqslant0\ ℃$持续日数在21～25 d
重度冻害	二级	从出现雨凇开始,$T\leqslant1\ ℃$和$T_n\leqslant0\ ℃$持续日数在37～44 d	从出现雨凇开始,$T\leqslant1\ ℃$和$T_n\leqslant0\ ℃$持续日数在31～36 d	从出现雨凇开始,$T\leqslant1\ ℃$和$T_n\leqslant0\ ℃$持续日数在26～30 d
特重冻害	一级	从出现雨凇开始,$T\leqslant1\ ℃$和$T_n\leqslant0\ ℃$持续日数在44 d以上	从出现雨凇开始,$T\leqslant1\ ℃$和$T_n\leqslant0\ ℃$持续日数在36 d以上	从出现雨凇开始,$T\leqslant1\ ℃$和$T_n\leqslant0\ ℃$持续日数在30 d以上

注:雨凇代表性图参见本标准附录A

3.4　越冬期冻害症状

不同等级茶树越冬期冻害症状见表3。

表3　茶树越冬期冻害表现症状

冻害程度	冻害等级	表现症状
轻度冻害	五级	树冠表层叶片尖端、边缘受冻后变为黄褐色或紫红色,略有损伤,叶片受害率<20%
中度冻害	四级	树冠表层叶片受冻失去光泽变为赭色,顶芽和上部腋芽转暗褐色,叶片受害率在20%～50%

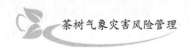

茶树气象灾害风险管理

续表

冻害程度	冻害等级	表现症状
较重冻害	三级	生产枝受冻变色,出现干枯现象,老叶呈水渍状、枯绿无光,枝梢逐渐向下枯死,叶片受害率在50%～75%
重度冻害	二级	骨干枝及树皮冻裂受伤,皮层、韧皮部因失水而收缩与木质部分离,枝梢失水干枯,叶片受害率在75%～95%
特重冻害	一级	主干基部自下而上出现纵裂,树液流出,叶片全部枯萎、凋落,植株枯死,根系变黑,主干裂皮腐烂

注:茶树越冬期不同程度冻害表现症状代表性图参见本标准附录B

3.5 越冬期冻害等级判定

按照以下原则判定越冬期冻害等级:

a)气象条件达到表1或表2标准,未出现表3冻害表现症状,按表1或表2标准判定;

b)气象条件未达到表1和表2标准,已出现表3冻害表现症状,按表3标准判定;

c)同时达到表1到表3中的二个或三个标准,则按就高判定的原则判定冻害等级。

注:高判定原则是指判定冻害程度或冻害等级出现不一致时,按冻害程度重或冻害等级高的判定。

254

附录 A
（资料性附录）
雨淞代表性图

图 A.1 给出了一种雨淞代表性图。

图 A.1　雨淞代表性图

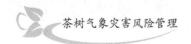
附录 B
（资料性附录）
茶树越冬期冻害表现症状代表性图

图 B.1～图 B.5 给出了茶树越冬期不同程度冻害表现症状代表性图。

图 B.1　茶树轻度冻害代表性图

图 B.2　茶树中度冻害代表性图

图 B.3 茶树较重冻害代表性图

图 B.4 茶树重度冻害代表性图

图 B.5　茶树特重冻害代表性图

附录 3

Impact of climate change on inter-annual variation in tea plant output in Zhejiang,China[*]

Weiping Lou[1, *] ,**Ke Sun**[1] ,**Yuming Zhao**[1] ,**Shengrong Deng**[1] ,**Zhuding Zhou**[2]

Abstract

Recent studies have shown that climate change is having severe impacts on production of the tea plant [*Camellia sinensis* (L.)Kuntze],an important woody cash crop. Quantitative production figures are necessary to provide tea stakeholders and policy makers with evidence to justify immediate action. We used data from Zhejiang Province,China,and the economic output model of four tea plant cultivars (Jiaming 1, Longjing 43,Baiye 1,Jiukeng) in spring and the yield output model of one tea plant cultivar (Jiukeng) in summer and autumn,and analyzed the impact of climate change on tea production from 1985 to 2018. The results showed that the effects of high temperature and drought on tea production have increased significantly. Temperature was the main factor effecting the economic output of tea plants in spring. Climate change has resulted in the start date of tea buds and leaves plucking period to have become significantly earlier in spring. The risk of frost damage and economic loss,caused by frost,decreased significantly in the period of spring tea production. Among the five bud and leaf grades,the length of plucking periods for superfine,grade 1 and grade 2 decreased significantly. High temperatures and drought were the main factors impacting tea production in summer and autumn,and effected the economic output of spring tea in the following year. The economic losses caused by daytime rainfall decreased significantly in spring tea production. This study has provided essential evidence that climate change has already had a significant impact on tea plant output.

Key words:tea,climate change,extreme weather events,output

[1] Xinchang Weather Bureau,Xinchang County,China

[2] Xinchang Tea Station,Xinchang County,China

注:该文发表于《International Journal of Climatology》

How to cite this article:Lou W,Sun K,ZhaoY,Deng S,Zhou Z. Impact of climate change oninter-annual variation in tea plant output in Zhejiang,China. Int J Climatol. 2020;1-12.

https://doi. org/10. 1002/joc. 6700

---

 * ✉ Weiping Lou,Xinchang Weather Bureau,Xinchang County, 312500, Zhejiang Province,China. Email:xclwp @ 163. com

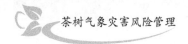

1. Introduction

Tea is one of the world's most extensively consumed health beverage because of its well-known antioxidants, flavonoids and medicinal properties(Márcia Reto et al., 2007; Khan and Mukhtar, 2013). Green tea contains high concentrations of healthful compounds and its consumption is growing rapidly owing to its functional benefits(Cabrera et al., 2006; Pasrija and Anandharamakrishnan, 2015). China is the world's largest producer of green tea(Lou and Sun, 2013).

Tea is processed from the buds and leaves of teaplant, which is perennial evergreen shrubs. Tea yield is determined by the area harvested and the weight of the tea buds and leaves plucked. In Zhejiang, farmers pluck young tea shoots consisting of one or two leaves and a bud from the tea canopy in spring, summer and autumn. Climatic conditions in the previous period determine the growth of tea plant and tea yield over short-to-medium timescales. Changes in temperature and rainfall, and the occurrence of extreme weather events such as winter injury, spring frosts, heat waves and droughts, have adversely affected the sector (De Costa et al., 2007; Lou et al., 2015; Gunathilaka et al., 2017).

Many studies have focused on climate change impacts onthe yields of major annual cereal crops such as rice, wheat, corn, soybean and maize(Luo et al., 2005; Kucharik and Serbin, 2008; Xiong et al., 2009; Jin et al., 2012; Ye et al., 2019). However, to date, comprehensive assessments of climate change impacts on perennial crops(e. g. the tea plant)are rare. In one example, Boehm et al. (2016)took a Chinese province as the primary unit of analysis to identify the effect of monsoon dynamics and weather on annual total province tea yields using historical weather and yield data. Similarly, Duncan et al. (2016)used monthly tea yield data to identify the causal effect of monthly temperature, monthly precipitation, drought intensity and precipitation variability on tea yield in Assam. Gunathilaka et al. (2017)used monthly panel data in Sri Lanka to analyze weather effects on production from the tea plantation sector.

Zhejiang Province is the most famous locality for green tea in China, and perhaps even in the entire world. In 2018, tea plantations in Zhejiang covered an area of 200,300 hm^2, the total output of tea was 186 thousand tons and green tea exports accounted for 52.38% of all exports from China(Wang, 2019). Before 1990 the tea plants grown in Zhejiang Province were dominated by local, traditional tea plant cultivars such as "Jiukeng" and "Fuding". From April to early October, Zhu Cha(https://babelcarp. org/babelcarp/babelcarp. cgi? phrase= Zhu+Cha), which had low price fluctuations, was produced. Since the adjustment of agricultural structures in 1990, Zhu Cha production has been replaced by the production in spring of famous teas with high prices and high price fluctuations, and many tea plant cultivars have been popularized and planted. In 2017 the yield of spring tea, and of summer and autumn tea, accounted for 47.5% and 52.5% of the total yield of tea, respectively; and the economic output of spring tea, and of summer and autumn tea, accounted for 82.3% and 17.7% of the total economic output of tea, respectively(Zhou et al. ,2018).

The economic output of tea plants in spring depends on several factors, such as cultivar, tea type, tea brand and production dates. In Zhejiang Province, four major cultivars of tea plant are cultivated for spring tea production(Lou and Sun,2013):

(1)the special early-onset cultivars(e. g. ,"Jiaming 1")with first harvest date from the middle 10 days of February to the middle 10 days of March;

(2)the early-onset cultivars(e. g. ,"Longjing 43")with first harvest date from the last 10 days of February to the last 10 days of March;

(3)the middle-onset cultivars(e. g. ,"Baiye 1")with first harvest date from the first 10 days of March to the first 10 days of April;

(4)the late-onset cultivars(e. g. ,"Jiukeng")with first harvest date from the middle 10 days of March to the middle 10 days of April.

Based on the criteria of the GB 18650-2002 Product of Designations of Origin and Geographical Indications—Longjing tea(General Administration of Quality Supervision, Inspection and Quarantine of the People's Republic of China,2002), tea bud and leaf phenophases are divided into superfine(a bud and an unfolding leaf, and the length of bud is longer than the leaf), grade 1(from one bud and one leaf to one bud and unfolding second leaf, one bud and unfolding second leaf is less than 10%, and the length of bud is longer than the leaf), grade 2(from one bud and one leaf to one bud and two leaves, one bud and two leaves is less than 30%, and the length of bud is equal to the leaf), grade 3(from one bud and two leaves to one bud and unfolding third leaf, one bud and unfolding third leaf is less than 30%, and the length of leaf is longer than the bud)and grade 4(from one bud and two leaves to one bud and three leaves, one bud and three leaves is less than 50%, and the length of leaf is longer than the bud)(Lou et al. ,2015). The price of spring tea depends on the time of tea production and the grade of tea buds. The earlier the first harvest date, the higher the price is when tea plucking begins. For example, the price of tea produced by superfine tea buds and leaves of the special early-onset cultivars is more than 1000 yuan per kilo higher than that produced by superfine tea buds and leaves of the late-onset cultivars. For the special early-onset cultivars, the price of tea produced by superfine tea buds and leaves is above 2000 yuan per kilo, the price of tea produced by tea buds and leaves with grade 4 is 200-400 yuan per kilo. Therefore, earlier plucking time results in higher price, and lower temperature results in slower tea bud and leaf growth and higher price. From the superfine tea bud and leaf to the tea bud and leaf with grade 4, the tea yield increased and the tea price decreased. In order to obtain higher economic output, tea farmers plant four major cultivars of tea plant in a certain proportion. The effect of climatic conditions on spring tea production is different in different harvesting periods(Lou et al. ,2015). The above studies have not related climate change to tea plant growth processes. Further, an analysis based on observed data on crop yield could not separate the compounding effects of changes in climate and changes in crop varieties and management

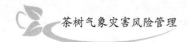

practices(Chen et al. ,2010). Spring tea production is about maximizing economic output. On the other hand, tea prices are lower and less variable in summer and autumn. The prices of summer and autumn teas have been 150-200 yuan/kg in recent years. Considering the limited changes between summer and autumn tea prices, the benefits to farmers engaged in summer and autumn tea production can be measured in field yields. The summer and autumn tea productions are more about maximizing yield. Therefore, it is necessary to use the economic output model of spring tea and yield output model of summer and autumn tea to analyze the effect of climate change on tea production.

In this study we used the economic output model of spring tea, and yield output model of summer and autumn tea, based on the daily tea yield, price, number of tea pluckers, plucking time and meteorological data from 19 tea gardens. Using meteorological data from 1985 to 2018, the production data of spring tea and summer and autumn tea in the period from 1985 to 2018 were retrieved. The objectives were to:(1)analyze the effect of climate change on the first harvest date;(2)study how past climate change has impacted the economic output of spring tea;and(3)investigate how the climate factor has influenced summer and autumn tea yield.

2. Methodology

2.1 Study area

Zhejiang Province(118. 00°-23. 00°E, 27. 20°-31. 52°N)is located in southeast China, in the middle and lower reaches of the Yangtze River. The Pacific Ocean lies to the east of the province. Hills and mountains make up 70. 4 % of the provincial area. Tea plants are cultivated in all counties throughout Zhejiang Province, China, except those in Jiaxing and islands. Zhejiang has a subtropical climate and is strongly impacted by the southeast Pacific Ocean monsoon. The annual average temperature is 15-18 ℃. Average annual precipitation is 1000-2000 mm. In summer and autumn, the province is prone to high temperature and drought because of the influence of the subtropical high. In winter and spring, the province is prone to freezing injury and frost by the influence of the cold air.

2.2 Tea production data

In spring we collected thetea plant phenologies(i. e. ,first harvest date, and bud and leaf phenophases)for Jiaming 1, Longjing 43, Baiye 1 and Jiukeng from 19 tea plantations, with observations from 2010 to 2018. We also collected the daily tea prices and amounts of tea buds and leaves plucked(i. e. ,yields)by four laborers working from 07:00-11:30 and from 13:00 to 17:30 for each tea plant cultivar from four tea plantations, with observations from 2010 to 2018. Daily tea yield data by four laborers working from 5:30 to 10:30 and from 15:30 to 18:30 for Jiukeng were collected from 12 smallholder tea plots across Zhejiang, with observations during the summer and autumn tea production period, from 2013 to 2018. In

Xishan tea plantation, Xinchang County, we collected the daily tea yield of 9 m² of tea canopy area, and the normal daily number of tea buds plucked per 100 cm² of tea canopy area, with observations from June to September, 2013-2018. These tea plantations and smallholder tea plots had weather stations. In October 2018, 83 questionnaires were given to tea planters who had engaged in tea production for no less than 15 years, to investigate the effect of winter freezing injury, summer and autumn heat injury and drought on tea production.

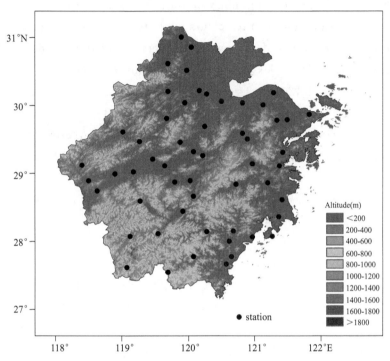

Fig. 1　Geographical location of the 51 meteorological
stations in Zhejiang Province used in this study

2.3　Temperature and precipitation data

The hourly temperature, daily maximum temperatures, daily minimum temperatures and hourly precipitation data of 51 tea-producing counties(Fig. 1)were provided by the Network Center of the Zhejiang Provincial Meteorological Bureau(NCZP). The NCZP checked and controlled all data sets for quality and homogeneity, adopting the cumulative deviation test and standard normal homogeneity test(Lou et al. ,2018). The data with continuous time series(i. e. ,no data gaps)from 1 June 1984 to 31 December 2018 were used in the present study. Since 2004, automatic weather stations have been established at intervals of 5-10 km in Zhejiang(Lou et al. ,2013). We collected all hourly temperature, daily maximum temperatures, daily minimum temperatures and hourly precipitation data from 2009 to 2018 for each tea plantation and smallholder tea plot with corresponding yield and phenology data.

2.4　Economic output model for spring tea

The benefits to farmers of planting tea plants cannot be measured in field yields alone

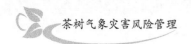

but must be balanced with income. Considering the great changes in spring tea prices, it is necessary to use a spring tea economic output model. The present study applies the method recommended by Lou et al. (2013,2015)to calculate the first harvest date, phenological duration, yield, days between the frost end date and first harvest date that reflects the frost risk of tea trees, frost-damage period and tea price model. We refer to them in the Supplementary Information.

2.4.1　Effect of winter freezing injury on output of spring tea

The degree of freezing injury to tea plants is related to the extreme minimum temperature(T_{min})and the accumulation of daily mean temperature of freezing degree days(ATB)in the overwintering period. The index of winter freezing injury to tea plants(IFI)is determined by Equation(1)(Chen et al. ,2010):

$$IFI = 0.682T_{min} + 0.318ATB \tag{1}$$

The rates of reduction in spring tea yield caused by winter freezing injury($f_s(IFI)$)for each cultivar, based on investigations by tea planters, are determined by Equations(2)to(4):
Jiaming 1:

$$f_s(IFI) = \begin{cases} 0 & IFI > -6\ ℃ \\ 467.6098/[1+\exp(8.8225+0.6276IFI)] & -12\ ℃ \leqslant IFI \leqslant -6\ ℃ \\ 100 & IFI < -12\ ℃ \end{cases} \tag{2}$$

Longjing 43 and Baiye 1:

$$f_s(IFI) = \begin{cases} 0 & IFI > -7.5\ ℃ \\ 158.1512/[1+\exp(10.6932+0.8032IFI)] & -14\ ℃ \leqslant IFI \leqslant -7.5\ ℃ \\ 100 & IFI < -14\ ℃ \end{cases} \tag{3}$$

Jiukeng:

$$f_s(IFI) = \begin{cases} 0 & IFI > -9\ ℃ \\ 211.3302/[1+\exp(10.0680+0.6226IFI)] & -16\ ℃ \leqslant IFI \leqslant -9\ ℃ \\ 100 & IFI < -16\ ℃ \end{cases} \tag{4}$$

2.4.2　Effect of summer heat injury and drought on output of spring tea

High temperature and drought often occur in summer and autumn in Zhejiang Province, and effect the growth and output of tea plants. The index of heat injury for tea plants(IHI), based on grade of heat injury(Lou et al. ,2017),is determined by Equations(5)-(10):
Jiaming 1:

$$IHI_1 = \begin{cases} 0 & day_{dayor38} < 5\ d \\ -1.38+0.31\times day_{dayor38} & 5\ d \leqslant day_{dayor38} \leqslant 21\ d \\ 5 & day_{dayor38} > 21\ d \end{cases} \tag{5}$$

$$IHI_2 = \begin{cases} 0 & day_{40} < 2\ d \\ -0.34+0.28\times day_{40} & 2\ d \leqslant day_{40} \leqslant 19\ d \\ 5 & day_{40} > 19\ d \end{cases} \tag{6}$$

Longjing 43 and Baiye 1:

$$IHI_1 = \begin{cases} 0 & day_{dayor38} < 2 \text{ d} \\ -0.52 + 0.27 \times day_{dayor38} & 2 \text{ d} \leqslant day_{dayor38} \leqslant 20 \text{ d} \\ 5 & day_{dayor38} > 20 \text{ d} \end{cases} \quad (7)$$

$$IHI_2 = \begin{cases} 0.25 + 0.27 \times day_{40} & day_{40} \leqslant 18 \text{ d} \\ 5 & day_{40} > 18 \text{ d} \end{cases} \quad (8)$$

Jiukeng:

$$IHI_1 = \begin{cases} 0 & day_{dayor38} < 6 \text{ d} \\ -2.14 + 0.33 \times day_{dayor38} & 6 \text{ d} \leqslant day_{dayor38} \leqslant 22 \text{ d} \\ 5 & day_{dayor38} > 22 \text{ d} \end{cases} \quad (9)$$

$$IHI_2 = \begin{cases} 0 & day_{40} < 4 \text{ d} \\ -0.79 + 0.27 \times day_{40} & 4 \text{ d} \leqslant day_{40} \leqslant 21 \text{ d} \\ 5 & day_{40} > 21 \text{ d} \end{cases} \quad (10)$$

where $day_{dayor38}$ is the consecutive number of days when average temperature is equal to or higher than 30 ℃, maximum temperature is equal to or higher than 35 ℃, and daily average relative humidity is equal to or lower than 65%, or maximum temperature is equal to or higher than 38 ℃; and day_{40} is the consecutive number of days when maximum temperature is equal to or higher than 40 ℃.

$$IHI = \text{Max}\{ IHI_1, IHI_2 \} \quad (11)$$

After the end of the Meiyu period(the continuous rainy weather in the middle and lower reaches of the Yangtze River in early summer), if the daily precipitation is less than 1.0 mm for 10 consecutive days from the start of a certain day, the 11th day is the date when drought begins. If the total precipitation reaches 25 mm for 2 consecutive days or 30 mm for 3 consecutive days after the beginning of drought, the drought will end. The number of days between the beginning and end of the drought is the number of drought days (day$_{drought}$) (Huang, 1981). The index of summer heat injuries and of summer and autumn drought for tea plants (IHD) is determined by Equation(12):

$$IHD = IHI + a_{HD} \text{day}_{drought} \quad (12)$$

where a_{HD} is equal to 0.05 for Jiaming 1, Longjing 43 and Baiye 1, equal to 0.03 for Jiukeng.

The reduction in the rate of spring tea yield caused by summer heat injuries and of summer and autumn drought in the past year($f(IHD)$) for each cultivar, based on investigations by tea planters, are determined by Equations(13)to(15):

Jiaming 1:

$$f(IHD) = -0.1014 - 3.3783 IHD + 1.3295 IHD^2 \quad (13)$$

Longjing 43 and Baiye 1:

$$f(IHD) = -0.1183 - 2.5418 IHD + 1.3501 IHD^2 \quad (14)$$

Jiukeng:

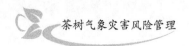
$$f(IHD) = -7.6806 + 1.6547IHD + 0.6103IHD^2 \qquad (15)$$

where $f(IHD)$ is assumed to have a value of zero if $f(IHD) < 0$, and a value of 100 if $f(IHD) > 100$.

2.4.3 Economic output model for spring tea

The recorded data from four tea plantations suggest that 4.3 kg of tea buds and leaves are required to make 1.0 kg of tea. Therefore, the economic output($E_{j,i}$) of a worker on i^{th} day of the jth phenological period(Equation(16))is:

$$E_{j,i} = \begin{cases} Yield_{j,i} \times Pl/4.3 \times [1 - f_s(IFI)/100] \times [1 - f(IHD)/100] & \text{No frost damage} \\ 0 & \text{Frost damage period} \end{cases}$$

$$(16)$$

where Pl is tea price.

Integrating Equation 16, the total economic output(E) of a worker in spring is:

$$E = \sum E_{j,i} \qquad (17)$$

Forty-five workers are needed to pluck tea buds and leaves in a 1-hm^2 tea field.

In summary, the economic output of a specific plucking period(bud and leaf phenophase, e.g. surperfine, grade 1)was determined by five factors: Winter freezing injury, summer heat injuries and summer and autumn drought in the past year, length of the plucking period, day-time precipitation and frost damage. By considering the decreases in tea yield caused by these factors, the actual economic output of a specific period(AEO)can be expressed as in Equation (18):

$$AEO = PEO(Length) - EO(IHD) - EO(IFI) - EO(RR) - EO(Frost) \qquad (18)$$

where $PEO(Length)$ represents the potential economic output of this specific period without considering the impacts of summer heat injuries and of summer and autumn drought in the past year, winter freezing injury, daytime rainfall and frost damage. $EO(IHD)$, $EO(IFI)$, $EO(RR)$ and $EO(Frost)$ are the losses of economic output caused by summer heat injuries and of summer and autumn drought in the past year, winter freezing injury, daytime rainfall and frost damage, respectively.

2.5 Yield model for summer and autumn teas

Summer and autumn tea are produced from early June until the ending date of the daily average temperature above 18 ℃ in Zhejiang Province. If there is no effect of winter freezing on tea plants, then in plucking periods when there are no high temperatures, drought or day-time rainfall, a tea worker can pluck 7.5 kg tea buds and leaves per day.

As the daily maximum temperature is above 35℃(but is not high enough to cause heat injury and drought), the daily reduction rate due to the effect of high temperature(DR_H)is as in Equation(19):

$$DR_H = T_{35-30}/24 \tag{19}$$

where T_{35-30} is the number of hours in a day between the time when the temperature rises to 35 ℃ and the time when the temperature falls to 30 ℃. The impacts of daytime rainfall on yield can be expressed as in Equation(20):

$$f(R) = \begin{cases} 1 - R/10 & R < 10 \text{ mm} \\ 0 & R \geqslant 10 \text{ mm} \end{cases} \tag{20}$$

where $f(R)$ is the influence coefficient of daytime rainfall on yield, and R (mm) is the rainfall from 08:00 to 20:00.

2.5.1　Effect of summer heat injury on yield of summer and autumn teas

Tea buds and leaves stop growing or are damaged after suffering heat injury($IHI \geqslant 0.5$). If the total precipitation reaches 20 mm in three consecutive days after heat injury, the tea plant resumes its growth. Tea plant convalescence is the period from the time when tea buds begin to resume growth to the time when tea buds and leaves meet the conditions for plucking. Tea plant convalescence following heat injury($TPCHI$) is as in Equation(21):

$$TPCHI = 21.2866/[1 + \exp(3.3075 - 1.7908IHI)] \tag{21}$$

where $TPCHI$ is assumed to have a value of 20 days if $IHI > 35$.

From the start date of heat injury to the last day of tea plant convalescence following heat injury, tea yield is equal to 0.

2.5.2　Effect of drought on yield of summer and autumn teas

In summer and autumn, after a drought begins, tea yield begins to decrease. There is no yield from the tea garden from the 50th day of the drought to the end of drought. During the drought, the tea yield reduction rate caused by the drought($fs(d_D)$) is as in Equation(22):

$$fs(d_D) = 125.1211/(1 + \exp[4.2228 - 0.1121d_D]) \tag{22}$$

where d_D is the drought day, and the d_D of beginning date of drought is 1. $fs(d_D)$ is assumed to have a value of 100 if $d_D > 50$.

After the end of the drought, tea plants resume their growth following rainfall. Tea plant convalescence following the drought($TPCDR$) is as in Equation(23):

$$TPCDR = 22.3762/[1 + \exp(2.8118 - 0.0996\text{day}_{\text{drought}})] \tag{23}$$

where $TPCDR$ is assumed to have a value of 20 days if $\text{day}_{\text{drought}} > 50$. During tea plant convalescence following the drought, tea yield is equal to 0.

2.5.3　Effect of winter freezing injury on output of summer and autumn teas

Mild freezing injury has little effect on summer and autumn tea production. Moderateor comparatively severe freezing injury effects the production of summer and autumn teas. After severe winter freezing injury, it is inappropriate for tea production in summer and autumn for restoring tea plant vigor. The relationship between the reduction in rate of summer and autumn tea yield caused by winter freezing injury($f_A(IFI)$) and IFI is determined by Equation (24):

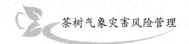

$$f_A(IFI) = \begin{cases} 0 & IFI > -9 \ ^\circ\!\text{C} \\ 108.85/[1 + \exp(16.8471 + 1.1620IFI)] & -9 \ ^\circ\!\text{C} \leqslant IFI \leqslant -17 \ ^\circ\!\text{C} \quad (24) \\ 100 & IFI < -17 \ ^\circ\!\text{C} \end{cases}$$

2.5.4　Yield of summer and autumn teas

In summer and autumn, high temperature and heat injury generally occur in conjunction with drought. The yield output of the summer and autumn tea period, therefore, was determined by four factors: length of plucking period, winter freezing injury, high temperature and drought, and daytime precipitation. The actual yield output of summer and autumn tea(AYO) can be expressed as in Equation(25):

$$AYO = LEO(Length) - YEO(IFI) - YEO(HTD) - YEO(RR) \qquad (25)$$

where $LEO(Length)$ represents the potential yield output of summer and autumn tea without considering the impacts of winter freezing injury, high temperature and drought, or daytime precipitation. $YEO(IFI)$, $YEO(HTD)$ and $YEO(RR)$ are the yield losses caused by winter freezing injury, high temperature and drought, and daytime precipitation, respectively.

2.6　Trend analysis

Sen's slope estimator method is a nonparametric test developed by Sen(1968) to estimate the true slope of Mann-Kendall's trend analysis for a sample of N pairs of data(Shadmani and Roknian, 2012). The present study uses this statistical method to verify the presence of trends with statistical significance at the 95% confidence level.

3　Results

3.1　First harvest date, frost risk and variations in phenological duration of spring tea

From 1985 to 2018, Date of first harvest for each cultivar advanced by more than 1.2 days per decade, and reached 5% significance level(Table 1). Days between the frost end date and first harvest date for each cultivar increased by more than 1.6 days per decade, and reached 5% significance level. With spring warming, the first harvest date of each tea cultivar became significantly earlier as the frost risk decreased substantially.

For each tea cultivar the plucking periods for superfine, and for grades 1 and 2, were significantly shortened(except for plucking period for superfine Jiaming 1). The changes in grades 3 and 4 plucking periods for each tea cultivar were not significant. Tea production has high production costs, as tea buds and leaves are still plucked by hand. Prices for tea produced from superfine to grade 2 tea buds and leaves were higher, and tea plantations and tea farmers producing these grades earned more profit. Prices for tea produced with grades 3 and 4 tea buds and leaves were lower, and tea plantations did not harvest tea buds and leaves during these plucking periods. Smallholder tea farmers did not consider the cost of tea production, they harvested tea buds and leaves from superfine to grade 4 plucking periods. As the weather warmed in spring, the production periods for spring tea in tea plantations and smallholder plots shortened significantly, but the effects of climate change on spring tea production by small farmers have been less than in plantations.

Table 1　First harvest date and frost risk trends of each tea plant cultivar(days per decade)

	Jiaming 1	Longjing 43	Baiye 1	Jiukeng
SDTP	−2.05 *	−1.28 *	−2.07 *	−2.67 *
DFBP	1.66 *	3.06 *	3.06 *	2.67 *
Superfine	−0.07	−2.03 *	−0.60 *	−0.27 *
Grade 1	−0.41 *	−0.47 *	−0.35 *	−0.27 *
Grade 2	−0.52 *	−0.33 *	−0.40 *	−0.17 *
Grade 3	−0.20	−0.29	−0.24	−0.02
Grade 4	−0.30	−0.10	−0.09	0.00

Note:SDTP represents first harvest date,DFBP represents days between the frost end date and first harvest date. * Statistically significant trends at the 5% significance level.

3.2　Impact factors of tea economic output in spring

From 1985 to 2018,the shortened plucking period resulting from rising temperatures in spring was the main factor causing the decrease in economic outputs of the four tea cultivars. Daytime rainfall and frost damage were the second and third major factors. The economic loss rates caused by summer heat injuries and summer and autumn drought in the past year and winter freezing injury were lower,and both ranged from 0.25% to 3.53%(Table 2).

Table 2　Average rates of economic loss of each factor for tea plant cultivar(%)

	Jiaming 1	Longjing 43	Baiye 1	Jiukeng
$ELA(Length)$	29.02	28.24	23.72	15.59
$ELA(IHD)$	1.68	3.53	3.53	0.52
$ELA(IFI)$	1.85	0.63	0.60	0.25
$ELA(Frost)$	15.10	4.71	3.74	0.30
$ELA(RR)$	13.51	14.25	14.90	14.34

Note:$ELA(Length)$represents the rate of economic loss caused by a shortened plucking period was equal to the ratio of economic output determined by the length of picking period to the maximum economic output determined by the length of picking period over 34 years. $ELA(IHD)$,$ELA(IFI)$,$ELA(RR)$and $ELA(Frost)$ are the economic loss rates caused by summer heat injuries and summer and autumn drought in the past year,winter freezing injury,daytime rainfall and frost damage,respectively.

3.3　Trends in spring tea economic output

From 1985 to 2018,the spring economic output of the four tea cultivars decreased with time. The economic output of Jiaming 1,Longjing 43 and Baiye 1 decreased by 13447.7 to 16702.2 yuan per decade and reached 5% significance level(Table 3). Because the plucking period had shortened,the theoretical economic output of the four tea cultivars determined by plucking period decreased by 13613.8 to 34670.7 yuan per decade and reached 5% significance level. The impact of summer heat injuries and of summer and autumn drought in the past year on the spring economic output of the four tea cultivars increased significantly,the losses of economic output increased by 205.0 to 3769.7 yuan per decade. The economic losses

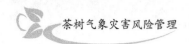

caused by winter freezing injury did not change significantly. The economic losses caused by frost damage decreased, and the losses of economic output of Jiaming 1, Longjing 43 and Baiye 1 decreased by 1995. 8 to 6506. 8 yuan per decade and reached 5% significance level. The impact of daytime rainfall on the spring economic output of the four tea cultivars decreased significantly, the losses of economic output decreased by 9578. 2 to 16607. 4 yuan per decade.

Table 3   Economic output trends of each tea plant cultivar(yuan per decade)

	Jiaming 1	Longjing 43	Baiye 1	Jiukeng
AEO	−16702. 2 *	−15941. 8 *	−13447. 7 *	−2574. 2
$PEO(Length)$	−29970. 1 *	−34670. 7 *	−32526. 6 *	−13613. 8 *
$EO(IHD)$	1213. 7 *	3325. 6 *	3769. 7 *	205. 0 *
$EO(IFI)$	−87. 6	0. 0	0. 0	0. 0
$EO(Frost)$	−6506. 8 *	−2891. 4 *	−1995. 8 *	−126. 4
$EO(RR)$	−9578. 2 *	−13075. 8 *	−16607. 4 *	−10784. 8 *

Note: AEO represents the actual economic output. $PEO(Length)$ represents the potential economic output that considered the length of plucking period. $EO(IHD)$, $EO(IFI)$, $EO(RR)$ and $EO(Frost)$ are the losses of economic output caused by summer heat injuries and of summer and autumn drought in the past year, winter freezing injury, daytime rainfall and frost damage, respectively. * Statistically significant trends at the 5% significance level.

3. 4   Trend of last harvest date of summer and autumn tea

From 1985 to 2018, the ending date of the daily average temperature above 18 ℃ delayed by 2. 5 days per decade, and reached 5% significance level. As temperatures warmed in autumn, the production period of autumn tea was prolonged.

3. 5   Yield variations in summer and autumn tea

The theoretical yield of summer and autumn tea has not changed from 1985 to 2018. The yield determined by the plucking period increased by 228. 4 kg per decade and reached 5% significance level(Table 4). The yield loss caused by high temperature and drought increased by 279. 3 kg per decade and reached 5% significance level. The changes in yield loss caused by daytime rainfall and winter freezing injury were not significant.

Table 4   Yield trends of summer and autumn tea(kg per decade)

Actual yield	Plucking period	High temperature and drought	Daytime precipitation	Winter freezing injury
−11. 0	228. 4 **	−279. 3 **	0	−21. 2

Note: ** Statistically significant trends at the 1% significance level.

4   Discussion

4. 1   Tea output model

Generally, crop yield time series are the basis for analyzing the inter-annual variationsin crop yields effected by climate change. Most crops produce fruits, and annual yields can be determined after harvest. Unlike these crops, tea is made from the plucked buds and leaves that meet the standards of tea production. In Zhejiang, the plant materials used to produce tea are plucked entirely by hand. In normal production, 45 workers are needed to harvest a 1-ha plantation. In spring, If the trees are not plucked in time, economic value of the harvest decreases rapidly as shoots elongate / as plant chemistry changes. During the period when tea buds and leaves are plucked, although they meet the plucking criteria, the tea farmers may not be able to pluck them in time because there are insufficient workers, or they may stop plucking because of the low price of tea.

Because there are insufficient farm laborers in Zhejiang Province, a large number from other provinces are needed to pluck tea buds and leaves during the spring tea production period. In recent years, the wages of workers have risen as China's economy has developed. At the same time, the willingness of workers from other provinces to come to Zhejiang for tea plucking has diminished. The production costs of tea plantations have risen and the number of workers available has been insufficient. As a result, there is a big gap between the tea buds and leaves plucked per unit area of tea plantations and the tea buds and leaves that could be plucked. The statistical output data provided cannot reflect the theoretical output of tea plantations. At the same time, spring tea prices fluctuate greatly, and there is no one-to-one correspondence between spring tea yield and economic output. On the other hand, summer and autumn tea prices fluctuate less, yield is most important. This study has established an economic output model of spring tea and a yield output model of summer and autumn tea. These models and meteorological data were used to analyze the impact of climate change on tea output. The results are more useful in guiding tea production than the use of statistical yield data.

4.2　The effect of climate change on economic output of spring tea

The economic output of spring tea is affected by the length of plucking period, daily rainfall during plucking period, frost, summer heat injuries and of summer and autumn drought in the last year and freezing damage in winter. From 1985 to 2018, the changes in these factors depended entirely on the changes in climatic conditions. Therefore, the impact of these factors on the economic output of spring tea reflected the impact of climate change on the economic output of spring tea.

The yield of spring tea is related to the length of plucking period, and its price is related to the grade of the buds and leaves. The price of tea produced by superfine and grade 1 buds and leaves is greater than 800 yuan per kilogram. The price of tea produced by grades 3 and 4 buds and leaves is less than 300 yuan per kilogram. The length of the plucking period(and especially that of superfine, and grades 1 and 2 buds and leaves)has a great impact, therefore, on the economic output of spring tea. Since 1985, temperatures in Zhejiang have experienced significant increasing trends each month(Lou et al., 2017), decreasing the spring tea plucking period. There was a small increase in temperature during the plucking periods for superfine,

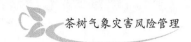

and for grades 1 and 2 buds and leaves, but these phenophases were sensitive to temperature change. Temperature increases in spring resulted in a significant shortening of the length of the plucking periods. From 1985 to 2018, the economic output related to the plucking period tended to decrease significantly. Because there was great inter-annual variation in spring temperatures, the inter-annual variation in the length of plucking period was great, which directly caused the great inter-annual variation in spring tea economic output. Special early-onset cultivars and early-onset cultivars need less accumulated temperature in the same plucking period, and are sensitive to temperature. The higher the temperature is, the greater is the economic loss. The change in plucking period length caused by the change in spring temperature, therefore, was the main factor effecting the inter-annual change in spring tea economic output.

Daytime rainfall during the plucking period effected not only the tea bud and leaf plucking work of tea workers, but also the subsequent production. There are many rainy days in spring in Zhejiang Province, and these directly impact plucking. From 1985 to 2018, spring precipitation in Zhejiang Province showed a decreasing trend(Lou et al. ,2017), which was conducive to tea bud and leaf plucking. The economic losses caused by daytime rainfall showed a significant decreasing trend.

Different tea plant cultivar have different first harvest dates. Some special early-onset cultivar have been planted in large quantities since 2000 in order to maximize economic output. Early-onset varieties are vulnerable to frost damage and have a higher risk of damage from frost than late-onset cultivar. As temperatures have increased, the first harvest dates of each tea plant cultivar became significantly earlier, and the date of the last frost also became significantly earlier. Days between the first harvest date of each tea plant cultivar and the last frost date increased by more than 1 day per decade and reached 5% significant level, indicating that the frost risks to each tea plant cultivar were decreasing. At the same time, the frost intensity during the tea bud and leaf plucking period was weakening, and the economic losses caused by frost damage were significantly reduced. Frost damage to tea plants did not occur every year, and there were considerable differences in inter-annual variations in frost-damage intensity. However, severe frost damage would cause the failure of the spring tea harvest. Therefore, the inter-annual variation in economic losses caused by frost damage may lead to great inter-annual variations in the economic output of spring tea. Frost damage is also the third meteorological factor effecting the economic output of spring tea. The first harvest date of Jiukeng is from the first 10 days of March to the middle 10 days of April. This study used the meteorological data from the National Meteorological Station located in the low hilly plain area. At this time, the probability of frost occurring in the low hilly plain area was low, reflecting the limited damage caused by frost to the Jiukeng tea plants; nevertheless, there was still a large risk of frost damage in the mountain tea production area(Lou and Sun, 2014). At the same time, the data in this study did not reflect the impact of winter freezing injuries on tea production. Future research, therefore, needs to examine the frost damage to Jiukeng and winter freezing injury to tea plants in mountain areas.

Serious summer heat injuries and of summer and autumn drought in the past year had a serious impact on the growth of tea plants, which effected the economic output of spring tea. The intensity of summer heat injuries and of summer and autumn drought in Zhejiang Province has increased significantly since the 1970s(Lou et al. ,2017;Lou et al. ,2019), and so the trend of economic output caused by summer heat injuries and of summer and autumn drought in the past year increased significantly.

4.3　The effect of climate change on yield output of summer and autumn tea

Autumn temperatures increased, and the ending dates of the daily average temperature above 18 ℃ was delayed, with climate warming; this was conducive to an increased autumn tea yield.

High temperature and drought were the main meteorological factors effecting tea production in summer and autumn. These mainly occurred in July-August in Zhejiang Province (Lou et al. ,2017;Lou et al. ,2019), and so mainly effected summer tea production. The intensity and duration of high temperature and drought had increased significantly since 1985, resulting in a significant decrease of summer tea yield.

5　Conclusions

This study used the economic output model of spring tea and the yield model of summer and autumn tea to analyze the impact of climate change on tea output in Zhejiang Province. The results showed that various meteorological factors had differing effects on tea output. Rising temperature in spring shortened the plucking period of superfine, and of grades 1 and 2 tea buds and leaves, which reduced the economic output of spring tea. Therefore, the unit area of tea plantation needs more workers than before for plucking tea buds and leaves in time. The first harvest date of spring tea become earlier and the frost risk was reduced as spring temperature warmed, and the trend of economic loss of spring tea caused by frost damage decreased significantly. The influence of daytime rainfall on tea harvesting in spring decreased from 1985 to 2018, and this was beneficial to increase in tea economic income. High temperature and drought in summer and autumn increased, because of climate warming, which effected the economic output of spring tea in the next year.

As temperatures rose, the end date of the period of tea bud and leaf plucking in autumn was significantly delayed, and the autumn tea yield increased significantly. Yield loss caused by high temperature and drought increased significantly. The decrease trend of summer tea yield was similar to the increase trend of autumn tea. There was no significant change in the trend of summer and autumn tea yield.

Acknowledgments. This paper was financially supported by the National Key R&D Program of China(No. 2019YFD 1002201)and the Science Technology Department of Zhejiang

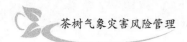

茶树气象灾害风险管理

Province, China (No. LGN18D050001). We thank Elaine Monaghan, BSc (Econ), from Liwen Bianji, Edanz Editing China (www. liwenbianji. cn/ac), for editing the English text of a draft of this manuscript.

REFERENCES

Boehm R, Cash S B, Anderson B T, et al, 2016. Association between empirically estimated monsoon dynamics and other weather factors and historical tea yields in China: results from a yield response model[J]. Climate, 4:20. doi:10. 3390/cli4020020.

Cabrera C, Artacho R, Giménez R, 2006. Beneficial effects of green tea: a review[J]. J Am Coll Nutr, 25(2):79-99. doi:10. 1080/07315724. 2006. 10719518.

Chen S, Shen S, Liu M, et al, 2010. Fuzzy synthetical evaluation of meteorological disasters to Camellia Sinensis (L. O. Ktze) and its regionalization in Hubei Province[J]. Transactions of the CSAE, 26(12):298-303. (in Chinese)

Chen C, Wang E, Yu Q, et al, 2010. Quantifying the effects of climate trends in the past 43 years (1961-2003) on crop growth and water demand in the North China Plain[J]. Climatic Change, 100:559-578. doi:10. 1007/s10584-009-9690-3.

De Costa W A J M, Mohotti A J, Wijeratne M A , 2007. Ecophysiology of tea[J]. Braz J Plant Physiol, 19:299-332. doi:10. 1590/S1677-04202007000400005.

Duncan J M A, Saikia S D, Gupta N, et al, 2016. Observing climate impacts on tea yield in Assam, India[J]. Appl Geogr, 77:64-71. doi:10. 1016/j. apgeog. 2016. 10. 004.

Gunathilaka R P D, Smart J C R, Fleming C M, 2017. The impact of changing climate on perennial crops: the case of tea production in Sri Lanka[J]. Climatic Change, 140:577-592. doi:10. 1007/s10584-016-1882-z.

Huang S, 1981. Climate analysis of tea drought and heat injure in Zhejiang tea district[J]. Tea, 2:8-11. (in Chinese)

Jing W, Wang E, Yang X, et al, 2012. Increased yield potential of wheat-maize cropping system in the north china plain by climate change adaptation[J]. Climatic Change, 113 (3-4): 825-840. doi: 10. 1007/s10584-011-0385-1.

Kropff M J, Laar H V, Matthews R B, 1994. ORYZA1: An ecophysiological model for irrigated rice production [C]//SARP Research Proceedings. Wageningen: IRRI/AB-DLO, 110p.

Kucharik C J, Serbin S P, 2008. Impacts of recent climate change on wisconsin corn and soybean yield trends [J]. Environ Res Lett, 3(3):10. doi:10. 1088/1748-9326/3/3/034003.

Lou W, Sun S, 2013. Design of agricultural insurance policy for tea tree freezing damage in Zhejiang Province, China[J]. Theor Appl Climatol, 111(3-4):713-728. doi:10. 1007/s00704-012-0708-9.

Lou W, Ji Z, Sun K, et al, 2013. Application of remote sensing and GIS for assessing economic loss caused by frost damage to tea plantations[J]. Precision Agric, 14:606-620. doi:10. 1007/s11119-013-9318-5.

Lou W, Sun S, Sun K, et al, 2017. Summer drought index using spei based on 10-day temperature and precipitation data and its application in Zhejiang Province (southeast China)[J]. Stoch Env Res Risk A, 31:2499-2512. doi:10. 1007/s00477-017-1385-0.

Lou W, Sun S, Wu L, et al, 2015. Effects of climate change on the economic output of the Longjing-43 tea tree, 1972-2013[J]. Int J Biometeorol, 59:593-603. doi:10. 1007/s00484-014-0873-x.

Lou W, Wu L, Xiao Q, et al, 2017. Grade of heat injury for tea plant (Camellia sinensis (L.) O. Kuntze) (DB

33/T 2034-2017)[S]. Zhejiang Provincial Administration of Quality and Technology Supervision. [Available at http://db33. sinostd. com/standard/PDFView. aspx? ID=2320123]. (in Chinese)

Lou W,Yao Y,Sun K,et al,2019. Variability of heat waves and recurrence probability of the severe 2003 and 2013 heat waves in Zhejiang Province,southeast China[J]. Clim Res,79:63-75.

Luo Q,Bellotti W,Williams M,et al,2005. Potential impact of climate change on wheat yield in south australia [J]. Agr Forest Meteorol,132(3):273-285. doi:10. 1016/j. agrformet. 2005. 08. 003.

Márcia Reto,Figueira M E,Filipe H M,et al,2007. Chemical composition of green tea (camellia sinensis) infusions commercialized in portugal[J]. Plant Food Hum Nutr, 62(4):139-144. doi: 10. 1007/s11130-007-0054-8.

Mukhtar H,Khan N,2013. Tea and health:studies in humans[J]. Curr Pharm Des,19(34):6141-6147. doi: 10. 2174/1381612811319340008

Pasrija D,Anandharamakrishnan C,2015. Techniques for extraction of green tea polyphenols:a review[J]. Food Bioprocess Tech,8(5):935-950. doi:10. 1007/s11947-015-1479-y.

Sen P K,1968. Estimates of the regression coefficient based on Kendall's tau[J]. J Am Stat Assoc,63:1379-1389. doi:10. 1080/01621459. 1968. 10480934.

Shadmani M, Roknian M, 2012. Trend analysis in reference evapotranspiration using mann-kendall and spearman's rho tests in arid regions of iran[J]. Water Resour Manag,26:211-224.

Vliet A J H V,Overeem A,Groot R S D,et al,2002. The influence of temperature and climate change on the timing of pollen release in the netherlands[J]. Int J Climatol,22:1757-1767.

Wang L,2019. The tea garden area,yield and output of Zhejiang Province were all high in 2018[J]. China Tea, 39(5):24-25. (in Chinese)

Xiong W,Conway D,Lin E,et al,2009. Potential impacts of climate change and climate variability on china's rice yield and production[J]. Clim Res,40:23-35.

Ye T,Zong S,Kleidon A,et al,2019. Impacts of climate warming,cultivar shifts,and phenological dates on rice growth period length in China after correction for seasonal shift effects[J]. Climatic Change 155:127-143.

Zhou X,Xu J,Zhang X, 2018. Current situation and countermeasures of tea industry inheritance in Zhejiang Province[J]. China Tea,28(8):41-45. (in Chinese)